微處理器
C語言與PIC18微控制器

Microprocessors Fundamentals and Applications

Using C Language and PIC 18 Microcontrolelrs

曾百由　著

五南圖書出版公司 印行

Microchip Technology Taiwan

台北市中山區民權東路三段四號 12F

電話: 886-2-2508-8600

技術服務專線: 0800-717-718

授 權 同 意 書

茲同意 曾百由 先生撰寫之『微處理器 – C 語言與 PIC18 微控制器』一書，其內容所引用到 Microchip Data Books / Sheets 的資料，已經 Microchip 公司同意授權使用。

有關 Microchip 公司所規定或擁有的註冊商標及專有名詞之聲明，必須敘述於所出版之中文書內。為保障讀者權益，其內容若與 Microchip Data Books / Sheets 中有相異之處，則以 Microchip Data Books / Sheets 之內容為基準。

此致

曾百由 先生

授權單位：美商 Microchip Technology Taiwan

代表人： 台灣區總經理

馬思顯

11/20/19

中 華 民 國 一 百 零 八 年 十 一 月 十 五 日

序

　　「學習究竟是要登高望遠還是始於卑爾？」恐怕是教育界爭論不停的話題。

　　在科技發展快速，應用複雜的現代社會中，C 語言是工程界中最普遍的應用程式撰寫工具，在高階微處理器應用中也需要使用 C 語言作為開發工具。因此許多人在使用微處理器時，就直接以 C 語言作為微處理器開發工具，而這樣的做法往往排除了學習微處理器的硬體架構及運作觀念，導致僅僅學習到使用既有的作業系統、應用函式庫撰寫應用程式，而忽略了微處理器的特性。最終只是利用執行速率更高的硬體來掩飾軟體或設計上的缺失。甚至於當沒有第三方提供對應的硬體或函式庫時，許多工程師便一籌莫展，因為他們只具備程式撰寫的技能，而不具備微處理器的基礎知識。所以學習目標的訂定是很重要的。聞道有先後，術業有專攻。作為教育界的一員，需要把先學到的知識，傳授給後進學員；學習者也要了解自己所需要的專業知識，這樣社會才會分工合作，一起進步。

　　可惜現代教育制度因為法規、科系、課程等等的分配與限制，許多課程無法連貫而有賴學習者自我規劃；作為教育者也只能盡力將所學以適當的形式記錄，讓讀者自行研讀。這本書就是基於讓有心的讀者不要只是一昧地在網路上尋找解決方案，而能夠培養自己的基礎能力；希望在使用 C 語言作為工具學習微處理器的同時，仍然可以了解其硬體的功能特性與使用方式，作為未來開發應用程式的基礎。雖然心中仍深信微處理器的基礎學習必須要從電子學、數位電路、組合語言等等的基礎課程開始。

　　萬丈高樓平地起。以專業人員為生涯規劃的同好，在登高望遠的同時，如果也能夠細細品味一磚一瓦的巧思與技法，除了讚嘆蒼穹美景之餘，不也能夠在需要另起爐灶時，旁徵博引、自由揮灑，可以海闊天空地創造另一個精采的作品？

　　希望這一次的努力可以讓另一個世代的學子有機會更上一層樓。也感謝所有一起付出辛勞與協助的夥伴。

國立臺北科技大學機械工程系

曾百由

前　言

　　撰寫本書的目標是希望作為學習資訊工程的微處理器或機電控制的微控制器的中階進修書籍，希望在讀者進一步學習微處理器時，可以提供一個跟微處理器硬體基礎聯結，但是又可以使用進階語言工具的學習材料。有別於近年來著重速成或體驗的微控制器簡短課程，本書希望提供完整的微處理器觀念，除了說明使用高階 C 語言編譯器與函式庫作為工具之外，也能夠提供基礎的硬體知識，了解微處理器的特性。同時配合實驗板學習工具，讓讀者可以有效且正確地學習微控制器的知識與技術。

　　本書採用較為新近的 Microchip PIC18F45K22 微控制器為學習目標，並使用免費的 MPLAB XC8 ─ C 程式語言編譯器降低學習的障礙與成本，搭配先前設計的 PIC18 (APP 025) 微控制器實驗板。由於高度的硬體相容性，有經驗的讀者不但能輕易地藉由些微的調整完成相同的開發工作，也可以藉此書了解微控制器新技術的變化與進步。對於沒有相關經驗的新進讀者，可以參考另一本姊妹作學習組合語言與微處理器的運作。對於有經驗的專業人士，則可以根據自己的需求選擇本書適當的章節進行 PIC18F 微控制器功能與使用 MPLAB XC8 編譯器與其相關工具的學習。

　　由於 C 語言應用程式必須經過編譯器轉換成組合語言程式執行，所以本書除了介紹各個硬體功能，讓讀者了解最有效的微控制器硬體操作與程式設計方法，同時也說明 XC8 編譯器與 MPLAB Code Configurator(MCC) 程式設定器所產生的函式庫使用方式。本書採用 C 語言作為教學工具以此撰寫所有的範例程式，並附上相關程式的流程方塊圖，希望讀者可以了解程式設計與硬體運作的概念。即便讀者不是資訊工程或機電控制相關的專業人員，也希望可以藉由本書的學習建立紮實的硬體基礎後，再學習使用高階語言或圖形化工具撰寫程式，以得到最好的微控制器學習效果。

　　本書內容安排由淺入深，第一章簡介 C 語言會用到的數位運算基礎觀念，並對 PIC18 系列微控制器的功能概況作簡略的介紹；第二章則介紹使用微處理器的相關組合語言指令，了解微處理器程式執行的概念；第三章則是針對微處理器的記憶體配置與使用做一個完整的介紹，並建立基本的微處理器操作概念；第四章則對 C 語言、XC8 編譯器及附屬的 MCC 程式設定器作介紹；第五章則針對實驗電路板的元件規劃與電路設計做詳細的說明，以便在後續章節配合使用；第六章到第十五章則是針對微處理器各項核心功能與周邊硬體功能與操作方法做詳細的介紹與說明，並配合 C 語言範例程式與流程圖的示範引導讀者深入地了解微處理器各個功能的使用技巧與觀念。

　　如果因為學習時程而需要精簡內容時，建議以第二章至第九章為主要內容，再輔助以所需要的其他章節加強學習效果。本書使用的 MPLAB X IDE、XC8 軟體可以由 Microchip 官方網站免費下載安裝；雖然免費的 XC8 版本有些微的功能限制，但是仍然可以做為學習工具，同時也提供範例程式檔案與參考資料作為學習的依據。雖然本書已提供必要的資料與圖說作為學習的輔助，但是仍然強烈建議讀者應自行閱讀參考文獻中的原廠資料手冊，以避免錯誤或遺漏更新。PIC18 實驗板 (APP 025) 與燒錄除錯硬體的取得，則可以聯繫 Microchip 臺灣分公司 (www.microchip.com.tw)。

　　如果讀者覺得選用的 PIC18F45K22 微控制器功能較為複雜，建議可以使用 PIC18F4520 微控制器系列的書籍作為入門的啟蒙。在學習本書所介紹的各項基礎觀念與技巧後，如果需要更深入的學習高階的程式開發技巧或更精巧複

雜的硬體功能以滿足設計需求的話，可以參考 Microchip 更高階的 16 或 32 位
元微處理器相關資料與應用。只要讀者利用本書建立基礎的微處理器學習與技
術，在進入高階微控制器技巧的學習時，自然可以輕鬆的了解各項功能的變化
與應用方式，而滿足各種應用設計的需求。

本書相關範例程式、電路圖與參考資料可於下列連結下載：
https://myweb.ntut.edu.tw/~stephen/MCU_PIC18_XC8/index.htm
壓縮檔密碼：TaipeiTech

Microchip 相關軟體使用版本：

MPLAB X IDE v5.30
XC8 Compiler v2.20
MPLAB Code Composer v3.95
PIC10/12/16/18 Library v1.781

目錄

CHAPTER 1

微處理器與 PIC18 微控制器簡介

1.1 微處理器簡介

　　數位運算的濫觴要從 1940 年代早期的電腦雛形開始。早期的電腦使用真空管以及相關電路來組成數學運算與邏輯運算的數位電路，這些龐大的電路元件所組成的電腦大到足以占據一個數十坪的房間，但卻只能作簡單的基礎運算。一直到 1947 年，貝爾實驗室所發明的電晶體取代了早期的真空管，有效地降低了數位電路的大小以及消耗功率，逐漸地提高了電腦的使用率與普遍性。從此之後，隨著積體電路（Integrated Circuit, IC）的發明，大量的數位電路不但可以被建立在一個微小的矽晶片上，而且同樣的電路也可以一次大量重複製作在同一個矽晶圓上，使得數位電路的應用隨著成本的降低與品質的穩定，廣泛地進入到一般大眾的生活中。

　　在數位電路發展的過程中，所謂的微處理器（microprocessor）這個名詞首先被應用在 Intel® 於 1971 年所發展的 4004 晶片組。這個晶片組能夠執行 4 位元大小的指令並儲存輸出入資料於相關的記憶體中。相較於當時的電腦，所謂的「微」處理器在功能與尺寸上，當然是相當的微小。但是隨著積體電路的發達，微處理器的功能卻發展得越來越龐大，而主要的發展可以分為兩個系統。

　　第一個系統發展的方向主要強調強大的運算功能，因此硬體上將使用較多的電晶體來建立高位元數的資料通道、運算元件與記憶體，並且支援非常龐大的記憶空間定址。這一類的微處理器通常被歸類為一般用途微處理器，它本身只負責數學邏輯運算的工作以及資料的定址，通常會搭配著外部的相關元件以及程式資料記憶體一起使用。藉由這些外部輔助的相關元件，或稱為晶片組（chipset），使得一般用途微處理器可以與其他記憶體或輸出入元件溝通，以達到使用者設計要求的目的。例如在一般個人電腦中常見的 Core® 及 Pentium® 處理器，也就是所謂的 CPU（Central Processing Unit），便是屬於這一類的一般用途微處理器。

第二個微處理器系統發展的方向，則朝向將一個完整的數位訊號處理系統功能，完全建立在一個單一的積體電路上。因此，在這個整合的微處理器系統上，除了核心的數學邏輯運算單元之外，必須要包含足夠的程式與資料記憶體、程式與資料匯流排，以及相關的訊號輸出入介面周邊功能。而由於所具備的功能不僅能夠作訊號的運算處理，並且能夠擷取外部訊號或輸出處理後的訊號至外部元件，因此這一類的微處理器通常被稱作為微控制器（Micro-Controller），或者微控制器元件（Micro-Controller Unit, MCU）。

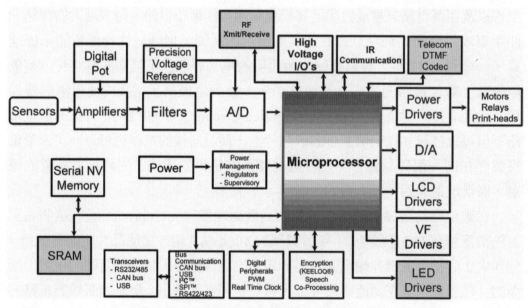

圖 1-1　微處理器與可連接的周邊功能
（實心方塊為目前已整合於微處理器內之功能）

由於微控制器元件通常內建有數位訊號運算、控制、記憶體，以及訊號輸出入介面在同一個系統晶片上，因此在設計微控制器時，上述內建硬體與功能的多寡，便會直接地影響到微控制器元件的成本與尺寸大小。相對地，下游的廠商在選擇所需要的微控制器時，便會根據系統所需要的功能以及所能夠負擔的成本挑選適當的微控制器元件。通常微控制器製造廠商會針對一個相同數位訊號處理功能的核心微處理器設計一系列的微控制器晶片，提供不同程式記憶體大小、周邊功能、通訊介面，以及接腳數量的選擇，藉以滿足不同使用者以及應用需求的選擇。

目前微處理器的運算資料大小，已經由早期的 8 位元微處理器，發展到 32 位元，甚至於一般個人電腦的 64 位元的微處理器也可以在一般的市場上輕易地取得。因此，使用者必須針對應用設計的需求，選擇適當的微處理器，而選擇的標準不外乎是成本、尺寸、周邊功能與記憶體大小。有趣的是，在個人電腦的使用上，隨著視窗軟體系統的升級與應用程式的功能增加，使用者必須不斷地追求速度更快，位元數更多，運算功能更強的微處理器；但是在一般的微控制器實務運用上，8 位元的微控制器便可以滿足一般應用系統的需求，使得 8 位元微控制器的應用仍然是目前市場的主流。所不同的是，隨著應用的增加，越來越多不同的周邊功能與資料通訊介面不斷地被開發，並整合到 8 位元的微控制器上，以滿足日益複雜的市場需求。

目前在實務的運用上，由於一般用途微處理器僅負責系統核心的數學或邏輯運算，必須搭配相關的晶片組才能夠進行完整的程式與資料記憶體的擷取、輸出入控制等等相關的功能，例如一般個人電腦上所使用的 Core® 及 Pentium® 微處理器。因此，在這一類的一般用途微處理器發展過程中，通常會朝向標準化的規格發展，以便相關廠商配合發展周邊元件。因為標準化的關係，即使是其他廠商發展類似的微處理器，例如 AMD® 所發展的同等級微處理器，也可以藉由標準化的規格以及類似的周邊元件達到同樣的效能。這也就是為什麼各家廠商或自行拼裝的個人電腦或有不同，但是它們都能夠執行一樣的電腦作業系統與相關的電腦軟體。

相反地，在所謂微控制器這一類的微處理器發展上，由於設計者在應用開發的初期便針對所需要的硬體、軟體，或所謂的韌體，進行了特殊化的安排與規劃，因此所發展出來的系統以及相關的軟硬體便有了個別的獨立性與差異性。在這樣的前提下，如果沒有經過適當的調整與測試，使用者幾乎是無法將一個設計完成的微控制系統直接轉移到另外一個系統上使用。例如，甲廠商所發展出來的汽車引擎微控制器或者是輪胎胎壓感測微控制器，便無法直接轉移到乙廠商所設計的車款上。除非經由工業標準的制定，將相關的系統或者功能制定成爲統一的硬體界面或通訊格式，否則廠商通常會根據自我的需求與成本的考量，選用不同的控制器與程式設計來完成相關的功能需求。即便是訂定了工業標準，不同的微控制器廠商也會提供許多硬體上的解決方案，使得設計者在規劃時可以有差異性的選擇。例如，在規劃微控制器使用通用序列埠（Universal Serial Bus, USB）的設計時，設計者可以選用一般的微控制器搭配外部的 USB 介面元件，或者是使用內建 USB 介面功能的微控制器。因此，設計者必須要基於成本的考量以及程式撰寫的難易與穩定性做出最適當的設定；而不同的廠商與設計者便會選擇不同的設計方法、硬體規劃以及應用程式內容。也就是因爲這樣的特殊性，微控制器可以客製化的應用在少量多樣的系統上，滿足特殊的使用要求，例如特殊工具機的控制系統；或者是針對數量龐大的特定應用，選擇低成本的微控制器元件有效地降低成本而能夠普遍地應用，例如車用電子元件與 MP3 播放控制系統；或者是具備完整功能的可程式控制系統，提供使用者修改控制內容的彈性空間，例如工業用的可程式邏輯控制器（Programmable Logic Controller, PLC）。也就是因爲微控制器的多樣化與客製化的特色，使得微控制器可以廣泛地應用在各式各樣的電子產品中，小到隨身攜帶的手錶或者行動電話，大到車輛船舶的控制與感測系統，都可以看到微控制器的應用。也正由於它的市場廣大，引起了爲數衆多的製造廠商根據不同的觀念、應用與製程開發各式各樣的微控制器，其種類之繁多即便是專業人士亦無法完全列舉。而隨著應用的更新與市場的需求，微控制器也不斷地推陳出新，不但滿足了消費者與廠商的需求，也使得設計者能夠更快速而方便的完成所需要執行的特定工作。

在種類繁多的微處理器產品中，初學者很難選擇一個適當的入門產品作爲學習的基礎。即便是選擇微控制器的品牌，恐怕都需要經過一番痛苦的掙扎。事實上，各種微處理器的設計與使用觀念都是類似的，因此初學者只要選擇一個適當的入門產品，學習到基本觀念與技巧之後，便能夠類推到其他不同的微處理器應用。基於這樣的觀念，本書將選擇目前在全世界 8 位元微控制器市場占有率最高的 Microchip® 微控制器作爲介紹的對象。本書除了介紹各種微處理器所具備的基本硬體與功能之外，並將使用 Microchip® 產品中功能較爲完整的 PIC18 系列微控制器作爲程式撰寫範例與微處理器硬體介紹的對象。本書將介紹一般撰寫微處理器所最普遍使用的程式語言──C 語言，引導讀者能夠撰寫功能更完整、更有效率的應用程式。並藉由 C 語言程式的範例程式詳細地介紹微處理器的基本原理與使用方法，並包括 Microchip 專門爲 8 位元微控制器所提供的 XC8 編譯器，使得讀者可以有效地學習微處理器程式設計的過程與技巧，利用 XC8 編譯器與函式庫所提供的程式編撰功能，有效地降低開發的時間與成本。

　　不論微處理器的發展如何的演變，相關的運算指令與周邊功能都是藉由基本的數位邏輯元件建構而成。因此，在詳細介紹微處理器的各個功能之前，讓我們一起回顧相關的基本數位運算觀念與邏輯電路元件。

1.2　數位運算觀念

▐ 類比與數位訊號

　　在生活周遭的各式各樣用品中，存在著不同的訊號處理方式，基本上可以概略地分成類比與數位兩大類的方式。在數位運算被發明之前，人類的生活使用的都是類比的訊號。所謂的類比（Analog）訊號，也就是所謂的連續（Continuous）訊號，指的是一個在時間上連續不斷的物理量，不論在任何時間，不論使用者用多微小的時間單位去劃分，都可以量測到整個物理量的數值。例如每一天大氣溫度的量測，在早期人類使用玻璃管式的酒精或者水銀溫度計時，不論是每一分鐘、每一秒鐘、每一毫秒（1/1,000 秒），甚至每一微秒（1/1,000,000 秒），在這些傳統的溫度計上都可以讀取到一個精確的溫度值。因此我們說，這些溫度計所顯示的訊號是連續不斷的，也就是所謂的類比訊號。而數位（Digital）訊號，也就是所謂的離散（Discrete）訊號，訊號的狀態是片段的狀態所聯結而成的。數位訊號是人類使用數位電路之後所產生的，因此這一類的訊號便存在於一般的數位電子產品中。例如同樣是量測溫度的溫度計，現在的家庭中多使用電子式的溫度計，量測結果都是以數字的方式顯示在螢幕上。這些溫度的數字並不是隨時隨地在變化，而是每隔一段時間，也就是所謂的週期，才做一次變化。如果拿著吹風機對著這種數位溫度計加熱，將會發現到溫度的上升是每一秒，甚至間隔好幾秒才會改變一次。這是因為數位溫度計裡面的電子電路或者微處理器每隔一個固定的週期才會進行溫度的量測與顯示的更新，而在這個週期內顯示的溫度是不會改變的。因此當我們把顯示的溫度與時間畫成一條曲線時，將會發現溫度是許多不連續的片段所組成，這就是所謂的數位或者離散的訊號。因此，就像在圖 1-2 所顯示的兩個溫度計，類比的溫度計所量測的溫度曲線有著連續不斷地變化，而數位的溫度計則顯示著片段的變化結果。

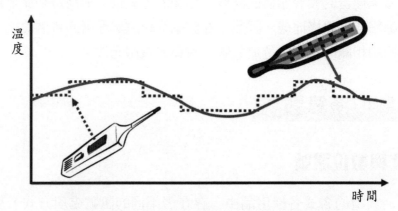

圖 1-2　類比與數位溫度計量測的溫度曲線

▌ 訊號編碼方式

在數位電路或者是微處理器系統中，為了要表示一個訊號的狀態以配合數位電路的架構或者是操作者的資訊溝通，必須要使用適當的訊號編碼方式。由於在一般的 8 位元微處理器中多半是以整數的方式處理訊號，因此在這裡將介紹幾種基本的訊號編碼方式，包括十進位編碼、二進位編碼、十六進位編碼及 BCD（Binary Coded Decimal）編碼方式。

■ 十進位編碼（Decimal Numbering）

十進位編碼方式是一般常用的數學計量方法。一如大家所熟悉的數字，每一個位數可以有 10 種不同的數字（0,1,2,3,4,5,6,7,8,9），當每一個位數的大小超過 9 時，就必須要進位到下一個層級（Order）的位數。換句話說，每一個層級位數的大小將會相差 10 倍。例如在圖 1-3 中，以十進位編碼的 462 這個數字，2 代表的是個位數（也就是 10^0），6 代表的是十位數（也就是 10^1），4 代表的是百位數（也就是 10^2）。而其所代表的大小也就是圖 1-3 算式中所列出的總和。

數字	D_3	D_2	D_1	D_0
位數大小	10^3	10^2	10^1	10^0

十進位編碼數字 $(D_3\ D_2\ D_1\ D_0)_{10} = D_3 \times 10^3 + D_2 \times 10^2 + D_1 \times 10^1 + D_0 \times 10^0$

例：$(462)_{10} = 4 \times 10^2 + 6 \times 10^1 + 2 \times 10^0$

圖 1-3　十進位編碼

■ 二進位編碼（Binary Numbering）

由於在數位電路元件中，每一個元件只能存在有高電壓與低電壓兩種狀態，分別代表著 1 與 0 兩種數值，因此在數位電路中每一個位數就僅能夠有兩種不同的數字變化。當數字的大小超過 1 時，就必須進位到下一個層級的位數。換句話說，每一個層級位數的大小將會相差兩倍。例如在圖 1-4 中，以二進位編碼的 1011 這個數字，最左邊的 1 代表的位數大小是 2^3，0 代表的位數大小是 2^2，接下來的 1 代表的位數大小是 2^1，最右邊的 1 代表的位數大小是 2^0。而其所代表的大小也就是圖 1-4 算式中所列出的總和。

數字	B_3	B_2	B_1	B_0
位數大小	2^3	2^2	2^1	2^0

二進位編碼數字 $(B_3\ B_2\ B_1\ B_0)_2 = B_3 \times 2^3 + B_2 \times 2^2 + B_1 \times 2^1 + B_0 \times 2^0$

例：$(1011)_2 = 1 \times 2^3 + 0 \times 2^2 + 1 \times 2^1 + 1 \times 2^0 = (8 + 0 + 2 + 1)_{10} = 11_{10}$

圖 1-4　二進位編碼

■十六進位編碼（Hexadecimal Numbering）

上述的兩種編碼方式，十進位編碼是一般人所常用的計量方式，而二進位編碼則是數位系統計算與儲存資料的計量方式。雖然經過適當的訓練，使用者可以習慣二進位編碼的數字系統；然而由於二進位編碼的數值過於冗長，造成訊號顯示或者程式撰寫時的不便。因此為了更簡潔有效的表示數位化的訊號，便有了十六進位編碼方式的產生。

每一個十六進位編碼的位數可以有 16 種數字的變化。而由於常用的阿拉伯數字僅有十個數字符號，因此超過 9 的部分便藉由英文字母 ABCDEF 來代表 10、11、12、13、14 與 15。而每一個層級位數的大小將會相差 16 倍。例如在圖 1-5 中，以十六進位編碼的 2A4D 這個數字，最左邊的 2 代表的位數大小是 16^3，A 代表的位數大小是 16^2，接下來的 4 代表的位數大小是 16^1，最右邊的 D 代表的位數大小是 16^0。而其所代表的大小也就是圖 1-5 算式中所列出的總和。

數字	H_3	H_2	H_1	H_0
位數大小	16^3	16^2	16^1	16^0

十六進位編碼數字 $(H_3\ H_2\ H_1\ H_0)_{16} = H_3 \times 16^3 + H_2 \times 16^2 + H_1 \times 16^1 + H_0 \times 16^0$

例：$(2A4D)_{16} = (2 \times 16^3 + 10 \times 16^2 + 4 \times 16^1 + 13 \times 16^0)_{10}$

$\qquad\qquad = (2 \times 4096 + 10 \times 256 + 4 \times 16 + 13 \times 16)_{10} = 10829_{10}$

圖 1-5　十六進位編碼

▋訊號編碼的轉換

在上面的範例中，說明了如何將二進位編碼或者是十六進位編碼的數值轉換成十進位編碼的數字。而當需要將十進位的數值轉換成二進位或十六進位編碼數字時，通常較為常用的方式是所謂的連續除法（Successive Division）的方式。

■十進位編碼轉換二進位編碼

轉換時，只要將十進位的數值除以 2 後，所得的商數連續地除以 2，然後將所得到的餘數依序的由最低位數填寫，便可以得到二進位的轉換結果。

例：將 462_{10} 轉換成二進位數字表示

$$
\begin{array}{ccccccccc}
462 & \div & 2 & = & 231 & 餘 & 0 & \times & 2^0 \\
231 & \div & 2 & = & 115 & 餘 & 1 & \times & 2^1 \\
115 & \div & 2 & = & 57 & 餘 & 1 & \times & 2^2 \\
57 & \div & 2 & = & 28 & 餘 & 1 & \times & 2^3 \\
28 & \div & 2 & = & 14 & 餘 & 0 & \times & 2^4 \\
14 & \div & 2 & = & 7 & 餘 & 0 & \times & 2^5 \\
7 & \div & 2 & = & 3 & 餘 & 1 & \times & 2^6 \\
3 & \div & 2 & = & 1 & 餘 & 1 & \times & 2^7 \\
1 & \div & 2 & = & 0 & 餘 & 1 & \times & 2^8 \\
\end{array}
$$

$$462_{10} = 111001110_2$$

■十進位編碼轉換十六進位編碼

轉換時，只要將十進位的數值除以 16 後，所得的商數連續地除以 16，然後將所得到的餘數依序的由最低位數填寫，便可以得到十六進位的轉換結果。

例：將 10829_{10} 轉換成十六進位數字表示

$$
\begin{array}{ccccccccc}
10829 & \div & 16 & = & 676 & 餘 & 13 & \to D & \times & 16^0 \\
676 & \div & 16 & = & 42 & 餘 & 4 & & \times & 16^1 \\
42 & \div & 16 & = & 2 & 餘 & 10 & \to A & \times & 16^2 \\
2 & \div & 16 & = & 0 & 餘 & 2 & & \times & 16^3 \\
\end{array}
$$

$$10829_{10} = 2A4D_{16}$$

■十六進位編碼轉換二進位編碼

　　轉換時，只要將十六進位編碼的每一個十六進位數字直接轉換成一組四個二進位編碼數字即可。

　　例：將 $2A4D_{16}$ 轉換成二進位編碼

十六進位編碼	2	A	4	D
	↓	↓	↓	↓
二進位編碼	0010	1010	0100	1101

■二進位編碼轉換十六進位編碼

　　轉換時，只要將二進位的數值由低位數開始，每四個二進位數字一組直接轉換成一個十六進位編碼數字即可。

　　例：將 10101001001101_2 轉換成十六進位編碼

二進位編碼	0010	1010	0100	1101
	↓	↓	↓	↓
十六進位編碼	2	A	4	D

◢ BCD 訊號的編碼

　　在某一些數位訊號系統的應用中，為了顯示資料的方便，例如使用七段顯示器，有時候會將十進位編碼的每一個層級數字直接地轉換成二進位編碼方式來存取，這樣的編碼方式這叫作 BCD 編碼（Binary Coded Decimal）。由於十進位編碼的每一個層級數字需要四個二進位數字才能夠表示，因此在 BCD 編碼的資料中，每四個的二進位數字便代表了 0 到 9 的十進位數字。雖然四個二進位的數值可以表示最大到 15 的大小，但是在 BCD 編碼的資料中 10～15 是不被允許在這四個二進位數字的組合中。

■ 十進位編碼轉換成 BCD 編碼

轉換時，只要直接將每一個層級的十進位編碼數字轉換成二進位編碼的數字即可。

例：將 462_{10} 轉換成 BCD 編碼數字表示

十進位編碼　　4　　6　　2
　　　　　　　↓　　↓　　↓
二進位編碼　0100　0110　0010

$$462_{10} \rightarrow 010001100010_{BCD}$$

■ BCD 編碼轉換成十進位編碼

轉換時，只要將二進位的數值由低位數開始，每四個二進位數字一組直接轉換成一個十進位編碼數字即可。

例：將 10001100010_{BCD} 轉換成十進位編碼數字表示

二進位編碼　0100　0110　0010
　　　　　　↓　　↓　　↓
十進位編碼　4　　6　　2

$$10001100010_{BCD} \rightarrow 462_{10}$$

ASCII 編碼符號

ASCII 編碼符號是一個國際公認的數字、英文字母與鍵盤符號的標準編碼，總共包含 128 個編碼符號。ASCII 是 American Standard Code for Information Interchange 的縮寫。ASCII 編碼符號的內容如表 1-1 所示。這 128 個

ASCII 編碼符號可以用七個二進位數字編碼所代表，因此在數位訊號系統中，便可以藉由這些編碼來傳遞文字資料。例如，微處理器與電腦之間，或者是電腦與電腦之間的資料傳輸，都可以利用 ASCII 編碼符號來完成。

　　在個人電腦上，通常會利用「超級終端機」或其他終端機模擬應用程式以 ASCII 編碼的訊號透過 COM 埠以 RS-232 的通訊架構傳輸資料到其他數位訊號系統。我們將會在稍後的範例中見到這樣的應用。而在功能較為完整的微處理器上，通常也會具備這樣的通訊功能，以便將相關的資料傳輸到其他的數位訊號系統中。

　　值得注意的是，在 ASCII 編碼符號中有一些是無法顯示的格式控制符號，例如 ASCII 編碼表中的前三十二個。這一些格式控制符號是用來控制螢幕或終端機上的顯示位址以及其他相關的訊息。

表 1-1　ASCII 編碼符號

Code		MSB							
		0	1	2	3	4	5	6	7
LSB	0	NUL	DLE	Space	0	@	P	`	p
	1	SOH	DC1	!	1	A	Q	a	q
	2	STX	DC2	"	2	B	R	b	r
	3	ETX	DC3	#	3	C	S	c	s
	4	EOT	DC4	$	4	D	T	d	t
	5	ENQ	NAK	%	5	E	U	e	u
	6	ACK	SYN	&	6	F	V	f	v
	7	Bell	ETB	'	7	G	W	g	w
	8	BS	CAN	(	8	H	X	h	x
	9	HT	EM	)	9	I	Y	i	y
	A	LF	SUB	*	:	J	Z	j	z
	B	VT	ESC	+	;	K	[	k	{
	C	FF	FS	,	<	L	\	l	|
	D	CR	GS	-	=	M	]	m	}
	E	SO	RS	.	>	N	^	n	~
	F	SL	US	/	?	O	_	o	DEL

▌ 狀態與事件的編碼

在數位訊號系統中，數字並不見得一定代表著一個用來運算的數值，數字經常也會被使用來作為一些相關的事件或者系統狀態的代表。例如，使用者可以用八個二進位數字代表需要監測的四個儲油槽中溫度與壓力是否超過所設定的監測值，如圖 1-6 所示。當量測的結果超過所預設的控制值時，可以將數字訊號設定為 1；否則，將相對應的數字訊號設定為 0。

在這樣的條件設定下，這四個儲油槽的溫度與壓力狀態可以組合出一組八個二進位數字訊號所組成的資料。雖然這組數字訊號並不代表任何有意義的數值，但是它卻可以用來表示跟儲油槽有關的狀態或事件的發生，這也是在數位系統中常見到的應用。除此之外，這一組數字的內容與實際的硬體電路有絕對密切的關係，使用者必須得配合設計系統時相關的電路資料，才能夠了解所對應的狀態與事件。

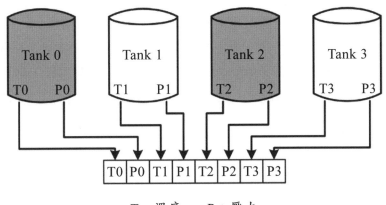

T：溫度　　　P：壓力

圖 1-6　儲油槽中溫度與壓力狀態編碼

▌ 2 的補數法表示

在數位訊號系統中，所有的數學運算都是以二進位的方式來完成。而二進位的加減乘除運算與一般常用的十進位運算法則並沒有太大的差異。比較特別的是，數位訊號運算在處理負數或者是減法的運算時，一般都會採用一個特別的數值表示方式，通常稱之為 2 的補數法（2's Complementary）。

在簡單的數位訊號系統或者是微處理器應用程式中，通常只會處理正的數值，而不考慮小於 0 的數值運算。但是在需要考慮負數或者是減法運算時，為了增加運算的效率，並且減少微處理器硬體的設計製造成本，通常會採用 2 的補數法方式進行。

在一般八位元的系統中，如果只表示正數的話，可以表示的範圍是由 0 到 255（2^8-1），也就是二進位的 00000000～111111111。但是，如果要表示的範圍包含正數與負數的可能時，2 的補數法是最廣泛被採用的方式。由於要表示正數與負數，2 的補數法所能表示的範圍，雖然同樣地涵蓋二進位的 00000000～111111111 的 256 個數字，但是其範圍則改變為十進位的 –128 到 +127。基本上，二進位最高位元標示的是數值的正負號，如果數值為正數，最高位元為 0；如果數值為負數，最高位元為 1。剩下的 7 個位元數則表示數值的大小。數值的大小可以經由簡單的運算法則計算得到，其步驟簡列如下：

Step 1　如果數值為正數，則直接使用二進位的方式轉換。

Step 2　如果數值為負數，則必須先將二進位方式轉換後每一個位元的數字作補數運算，然後再加以 1。所謂的補數運算，即是將二進位數值中的 0 變成 1，1 則變成 0。如此便可以得到所謂的 2 的補數法表示數字。

讓我們用簡單的例題來學習 2 的補數法的數值轉換方式。

例：將 +100 與 –100 以 2 的補數法方式表示。

解：(A)

+100 為正數，所以最高位元為 0。100 則可以直接轉換為 1100100。因此，+100 完整的 2 的補數法，表示為 01100100。

(B)

–100 為負數，所以最高位元為 1。100 則可以直接轉換為 1100100。但是負數必須經過補數的運算，然後再加 1。因此，100 將轉換為 1100100，經過補數運算成為 0011011 之後，再加 1 成為 0011100。

最後，–100 完整 2 的補數法，表示為 10011100。

　　2 的補數法除了用來表示負數之外，在許多數位系統與微處理器的硬體上，為了降低設計與製造的成本，通常都會將減法運算改變為加負數的運算。因此，2 的補數法使用上是非常地廣泛。

　　在某些場合，如果使用者需要將 2 的補數法標示的數值轉換成十進位或作進一步的分析計算時，也可以利用同樣的方法轉換而得。換句話說，它的步驟同樣是：

Step 1　　如果數值為正數，則直接使用二進位的方式轉換。

Step 2　　如果數值為負數，則必須先將每一個位元的數字作補數的運算後，再轉換為十進位數字，然後再加 1。如此便可以得到所謂的十進位表示數字的大小，最後要記得加上負號標示。

例：將 2 的補數法方式的 10011100 轉換為十進位表示。

解：

10011100，因為最高位元為 1，所以為負數。因為是負數，所以 0011100 必須先經過補數的運算，然後再加以 1。因此，0011100 將經過補數運算成為 1100011 之後，再加 1 成為 1100100，也就是十進位的 100。最後，10011100 的完整十進位表示，必須加上負號成為 –100。

1.3　邏輯電路

　　任何一個數位訊號系統或者微處理器，基本上都是由許多邏輯電路元件所組成的。在這個章節中，將回顧一些基本的邏輯電路元件與相關的邏輯運算或設計的方法。

▋基本的邏輯元件

　　基本的邏輯元件包含：AND、OR、NOT、XOR、NAND 與 NOR。所有

的數位訊號系統皆可以由這些基本邏輯元件組合而成。

■ AND Gate

AND Gate，一般稱爲「且」閘。它的邏輯元件符號、布林代數（Boolean Algebra）表示方式及眞值表（Truth Table）如圖 1-7 所示。

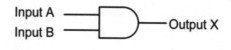

$$X = A \ and \ B$$
$$X = A \times B = AB$$

Input		Output
A	B	X=A × B
0	0	0
0	1	0
1	0	0
1	1	1

圖 1-7　AND 閘邏輯元件符號、布林代數表示方式及眞值表

由眞值表可以看到，只有當輸入 A 與輸入 B 的條件都成立而爲 1 時，AND 閘的輸出 X 才會成立爲 1。當 AND 閘的輸入條件數目增加爲 N 個時，眞值表的大小將會增加爲 2^N 個。不過只有當所有輸入條件都成立而爲 1 時，AND 閘的輸出 X 才會成立爲 1。

AND 閘除了作爲一般的邏輯條件判斷之外，另一個常見的用途是作爲訊號傳輸與否的控制。如圖 1-8 所示，當控制訊號爲 0 時，輸出訊號將永遠爲 0，也就是說在輸出端永遠看不到傳輸訊號的變化；當控制訊號爲 1 時，輸出訊號將會等於傳輸訊號，而且將反映傳輸訊號的變化。利用簡單的 AND 閘，可以在數位訊號系統中達到控制訊號傳輸的目的。這種控制傳輸訊號的方法一般稱作爲正向控制（Positive Control）。

$$控制訊號 = 0 \quad \rightarrow \quad 輸出訊號 = 0$$
$$控制訊號 = 1 \quad \rightarrow \quad 輸出訊號 = 傳輸訊號$$

圖 1-8　AND 閘作為訊號傳輸控制

■OR Gate

　　OR Gate，一般稱為「或」閘。它的邏輯元件符號、布林代數表示方式及真值表如圖 1-9 所示。

　　由真值表可以看到，只要當輸入 A 與輸入 B 的條件任何一個成立而為 1 時，OR 閘的輸出 X 就會成立為 1。當 OR 閘的輸入條件數目增加為 N 個時，真值表的大小將會增加為 2^N 個。不過只有當所有輸入條件都不成立而為 0 時，OR 閘的輸出 X 才會為 0。相反地，只要有任何一個輸入條件成立而為 1 時，OR 閘的輸出 X 就會成立為 1。

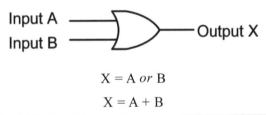

$$X = A \; or \; B$$
$$X = A + B$$

Input		Output
A	B	X = A + B
0	0	0
0	1	1
1	0	1
1	1	1

圖 1-9　OR 閘邏輯元件符號、布林代數表示方式及真值表

　　OR 閘除了作爲一般的邏輯條件判斷之外，它也可以作爲訊號傳輸與否的控制。如圖 1-10 所示，當控制訊號爲 1 時，輸出訊號將永遠爲 1，也就是說，在輸出端永遠看不到傳輸訊號的變化；當控制訊號爲 0 時，輸出訊號將會等於傳輸訊號，而且將反映傳輸訊號的變化。利用簡單的 OR 閘，也可以在數位訊號系統中達到控制訊號傳輸的目的。這種控制傳輸訊號的方法一般稱作爲負向控制（Negative Control）。使用 OR 閘控制傳輸訊號而輸出訊號不變時，輸出訊號將爲 1；但是，使用 AND 閘控制傳輸訊號而輸出訊號不變時，輸出訊號將爲 0。

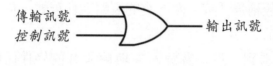

傳輸訊號 —
控制訊號 —
　　　　　　—— 輸出訊號

控制訊號 = 0　→　輸出訊號 = 傳輸訊號
控制訊號 = 1　→　輸出訊號 = 1

圖 1-10　OR 閘作爲訊號傳輸控制

■NOT Gate

　　NOT Gate，一般稱爲「反向」閘。它的邏輯元件符號、布林代數表示方式及眞值表如圖 1-11 所示。由眞值表可以看到，輸出 X 的結果永遠與輸入 A 的條件相反。

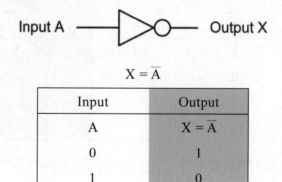

Input A ——▷○—— Output X

$X = \overline{A}$

Input	Output
A	$X = \overline{A}$
0	1
1	0

圖 1-11　NOT 閘邏輯元件符號、布林代數表示方式及眞值表

■ XOR Gate

XOR（Exclusive OR）Gate，一般稱爲「互斥或」閘。它的邏輯元件符號、布林代數表示方式及眞值表如圖 1-12 所示。

由眞值表可以看到，只要當輸入 A 與輸入 B 的條件相同時，XOR 閘的輸出 X 就會爲 0；當輸入 A 與輸入 B 的條件不同時，XOR 閘的輸出 X 就會爲 1。因此在數位電路的設計上，互斥或閘通常被拿來作爲訊號的比較使用。

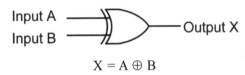

$$X = A \oplus B$$

Input		Output
A	B	$X = A \oplus B$
0	0	0
0	1	1
1	0	1
1	1	0

圖 1-12　XOR 閘邏輯元件符號、布林代數表示方式及真值表

■ NAND Gate

NAND Gate，它的邏輯元件符號、布林代數表示方式及眞值表，如圖 1-13 所示。實際上，它就是將 AND 閘的運算結果，再經過一個反向器做反向運算後輸出。

■ NOR Gate

NOR Gate，它的邏輯元件符號、布林代數表示方式及眞值表，如圖 1-14 所示。實際上，它就是將 OR 閘的運算結果，再經過一個反向器做反向運算後輸出。

NAND 閘與 NOR 閘在邏輯電路的設計上也被稱作爲萬能閘（Universal

Gate），因爲在設計上可以使用這兩種邏輯元件的其中一種，組合出所有前面所列出的基本邏輯元件。因此，在積體電路的設計上，常常會以 NAND 閘或者 NOR 閘作爲設計的基礎，以便統一積體電路的製造程序。

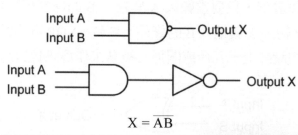

$$X = \overline{AB}$$

Input		Output
A	B	$X = \overline{AB}$
0	0	1
0	1	1
1	0	1
1	1	0

圖 1-13　NAND 閘邏輯元件符號、布林代數表示方式及真值表

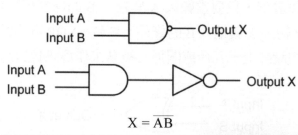

$$X = \overline{A + B}$$

Input		Output
A	B	$X = \overline{A + B}$
0	0	1
0	1	0
1	0	0
1	1	0

圖 1-14　NOR 閘邏輯元件符號、布林代數表示方式及真值表

1.4　組合邏輯

　　簡單的數位訊號系統可以由上述的基本邏輯元件，根據設計的需求組合而成。如果設計的需求條件並未牽涉到輸入條件狀態的發生先後順序，而僅由輸入條件的瞬間狀態組合決定輸出結果，這一類的數位訊號系統可稱爲組合邏輯（Combinational Logic）。

　　例如在汽車上爲提醒駕駛人一些注意狀態的警告聲音，可藉由蜂鳴器的觸發產生。如果設計蜂鳴器觸發的需求如下，

1. 車門打開 *且* 鑰匙插入
2. 車門打開 *且* 頭燈打開

　　由於這兩個條件只要有一個成立，蜂鳴器就要觸發。因此兩個條件之間爲「或」的關係。上述的系統可以根據條件設計爲如圖 1-15 之組合邏輯系統。

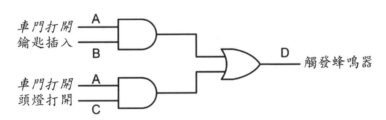

圖 1-15　汽車蜂鳴器觸發的組合邏輯系統

　　在實務上，爲了降低成本與故障發生的機會，當一個數位訊號系統建立之後的第一個問題便是如何進一步地簡化系統。事實上，圖 1-15 的系統可以被簡化爲如圖 1-16 的邏輯設計，利用眞值表便可以證明這兩個系統的功能是相同的。

　　要如何簡化一個組合邏輯系統呢？這時候便需要學習並運用相關的布林代數技巧與觀念。

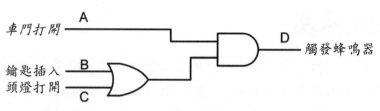

圖 1-16　簡化的汽車蜂鳴器觸發邏輯設計

多工器與解多工器

　　組合邏輯一個重要的應用是多工器（Multiplexer）與解多工器（Demultiplexer）。

　　所謂的多工器，指的是將一個硬體或者是資料的通道作多重用途的使用。單一的硬體當然在同一個時間不可能同時進行多樣的工作，但是卻可以藉著硬體電路的切換選擇，依照使用者所設定的順序，利用單一的硬體完成多個不同的工作，這就是多工器的目的。換句話說，多工器的目的就是要分享有限的資源。例如，當數位元件之間只有單一的資料通道，如果必須要顯示多個事件的狀態，就必須以多工器切換的方式依序的顯示，如圖 1-17 所示。藉由選擇設定的切換，在輸出端便可以依照使用者能設定得到不同事件的狀態。

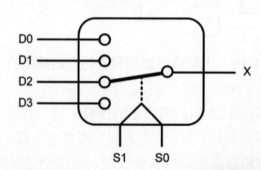

Select Setting		Output
S1	S0	X
0	0	D0
0	1	D1
1	0	D2
1	1	D3

圖 1-17　多工器資料切換

　　相反地，如果需要經由單一個資料路徑，將某一個狀態傳遞到不同的系統元件時，也可以利用類似的觀念進行傳輸資料的切換，以達到分享的效果，這樣的功能元件稱之為解多工器，如圖 1-18 所示。藉由選擇設定的切換，可以依照使用者設定將資料傳輸到不同的輸出端或者系統元件。

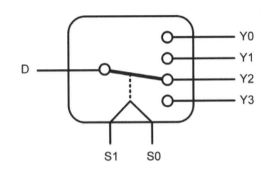

Select Setting		Output
S1	S0	D
0	0	Y0
0	1	Y1
1	0	Y2
1	1	Y3

圖 1-18　　解多工器資料切換

1.5　　順序邏輯

　　在前面所敘述的各種組合邏輯、布林運算或者數學運算等等的數位訊號處理，它們的運算結果都只和運算當時的輸入條件狀態有關係，而和其他時間的系統狀態無關。但是如果數位訊號的運算與系統過去的狀態有關，或者則是和某一個輸入條件曾經發生的狀態有關時，這時候所運用到的數位系統觀念稱之為順序邏輯（Sequential Logic）。簡單地說，順序邏輯就是有記憶的邏輯運算。有記憶的邏輯元件基本上都是由正反器（Flip-Flop）及暫存器（Register）所組成的。

◉ 正反器與暫存器

■ SR 正反器

　　正反器的種類有許多種，最基本的 SR 正反器的運作是可以由 NAND 或 NOR 來說明它的基本觀念，如圖 1-19 所示。

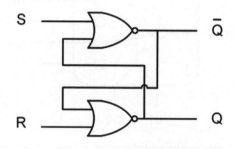

Input		Output	
S	R	Q	
0	0	Q	保持 Hold
0	1	0	清除 Reset
1	0	1	設定 Set
1	1	Not Allowed	

圖 1-19　SR 正反器

　　由真值表可以清楚地看到，藉由輸入端的設定可以將輸出端的狀態保持、清除或者設定，如此便可以將某一事件的狀態加以保留，而達到記憶的效果。而由於輸入端的狀態改變，隨時會直接影響到輸出端的狀態，因此可以將 SR 正反器改良成為具有控制閘（Gated）的 SR 正反器，如圖 1-20 所示。

　　藉由控制閘 G 的訊號控制，只有當 G=1 的時候輸入端 S 與 R 的狀態才能夠改變輸出端的 Q 狀態。如此一來，輸出端的狀態 Q 就可以更正確而有效地維持。

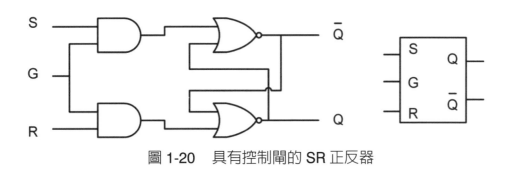

圖 1-20　具有控制閘的 SR 正反器

■D 正反器

　　如果正反器的用途只是要鎖定某一個狀態的話，這時候可以使用 D 正反器，如圖 1-21 所示。當 G = 1 時，便可以將當時 D 的狀態鎖定在正反器的輸出 Q，直到下一次 G = 1 時，才會再次更新鎖定的狀態。

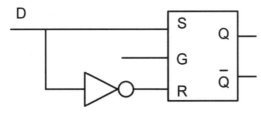

圖 1-21　具有控制閘的 D 正反器

■JK 正反器

　　JK 正反器則是將兩級 SR 正反器串聯在一起，可以更有效地避免輸入端意外的訊號波動造成輸出端的狀態改變，如圖 1-22 所示。同時 JK 正反器的設計提供了另外一項的輸入設定選擇：當兩個輸入端皆為 1 時，輸出端將會做反向的變化；如果此時輸出端為 1，則將反向變為 0；如果輸出端為 0，則將反向變為 1。這樣的反向變化在許多特定的應用中是非常有用的。

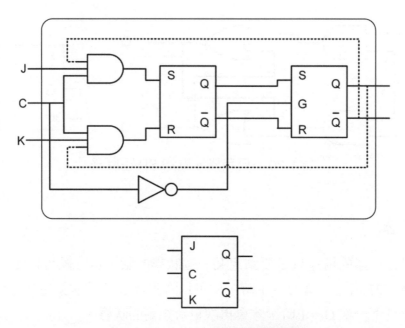

Input		Output	
J	K	Q	
0	0	Q	保持 Hold
0	1	0	清除 Reset
1	0	1	設定 Set
1	1	$\overline{Q}$	反向 Toggle

圖 1-22　JK 正反器

■ 移位暫存器

　　如果將多個 JK 正反器串接起來，便可以得到一組多位元的資料記憶體。
而這一組資料記憶體可以藉由硬體的設計，讓資料能夠以串列或並列的方式傳
送到其他相關元件中。例如圖 1-23 便是一個可以將資料以並列方式傳入，再
以串列方式傳出的一組資料記憶體。這樣的資料記憶體又可以稱之為移位暫存
器（Shift Register）。

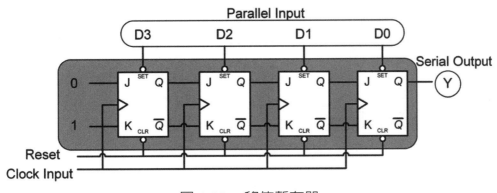

圖 1-23　移位暫存器

計數器

　　計數器是一個非常重要的數位邏輯元件，它可以用來記錄事件發生的次數，也可以用來計算事件發生所經過的時間，也就是計時器。計數器是每一個微處理器所必備的元件。最基本的計數器是漣波計數器（Ripple Counter），其架構圖如圖 1-24 所示。由計數器的結構圖可以看到，當每一次計數輸入波形有所改變的時候，暫存器所代表的數值將會被遞加一而達到計數的功能。

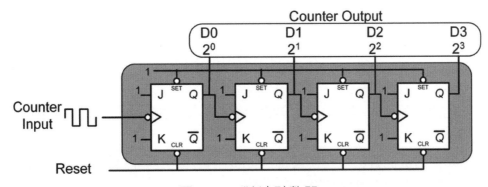

圖 1-24　漣波計數器

　　有了對於上述的數位邏輯元件的基本認識，將有助於讀者了解在各種微處理器中的硬體電路組成，以便發揮微處理器的最大功能。如果讀者想要對邏輯電路有更深一層的了解，可以參考坊間眾多的邏輯設計或者數位電路教科書。在此強烈建議讀者必須要有適當的數位電路背景，才能夠完整地學習到微處理器的功能與應用技巧。

1.6　數值的邏輯計算

在微處理器的系統中，由於資料處理是以 8 個位元（bit），或稱為位元組（byte）為單位，因此在資料進行邏輯處理時，必須以 8 個位元同時進行邏輯運算。這樣的數值邏輯運算，除了必要的場合之外，有時是為了擷取特定的狀態資料，有時則是為了快速調整同一位元組的數值，而不用逐一位元地調整。

例如，在前面監視油槽的範例中，如果需要判斷是否有任一油槽的溫度達到上限，這樣的需求可以有兩種做法：1. 逐一位元檢查；2. 利用數值邏輯運算同時檢查所有相關位元。

如果選擇逐一位元檢查，則需要四個步驟，分別檢查 T0,T1,T2,T3 四個位元，判斷每一個位元是否為 1，即可知道是否有任一油槽達到溫度上限。這樣的做法雖然直覺簡單，但是卻耗費時間與運算資源。

如果選擇使用位元組的邏輯計算，則可以快速完成多個位元的檢查。例如，將油槽的狀態位元組設為資料 A，如果需要判斷是否某一個油槽溫度都超過上限，則可以使用下列邏輯計算：

$$L = A \text{ AND } (10101010)_2$$

只要 L 的數值不是 0，即代表所檢測的條件成立，也就是有某一個或多個油槽溫度超過上限。

例如油槽檢測資料，目前為 10110001，若檢測條件為是否有任一油槽溫度超過上限，則使用下列邏輯計算：

$$L = (10110001)_2 \text{ AND } (10101010)_2 = (10100000)_2$$

由於 L 的結果不為 0，代表至少有一個油槽的溫度超過上限。雖然這樣的運算無法明確得知哪一個油槽溫度超過上限，卻可以用一次的邏輯運算得知需要的檢測結果，可以有效降低運算時間與資源。

上述範例中利用 0 將不需檢測的條件位元，利用 AND 運算的特性加以忽略，而使用 1 保留所需檢測的位元。類似的數值邏輯運算也可以使用 OR 或 XOR 擷取出適當的位元資料進行所需的邏輯判斷，是使用微處理器基本而必要的手段。

如果所需要的檢測條件改為，是否全部的油槽溫度都超過上限，則可以改用 OR 的邏輯運算。只是需要將邏輯運算式改為

$$L = A \text{ OR } (01010101)_2$$

並判斷結果是否全部為 1 即可。

例如油槽檢測資料目前為 10110001，若檢測條件為是否全部油槽溫度都超過上限，則使用下列邏輯計算：

$$L = (10110001)_2 \text{ OR } (01010101)_2 = (11110101)_2$$

由於 OR 運算的特性，因此 bit 1 與 bit 3 不是 1，所以只要檢查 L 是否所有溫度位元皆為 1，即可判斷是否全部油槽溫度皆超過上限。範例中因為 OR 運算的特性，使用 1 將所有壓力檢測位元加以忽略，而以 0 檢測溫度位元。

1.7 PIC系列微控制器簡介

單晶片微控制器的應用非常地廣泛，從一般的家電生活用品、工業上的自動控制，一直到精密複雜的醫療器材，都可以看到微控制器的蹤影。而微控制器的發展隨著時代與科技的進步變得日益複雜，不斷有新功能的增加，使微控制器的硬體架構更為龐大。從早期簡單的數位訊號輸出入控制，到現今許多功能強大使用複雜的通訊介面，先進的微控制器已不再是早期簡單的數位邏輯元件組合。

在眾多的微控制器市場競爭中，8 位元的微控制器一直是市場的主流，不

論是低階或高階的應用，往往都以 8 位元的微控制器作為基礎核心，逐步地發展成熟而成為實際應用的產品。雖然科技的發展與市場的競爭，許多領導的廠商已經推出更先進的微控制器，例如 16 位元或 32 位元的微處理器，或者是具備數位訊號處理功能的 DSP 控制器，但是在一般的商業應用中仍然以 8 位元的微控制器為市場的大宗。除了因為 8 位元微控制器的技術已臻於成熟的境界，眾多的競爭者造成產品價格的合理化，各家製造廠商也提供了完整的周邊功能與硬體特性，使得 8 位元微控制器可以滿足絕大部分的使用者需求。

在眾多的 8 位元微控制器競爭者之中，Microchip® 的 PIC® 系列微控制器擁有全世界第一的市場占有率，這一系列的微控制器提供了為數眾多的硬體變化與功能選擇。從最小的 6 支接腳簡單微控制器，到 100 支接腳的高階微控制器，Microchip® 提供了使用者多樣化的選擇。從 PIC10、12、16 到 18 系列的微控制器，使用者不但可以針對自己的需求與功能選擇所需要的微控制器，而且各個系列之間高度的軟體與硬體相容性，讓程式設計得以發揮最大的功能。

在過去的發展歷史中，Microchip® 成功地發展了從 PIC10、12 與 16 系列的基本 8 位元微控制器，至今仍然是市場上基礎微控制器的主流產品。除此之外，Microchip® 也成功地發展了更進步的產品，也就是 PIC18 系列微控制器。PIC18 系列微控制器是 Microchip® 在 8 位元微控制器的高階產品，不但全系列皆配置有硬體的乘法器，而且藉由不同產品的搭配，所有相關的周邊硬體都可以在 PIC18 系列中找到適合的產品使用。除此之外，Microchip 並為 PIC18 系列微控制器開發了 C18 與 XC8 的 C 語言程式編譯器，提供使用者更有效率的程式撰寫工具。透過 C 語言程式庫的協助，使用者可以撰寫許多難度較高或者是較為複雜的應用程式，例如 USB 與 Ethernet 介面硬體使用的相關程式，使得 PIC18 系列微控制器成為一個功能強大的微控制器系列產品。

而隨著科技的進步，Microchip® 也將相關產品的程式記憶體，從早期的一次燒錄（One-Time Programming, OTP）及可抹除記憶體（EEPROM），提升到容易使用的快閃記憶體（Flash ROM），使開發工作的進行更為快速而便利。

1.8 Microchip® 產品的優勢

▌RISC 架構的指令集

PIC® 系列微控制器的架構是建立在改良式的哈佛（Harvard）精簡指令集（RISC, Reduced Instruction Set Computing）的基礎上，並且提供了全系列產品無障礙的升級途徑，所以設計者可以使用類似的指令與硬體完成簡單的 6 支腳位 PIC10 微控制器的程式開發，或者是高階的 100 支腳位 PIC18 微控制器的應用設計。這種不同系列產品之間的高度相容性，使得 PIC® 系列微控制器提供更高的應用彈性，而設計者也可以在同樣的開發設計環境與觀念下，快速地選擇並完成相關的應用程式設計。

▌核心硬體的設計

所有 PIC 系列微控制器，設計開發上有著下列一貫的觀念與優勢：

- 不論使用的是 12 位元、14 位元或者是 16 位元的指令集，都有向下相容的特性，而且這些指令集與相對應的核心處理器硬體都經過最佳化的設計，以提供最大的效能與計算速度。
- 由於採用哈佛（Harvard）式匯流排的硬體設計，程式與資料是在不同的匯流排上傳輸，可以避免運算處理時的瓶頸，並增加整體性能的表現。
- 而且硬體上採用兩階段式的指令擷取方式，使處理器在執行一個指令的同時，可以先行擷取下一個執行指令，而得以節省時間提高運算速度。
- 在指令與硬體的設計上，每一個指令都只占據一個字元（word）的長度，因此可以加強程式的效率，並降低所需要的程式記憶體空間。
- 對於不同系列的微處理器，僅需要最少 33 個指令，最高 83 個指令，因此不論是學習撰寫程式或者進行除錯測試，都變得相對地容易。
- 而高階產品向下相容的特性，使得設計者可以保持原有的設計觀念與硬體投資，並保留已開發的工作資源，進而提高程式開發的效率，並減少所需要的軟硬體投資。

▌硬體整合的周邊功能

　　PIC® 系列微控制器提供了多樣化的選擇，並將許多商業上標準的通訊協定與控制硬體與核心控制器完整地整合。因此，只要使用簡單的指令，便可以將複雜的資料輸出入功能或運算快速地完成，有效地提升控制器的運算效率。如圖 1-25 所示，PIC® 系列微控制器提供內建整合的通訊協定與控制硬體包括：

■ 通訊協定與硬體

- RS232/RS485
- SPI

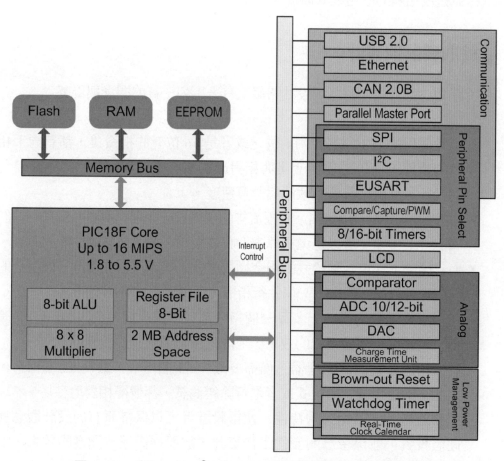

圖 1-25　Microchip® PIC18F 系列硬體整合的周邊功能

- I^2C
- CAN
- USB
- LIN
- Radio Frequency (RF)
- TCP/IP

■控制與時序周邊硬體

- 訊號捕捉（Input Capture）
- 輸出比較（Output Compare）
- 波寬調變（Pulse Width Modulator, PWM）
- 計數器／計時器（Counter/Timer）
- 監視（看門狗）計時器（Watchdog Timer）

■資料顯示周邊硬體

- 發光二極體 LED 驅動器
- 液晶顯示器 LCD 驅動器

■類比周邊硬體

- 最高達 12 位元的類比數位轉換器
- 類比訊號比較器及運算放大器
- 電壓異常偵測
- 低電壓偵測
- 溫度感測器
- 震盪器
- 參考電壓設定
- 數位類比訊號轉換器

同時在近期推出的新產品採用了許多低功率消耗的技術，在特定的狀況下可以將微控制器設定為睡眠或閒置的狀態。在這個狀態下，控制器將消耗相當

CHAPTER

1

低的功率而得以延長系統電池使用的時間。

◎▌整合式發展工具

Microchip® 提供了許多便利的發展工具供程式設計者使用。從整合式的發展環境 MPLAB X IDE 提供使用者利用各種免費的 MPASM 組合語言組譯器撰寫程式，到價格便宜的 C18 或 XC8 編譯器（學生版為免費提供），以及物美價廉的 ICD4、PICKit4 程式燒錄除錯器，讓一般使用者甚至於學生可以在個人電腦上面完成各種形式微控制器程式的撰寫與除錯。同時 Microchip® 也提供了許多功能完整的測試實驗板以及程式燒錄模擬裝置，可以提供更完善和強大的功能，讓使用者可以完全地測試相關的軟硬體而減少錯誤發生的機會。

◎▌16 位元的數位訊號控制器

除了在 8 位元微控制器的完整產品線之外，Microchip® 也提供了更進步的 16 位元數位訊號控制器（dsPIC 系列產品）與 PIC24 系列產品，以及 32 位元的 PIC32 系列微控制器。由於商品的相似性與相容性，降低了使用者進入高階數位訊號控制器的門檻。而 dsPIC® 數位訊號控制器不但提供了功能更完整強大的周邊硬體之外，同時也具備有硬體的數位訊號處理（Digital Signal Processing, DSP）引擎，能夠做高速有效的數位訊號運算處理。

上述眾多的優點及產品的一致性與相容性，讓使用者可以針對單一 PIC 系列微控制器進行深入而有效的學習之後，快速地將相關的技巧與觀念轉換到其他適合的微控制器上。因此，使用者不需要花費許多時間學習不同的工具及微控制器的特性或指令，便可以根據不同的系統需求選擇適合的微控制器完成所需要的工作。

也就是因為上述的考量，本書將利用功能較為完整的 8 位元的 PIC18F45K22 微控制器作為本書介紹基本功能微處理器的範例。這個 8 位元微處理器延續 PIC18 早期的代表性產品 PIC18F452 與 PIC18F4520 的功能，隨著微控制器技術的進步，持續擴充其功能，也同時保持與前期產品的高度相容性。由於 PIC18F45K22 微控制器配備有許多核心處理器與周邊硬體的功能，在後續的章節中我們將先作一個入門的介紹，然後在介紹特定硬體觀念時，再一一地做完整的功能說明與實用技巧的範例演練。

1.9 PIC18 系列微控制器簡介

功能簡介

以 PIC18F45K22 微控制器為例，它是一個 40（DIP）或 44（PLCC/QTFP）支腳位的 8 位元微控制器，它是由 PIC18F4520 微控制器所衍生的新一代微控制器。這兩個微控制器的基本功能簡列如表 1-2 所示。

表 1-2　PIC18F4520 與 PIC18F45K22 微控制器基本功能表

特性〔Features〕	PIC18F4520	PIC18F45K22
操作頻率〔Operating Frequency〕	DC-40 MHz	DC-64 MHz
程式記憶體〔Program Memory〕（Bytes）	32768	32768
程式記憶體〔Program Memory〕（Instructions）	16384	16384
資料記憶體〔Data Memory〕（Bytes）	1536	1536
EEPROM資料記憶體〔Data EEPROM Memory〕（Bytes）	256	256
中斷來源〔Interrupt Sources〕	20	33
輸出入埠〔I/O Ports〕	Ports A, B, C, D, E	Ports A, B, C, D, E
計時器〔Timers〕（8/16-bit）	4	3/4
CCP模組〔Capture/Compare/PWM Module〕	1	2
增強CCP模組〔Enhanced CCP Module〕	1	2
串列通訊協定〔Serial Communications〕	MSSP, Enhanced USART	2×MSSP, 2×Enhanced USART
並列通訊協定〔Parallel Communications〕	PSP	-
10 位元類比轉數位訊號模組〔10-bit Analog-to-Digital Module〕	13 Input Channels	28 input channels 2 Internal

表 1-2　PIC18F4520 與 PIC18F45K22 微控制器基本功能表（續）

特性〔Features〕	PIC18F4520	PIC18F45K22
重置功能〔RESETS〕	POR, BOR, RESET Instruction, Stack Full, Stack Underflow, (PWRT, OST), MCLR (optional), WDT	POR, BOR, RESET Instruction, Stack Full, Stack Underflow, (PWRT, OST), MCLR (optional), WDT
可程式高低電壓偵測〔Programmable Low Voltage Detect〕	Yes（高低電壓）	Yes（低電壓）
可程式電壓異常偵測〔Programmable Brown-out Reset〕	Yes	Yes
組合語言指令集〔Instruction Set〕	75 Instructions; 83 with Extended Instruction Set enabled	75; 83 with Extended Instruction Set enabled
IC封裝〔Packages〕	40-pin PDIP 44-pin QFN 44-pin TQFP	40-pin DIP 44-pin PLCC 44-pin TQFP

由表 1-2 的比較可以看到 PIC18F45K22 微控制器與發展較早的 PIC18F4520 微控制器具有高度的相容性。

▐ PIC18 微控制器共同的硬體特性

❑ 高效能的精簡指令集核心處理器
❑ 使用最佳化的 C 語言編譯器架構與相容的指令集
❑ 核心指令相容於傳統的 PIC16 系列微處理器指令集
❑ 高達 64 K 位元組的線性程式記憶體定址
❑ 高達 1.5 K 位元組的線性資料記憶定址
❑ 多達 1024 位元組的 EEPROM 資料記憶
❑ 位置高達 16 MIPS 的操作速度
❑ 可使用 DC～64 MHz 的震盪器或時序輸入

❏ 可配合四倍相位鎖定迴路（PLL）使用的震盪器或時序輸入

■ 周邊硬體功能特性

❏ 每支腳位可輸出入高達 25 mA 電流
❏ 三個外部的中斷腳位
❏ TIMER0 模組：配備有 8 位元可程式的 8 位元或 16 位元計時器／計數器
❏ TIMER1/3/5 模組：16 位元計時器／計數器
❏ TIMER2/4/6 模組：配備有 8 位元週期暫存器的 8 位元計時器／計數器
❏ 可選用輔助的外部震盪器時需輸入計時器：TIMER1/TIMER3/TIMER5
❏ 兩組輸入捕捉／輸出比較／波寬調變（CCP）模組
   • 16 位元輸入捕捉，最高解析度可達 6.25 ns
   • 16 位元輸出比較，最高解析度可達 100 ns
   • 波寬調變輸出可調整解析度為 1-10 位元，最高解析度可達 39 kHz （10 位元解析度）〜156 kHz（8 位元解析度）
❏ 兩組增強型的 CCP 模組
   • 1、2 或 4 組 PWM 輸出
   • 可選擇的輸出極性、可設定的空乏時間
   • 自動停止與自動重新啟動
❏ 主控式同步串列傳輸埠模組（MSSP）：可設定為 SPI 或 I²C 通訊協定模式
❏ 可定址的通用同步／非同步傳輸模組：支援 RS-485 與 RS-232 通訊協定
❏ 被動式並列傳輸埠模組（PSP）

■ 類比訊號功能特性

❏ 高採樣速率的 10 位元類比數位訊號轉換器模組
❏ 類比訊號比較模組
❏ 可程式並觸發中斷的低電壓偵測
❏ 可程式的電壓異常重置

CHAPTER

1

■ 特殊的微控制器特性

❑ 可重複燒寫 100,000 次的程式快閃（Flash）記憶體

❑ 可重複燒寫 1,000,000 次的 EEPROM 資料記憶體

❑ 大於 40 年的快閃程式記憶體與 EEPROM 資料記憶體資料保存

❑ 可由軟體控制的自我程式覆寫

❑ 開機重置、電源開啓計時器及震盪器開啓計時器

❑ 內建 RC 震盪電路的監視計時器（看門狗計時器）

❑ 可設定的程式保護裝置

❑ 節省電能的睡眠模式

❑ 可選擇的震盪器模式

❑ 4 倍相位鎖定迴路

❑ 輔助的震盪器時序輸入

❑ 5 伏特電壓操作下使用兩支腳位的線上串列程式燒錄（In-Circuit Serial Programming, ICSP）

❑ 僅使用兩支腳位的線上除錯（In-Circuit Debugging, ICD）

■ CMOS 製造技術

❑ 低耗能與高速度的快閃程式記憶體與 EEPROM 資料記憶體技術

❑ 完全的靜態結構設計

❑ 寬大的操作電壓範圍（2.0 V～5.5 V）

❑ 符合工業標準更擴大的溫度操作範圍

◢ 增強的新功能

PIC18F45K22 微控制器不但保持了優異的向下相容性，同時也增加了許多新的功能。特別是在核心處理器與電能管理方面，更是有卓越的進步。以下所列爲較爲顯著的改變之處：

■電能管理模式

除了過去所擁有的執行與睡眠模式之外，新增加了閒置（idle）模式。在閒置模式下，核心處理器將會停止作用，但是其餘的周邊硬體可以選擇性的繼續保持作用，並且可以在中斷訊號發生的時候，喚醒核心處理器進行必要的處理工作。藉由閒置模式的操作，不但可以節約核心處理器不必要的電能浪費，同時又可以藉由周邊硬體的持續操作，維持微控制器的基本功能，因此可以在節約電能與工作處理之間取得一個有效的平衡。

同時為了縮短電源啓動或者系統重置時，微控制器應用程式啓動執行的時間，PIC18F45K22 微控制器並增加了雙重速度的震盪器啓動模式。當啓動雙重輸出的模式時，腳位控制器取得穩定的外部震盪器時序脈波之前，可以先利用微控制器所內建的 RC 震盪電路時序脈波進行相關的開機啓動工作程序。一旦外部震盪器時序脈波穩定之後，便可以切換至主要的外部時序來源而進入穩定的操作狀態。這樣的雙重速度震盪器啓動功能，可以有效縮短微控制器在開機時，等待穩定時序脈波所需要的時間。

除此之外，藉由新的半導體製程有效地將微控制器的電能消耗降低，在睡眠模式下可以僅使用低於 0.1 微安培的電量，將有助於延長使用獨立電源時的系統操作時間。

■PIC18F45K22 微控制器增強的周邊功能

除了維持傳統的 PIC18F4520 微控制器眾多周邊功能之外，PIC18F45K22 微控制器增強或改善了許多新的周邊硬體功能。包括：

- 增強的周邊硬體功能
- 多達 28 個通道的 10 位元解析度類比數位訊號轉換模組
  —具備自動偵測轉換的能力
  —獨立化的通道選擇設定位元
  —可在睡眠模式下進行訊號轉換
- 二個具備輸入多工切換的類比訊號比較器
- 加強的可定址 USART 模組

CHAPTER

1

　　—支援 RS-485, RS-232 與 LIN 1.2 通訊模式

　　—無需外部震盪器的 RS-232 操作

　　—外部訊號啓動位元的喚醒功能

　　—自動的鮑率（Baud Rate）偵測與調整

- 加強的 CCP 模組，提供更完整的 PWM 波寬調變功能

　　—可提供 1、2 或 4 組 PWM 輸出

　　—可選擇輸出波形的極性

　　—可設定的空乏時間（deadtime）

　　—自動關閉與自動重新啓動

■ 彈性的震盪器架構

- 可高達 64 MHz 操作頻率的四種震盪器選擇模式
- 輔助的 TIMER1 震盪時序輸入
- 可運用於高速石英震盪器與內部震盪電路的 4 倍鎖相迴路（PLL, Phase Lock Loop）
- 加強的內部 RC 震盪器電路區塊：

　　—八個可選擇的操作頻率：31 kHz 到 8 MHz。提供完整的時脈操作速度

　　—使用鎖相迴路（PLL）時，可選擇 31 kHz 到 32 MHz 的時脈操作範圍

　　—可微調補償頻率飄移

- 時序故障保全監視器：當外部時序故障時，可安全有效的保護微控制器操作

■ 微控制器的特殊功能

- 更爲廣泛的電壓操作範圍：2.0 V～5.5 V
- 可程式設定十六個預設電壓的高 / 低電壓偵測模組，並提供中斷功能

　　這些加強的新功能，搭配傳統既有的功能使得 PIC18F45K22 微控制器得以應付更加廣泛的實務應用與處理速度的要求。

1.10 PIC18F45K22 微控制器腳位功能

由於 PIC18F45K22 微控制器與 PIC18F 系列的高度相容性與優異功能，在本書後續的內容中將以 PIC18F45K22 微控制器作為應用說明的對象，但是讀者仍然可以將相關應用程式使用於較早發展的 PIC18F 微控制器。相關的應用程式範例也會儘量使用與其他系列的 PIC® 微控制器相容的指令集，藉以增加範例程式的運用範圍。

PIC18F45K22 微控制器硬體架構方塊示意圖如圖 1-26 所示。

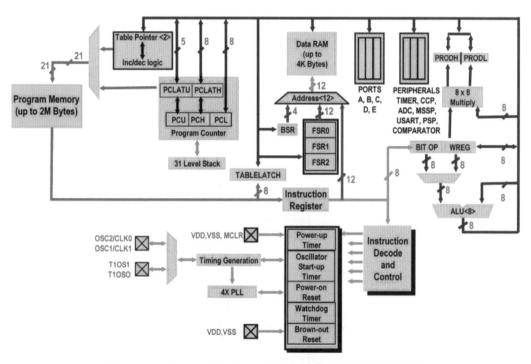

圖 1-26　PIC18F45K22 微控制器硬體架構示意圖

▐ PIC18F45K22 微控制器腳位功能

PIC18F45K22 微控制器相關的腳位功能設定如圖 1-27 所示。

CHAPTER

1

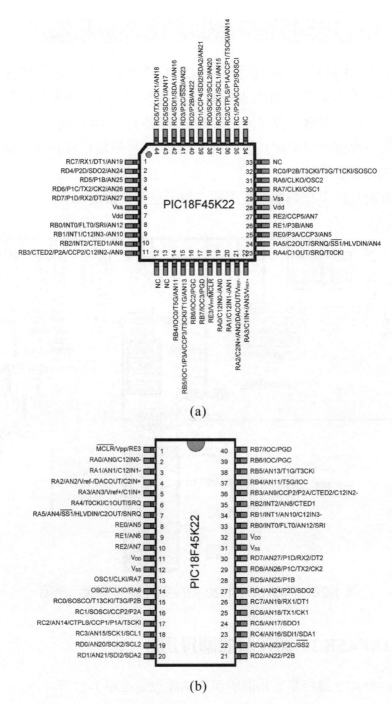

(a)

(b)

圖 1-27　PIC18F45K22 微控制器腳位圖：(a) 44 pins TQFP，(b) 40 pins PDIP

PIC18F45K22 微控制器相關的腳位功能說明如表 1-3 所示。

表 1-3(1)　PIC18F45K22 微控制器相關的腳位功能（PORTA）

Pin Number（腳位編號）				Pin Name（腳位名稱）	Pin Type	Buffer Type	Description（功能敘述）
PDIP	TQFP	QFN	UQFN				
2	19	19	17	RA0/C12IN0-/AN0			
				RA0	I/O	TTL	Digital I/O.
				C12IN0-	I	Analog	Comparators C1 and C2 inverting input.
				AN0	I	Analog	Analog input 0.
3	20	20	18	RA1/C12IN1-/AN1			
				RA1	I/O	TTL	Digital I/O.
				C12IN1-	I	Analog	Comparators C1 and C2 inverting input.
				AN1	I	Analog	Analog input 1.
4	21	21	19	RA2/C2IN+/AN2/DACOUT/V_{REF-}			
				RA2	I/O	TTL	Digital I/O.
				C2IN+	I	Analog	Comparator C2 non-inverting input.
				AN2	I	Analog	Analog input 2.
				DACOUT	O	Analog	DAC Reference output.
				V_{REF-}	I	Analog	A/D reference voltage (low) input.
5	22	22	20	RA3/C1IN+/AN3/V_{REF+}			
				RA3	I/O	TTL	Digital I/O.
				C1IN+	I	Analog	Comparator C1 non-inverting input.
				AN3	I	Analog	Analog input 3.
				V_{REF+}	I	Analog	A/D reference voltage (high) input.
6	23	23	21	RA4/C1OUT/SRQ/T0CKI			
				RA4	I/O	ST	Digital I/O.
				C1OUT	O	CMOS	Comparator C1 output.
				SRQ	O	TTL	SR latch Q output.
				T0CKI	I	ST	Timer0 external clock input.
7	24	24	22	RA5/C2OUT/SRNQ/$\overline{SS1}$/HLVDIN/AN4			
				RA5	I/O	TTL	Digital I/O.
				C2OUT	O	CMOS	Comparator C2 output.
				SRNQ	O	TTL	SR latch Q output.
				$\overline{SS1}$	I	TTL	SPI slave select input (MSSP1).
				HLVDIN	I	Analog	High/Low-Voltage Detect input.
				AN4	I	Analog	Analog input 4.
14	31	33	29	RA6/CLKO/OSC2			
				RA6	I/O O	TTL	Digital I/O.
				CLKO		—	In RC mode, OSC2 pin outputs CLKOUT which has 1/4 the frequency of OSC1 and denotes the instruction cycle rate.
				OSC2	O	—	Oscillator crystal output. Connects to crystal or resonator in Crystal Oscillator mode.
13	30	32	28	RA7/CLKI/OSC1			
				RA7	I/O	TTL	Digital I/O.
				CLKI	I	CMOS	External clock source input. Always associated with pin function OSC1.
				OSC1	I	ST	Oscillator crystal input or external clock source input ST buffer when configured in RC mode; CMOS otherwise.

CHAPTER

1

表 1-3(2)　PIC18F45K22 微控制器相關的腳位功能（PORTB）

Pin Number（腳位編號）				Pin Name（腳位名稱）	Pin Type	Buffer Type	Description（功能敘述）
PDIP	TQFP	QFN	UQFN				
33	8	9	8	RB0/INT0/FLT0/SRI/AN12			
				RB0	I/O	TTL	Digital I/O.
				INT0	I	ST	External interrupt 0.
				FLT0	I	ST	PWM Fault input for ECCP Auto-Shutdown.
				SRI	I	ST	SR latch input.
				AN12	I	Analog	Analog input 12.
34	9	10	9	RB1/INT1/C12IN3-/AN10			
				RB1	I/O	TTL	Digital I/O.
				INT1	I	ST	External interrupt 1.
				C12IN3-	I	Analog	Comparators C1 and C2 inverting input.
				AN10	I	Analog	Analog input 10.
35	10	11	10	RB2/INT2/CTED1/AN8			
				RB2	I/O	TTL	Digital I/O.
				INT2	I	ST	External interrupt 2.
				CTED1	I	ST	CTMU Edge 1 input.
				AN8	I	Analog	Analog input 8.
36	11	12	11	RB3/CTED2/P2A/CCP2/C12IN2-/AN9			
				RB3	I/O	TTL	Digital I/O.
				CTED2	I	ST	CTMU Edge 2 input.
				P2A[2]	O	CMOS	Enhanced CCP2 PWM output.
				CCP2[2]	I/O	ST	Capture 2 input/Compare 2 output/PWM 2 output.
				C12IN2-	I	Analog	Comparators C1 and C2 inverting input.
				AN9	I	Analog	Analog input 9.
37	14	14	12	RB4/IOC0/T5G/AN11			
				RB4	I/O	TTL	Digital I/O.
				IOC0	I	TTL	Interrupt-on-change pin.
				T5G	I	ST	Timer5 external clock gate input.
				AN11	I	Analog	Analog input 11.
38	15	15	13	RB5/IOC1/P3A/CCP3/T3CKI/T1G/AN13			
				RB5	I/O	TTL	Digital I/O.
				IOC1	I	TTL	Interrupt-on-change pin.
				P3A[1]	O	CMOS	Enhanced CCP3 PWM output.
				CCP3[1]	I/O	ST	Capture 3 input/Compare 3 output/PWM 3 output.
				T3CKI[2]	I	ST	Timer3 clock input.
				T1G	I	ST	Timer1 external clock gate input.
				AN13	I	Analog	Analog input 13.
39	16	16	14	RB6/IOC2/PGC			
				RB6	I/O	TTL	Digital I/O.
				IOC2	I	TTL	Interrupt-on-change pin.
				PGC	I/O	ST	In-Circuit Debugger and ICSP™ programming clock pin.
40	17	17	15	RB7/IOC3/PGD			
				RB7	I/O	TTL	Digital I/O.
				IOC3	I	TTL	Interrupt-on-change pin.
				PGD	I/O	ST	In-Circuit Debugger and ICSP™ programming data pin.

CHAPTER

1

表 1-3(3)　PIC18F45K22 微控制器相關的腳位功能（PORTC）

Pin Number（腳位編號）				Pin Name（腳位名稱）	Pin Type	Buffer Type	Description（功能敘述）
PDIP	TQFP	QFN	UQFN				
15	32	34	30	RC0/P2B/T3CKI/T3G/T1CKI/SOSCO			
				RC0	I/O	ST	Digital I/O.
				P2B[2]	O	CMOS	Enhanced CCP1 PWM output.
				T3CKI[1]	I	ST	Timer3 clock input.
				T3G	I	ST	Timer3 external clock gate input.
				T1CKI	I	ST	Timer1 clock input.
				SOSCO	O	—	Secondary oscillator output.
16	35	35	31	RC1/P2A/CCP2/SOSCI			
				RC1	I/O	ST	Digital I/O.
				P2A[1]	O	CMOS	Enhanced CCP2 PWM output.
				CCP2[1]	I/O	ST	Capture 2 input/Compare 2 output/PWM 2 output.
				SOSCI	I	Analog	Secondary oscillator input.
17	36	36	32	RC2/CTPLS/P1A/CCP1/T5CKI/AN14			
				RC2	I/O	ST	Digital I/O.
				CTPLS	O	—	CTMU pulse generator output.
				P1A	O	CMOS	Enhanced CCP1 PWM output.
				CCP1	I/O	ST	Capture 1 input/Compare 1 output/PWM 1 output.
				T5CKI	I	ST	Timer5 clock input.
				AN14	I	Analog	Analog input 14.
18	37	37	33	RC3/SCK1/SCL1/AN15			
				RC3	I/O	ST	Digital I/O.
				SCK1	I/O	ST	Synchronous serial clock input/output for SPI mode (MSSP).
				SCL1	I/O	ST	Synchronous serial clock input/output for I^2C mode (MSSP).
				AN15	I	Analog	Analog input 15.
23	42	42	38	RC4/SDI1/SDA1/AN16			
				RC4	I/O	ST	Digital I/O.
				SDI1	I	ST	SPI data in (MSSP).
				SDA1	I/O	ST	I^2C data I/O (MSSP).
				AN16	I	Analog	Analog input 16.
24	43	43	39	RC5/SDO1/AN17			
				RC5	I/O	ST	Digital I/O.
				SDO1	O	—	SPI data out (MSSP).
				AN17	I	Analog	Analog input 17.
25	44	44	40	RC6/TX1/CK1/AN18			
				RC6	I/O	ST	Digital I/O.
				TX1	O	—	EUSART asynchronous transmit.
				CK1	I/O	ST	EUSART synchronous clock (see related RXx/DTx).
				AN18	I	Analog	Analog input 18.
26	1	1	1	RC7/RX1/DT1/AN19			
				RC7	I/O	ST	Digital I/O.
				RX1	I	ST	EUSART asynchronous receive.
				DT1	I/O	ST	EUSART synchronous data (see related TXx/ CKx).
				AN19	I	Analog	Analog input 19.

CHAPTER

1

表 1-3(4)　PIC18F45K22 微控制器相關的腳位功能（PORTD）

Pin Number（腳位編號）				Pin Name（腳位名稱）	Pin Type	Buffer Type	Description（功能敘述）
PDIP	TQFP	QFN	UQFN				
19	38	38	34	RD0/SCK2/SCL2/AN20			
				RD0	I/O	ST	Digital I/O.
				SCK2	I/O	ST	Synchronous serial clock input/output for SPI mode (MSSP).
				SCL2	I/O	ST	Synchronous serial clock input/output for I²C mode (MSSP).
				AN20	I	Analog	Analog input 20.
20	39	39	35	RD1/CCP4/SDI2/SDA2/AN21			
				RD1	I/O	ST	Digital I/O.
				CCP4	I/O	ST	Capture 4 input/Compare 4 output/PWM 4 output.
				SDI2	I	ST	SPI data in (MSSP).
				SDA2	I/O	ST	I²C data I/O (MSSP).
				AN21	I	Analog	Analog input 21.
21	40	40	36	RD2/P2B/AN22			
				RD2	I/O	ST	Digital I/O
				P2B[1]	O	CMOS	Enhanced CCP2 PWM output.
				AN22	I	Analog	Analog input 22.
22	41	41	37	RD3/P2C/SS2/AN23			
				RD3	I/O	ST	Digital I/O.
				P2C	O	CMOS	Enhanced CCP2 PWM output.
				SS2	I	TTL	SPI slave select input (MSSP).
				AN23	I	Analog	Analog input 23.
27	2	2	2	RD4/P2D/SDO2/AN24			
				RD4	I/O	ST	Digital I/O.
				P2D	O	CMOS	Enhanced CCP2 PWM output.
				SDO2	O	—	SPI data out (MSSP).
				AN24	I	Analog	Analog input 24.
28	3	3	3	RD5/P1B/AN25			
				RD5	I/O	ST	Digital I/O.
				P1B	O	CMOS	Enhanced CCP1 PWM output.
				AN25	I	Analog	Analog input 25.
29	4	4	4	RD6/P1C/TX2/CK2/AN26			
				RD6	I/O	ST	Digital I/O.
				P1C	O	CMOS	Enhanced CCP1 PWM output.
				TX2	O	—	EUSART asynchronous transmit.
				CK2	I/O	ST	EUSART synchronous clock (see related RXx/DTx).
				AN26	I	Analog	Analog input 26.
30	5	5	5	RD7/P1D/RX2/DT2/AN27			
				RD7	I/O	ST	Digital I/O.
				P1D	O	CMOS	Enhanced CCP1 PWM output.
				RX2	I	ST	EUSART asynchronous receive.
				DT2	I/O	ST	EUSART synchronous data (see related TXx/ CKx).
				AN27	I	Analog	Analog input 27.

表 1-3(5)　PIC18F45K22 微控制器相關的腳位功能（PORTE）

Pin Number（腳位編號）				Pin Name（腳位名稱）	Pin Type	Buffer Type	Description（功能敘述）
PDIP	TQFP	QFN	UQFN				
8	25	25	23	RE0/P3A/CCP3/AN5			
				RE0	I/O	ST	Digital I/O.
				P3A[2]	O	CMOS	Enhanced CCP3 PWM output.
				CCP3[2]	I/O	ST	Capture 3 input/Compare 3 output/PWM 3 output.
				AN5	I	Analog	Analog input 5.
9	26	26	24	RE1/P3B/AN6			
				RE1	I/O	ST	Digital I/O.
				P3B	O	CMOS	Enhanced CCP3 PWM output.
				AN6	I	Analog	Analog input 6.
10	27	27	25	RE2/CCP5/AN7			
				RE2	I/O	ST	Digital I/O.
				CCP5	I/O	ST	Capture 5 input/Compare 5 output/PWM 5 output
				AN7	I	Analog	Analog input 7.
1	18	18	16	RE3/VPP/$\overline{\text{MCLR}}$			
				RE3	I	ST	Digital input.
				VPP	P		Programming voltage input.
				$\overline{\text{MCLR}}$	I	ST	Active-low Master Clear (device Reset) input.

縮寫符號：TTL = TTL compatible input; CMOS = CMOS compatible input or output; ST = Schmitt Trigger input with CMOS levels; I= Input; O = Output; P = Power.

註解

1. 當設定位元為 PB2MX、T3CMX、CCP3MX及CCP2MX 設為1時，預設功能為 P2B、T3CKI、CCP3/P3A 及CCP2/P2A。

2. 當設定位元為PB2MX、T3CMX、CCP3MX及CCP2MX清除為0時，作為P2B、T3CKI、CCP3/P3A及CCP2/P2A的替代腳位。

1.11　PIC18F45K22 微控制器程式記憶體架構

PIC18F45K22 微控制器記憶體可以區分為三大區塊，包括：

- 程式記憶體（Program Memory）
- 隨機讀寫資料記憶體（Data RAM）
- EEPROM 資料記憶體

由於採用改良式的哈佛匯流排架構，資料與程式記憶體使用不同的獨立匯流排，因此核心處理器得以同時擷取程式指令以及相關的運算資料。由於不同的處理器在硬體設計上及使用上，都有著完全不同的方法與觀念，因此將針對上面三類記憶體區塊逐一地說明。

程式記憶體架構

　　程式記憶體儲存著微處理器所要執行的指令，每執行一個指令便需要將程式的指標定址到下一個指令所在的記憶體位址。由於 PIC18F45K22 微控制器的核心處理器是一個使用 16 位元（bit）長度指令的硬體核心，因此每一個指令將占據兩個位元組（byte）的記憶體空間。而且 PIC18F45K22 微控制器建置有高達 16 K 個指令的程式記憶空間，因此在硬體上整個程式記憶體，便占據了多達 32 K 位元組的記憶空間。

　　在 PIC18 系列的微處理器上建置一個有 21 位元長度的程式計數器（Program Counter），因此可以對應到高達 2 M 的程式記憶空間。由於 PIC18F45K22 微控制器實際配備有 32 K 位元組的記憶空間，在超過 32 K 位元組的位址將會讀到全部為 0 的無效指令。PIC18F45K22 微控制器的程式記憶體架構，如圖 1-28 所示。

　　在正常的情況下，由於每一個指令的長度為兩個位元組，因此每一個指令的程式記憶體位址都是由偶數的記憶體位址開始，也就是說，程式計數器最低位元將會一直為 0。而每執行完一個指令之後，程式計數器的位址將遞加 2 而指向下一個指令的位址。

　　而當程式執行遇到需要進行位址跳換時，例如執行特別的函式（CALL、RCALL）或者中斷執行函式（Interrupt Service Routine, ISR）時，必須要將目前程式執行所在的位址作一個暫時的保留，以便於在函式執行完畢時，得以回到適當的程式記憶體位址繼續未完成的工作指令。當上述呼叫函式的指令被執行時，程式計數器的內容將會被推入堆疊（Stack）的最上方。或者在執行函式完畢而必須回到原先的程式執行位址的指令（RETURN、RETFIE 及 RETLW）時，必須要將先前保留的程式執行位址由堆疊的最上方位址取出。因此，在硬體上設計有一個所謂的返回位址堆疊（Return Address Stack）暫存器空間，而這一個堆疊暫存器的結構是一個所謂的先進後出（First-In-Last-Out）暫存器。依照函式呼叫的前後順序，將呼叫函式時的位址存入堆疊中，

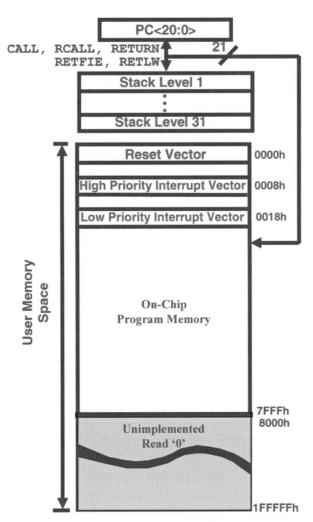

圖 1-28 PIC18F45K22 微控制器記憶體架構圖

越先呼叫函式者所保留的位址將會被推入越深的堆疊位址。在程式計數器與堆疊存取資料的過程中,並不會改變程式計數器高位元栓鎖暫存器(PCLATH、PCLATU)的內容。

返回位址堆疊允許最多達三十一個函式呼叫或者中斷的發生,並保留呼叫時程式計數器所記錄的位址。這個堆疊暫存器是由一個 31 字元(word)深度,而且每個字元長度為 21 位元的隨機資料暫存器及一個 5 位元的堆疊指標(Stack Pointer, STKPTR)所組成。這個堆疊指標在任何的系統重置發生時,將會被初始化爲 0。在任何一個呼叫函式指令（CALL）的執行過程中，將會引發一個堆疊的推入（push）動作。這時候，堆疊指標將會被遞加 1，而且指標所指的堆疊暫存器位址將會被載入程式計數器的數值。相反地，在任何一個返回程式指令（RETURN）的執行過程中，堆疊指標所指向的堆疊暫存器位址內容將會被推出（pop）堆疊暫存器而轉移到程式計數器，在此同時堆疊指標將會被遞減 1。堆疊的運作，如圖 1-29 所示。

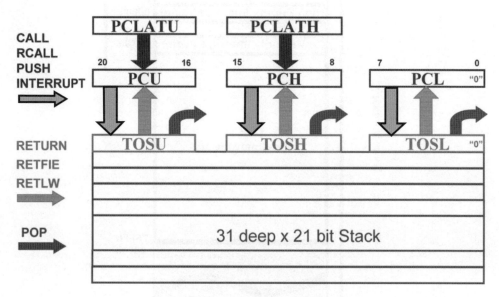

圖 1-29　堆疊的運作

堆疊暫存器的空間並不屬於程式資料記憶體的一部分。堆疊指標是一個可讀寫的記憶體，而堆疊最上方所儲存的記憶體位址是可以透過特殊功能暫存器 STKPTR 來完成讀寫的動作。資料可以藉由堆疊頂端（Top-of-Stack）的特殊功能暫存器被推入或推出堆疊。藉由狀態（Status）暫存器的內容可以檢查堆疊指標是否到達或者超過所提供的 31 層堆疊空間範圍。

堆疊頂端的資料記憶體是可以被讀取或者寫入的，在這裡總共有三個資料暫存器 TOSU、TOSH 及 TOSL 被用來保留堆疊指標暫存器（STKPTR）所指向的堆疊位址內容。這樣的設計將允許使用者在必要時建立一個軟體堆疊。在執行一個呼叫函式的指令（CALL、RCALL 及中斷）之後，可以藉由軟體讀取 TOSU 、TOSH 及 TOSL ，而得知被推入到堆疊裡的數值，然後將這些數值另外存放在使用者定義的軟體堆疊記憶體。而在從被呼叫函式返回時，可以藉由指令將軟體堆疊的數值存放在這些堆疊頂端暫存器後，再執行返回（RE-TURN）的指令。如果使用軟體堆疊的話，使用者必須注意要將中斷的功能關閉，以避免意外的堆疊操作發生。

◉ 堆疊指標（STKPTR）

堆疊指標暫存器記錄了堆疊指標的數值，以及堆疊飽滿（Stack Full）狀態位元 STKFUL 與堆疊空乏（Underflow）狀態位元 STKUNF。堆疊指標暫存器的內容，如表 1-4 所示。

表 1-4　返回堆疊指標暫存器 STKPTR 位元定義

STKFUL	STKUNF	—	SP4	SP3	SP2	SP1	SP0
bit 7							bit 0

堆疊指標的內容（SP4:SP0）可以是 0 到 31 的數值。每當有數值被推入到堆疊時，堆疊指標將會遞加 1；相反地，當有數值從堆疊被推出時，堆疊指標將會被遞減 1。在系統重置時，堆疊指標的數值將會為 0。使用者可以讀取或者寫入堆疊指標數值，這個功能可以在使用即時作業系統（Real-Time Operation System）的時候用來維護軟體堆疊的內容。

當程式計數器的數值被推入到堆疊中超過 31 個字元的深度時，例如連續呼叫 31 次函式而不做任何返回程式的動作時，堆疊飽滿狀態位元 STKFUL 將會被設定為 1，但是這個狀態位元可以藉由軟體或者是電源啟動重置（POR）而被清除為 0。

當堆疊飽滿的時候，系統所將採取的動作將視設定位元（Configuration bit）STVREN（Stack Overflow Reset Enable）的狀態而定。如果 STVREN 被設定為 1，則第三十一次的推入動作發生時，系統將會把狀態位元 STKFUL 設定為 1，同時並重置微處理器。在重置之後，STKFUL 將會保持為 1，而堆疊指標將會被清除爲 0。如果 STVREN 被設定爲 0，在第三十一次推入動作發生時，STKFUL 將會被設定爲 1，同時堆疊指標將會遞加到 31。任何後續的推入動作將不會改寫第三十一次推入動作所載入的數值，而且堆疊指標將保持爲 31。換句話說，任何後續的推入動作將成爲無效的動作。

當堆疊經過足夠次數的推出動作，使得所有存入堆疊的數值被讀出之後，任何後續的推出動作將會傳回一個 0 的數值到程式計數器，並且會將 ST-KUNF 堆疊空乏狀態位元設定爲 1，只是堆疊指標將維持爲 0。STKUNF 將會被保持設定爲 1，直到被軟體清除或者電源啓動重置發生爲止。要注意到當回傳一個 0 的數值到程式計數器時，將會使處理器執行程式記憶體位址爲 0 的重置指令，使用者的程式可以撰寫適當的指令在重置時檢查堆疊的狀態。

▌推入與推出指令

在堆疊頂端是一組可讀寫的暫存器，因此在程式設計時，能夠將數值推入或推出堆疊，而不影響到正常程式執行是一個非常方便的功能。要將目前程式計數器的數值推入到堆疊中，可以執行一個 PUSH 指令。這樣的指令將會使堆疊指標遞加 1，而且將目前程式計數器的數字載入到堆疊中。而最頂端相關的三個暫存器 TOSU、TOSH 及 TOSL 可以在數值推入堆疊之後被修正，以便安置一個所需要返回程式的位址到堆疊中。

同樣地，利用 POP 指令便可以將堆疊頂端的數值，更換成爲之前推入到堆疊中的數值，而不會影響到正常的程式執行。POP 指令的執行將會使堆疊指標遞減 1，而使得目前堆疊頂端的數值作廢。由於堆疊指標減 1 之後，將會使前一個被推入堆疊的程式計數器位置變成有效的堆疊頂端數值。

▌堆疊飽滿與堆疊空乏重置

利用軟體規劃 STVREN 設定位元可以在堆疊飽滿或者堆疊空乏的時候產生一個重置的動作。當 STVREN 位元被清除爲零時，堆疊飽滿或堆疊空乏的發生將只會設定相對應的 STKFUL 及 STKUNF 位元，但卻不會引起系統重置。相反地，當 STVREN 位元被設定爲 1 時，堆疊飽滿或堆疊空乏除了將設定相

對應的 STKFUL 或 STKUNF 位元之外，也將引發系統重置。而這兩個 STK-
FUL 與 STKUNF 狀態位元只能夠藉由使用者的軟體或者電源啓動重置（POR）
來清除。因此，使用者可以利用 STVREN 設定位元在堆疊發生狀況而產生重
置時，檢查相關的狀態位元來了解程式的問題。

◢ 快速暫存器堆疊（Fast Register Stack）

　　除了正常的堆疊之外，中斷執行函式還可以利用快速中斷返回的選項。
PIC18F45K22 微控制器提供了一個快速暫存器堆疊，用來儲存狀態暫存器
（STATUS）、工作暫存器（WREG）及資料記憶區塊選擇暫存器（BSR, Bank
Select Register）的內容，但是它只能存放一筆資料。這個快速堆疊是不可以
讀寫的，而且只能用來處理中斷發生時上述暫存器目前的數值使用。而在中斷
執行程式結束前，必須使用 RETURN FAST 指令由中斷返回，才可以將快速
暫存器堆疊的數值載回到相關暫存器。

　　使用快速暫存器堆疊時，無論是低優先或者高優先中斷，都會將數值推入
到堆疊暫存器中。如果高低優先中斷都同時被開啓，對於低優先中斷而言，快
速暫存器堆疊的使用並不可靠。這是因爲當低優先中斷發生時，如果高優先權
中斷也跟著發生，則先前因低優先中斷發生而儲存在快速堆疊的內容將會被覆
寫而消失。

　　如果應用程式中沒有使用到任何的中斷，則快速暫存器堆疊可以被用來
在呼叫函式或者函式執行結束返回正常程式前，回復相關狀態暫存器（STA-
TUS）、工作暫存器（WREG）及資料記憶區塊選擇暫存器（BSR）的數值內容。
簡單的範例如下：

```
    CALL SUB1, FAST    ;STATUS, WREG, BSR 儲存在快速暫存器堆疊
    ......
SUB1 ......
    ......
    RETURN FAST        ;將儲存在快速暫存器堆疊的數值回復
```

程式計數器相關的暫存器

　　程式計數器定義了要被擷取並執行的指令記憶體位址，它是一個 21 位元長度的計數器。程式計數器的低位元組被稱作爲 PCL 暫存器，它是一個可讀取或寫入的暫存器。而接下來的高位元組被稱作爲 PCH 暫存器，它包含了程式計數器第八到十五個位元的資料，而且不能夠直接地被讀取或寫入；因此，要更改 PCH 暫存器的內容必須透過另外一個 PCLATH 栓鎖暫存器來完成。程式計數器的最高位元組被稱作爲 PCU 暫存器，它包含了程式計數器第十六到二十個位元的資料，而且不能夠直接地被讀寫。因此，要更改 PCU 暫存器的內容，必須透過另外一個 PCLATU 栓鎖暫存器來完成。這樣的栓鎖暫存器設計是爲了要保護程式計數器的內容不會被輕易地更改，而如果需要更改時，可以將所有的位元在同一時間更改，以免出現程式執行錯亂的問題。

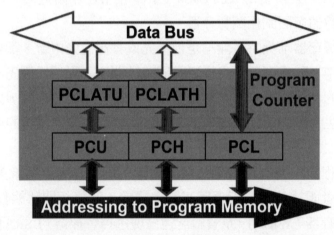

讀取 PCL 暫存器時，PCU/PCH 的內容同時移至 PCLATU/PCLATH

寫入資料至 PCL 暫存器時，PCLATU/PCLATH 的內容同時移至 PCU/PCH

圖 1-30　　程式計數器相關暫存器的操作示意圖

　　程式計數器的內容將指向程式記憶體中對應位址的位元組資料，爲了避免程式計數器的數值與指令字元的位址不相符而未對齊，PCL 暫存器的最低位元將會被固定爲 0。因此程式計數器在每執行完一個指令之後將會遞加 2，以指向程式記憶體中下一個指令所在位元組的位址。

　　呼叫或返回函式的相關指令（CALL、RCALL 及 RETURN）以及程式跳行（GOTO 或 BRA）相關的指令將直接修改程式計數器的內容，使用這些指令將不會把相關栓鎖暫存器 PCLATU 與 PCLATH 的內容轉移到程式計數器中。只有在執行寫入 PCL 暫存器的過程中，才會將栓鎖暫存器 PCLATU 與 PCLATH 的內容轉移到程式計數器中。同樣地，也只有在讀取 PCL 暫存器的內容時，才會將程式計數器相關的內容轉移到上述的栓鎖暫存器中。程式記憶體相關暫存器的操作示意，如圖 1-30 所示。

◗ 時序架構與指令週期

　　微處理器的時序輸入（一般由 OSC1 提供），在內部將會被分割為四個相互不重複的時序脈波，分別為 Q1、Q2、Q3 與 Q4，如圖 1-31 所示。藉由圖 1-32 的微處理器架構，可以更清楚的了解這些階段的動作。在 Q1 脈波期間，微處理器從指令暫存器（Instruction Register）讀取指令，由指令解碼與控制元件分析，並掌握接下來的運算動作與資料；在 Q2 脈波，藉由控制一般記憶體區塊的記憶體管理單元（Memory Management Unit, MMU），提供所需要的資料記憶體位址，將資料由記憶體區塊或工作暫存器（Working Register, WREG）透過 8 位元匯流排的訊號傳給核心的數學邏輯單元（Arithmetic Logic Unit, ALU），讀取指令所需資料；在 Q3 脈波，藉由指令解碼後，控制 ALU 中的多工器與解多工器，將輸入資料連通到指令定義的對應數位電路處理資料執行指令運算動作；最後在 Q4 脈波，再次藉由控制 ALU 的輸出解多工器與指令所指定的目標暫存器位址，透過指定的記憶體管理單元 MMU 回存指令運算結果資料到指定的目標記憶體，並預先擷取下一個指令到指令暫存器。在處理器內部，程式計數器將會在每一個 Q1 發生時遞加 2。而在 Q4 發生時，下一個指令將會從程式記憶體中被擷取並鎖入到指令暫存器中，然後在下一個指令週期中，被擷取的指令將會被解碼並執行。

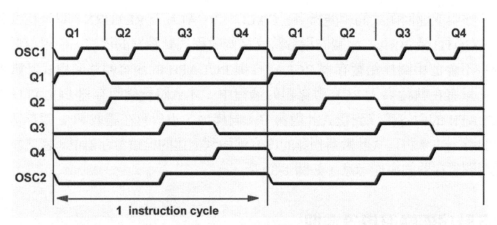

Q1 讀取指令、Q2 讀取資料、Q3 執行運算、Q4 回存運算結果

圖 1-31　PIC18 微控制器指令週期時序圖

指令流程與傳遞管線（Pipeline）

　　每一個指令週期包含了四個動作時間 Q1、Q2、Q3 與 Q4。指令擷取與執行透過一個傳遞管線的硬體安排，使得處理器在解碼並執行一個指令的同時，擷取下一個將被執行的指令。不過因為這樣的傳遞管線設計，每一個指令週期只能夠執行一個指令。如果某一個指令會改變到程式計數器的內容時，例如 CALL、RCALL、GOTO，則必須使用兩個指令週期才能夠完成這些指令的執行。

　　執行指令的動作在程式計數器於 Q1 工作時間遞加 2 時，也同時開始；在執行指令的過程中，Q1 工作時間被擷取的指令將會被鎖入到指令暫存器並解碼；然後在 Q3 工作時間內，被鎖入的指令將會被執行。如果執行指令需要讀寫相關的資料時，資料記憶體將會在 Q2 工作時間被讀取，然後在工作時間 Q4 將資料寫入到所指定的資料記憶體位址，如圖 1-32 所示。

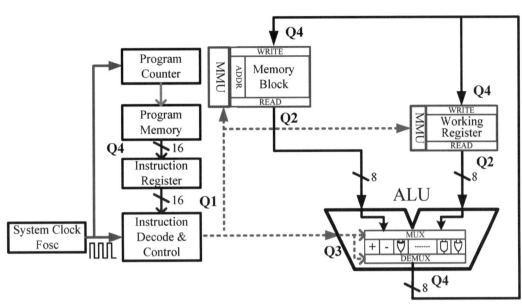

圖 1-32　PIC18 微控制器核心處理器運作與時脈關係

組合語言指令

　　既然本書的目的是要使用 C 程式語言撰寫微處理器程式，為什麼還要介紹基礎的組合語言指令集呢？

　　使用組合語言撰寫微處理器程式是最能夠發揮微處理器功能與效率的方式，但是使用組合語言撰寫程式卻又受限於可以使用的指令數量以及必須直接與硬體對應的程式規劃與記憶體位置安排，讓使用組合語言撰寫龐大應用程式的工作變成一個可怕的負擔。

　　為了減少開發應用程式的時間與困難，廠商於是開發了使用高階程式語言，例如 C 程式語言，作為撰寫微處理器的開發工具。利用高階程式語言撰寫微處理器程式可以讓開發工作變得相當的容易，但是所撰寫的高階程式語言應用程式必須經由特定的程式語言編譯器轉譯成為相對應的組合語言程式，才能夠進一步地編譯並燒錄到微處理器中使用。在使用高階程式語言撰寫應用程式的過程中，由於必須透過程式編譯器的轉譯，因此使用者並沒有辦法精確的掌握程式執行的效率以及轉移後的組合語言程式撰寫方式。如果使用者沒有培養良好的程式撰寫習慣時，利用高階程式語言所撰寫的微處理器應用程式在執行時反而會變得沒有效率。

　　除此之外，在一些高速運算的應用程式中，使用者希望能夠精確而有效地掌握程式執行的時間與順序，或者排除高階程式語言編譯器轉移時所夾帶的額外程式碼，這時候就必須藉由基礎的組合語言指令來完成這樣的工作。

　　大部分的高階程式語言編譯器都會允許使用者在程式中呼叫使用組合語言指令所撰寫的函式，或者直接在應用程式中嵌入一段使用組合語言撰寫的指令以滿足特定的需求。因此要成為一個進階的微處理器程式開發人員，對於組合語言指令的嫻熟與了解是不可或缺的基本技巧。

2.1 PIC18 系列微處理器指令集

PIC18 系列微處理器的指令集可以區分爲四個基本的類別：

1. 位元組資料運算（Byte-Oriented Operations）
2. 位元資料運算（Bit-Oriented Operations）
3. 常數運算（Literal Operations）
4. 程式流程控制運算（Control Operations）

位元組資料運算類型指令

PIC18 系列微處理器指令集的位元組資料運算類型指令內容如表 2-1 所示。大部分的位元組資料運算指令將會使用三個運算元：

1. 資料暫存器（簡寫爲 f）——定義指令運算所需要的暫存器。
2. 目標暫存器（簡寫爲 d）——運算結果儲存的記憶體位址。如果定義爲 0，則結果將儲存在 WREG 工作暫存器；如果定義爲 1，則結果將儲存在指令所定義的資料暫存器。
3. 運算所需資料是否位於擷取區塊（Access Bank）的記憶體（簡寫爲 a）。

表 2-1　PIC18 系列微處理器的位元組資料運算類型指令

針對位元組的暫存器操作指令（BYTE-ORIENTED FILE REGISTER OPERATIONS）						
Mnemonic, Operands	Description	Cycles	16-Bit Instruction Word		Status Affected
			MSb	LSb	
ADDWF　f, d, a	WREG 與 f 相加	1	0010　01da	ffff　ffff	C, DC, Z, OV, N
ADDWFC　f, d, a	WREG 與 f 及 C 進位旗標相加	1	0010　00da	ffff　ffff	C, DC, Z, OV, N
ANDWF　f, d, a	WREG 和 f 進行「AND（且）」運算	1	0001　01da	ffff　ffff	Z, N
CLRF　f, a	暫存器 f 清除爲零	1	0110　101a	ffff　ffff	Z
COMF　f, d, a	對 f 取補數	1	0001　11da	ffff　ffff	Z, N

表 2-1　PIC18 系列微處理器的位元組資料運算類型指令（續）

針對位元組的暫存器操作指令（BYTE-ORIENTED FILE REGISTER OPERATIONS）					
Mnemonic, Operands	Description	Cycles	16-Bit Instruction Word		Status Affected
			MSb	LSb	
CPFSEQ　f, a	將 f 與 WREG 比較，=則跳過	1 (2 or 3)	0110　001a	ffff　ffff	None
CPFSGT　f, a	將 f 與 WREG 比較，>則跳過	1 (2 or 3)	0110　010a	ffff　ffff	None
CPFSLT　f, a	將 f 與 WREG 比較，<則跳過	1 (2 or 3)	0110　000a	ffff　ffff	None
DECF　f, d, a	f減1	1	0000　01da	ffff　ffff	C, DC, Z, OV, N
DECFSZ　f, d, a	f減1，為0則跳過	1 (2 or 3)	0010　11da	ffff　ffff	None
DCFSNZ　f, d, a	f減1，非0則跳過	1 (2 or 3)	0100　11da	ffff　ffff	None
INCF　f, d, a	f加1	1	0010　10da	ffff　ffff	C, DC, Z, OV, N
INCFSZ　f, d, a	f加1，為0則跳過	1 (2 or 3)	0011　11da	ffff　ffff	None
INFSNZ　f, d, a	f加1，非0則跳過	1 (2 or 3)	0100　10da	ffff　ffff	None
IORWF　f, d, a	WREG 和 f 進行「OR（或）」運算	1	0001　00da	ffff　ffff	Z, N
MOVF　f, d, a	傳送暫存器f的內容	1	0101　00da	ffff　ffff	Z, N
MOVFF　fs, fd	將來源fs（第一個位元組）傳送到目標fd（第二個位元組）	2	1100　ffff 1111　ffff	ffff　ffff ffff　ffff	None
MOVWF　f, a	WREG的內容傳送到f	1	0110　111a	ffff　ffff	None
MULWF　f, a	WREG和f相乘	1	0000　001a	ffff　ffff	None
NEGF　f, a	對f求二的補數負數	1	0110　110a	ffff　ffff	C, DC, Z, OV, N
RLCF　f, d, a	含C進位旗標位元迴圈左移f	1	0011　01da	ffff　ffff	C, Z, N
RLNCF　f, d, a	迴圈左移f（無C進位旗標位元）	1	0100　01da	ffff　ffff	Z, N

CHAPTER

2

表 2-1　PIC18 系列微處理器的位元組資料運算類型指令（續）

針對位元組的暫存器操作指令（BYTE-ORIENTED FILE REGISTER OPERATIONS）					
Mnemonic, Operands	Description	Cycles	16-Bit Instruction Word		Status Affected
			MSb	LSb	
RRCF　　f, d, a	含 C 進位旗標位元迴圈右移 f	1	0011　00da	ffff　ffff	C, Z, N
RRNCF　　f, d, a	迴圈右移 f（無 C 進位旗標位元）	1	0100　00da	ffff　ffff	Z, N
SETF　　f, a	設定 f 暫存器所有位元為 1	1	0110　100a	ffff　ffff	None
SUBFWB　f, d, a	WREG 減去 f 和借位旗標位元	1	0101　01da	ffff　ffff	C, DC, Z, OV, N
SUBWF　　f, d, a	f 減去 WREG	1	0101　11da	ffff　ffff	C, DC, Z, OV, N
SUBWFB　f, d, a	f 減去 WREG 和借位旗標位元	1	0101　10da	ffff　ffff	C, DC, Z, OV, N
SWAPF　　f, d, a	f 半位元組交換	1	0011　10da	ffff　ffff	None
TSTFSZ　　f, a	測試 f，為 0 時跳過	1 (2 or 3)	0110　011a	ffff　ffff	None
XORWF　　f, d, a	WREG 和 f 進行「互斥或」運算	1	0001　10da	ffff　ffff	Z, N

▋位元資料運算類型指令

　　位元資料運算類型指令內容如表 2-2 所示。大部分的 PIC18F 系列微處理器位元資料運算指令將會使用三個運算元：

- 資料暫存器（簡寫為 f）
- 定義資料暫存器的位元位置（簡寫為 b）
- 運算所擷取的記憶體（簡寫為 a）

表 2-2　PIC18 系列微處理器的位元資料運算類型指令

針對位元的暫存器操作指令（BIT-ORIENTED FILE REGISTER OPERATIONS）					
Mnemonic, Operands	Description	Cycles	16-Bit Instruction Word		Status Affected
			MSb	LSb	
BCF　　f, b, a	清除f的b位元為0	1	1001　bbba	ffff　ffff	None
BSF　　f, b, a	設定f的b位元為1	1	1000　bbba	ffff　ffff	None
BTFSC　f, b, a	檢查f的b位元，為0則跳過	1 (2 or 3)	1011　bbba	ffff　ffff	None
BTFSS　f, b, a	檢查f的b位元，為1則跳過	1 (2 or 3)	1010　bbba	ffff　ffff	None
BTG　　f, b, a	反轉f的b位元	1	0111　bbba	ffff　ffff	None

CHAPTER

2

▣ 常數運算類型指令

　　常數運算類型指令內容，如表 2-3 所示。常數運算指令將會使用下列的運算元：

- 定義將被載入暫存器的常數（簡寫為 k）
- 常數將被載入的檔案選擇暫存器 FSR（簡寫為 f）

▣ 程式流程控制運算類型指令

　　程式流程控制運算類型指令內容如表 2-4 所示。控制運算指令將會使用下列的運算元：

- 程式記憶體位址（簡寫為 n）
- 表列讀取或寫入（Table Read/Write）指令的模式（簡寫為 m）
- 不需要任何運算元（簡寫為 -）

表 2-3　PIC18 系列微處理器的常數運算類型指令

常數操作指令LITERAL OPERATIONS					
Mnemonic, Operands	Description	Cycles	16-Bit Instruction Word		Status Affected
			MSb	LSb	
ADDLW　k	WREG與常數相加	1	0000　1111	kkkk　kkkk	C, DC, Z, OV, N
ANDLW　k	WREG和常數進行「AND」運算	1	0000　1011	kkkk　kkkk	Z, N
IORLW　k	WREG和常數進行「OR」運算	1	0000　1001	kkkk　kkkk	Z, N
LFSR　f, k	將第二個引數常數（12位元）內容搬移到第一個引數 FSRx	2	1110　1110 1111　0000	00ff　kkkk kkkk　kkkk	None
MOVLB　k	常數內容搬移到BSR<3:0>	1	0000　0001	0000　kkkk	None
MOVLW　k	常數內容搬移到WREG	1	0000　1110	kkkk　kkkk	None
MULLW　k	WREG 和常數相乘	1	0000　1101	kkkk　kkkk	None
RETLW　k	返回時將常數送入WREG	2	0000　1100	kkkk　kkkk	None
SUBLW　k	常數減去 WREG	1	0000　1000	kkkk　kkkk	C, DC, Z, OV, N
XORLW　k	WREG和常數做「XOR」運算	1	0000　1010	kkkk　kkkk	Z, N

表 2-4　PIC18 系列微處理器的程式流程控制運算類型指令

程式流程控制操作（CONTROL OPERATIONS）					
Mnemonic, Operands	Description	Cycles	16-Bit Instruction Word		Status Affected
			MSb	LSb	
BC　　　n	進位則切換程式位址	1 (2)	1110　0010	nnnn　nnnn	None
BN　　　n	爲負則切換程式位址	1 (2)	1110　0110	nnnn　nnnn	None
BNC　　n	無進位則切換程式位址	1 (2)	1110　0011	nnnn　nnnn	None
BNN　　n	不爲負則切換程式位址	1 (2)	1110　0111	nnnn　nnnn	None
BNOV　n	不溢位則切換程式位址	1 (2)	1110　0101	nnnn　nnnn	None
BNZ　　n	不爲零則切換程式位址	2	1110　0001	nnnn　nnnn	None
BOV　　n	溢位則切換程式位址	1 (2)	1110　0100	nnnn　nnnn	None
BRA　　n	無條件切換程式位址	1 (2)	1101　0nnn	nnnn　nnnn	None
BZ　　　n	爲零則切換程式位址	1 (2)	1110　0000	nnnn　nnnn	None
CALL　n, s	呼叫函式，第一個引數（位址）第二個引數（替代暫存器動作）	2	1110　110s 1111　kkkk	kkkk　kkkk kkkk　kkkk	None
C　　　—	清除監視（看門狗）計時器爲 0	1	0000　0000	0000　0100	$\overline{TO}$, $\overline{PD}$
DAW　　—	十進位調整 WREG	1	0000　0000	0000　0111	C
GOTO　n	切換程式位址，第一個引數 第二個引數	2	1110　1111 1111　kkkk	kkkk　kkkk kkkk　kkkk	None None
NOP　　—	無動作	1	0000　0000	0000　0000	None
NOP　　—	無動作	1	1111　xxxx	xxxx　xxxx	None

CHAPTER

2

表 2-4　PIC18 系列微處理器的程式流程控制運算類型指令（續）

程式流程控制操作（CONTROL OPERATIONS）

Mnemonic, Operands	Description	Cycles	16-Bit Instruction Word		Status Affected
			MSb	LSb	
POP　　—	將返回堆疊頂部的內容推出（TOS）	1	0000　0000	0000　0110	None
PUSH　　—	將內容推入返回堆疊的頂部（TOS）	1	0000　0000	0000　0101	None
RCALL　　n	相對呼叫函式	2	1101　1nnn	nnnn　nnnn	None
RESET	軟體系統重置	1	0000　0000	1111　1111	All
RETFIE　　s	中斷返回	2	0000　0000	0001　000s	GIE/GIEH, PEIE/GIEL
RETLW　　k	返回時將常數存入 WREG	2	0000　1100	kkkk　kkkk	None
RETURN　　s	從函式返回	2	0000　0000	0001　001s	None
SLEEP　　—	進入睡眠模式	1	0000　0000	0000　0011	$\overline{TO}, \overline{PD}$

資料記憶體↔程式記憶體操作指令（DATA MEMORY ↔ PROGRAM MEMORY OPERA-TIONS）

Mnemonic, Operands	Description	Cycles	16-Bit Instruction Word		Status Affected
			MSb	LSb	
TBLRD*	讀取表列資料	2	0000　0000	0000　1000	None
TBLRD*+	讀取表列資料，然後遞加1		0000　0000	0000　1001	None
TBLRD*-	讀取表列資料，然後遞減1		0000　0000	0000　1010	None
TBLRD+*	遞加1，然後讀取表列資料		0000　0000	0000　1011	None
TBLWT*	寫入表列資料	2 (5)	0000　0000	0000　1100	None
TBLWT*+	寫入表列資料，然後遞加1		0000　0000	0000　1101	None
TBLWT*-	寫入表列資料，然後遞減1		0000　0000	0000　1110	None
TBLWT+*	遞加1，然後寫入表列資料		0000　0000	0000　1111	None

　　除了少數的指令外，所有的指令都將只占據單一字元的長度。而這些少數的指令將占據兩個字元的長度，以便將所有需要運算的資料安置在 32 個位元中；而且在第二個字元中，最高位址的四個位元將都會是 1。如果因爲程式錯誤而將第二個字元的部分視爲單一字元的指令執行，這時候第二字元的指令將被解讀爲 NOP。雙字元長度的指令將在兩個指令週期內執行完成。

　　除非指令執行流程的測試條件成立，或者程式計數器的內容被修改，所有單一字元指令都將在單一個指令週期內被執行完成。而在兩個字元長度指令的特殊情況下，指令的執行將使用兩個指令週期，但是在這個額外的指令週期中，核心處理器將執行 NOP。

　　每一個指令週期將由四個震盪器時序週期組成，所以如果使用 4 MHz 的時序震盪來源，正常的指令執行時間將會是 1 µs。當指令執行流程的測試條件成立，或者是使程式計數器被修改時，程式執行時間將會變成 2 µs。雙字元長的跳行指令，在跳行的條件成立時，將會使用 3 µs。

　　在這裡要特別提醒讀者，由於 Microchip® 在 MPASM 的版本更新中，將原來組合語言指令中資料來源是否爲擷取區塊（Access Bank）定義參數 a 的預設值，由過去預設爲 a=1（以 BSR 定義的記憶體區塊）的說明刪除，所以過去撰寫的程式必須經過適當的檢查後再使用。以目前的官方資料手冊定義，PIC18F4520 仍然保留預設爲 a=1 的說明，但 PIC18F45K22 則已刪除。實際使用時，MPASM 對於 PIC18F45K22 組合語言程式未註明資料來源參數 a 的預設值爲 a=0（來源爲擷取區塊），與 PIC18F4520 的程式不同。在此建議使用者養成在指令中明確定義資料來源目標暫存器的習慣，以免因爲版本的差異造成執行上不可預期的錯誤發生。

　　除此之外，由於 PIC18F45K22 跟硬體相關的特殊功能暫存器（Special Function Register, SFR）已經超過 128 個，即便所有與硬體相關的特殊功能暫存器都仍然規劃在記憶體區塊 0x0F 中，但已經與過往 SFR 全部屬於擷取區塊的觀念有明顯的變化。建議使用者在指令使用到硬體相關的 SFR 時，還是再一次確認指令所用的資料暫存器是否應該使用 a=0（來源爲擷取區塊）或 a=1（以 BSR 定義的記憶體區塊）的來源設定，以免發生錯誤。

2.2 常用的虛擬指令

虛擬指令（Directive）是出現在程式碼中的組譯器（Assembler）命令，但是通常都不會直接被轉譯成微處理器的程式碼。它們是被用來控制組譯器的動作，包括處理器的輸入、輸出，以及資料位置的安排。

許多虛擬指令有數個名稱與格式，主要是因為要保持與早期或者較低階控制器之間的相容性。由於整個發展歷史非常的久遠，虛擬指令也非常地眾多。但是如果讀者了解一般常見，以及常用的虛擬指令相關的格式與使用方法，將會對程式撰寫有相當大的幫助。

接下來就讓我們介紹一些常用的虛擬指令。

◉ banksel——產生區塊選擇程式碼

■ 語法

banksel *label*

■ 指令概要

banksel 是一個組譯器與聯結器所使用的虛擬指令，它是用來產生適當的程式碼將資料記憶區塊切換到標籤 *label* 定義變數所在的記憶區塊。每次執行只能夠針對一個變數，而且這個變數必須事先被定義過。

對於 PIC18 系列微控制器，這個虛擬指令將會產生一個 movlb 指令來完成切換記憶區塊的動作。

■ 範例

```
banksel Var1      ; 選擇正確的 Var1 所在區塊
movwf Var1        ; 寫入 Var1
```

cblock——定義變數或常數區塊

■ 語法

cblock [*expr*]
　　label[:*increment*][,*label*[:*increment*]]
endc

■ 指令概要

　　cblock 虛擬指令的目的，是要用來指定資料記憶體位址給予所定義的變數符號。指令中可以定義多於一個的變數符號。區塊定義的最後，必須要以一個 endc 虛擬指令作為符號變數定義的結束。

　　expr 定義了虛擬指令中第一個變數所要安排的資料記憶體位址。如果沒有特別定義的話，所指定的位址將會緊接著上一個 cblock 虛擬指令所定義的最後一個位址。如果連第一個 cblock 虛擬指令也沒有定義的話，則所定義的變數位址將會從 0 開始。

　　如果 *increment* 有被定義的話，則下一個變數符號的位址，將會遞加這一個增量。在同一個指令中可以定義多個變數符號，彼此之間只要以逗點區隔即可。cblock 在絕對定址程式碼的撰寫是非常有幫助的，特別是用來定義變數的位址與初始化的內容是非常方便的。

■ 範例

```
cblock 0x20       ; name_1 將會被設定在記憶體位址 0x20
  name_1, name_2 ; name_2 設定在位址 0x21，依此類推。
  name_3, name_4 ; name_4 設定在位址 0x23.
endc
```

▌code──開始一個目標檔的程式區塊

■語法

[*label*] code [*ROM_address*]

■指令概要

code 虛擬指令宣告了一個程式指令區塊的開始。如果標籤沒有被定義的話，則區塊的名稱將會被定義為 .code。程式區塊的起始位址將會被初始化在所定義的位址，如果沒有定義的話，則將由聯結器自行定義區塊的位址。

■範例

```
RESET  code  0x01FE
       goto  START
```

▌config──設定處理器硬體設定位元（PIC18微控制器）

■語法

config *setting=value* [, *setting=value*]

■指令概要

config 虛擬指令用來宣告一連串的微控制器硬體設定位元定義。緊接著指令的是與設定微控制器系統相關的設定內容。對於不同的微控制器，可選擇的設定內容與方式必須要參考相關的資料手冊 [*PIC18 Configuration Settings Addendum*(DS51537)]。

在同一行可以一次宣告多個不同的設定，但是彼此之間必須以逗點分開。同一個設定位元組上的設定位元不一定要在同一行上設定完成。

在使用 config 指令之前，程式碼必須要藉由虛擬指令 list 或者 MPLAB X IDE 下的選項 *Configure>Select Device* 宣告使用 PIC18 微控制器。

在較早的版本中所使用的虛擬指令為 config。

使用 config 虛擬指令時，專案必須選擇組譯器的軟體為 mpasmwin.exe。

當使用 config 虛擬指令執行微控制器的設定宣告時，相關的設定將隨著組譯器的編譯，而產生一個相對應的設定程式碼。當程式碼需要移轉到其他應用程式使用時，這樣的宣告方式可以確定程式碼相關的設定不會有所偏差。

使用這個虛擬指令時，必須要將相關的宣告放置在程式開始的位置，並且要將相對應微控制器的包含檔納入程式碼中；如果沒有納入包含檔，則編譯過程中將會發生錯誤的訊息。而且，同一個硬體相關的設定功能，只能夠宣告一次。較新版本的 MPLAB X IDE 已經將包含檔納入的虛擬指令自動由專案定義，如果使用者程式有重複定義，將會在編譯時出現警告，但不會影響編譯結果。

■ 範例

```
#include p18f4520.inc  ;Include standard header file
                            ;for the selected device.
;code protect disabled
      CONFIG   CP0=OFF
;Oscillator switch enabled, RC oscillator with OSC2 as I/O pin.
      CONFIG   OSCS=ON,  OSC=LP
;Brown-Out Reset enabled, BOR Voltage is 2.5v
      CONFIG   BOR=ON,  BORV=25
;Watch Dog Timer enable, Watch Dog Timer PostScaler count-1:128
      CONFIG   WDT=ON,    WDTPS=128
;CCP2 pin Mux enabled
      CONFIG   CCP2MUX=ON
;Stack over/underflow Reset enabled
      CONFIG   STVR=ON
```

▋db——宣告以位元組為單位的資料庫或常數表

■ 語法

[*label*] db *expr*[,*expr*,...,*expr*]

■ 指令概要

利用 db 虛擬指令在程式記憶體中宣告並保留 8 位元的數值。指令可以重複多個 8 位元的資料，並且可以用不同的方式，例如 ASCII 字元符號、數字或者字串的方式定義。如果所定義的內涵為奇數個位元組時，編譯成 PIC18 微控制器程式碼時，將會自動補上一個 0 的位元組。

■ 範例

程式碼：db 't', 'e', 's', 't', '\n'
程式記憶體內容：ASCII: 0x6574 0x7473 0x000a

▋#define——定義文字符號替代標籤

■ 語法

#define *name* [*string*]

■ 指令概要

#define 虛擬指令定義了一個文字符號替代標籤。在定義宣告完成後，只要在程式碼中 *name* 標籤出現的地方，將會以定義中所宣告的 *string* 字串符號取代。使用時必須要注意所定義的標籤並沒有和內建的指令相衝突，或者有重複定義的現象。而且利用 #define 所定義的標籤是無法在 MPLAB X IDE 開發環境下，當作一個變數來觀察它的變化，例如 Watch 視窗。

■ 範例

#define length　　　20

```
#define control            0x19,7
#define position(X,Y,Z)    (Y-(2 * Z +X))
        :
        :
test_label   dw    position(1, length, 512)
bsf  control                    ; set bit 7 in 0x19 register
```

equ──定義組譯器的常數

■語法

label equ *expr*

■指令概要

equ 也是一個符號替換的虛擬指令，在程式中 label 會被替換成 expr。

在單一的組合語言程式檔中，equ 經常被用來指定一個記憶體位址給變數。但是在多檔案組成的專案中，避免使用此種定義方式。可以利用 res 虛擬指令與資料。

■範例

```
four equ 4   ;指定數值 4 給 four 所代表的符號。
ABC equ 0x20;指定數值 0z20 給 ABC 所代表的符號。
  …
MOVF ABC, W  ;此時 ABC 代表一個變數記憶體位址為 0x20。
MOVLW ABC    ;此時 ABC 代表一個數值為 0x20。
```

extern──宣告外部定義的符號

■語法

extern *label* [, *label*...]

■指令概要

　　extern 虛擬指令用來定義一些在現有程式碼檔案中使用到的符號名稱，但是它們相關的定義內容卻是在其他的檔案或模組中所建立，而且被宣告為全域符號的符號。

　　在程式碼使用到相關符號之前，必須要先完成 extern 的宣告之後才能夠使用。

■範例

```
extern  Fcn_name
   :
call    Fcn_name
```

◢ global──輸出一個符號供全域使用

■語法

　　global *label* [, *label*...]

■指令概要

　　global 虛擬指令會在目前檔案中的符號名稱宣告為可供其他程式檔或者模組可使用的全域符號名稱。

　　當應用程式的專案使用多於一個檔案的程式所組成時，如果檔案彼此之間有互相共用的函式或者變數內容時，就必須要使用 global 及 extern 虛擬指令作為彼此之間共同使用的宣告定義。

　　當某一個程式檔利用 extern 宣告外部變數符號時，必須要在另外一個檔案中使用 global 將所對應的變數符號作宣告定義，以便供其他檔案使用。

■範例

```
global   Var1, Var2
global   AddThree
```

```
          udata
Var1    res  1
Var2    res  1
          code
AddThree
          addlw    3
          return
```

#include──將其他程式原始碼檔案內容納入

■語法

建議的語法

#include *include_file*

#include "*include_file*"

#include <*include_file*>

支援的語法

include *include_file*

include "*include_file*"

include <*include_file*>

■指令概要

這個虛擬指令會將所定義的包含檔內容納入到程式檔中，並將其內容視為程式碼的一部分。指令的效果就像是把包含檔的內容全部複製，再插入到檔案中一樣。

檔案搜尋的路徑為：

- 目前的工作資料夾
- 程式碼檔案資料夾

・MPASM 組譯器執行檔資料夾

■ 範例

```
#include  p18f452.inc                      ;standard include file
#include  "c:\Program Files\mydefs.inc" ;user defines
```

list──組譯器輸出選項

■ 語法

　　list [*list_option, ..., list_option*]

■ 指令概要

　　這個虛擬指令主要是在控制組譯器輸出的檔案格式內容。常見的輸出選項如下：

選項	預設值	敘述
f=*format*	INHX8M	設定輸出檔案十六進位編碼格式：*format*可設定為 INHX32、INHX8M或INHX8S。
p=*type*	None	設定處理器型別。
r=*radix*	hex	設定數值編碼模式：hex、dec、oct。

■ 範例

　　設定處理器型別為 PIC18F45K22、十六進位檔案輸出格式為 INHX32，以及數值編碼為十進位。

```
list p = 18f45k22,    f = INHX32,    r = DEC
```

macro──宣告巨集指令定義

■語法

label macro [*arg, ..., arg*]

■指令概要

巨集指令是用來使一個指令程式的集合，可以利用單一巨集指令呼叫的方式將指令集合插入程式中。巨集指令必須先經過定義完成之後，才能夠在程式中使用。

■範例

```
;Define macro Read
Read macro device, buffer, count
        movlw      device
        movw       fram_20
        movlw      buffer     ;buffer address
        movw       fram_21
        movlw      count      ;byte count
        call       sys_21     ;subroutine call
    endm
  :
;Use macro Read
    Read 0x0, 0x55, 0x05
```

org──設定程式起始位址

■語法

[*label*] org *expr*

■指令概要

將程式起始位址設定在 *expr* 所定義的地方。如果沒有定義的話，起始位址將被預設為從 0 的地方開始。

對於 PIC18 系列微控制器而言，只能夠使用偶數的位址作為定義的內容。

■範例

```
int_1 org 0x20
  ; Vector 20 code goes here
int_2 org int_1+0x10
  ; Vector 30 code goes here
```

res——保留記憶體空間

■語法

[*label*] res *mem_units*

■指令概要

保留所宣告的記憶體空間數給標籤變數，並將記憶體位址由現在的位址遞加。

■範例

```
buffer   res   64    ; 保留 64 個位址作為 buffer 資料儲存的位置。
```

udata——開始一個目標檔未初始化的資料記憶區塊

■語法

[*label*] udata [*RAM_address*]

■指令概要

　　這個虛擬指令宣告了一個未初始化資料記憶區塊的開始。如果標籤未被定義的話，則這個區塊的名稱將會被命名為 .udata 。在同一個程式檔中不能夠有兩個以上的同名區塊定義。

■範例

```
udata
    Var1        res 1
    Double      res 2
```

　　雖然使用 C 程式語言相較於組合語言是比較容易的，但是使用組合語言是可以更精準的掌握程式執行的方式與效能，也可以比 C 語言程式更加有效率。所以即便是在 C 程式語言中，常常會需要使用嵌入式組合語言的方式確切的掌握執行程序、時間與效能。也有許多編譯器所提供的巨集指令或函式庫是直接使用組合語言所撰寫的。在後續的章節中將會介紹這一類特殊的專寫方式。

　　希望讀者在了解組合語言的指令與基本撰寫方式之後，可以多加練習增進撰寫能力。當使用者習慣將多元運算的數學或邏輯式拆解成組合語言的一元或二元運算指令後，對於撰寫組合語言程式就不會感到困難。爾後就會隨著經驗累積與複雜函式撰寫技巧的精進，自然而然就能駕輕就熟。重要的是，在關鍵的程式控制與時間掌控上，使用組合語言將對應用程式有直接的控制與調整的能力，可以使所開發的程式更有效率而且精準。

CHAPTER

2

CHAPTER 3

資料記憶體架構

3.1 資料記憶體組成架構

PIC18 微處理器的資料記憶體是以靜態隨機讀寫記憶體（Static RAM）的方式建立。每個資料記憶體的暫存器都有一個 12 位元的編碼位址，可以允許高達 4096 個位元組的資料記憶體編碼。PIC18F45K22 的資料記憶體組成，如圖 3-1 所示。

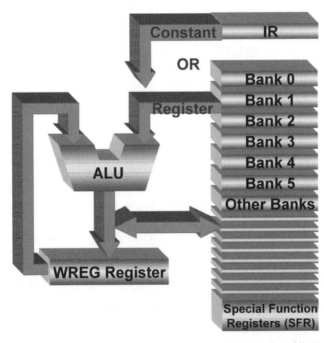

圖 3-1　PIC18F45K22 的資料記憶體組成架構圖

整個資料記憶體空間最多被切割為十六個區塊（BANK），每一個區塊將包含 256 個位元組，如圖 3-2 所示。區塊選擇暫存器（Bank Select Register）的最低四個位元（BSR<3:0>）定義了哪一個區塊的記憶體將會被讀寫。區塊選擇暫存器的較高四個位元並沒有被使用。

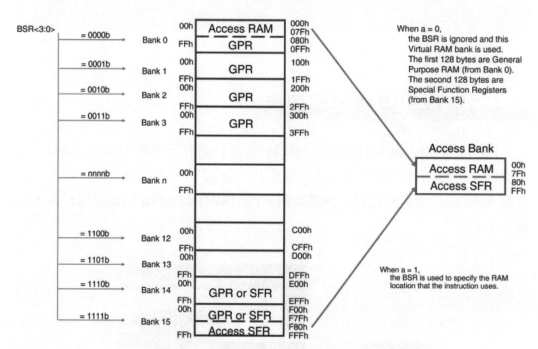

圖 3-2　PIC18F45K22 的資料記憶體區塊與擷取區塊

資料記憶體空間包含了特殊功能暫存器（Special Function Register, SFR）及一般目的暫存器（General Purpose Register, GPR）。特殊功能暫存器被使用來控制或者顯示控制器與周邊功能的狀態；而一般目的暫存器則是使用來作為應用程式的資料儲存。特殊功能暫存器的位址是由 BANK 15 的最後一個位址開始，並且向較低位址延伸；特殊功能暫存器所未使用到的其他位址都可以被當作一般目的暫存器使用。一般目的暫存器的位址是由 BANK 0 的第一個位址開始，並且向較高位址延伸；如果嘗試著去讀取一個沒有實際記憶體建置的位址，將會得到一個 0 的結果。

整個資料記憶體空間都可以直接或者間接地被讀寫。資料記憶體的直接定

址方式可能需要使用區塊選擇暫存器（BSR），如圖 3-3 所示；而間接定址的
方式則需要使用檔案選擇暫存器（File Select Register, FSR），以及相對應的間
接檔案運算元（INDFn）。每一個間接檔案選擇暫存器記錄了一個 12 位元長的
位址資料，可以在不更改記憶體區塊的情況下，定義資料記憶體空間內的任何
一個位址。

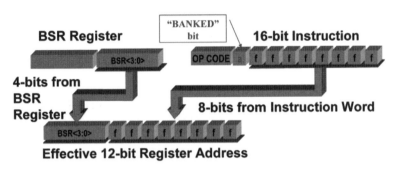

圖 3-3　使用區塊選擇暫存器的資料記憶體直接定址方式

　　PIC18 微處理器的指令集與架構允許指令忽略記憶體區塊選擇。區塊選擇
忽略可以藉由間接定址，或者是使用 MOVFF 指令來完成。MOVFF 指令是一
個雙字元長度，且需要兩個指令週期才能完成的運算指令，它會將一個暫存器
中的數值搬移到另外一個暫存器。

3.2　資料記憶體的擷取區塊

　　由於使用記憶體時，在擷取資料前必須使用一個指令，將區塊選擇暫存器
設定為對應值之後，才能進行資料讀寫或處理的指令，因為需要做區塊設定而
增加執行時間。為了降低執行時間，在微處理器的設計上，加入了擷取區塊的
設計，可以較快速地進行資料擷取。

　　不論目前區塊選擇暫存器的設定為何，為了要確保一般常用的暫存器，
可以在一個指令工作週期內被讀寫，PIC18 系列微控制器建立了一個擷取區塊
（Access Bank）。這個可以快速讀寫的擷取區塊是由 Bank 0 及 BANK 15 的一
個段落所組成。擷取區塊是一個結構上的改良，對於利用 C 語言程式所撰寫
的程式最佳化是非常有幫助的。利用 C 編譯器撰寫程式的技巧，也可以被應

用在組合語言所撰寫的程式中。

擷取區塊的資料暫存器可以被用作為：

- 計算過程中數值的暫存區。
- 函式中的區域變數。
- 快速內容儲存或者變數切換。
- 常用變數的儲存。
- 快速的讀寫或控制特殊功能暫存器（不需要做區塊的切換）。

擷取區塊是由 BANK 15 的最高 128 位元組（0xF80～0xFFF），以及 BANK 0 的最低 128 位元組（0x000～0x07F）所組成。這兩個區段將會分別被稱為高／低擷取記憶體（Access RAM High 及 Access RAM Low）。程式指令字元中的一個位元 a 被用來定義將執行的運算會使用擷取區塊中，或者是區塊選擇暫存器所定義區塊中的記憶體資料。當這個字元被設定為 0 時（a=0），指令運算將會使用擷取區塊，如圖 3-4 所示。而低擷取記憶體的最後一個位址將會接續到高擷取記憶體的第一個位址，高擷取記憶體映射到特殊功能暫存器，所以這些暫存器可以直接被讀寫，而不需要使用指令做區塊的切換。這對於應用程式檢查狀態旗標或者是修改控制位元是非常地有用。

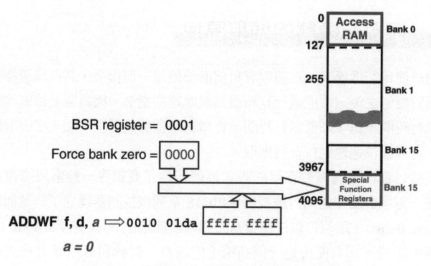

圖 3-4　運算指令使用擷取區塊暫存器

特殊功能暫存器位址定義

表 3-1(1)　PIC18F45K22 微控制器特殊功能暫存器位址定義

Address	Name	Address	Name	Address	Name	Address	Name
FFFh	TOSU	FDFh	INDF2	FBFh	CCPR1H	F9Fh	IPR1
FFEh	TOSH	FDEh	POSTINC2	FBEh	CCPR1L	F9Eh	PIR1
FFDh	TOSL	FDDh	POSTDEC2	FBDh	CCP1CON	F9Dh	PIE1
FFCh	STKPTR	FDCh	PREINC2	FBCh	TMR2	F9Ch	HLVDCON
FFBh	PCLATU	FDBh	PLUSW2	FBBh	PR2	F9Bh	OSCTUNE
FFAh	PCLATH	FDAh	FSR2H	FBAh	T2CON	F9Ah	─
FF9h	PCL	FD9h	FSR2L	FB9h	PSTR1CON	F99h	─
FF8h	TBLPTRU	FD8h	STATUS	FB8h	BAUDCON1	F98h	─
FF7h	TBLPTRH	FD7h	TMR0H	FB7h	PWM1CON	F97h	─
FF6h	TBLPTRL	FD6h	TMR0L	FB6h	ECCP1AS	F96h	TRISE
FF5h	TABLAT	FD5h	T0CON	FB5h	─	F95h	TRISD
FF4h	PRODH	FD4h	─	FB4h	T3GCON	F94h	TRISC
FF3h	PRODL	FD3h	OSCCON	FB3h	TMR3H	F93h	TRISB
FF2h	INTCON	FD2h	OSCCON2	FB2h	TMR3L	F92h	TRISA
FF1h	INTCON2	FD1h	WDTCON	FB1h	T3CON	F91h	─
FF0h	INTCON3	FD0h	RCON	FB0h	SPBRGH1	F90h	─
FEFh	INDF0	FCFh	TMR1H	FAFh	SPBRG1	F8Fh	─
FEEh	POSTINC0	FCEh	TMR1L	FAEh	RCREG1	F8Eh	─
FEDh	POSTDEC0	FCDh	T1CON	FADh	TXREG1	F8Dh	LATE
FECh	PREINC0	FCCh	T1GCON	FACh	TXSTA1	F8Ch	LATD
FEBh	PLUSW0	FCBh	SSP1CON3	FABh	RCSTA1	F8Bh	LATC
FEAh	FSR0H	FCAh	SSP1MSK	FAAh	EEADRH	F8Ah	LATB
FE9h	FSR0L	FC9h	SSP1BUF	FA9h	EEADR	F89h	LATA
FE8h	WREG	FC8h	SSP1ADD	FA8h	EEDATA	F88h	─
FE7h	INDF1	FC7h	SSP1STAT	FA7h	EECON2	F87h	─
FE6h	POSTINC1	FC6h	SSP1CON1	FA6h	EECON1	F86h	─
FE5h	POSTDEC1	FC5h	SSP1CON2	FA5h	IPR3	F85h	─
FE4h	PREINC1	FC4h	ADRESH	FA4h	PIR3	F84h	PORTE
FE3h	PLUSW1	FC3h	ADRESL	FA3h	PIE3	F83h	PORTD
FE2h	FSR1H	FC2h	ADCON0	FA2h	IPR2	F82h	PORTC
FE1h	FSR1L	FC1h	ADCON1	FA1h	PIR2	F81h	PORTB
FE0h	BSR	FC0h	ADCON2	FA0h	PIE2	F80h	PORTA

CHAPTER

3

表 3-1(2)　PIC18F45K22 微控制器特殊功能暫存器位址定義

Address	Name	Address	Name	Address	Name
F7Fh	IPR5	F5Fh	CCPR3H	F3Fh	PMD0
F7Eh	PIR5	F5Eh	CCPR3L	F3Eh	PMD1
F7Dh	PIE5	F5Dh	CCP3CON	F3Dh	PMD2
F7Ch	IPR4	F5Ch	PWM3CON	F3Ch	ANSELE
F7Bh	PIR4	F5Bh	ECCP3AS	F3Bh	ANSELD
F7Ah	PIE4	F5Ah	PSTR3CON	F3Ah	ANSELC
F79h	CM1CON0	F59h	CCPR4H	F39h	ANSELB
F78h	CM2CON0	F58h	CCPR4L	F38h	ANSELA
F77h	CM2CON1	F57h	CCP4CON		
F76h	SPBRGH2	F56h	CCPR5H		
F75h	SPBRG2	F55h	CCPR5L		
F74h	RCREG2	F54h	CCP5CON		
F73h	TXREG2	F53h	TMR4		
F72h	TXSTA2	F52h	PR4		
F71h	RCSTA2	F51h	T4CON		
F70h	BAUDCON2	F50h	TMR5H		
F6Fh	SSP2BUF	F4Fh	TMR5L		
F6Eh	SSP2ADD	F4Eh	T5CON		
F6Dh	SSP2STAT	F4Dh	T5GCON		
F6Ch	SSP2CON1	F4Ch	TMR6		
F6Bh	SSP2CON2	F4Bh	PR6		
F6Ah	SSP2MSK	F4Ah	T6CON		
F69h	SSP2CON3	F49h	CCPTMRS0		
F68h	CCPR2H	F48h	CCPTMRS1		
F67h	CCPR2L	F47h	SRCON0		
F66h	CCP2CON	F46h	SRCON1		
F65h	PWM2CON	F45h	CTMUCONH		
F64h	ECCP2AS	F44h	CTMUCONL		
F63h	PSTR2CON	F43h	CTMUICON		
F62h	IOCB	F42h	VREFCON0		
F61h	WPUB	F41h	VREFCON1		
F60h	SLRCON	F40h	VREFCON2		

註：表 3-1(2)所列之暫存器其記憶體位址不在擷取區塊（Access Bank）中，使用時需定義區塊選擇暫存器（BSR）。

表 3-2(1) PIC18F45K22 微控制器特殊功能暫存器位元內容定義

Address	Name	Bit 7	Bit 6	Bit 5	Bit 4	Bit 3	Bit 2	Bit 1	Bit 0	Value on POR, BOR
FFFh	TOSU	—	—	—	Top-of-Stack, Upper Byte (TOS<20:16>)					---0 0000
FFEh	TOSH	Top-of-Stack, High Byte (TOS<15:8>)								0000 0000
FFDh	TOSL	Top-of-Stack, Low Byte (TOS<7:0>)								0000 0000
FFCh	STKPTR	STKFUL	STKUNF	—	STKPTR<4:0>					00-0 0000
FFBh	PCLATU	—	—	—	Holding Register for PC<20:16>					---0 0000
FFAh	PCLATH	Holding Register for PC<15:8>								0000 0000
FF9h	PCL	Holding Register for PC<7:0>								0000 0000
FF8h	TBLPTRU	—	—	Program Memory Table Pointer Upper Byte(TBLPTR<21:16>)						--00 0000
FF7h	TBLPTRH	Program Memory Table Pointer High Byte(TBLPTR<15:8>)								0000 0000
FF6h	TBLPTRL	Program Memory Table Pointer Low Byte(TBLPTR<7:0>)								0000 0000
FF5h	TABLAT	Program Memory Table Latch								0000 0000
FF4h	PRODH	Product Register, High Byte								XXXX XXXX
FF3h	PRODL	Product Register, Low Byte								XXXX XXXX
FF2h	INTCON	GIE/GIEH	PEIE/GIEL	TMR0IE	INT0IE	RBIE	TMR0IF	INT0IF	RBIF	0000 000x
FF1h	INTCON2	RBPU	INTEDG0	INTEDG1	INTEDG2	—	TMR0IP	—	RBIP	1111 -1-1
FF0h	INTCON3	INT2IP	INT1IP	—	INT2IE	INT1IE	—	INT2IF	INT1IF	11-0 0-00
FEFh	INDF0	Uses contents of FSR0 to address data memory – value of FSR0 not changed (not a physical register)								---- ----
FEEh	POSTINC0	Uses contents of FSR0 to address data memory – value of FSR0 post-incremented (not a physical register)								---- ----
FEDh	POSTDEC0	Uses contents of FSR0 to address data memory – value of FSR0 post-decremented (not a physical register)								---- ----
FECh	PREINC0	Uses contents of FSR0 to address data memory – value of FSR0 pre-incremented (not a physical register)								---- ----
FEBh	PLUSW0	Uses contents of FSR0 to address data memory – value of FSR0 pre-incremented (not a physical register) – value of FSR0 offset by W								---- ----
FEAh	FSR0H	—	—	—	—	Indirect Data Memory Address Pointer 0, High Byte				---- 0000
FE9h	FSR0L	Indirect Data Memory Address Pointer 0, Low Byte								XXXX XXXX
FE8h	WREG	Working Register								XXXX XXXX
FE7h	INDF1	Uses contents of FSR1 to address data memory – value of FSR1 not changed (not a physical register)								---- ----
FE6h	POSTINC1	Uses contents of FSR1 to address data memory – value of FSR1 post-incremented (not a physical register)								---- ----
FE5h	POSTDEC1	Uses contents of FSR1 to address data memory – value of FSR1 post-decremented (not a physical register)								---- ----
FE4h	PREINC1	Uses contents of FSR1 to address data memory – value of FSR1 pre-incremented (not a physical register)								---- ----
FE3h	PLUSW1	Uses contents of FSR1 to address data memory – value of FSR1 pre-incremented (not a physical register) – value of FSR1 offset by W								---- ----
FE2h	FSR1H	—	—	—	—	Indirect Data Memory Address Pointer 1, High Byte				---- 0000
FE1h	FSR1L	Indirect Data Memory Address Pointer 1, Low Byte								XXXX XXXX
FE0h	BSR	—	—	—	—	Bank Select Register				---- 0000

符號：x = unknown, u = unchanged, - = unimplemented, q = value depends on condition

表 3-2(2)　PIC18F45K22 微控制器特殊功能暫存器位元內容定義

Address	Name	Bit 7	Bit 6	Bit 5	Bit 4	Bit 3	Bit 2	Bit 1	Bit 0	Value on POR, BOR
FDFh	INDF2	Uses contents of FSR2 to address data memory – value of FSR2 not changed (not a physical register)								---- ----
FDEh	POSTINC2	Uses contents of FSR2 to address data memory – value of FSR2 post-incremented (not a physical register)								---- ----
FDDh	POSTDEC2	Uses contents of FSR2 to address data memory – value of FSR2 post-decremented (not a physical register)								---- ----
FDCh	PREINC2	Uses contents of FSR2 to address data memory – value of FSR2 pre-incremented (not a physical register)								---- ----
FDBh	PLUSW2	Uses contents of FSR2 to address data memory – value of FSR2 pre-incremented (not a physical register) – value of FSR2 offset by W								---- ----
FDAh	FSR2H	—	—	—	—	Indirect Data Memory Address Pointer 2, High Byte				---- 0000
FD9h	FSR2L	Indirect Data Memory Address Pointer 2, Low Byte								xxxx xxxx
FD8h	STATUS	—	—	—	N	OV	Z	DC	C	---x xxxx
FD7h	TMR0H	Timer0 Register, High Byte								0000 0000
FD6h	TMR0L	Timer0 Register, Low Byte								xxxx xxxx
FD5h	T0CON	TMR0ON	T08BIT	T0CS	T0SE	PSA	T0PS<2:0>			1111 1111
FD3h	OSCCON	IDLEN	IRCF<2:0>			OSTS	HFIOFS	SCS<1:0>		0011 q000
FD2h	OSCCON2	PLLRDY	SOSCRUN	—	MFIOSEL	SOSCGO	PRISD	MFIOFS	LFIOFS	00-0 01x0
FD1h	WDTCON	—	—	—	—	—	—	—	SWDTEN	---- ---0
FD0h	RCON	IPEN	SBOREN	—	RI	TO	PD	POR	BOR	01-1 1100
FCFh	TMR1H	Holding Register for the Most Significant Byte of the 16-bit TMR1 Register								xxxx xxxx
FCEh	TMR1L	Least Significant Byte of the 16-bit TMR1 Register								xxxx xxxx
FCDh	T1CON	TMR1CS<1:0>		T1CKPS<1:0>		T1SOSCEN	T1SYNC	T1RD16	TMR1ON	0000 0000
FCCh	T1GCON	TMR1GE	T1GPOL	T1GTM	T1GSPM	T1GGO/DONE	T1GVAL	T1GSS<1:0>		0000 xx00
FCBh	SSP1CON3	ACKTIM	PCIE	SCIE	BOEN	SDAHT	SBCDE	AHEN	DHEN	0000 0000
FCAh	SSP1MSK	SSP1 MASK Register bits								1111 1111
FC9h	SSP1BUF	SSP1 Receive Buffer/Transmit Register								xxxx xxxx
FC8h	SSP1ADD	SSP1 Address Register in I2C Slave Mode. SSP1 Baud Rate Reload Register in I2C Master Mode								0000 0000
FC7h	SSP1STAT	SMP	CKE	D/A	P	S	R/W	UA	BF	0000 0000
FC6h	SSP1CON1	WCOL	SSPOV	SSPEN	CKP	SSPM<3:0>				0000 0000
FC5h	SSP1CON2	GCEN	ACKSTAT	ACKDT	ACKEN	RCEN	PEN	RSEN	SEN	0000 0000
FC4h	ADRESH	A/D Result, High Byte								xxxx xxxx
FC3h	ADRESL	A/D Result, Low Byte								xxxx xxxx
FC2h	ADCON0	—	CHS<4:0>					GO/DONE	ADON	--00 0000
FC1h	ADCON1	TRIGSEL	—	—	—	PVCFG<1:0>		NVCFG<1:0>		0--- 0000
FC0h	ADCON2	ADFM	—	ACQT<2:0>			ADCS<2:0>			0-00 0000

符號：x = unknown, u = unchanged, - = unimplemented, q = value depends on condition

表 3-2(3)　PIC18F45K22 微控制器特殊功能暫存器位元內容定義

Address	Name	Bit 7	Bit 6	Bit 5	Bit 4	Bit 3	Bit 2	Bit 1	Bit 0	Value on POR, BOR
FBFh	CCPR1H	Capture/Compare/PWM Register 1, High Byte								xxxx xxxx
FBEh	CCPR1L	Capture/Compare/PWM Register 1, Low Byte								xxxx xxxx
FBDh	CCP1CON	P1M<1:0>		DC1B<1:0>		CCP1M<3:0>				0000 0000
FBCh	TMR2	Timer2 Register								0000 0000
FBBh	PR2	Timer2 Period Register								1111 1111
FBAh	T2CON	—	T2OUTPS<3:0>				TMR2ON	T2CKPS<1:0>		-000 0000
FB9h	PSTR1CON	—	—	—	STR1SYNC	STR1D	STR1C	STR1B	STR1A	---0 0001
FB8h	BAUDCON1	ABDOVF	RCIDL	DTRXP	CKTXP	BRG16	—	WUE	ABDEN	0100 0-00
FB7h	PWM1CON	P1RSEN	P1DC<6:0>							0000 0000
FB6h	ECCP1AS	CCP1ASE	CCP1AS<2:0>			PSS1AC<1:0>		PSS1BD<1:0>		0000 0000
FB4h	T3GCON	TMR3GE	T3GPOL	T3GTM	T3GSPM	T3GGO/DONE	T3GVAL	T3GSS<1:0>		0000 0x00
FB3h	TMR3H	Holding Register for the Most Significant Byte of the 16-bit TMR3 Register								xxxx xxxx
FB2h	TMR3L	Least Significant Byte of the 16-bit TMR3 Register								xxxx xxxx
FB1h	T3CON	TMR3CS<1:0>		T3CKPS<1:0>		T3SOSCEN	T3SYNC	T3RD16	TMR3ON	0000 0000
FB0h	SPBRGH1	EUSART1 Baud Rate Generator, High Byte								0000 0000
FAFh	SPBRG1	EUSART1 Baud Rate Generator, Low Byte								0000 0000
FAEh	RCREG1	EUSART1 Receive Register								0000 0000
FADh	TXREG1	EUSART1 Transmit Register								0000 0000
FACh	TXSTA1	CSRC	TX9	TXEN	SYNC	SENDB	BRGH	TRMT	TX9D	0000 0010
FABh	RCSTA1	SPEN	RX9	SREN	CREN	ADDEN	FERR	OERR	RX9D	0000 000x
FAAh	EEADRH*	—	—	—	—	—	—	EEADR<9:8>		---- --00
FA9h	EEADR	EEADR<7:0>								0000 0000
FA8h	EEDATA	EEPROM Data Register								0000 0000
FA7h	EECON2	EEPROM Control Register 2 (not a physical register)								---- --00
FA6h	EECON1	EEPGD	CFGS	—	FREE	WRERR	WREN	WR	RD	xx-0 x000
FA5h	IPR3	SSP2IP	BCL2IP	RC2IP	TX2IP	CTMUIP	TMR5GIP	TMR3GIP	TMR1GIP	0000 0000
FA4h	PIR3	SSP2IF	BCL2IF	RC2IF	TX2IF	CTMUIF	TMR5GIF	TMR3GIF	TMR1GIF	0000 0000
FA3h	PIE3	SSP2IE	BCL2IE	RC2IE	TX2IE	CTMUIE	TMR5GIE	TMR3GIE	TMR1GIE	0000 0000
FA2h	IPR2	OSCFIP	C1IP	C2IP	EEIP	BCL1IP	HLVDIP	TMR3IP	CCP2IP	1111 1111
FA1h	PIR2	OSCFIF	C1IF	C2IF	EEIF	BCL1IF	HLVDIF	TMR3IF	CCP2IF	0000 0000
FA0h	PIE2	OSCFIE	C1IE	C2IE	EEIE	BCL1IE	HLVDIE	TMR3IE	CCP2IE	0000 0000

符號：x = unknown, u = unchanged, - = unimplemented, q = value depends on condition

CHAPTER

3

表 3-2(4)　PIC18F45K22 微控制器特殊功能暫存器位元內容定義

Address	Name	Bit 7	Bit 6	Bit 5	Bit 4	Bit 3	Bit 2	Bit 1	Bit 0	Value on POR, BOR
F9Fh	IPR1	—	ADIP	RC1IP	TX1IP	SSP1IP	CCP1IP	TMR2IP	TMR1IP	-111 1111
F9Eh	PIR1	—	ADIF	RC1IF	TX1IF	SSP1IF	CCP1IF	TMR2IF	TMR1IF	-000 0000
F9Dh	PIE1	—	ADIE	RC1IE	TX1IE	SSP1IE	CCP1IE	TMR2IE	TMR1IE	-000 0000
F9Ch	HLVDCON	VDIRMAG	BGVST	IRVST	HLVDEN	HLVDL<3:0>				0000 0000
F9Bh	OSCTUNE	INTSRC	PLLEN	TUN<5:0>						00xx xxxx
F96h	TRISE	WPUE3	—	—	—	—	TRISE2	TRISE1	TRISE0	1--- -111
F95h	TRISD(1)	TRISD7	TRISD6	TRISD5	TRISD4	TRISD3	TRISD2	TRISD1	TRISD0	1111 1111
F94h	TRISC	TRISC7	TRISC6	TRISC5	TRISC4	TRISC3	TRISC2	TRISC1	TRISC0	1111 1111
F93h	TRISB	TRISB7	TRISB6	TRISB5	TRISB4	TRISB3	TRISB2	TRISB1	TRISB0	1111 1111
F92h	TRISA	TRISA7	TRISA6	TRISA5	TRISA4	TRISA3	TRISA2	TRISA1	TRISA0	1111 1111
F8Dh	LATE	—	—	—	—	—	LATE2	LATE1	LATE0	---- -xxx
F8Ch	LATD	LATD7	LATD6	LATD5	LATD4	LATD3	LATD2	LATD1	LATD0	xxxx xxxx
F8Bh	LATC	LATC7	LATC6	LATC5	LATC4	LATC3	LATC2	LATC1	LATC0	xxxx xxxx
F8Ah	LATB	LATB7	LATB6	LATB5	LATB4	LATB3	LATB2	LATB1	LATB0	xxxx xxxx
F89h	LATA	LATA7	LATA6	LATA5	LATA4	LATA3	LATA2	LATA1	LATA0	xxxx xxxx
F84h	PORTE	—	—	—	—	RE3	RE2	RE1	RE0	---- x000
F83h	PORTD	RD7	RD6	RD5	RD4	RD3	RD2	RD1	RD0	0000 0000
F82h	PORTC	RC7	RC6	RC5	RC4	RC3	RC2	RC1	RC0	0000 00xx
F81h	PORTB	RB7	RB6	RB5	RB4	RB3	RB2	RB1	RB0	xxx0 0000
F80h	PORTA	RA7	RA6	RA5	RA4	RA3	RA2	RA1	RA0	xx0x 0000
F7Fh	IPR5	—	—	—	—	—	TMR6IP	TMR5IP	TMR4IP	---- -111
F7Eh	PIR5	—	—	—	—	—	TMR6IF	TMR5IF	TMR4IF	---- -111
F7Dh	PIE5	—	—	—	—	—	TMR6IE	TMR5IE	TMR4IE	---- -000
F7Ch	IPR4	—	—	—	—	—	CCP5IP	CCP4IP	CCP3IP	---- -000
F7Bh	PIR4	—	—	—	—	—	CCP5IF	CCP4IF	CCP3IF	---- -000
F7Ah	PIE4	—	—	—	—	—	CCP5IE	CCP4IE	CCP3IE	---- -000
F79h	CM1CON0	C1ON	C1OUT	C1OE	C1POL	C1SP	C1R	C1CH<1:0>		0000 1000
F78h	CM2CON0	C2ON	C2OUT	C2OE	C2POL	C2SP	C2R	C2CH<1:0>		0000 1000
F77h	CM2CON1	MC1OUT	MC2OUT	C1RSEL	C2RSEL	C1HYS	C2HYS	C1SYNC	C2SYNC	0000 0000
F76h	SPBRGH2	EUSART2 Baud Rate Generator, High Byte								0000 0000
F75h	SPBRG2	EUSART2 Baud Rate Generator, Low Byte								0000 0000
F74h	RCREG2	EUSART2 Receive Register								0000 0000
F73h	TXREG2	EUSART2 Transmit Register								0000 0000
F72h	TXSTA2	CSRC	TX9	TXEN	SYNC	SENDB	BRGH	TRMT	TX9D	0000 0010
F71h	RCSTA2	SPEN	RX9	SREN	CREN	ADDEN	FERR	OERR	RX9D	0000 000x
F70h	BAUDCON2	ABDOVF	RCIDL	DTRXP	CKTXP	BRG16	—	WUE	ABDEN	01x0 0-00

符號：x = unknown, u = unchanged, - = unimplemented, q = value depends on condition

表 3-2(5)　PIC18F45K22 微控制器特殊功能暫存器位元內容定義

Address	Name	Bit 7	Bit 6	Bit 5	Bit 4	Bit 3	Bit 2	Bit 1	Bit 0	Value on POR, BOR
F6Fh	SSP2BUF	SSP2 Receive Buffer/Transmit Register								xxxx xxxx
F6Eh	SSP2ADD	SSP2 Address Register in I2C Slave Mode. SSP2 Baud Rate Reload Register in I2C Master Mode								0000 0000
F6Dh	SSP2STAT	SMP	CKE	D/A	P	S	R/W	UA	BF	0000 0000
F6Ch	SSP2CON1	WCOL	SSPOV	SSPEN	CKP	SSPM<3:0>				0000 0000
F6Bh	SSP2CON2	GCEN	ACK-STAT	ACKDT	ACKEN	RCEN	PEN	RSEN	SEN	0000 0000
F6Ah	SSP2MSK	SSP1 MASK Register bits								1111 1111
F69h	SSP2CON3	ACKTIM	PCIE	SCIE	BOEN	SDAHT	SBCDE	AHEN	DHEN	0000 0000
F68h	CCPR2H	Capture/Compare/PWM Register 2, High Byte								xxxx xxxx
F67h	CCPR2L	Capture/Compare/PWM Register 2, Low Byte								xxxx xxxx
F66h	CCP2CON	P2M<1:0>		DC2B<1:0>		CCP2M<3:0>				0000 0000
F65h	PWM2CON	P2RSEN	P2DC<6:0>							0000 0000
F64h	ECCP2AS	CCP2ASE	CCP2AS<2:0>			PSS2AC<1:0>		PSS2BD<1:0>		0000 0000
F63h	PSTR2CON	—	—	—	STR2SYNC	STR2D	STR2C	STR2B	STR2A	---0 0001
F62h	IOCB	IOCB7	IOCB6	IOCB5	IOCB4	—	—	—	—	1111 ----
F61h	WPUB	WPUB7	WPUB6	WPUB5	WPUB4	WPUB3	WPUB2	WPUB1	WPUB0	1111 1111
F60h	SLRCON	—	—	—	SLRE	SLRD	SLRC	SLRB	SLRA	---1 1111
F5Fh	CCPR3H	Capture/Compare/PWM Register 3, High Byte								xxxx xxxx
F5Eh	CCPR3L	Capture/Compare/PWM Register 3, Low Byte								xxxx xxxx
F5Dh	CCP3CON	P3M<1:0>		DC3B<1:0>		CCP3M<3:0>				0000 0000
F5Ch	PWM3CON	P3RSEN	P3DC<6:0>							0000 0000
F5Bh	ECCP3AS	CCP3ASE	CCP3AS<2:0>			PSS3AC<1:0>		PSS3BD<1:0>		0000 0000
F5Ah	PSTR3CON	—	—	—	STR3SYNC	STR3D	STR3C	STR3B	STR3A	---0 0001
F59h	CCPR4H	Capture/Compare/PWM Register 4, High Byte								xxxx xxxx
F58h	CCPR4L	Capture/Compare/PWM Register 4, Low Byte								xxxx xxxx
F57h	CCP4CON	—	DC4B<1:0>		CCP4M<3:0>					--00 0000
F56h	CCPR5H	Capture/Compare/PWM Register 5, High Byte								xxxx xxxx
F55h	CCPR5L	Capture/Compare/PWM Register 5, Low Byte								xxxx xxxx
F54h	CCP5CON	—	—	DC5B<1:0>		CCP5M<3:0>				--00 0000
F53h	TMR4	Timer4 Register								0000 0000
F52h	PR4	Timer4 Period Register								1111 1111
F51h	T4CON	—	T4OUTPS<3:0>				TMR4ON	T4CKPS<1:0>		-000 0000
F50h	TMR5H	Holding Register for the Most Significant Byte of the 16-bit TMR5 Register								0000 0000

符號：x = unknown, u = unchanged, - = unimplemented, q = value depends on condition

表 3-2(6)　PIC18F45K22 微控制器特殊功能暫存器位元內容定義

Address	Name	Bit 7	Bit 6	Bit 5	Bit 4	Bit 3	Bit 2	Bit 1	Bit 0	Value on POR, BOR
F4Fh	TMR5L	Least Significant Byte of the 16-bit TMR5 Register								0000 0000
F4Eh	T5CON	TMR5CS<1:0>		T5CKPS<1:0>		T5SOSCEN	T5SYNC	T5RD16	TMR5ON	0000 0000
F4Dh	T5GCON	TMR5GE	T5GPOL	T5GTM	T5GSPM	T5GGO/DONE	T5GVAL	T5GSS<1:0>		0000 0x00
F4Ch	TMR6	Timer6 Register								0000 0000
F4Bh	PR6	Timer6 Period Register								1111 1111
F4Ah	T6CON	—	T6OUTPS<3:0>				TMR6ON	T6CKPS<1:0>		-000 0000
F49h	CCPTMRS0	C3TSEL<1:0>		—	C2TSEL<1:0>		—	C1TSEL<1:0>		00-0 0-00
F48h	CCPTMRS1	—		—		C5TSEL<1:0>		C4TSEL<1:0>		---- 0000
F47h	SRCON0	SRLEN	SRCLK<2:0>			SRQEN	SRNQEN	SRPS	SRPR	0000 0000
F46h	SRCON1	SRSPE	SRSCKE	SRSC2E	SRSC1E	SRRPE	SRRCKE	SR-RC2E	SRRC1E	0000 0000
F45h	CTMU-CONH	CTMUEN	—	CTMUSIDL	TGEN	EDGEN	EDGSE-QEN	IDIS-SEN	CTTRIG	0000 0000
F44h	CTMUCONL	EDG2POL	EDG2SEL<1:0>		EDG1POL	EDG1SEL<1:0>		EDG-2STAT	EDG-1STAT	0000 0000
F43h	CTMUICON	ITRIM<5:0>						IRNG<1:0>		0000 0000
F42h	VREFCON0	FVREN	FVRST	FVRS<1:0>		—	—	—	—	0001 ----
F41h	VREFCON1	DACEN	DACLPS	DACOE	—	DACPSS<1:0>			DACNSS	000- 00-0
F40h	VREFCON2	—	—	—	DACR<4:0>					---0 0000
F3Fh	PMD0	UART-2MD	UART-1MD	TMR6MD	TMR5MD	TMR4MD	TMR3MD	TM-R2MD	TMR1MD	0000 0000
F3Eh	PMD1	MS-SP2MD	MS-SP1MD	—	CCP5MD	CCP4MD	CCP3MD	CCP-2MD	CCP1MD	00-0 0000
F3Dh	PMD2	—	—	—	CTMUMD	CMP2MD	CMP-1MD	ADCMD		---- 0000
F3Ch	ANSELE	—	—	—	—	—	ANSE2	ANSE1	ANSE0	---- -111
F3Bh	ANSELD	ANSD7	ANSD6	ANSD5	ANSD4	ANSD3	ANSD2	ANSD1	ANSD0	1111 1111
F3Ah	ANSELC	ANSC7	ANSC6	ANSC5	ANSC4	ANSC3	ANSC2	—	—	1111 11--
F39h	ANSELB	—	—	ANSB5	ANSB4	ANSB3	ANSB2	ANSB1	ANSB0	--11 1111
F38h	ANSELA	—	—	ANSA5	—	ANSA3	ANSA2	ANSA1	ANSA0	--1- 1111

符號：x = unknown, u = unchanged, - = unimplemented, q = value depends on condition

3.3　資料記憶體直接定址法

　　由於 PIC18 系列微控制器擁有一個很大的一般目的暫存器記憶體空間，因此需要使用一個記憶體區塊架構。整個資料記憶體被切割為十六個區塊，當需要使用直接定址方式時，區塊選擇暫存器必須要設定為想要使用的記憶體區塊。

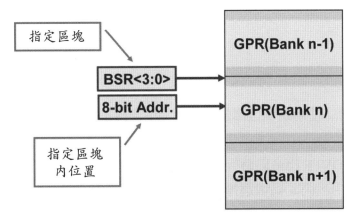

圖 3-5　使用區塊選擇暫存器直接指定資料記憶體位址

　　區塊選擇暫存器中的 BSR<3:0> 記錄著 12 位元長的隨機讀寫記憶體位址中最高 4 位元，如圖 3-5 所示。BSR<7:4> 這四個位元沒有特別的作用，讀取的結果將會是 0。應用程式可以使用指令集中專用的 MOVLB 指令來完成區塊選擇的動作，如圖 3-6 所示，也可以使用 banksel 虛擬指令完成。

　　在使用記憶體較少的微控制器型號時，如果目前所設定的區塊，並沒有實際的硬體建置，任何讀取記憶體資料的結果將會得到 0，而所有的寫入動作將會被忽略。狀態暫存器中的相關位元將會因微處理器的運作而被設定或者清除，以便顯示相關指令執行結果的變化。

　　每一個資料記憶體區塊都擁有 256 個位元組的（0x00～0xFF），而且所有的資料記憶體都是以靜態隨機讀寫記憶體（Static RAM）的方式建置。

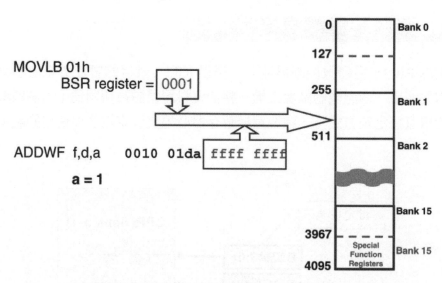

圖 3-6　使用區塊選擇暫存器與指令直接指定資料記憶體位址

　　當使用 MOVFF 指令的時候，由於所選擇的記憶體完整的位址位元已經包含在指令字元中，因此區塊選擇暫存器的內容將會被忽略，如圖 3-7 所示。

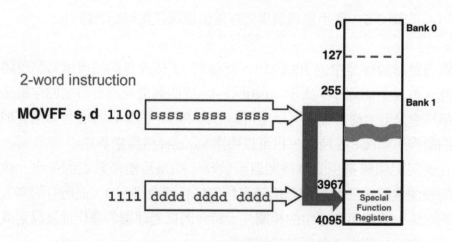

圖 3-7　使用 MOVFF 指令直接指定資料記憶體位址

3.4　資料記憶體間接定址法

　　間接定址是一種設定資料記憶體位址的模式，在這個模式下，資料記憶體的位址在指令中並不是固定的。這時候必須要使用檔案選擇暫存器（FSR）作爲一個指標來設定資料讀寫的記憶體位址，檔案選擇暫存器 FSR 包含了一個 12 位元長的位址。由於使用的是一個動態記憶體的暫存器，因此指標的內容將可以由應用程式修改。

　　間接定址得以實現是因爲使用了一個 INDF 間接定址暫存器，任何一個使用 INDF 暫存器的指令實際上將讀寫由檔案選擇暫存器 (FSR) 所設定位址的資料記憶體。間接的讀取間接定址暫存器（例如 FSR=FEFh 時）將會讀到 0 的數值。間接寫入 INDF 暫存器則將不會產生任何作用。

　　間接定址暫存器 INDFn 並不是一個實際的暫存器，將位址指向 INDFn 暫存器，實際上將位址設定到 FSRn 暫存器中所設定位址的記憶體。（還記得 FSRn 是一個指標嗎？）這就是我們所謂的間接定址模式。

　　下面的範例顯示了一個基本的間接定址模式使用方式，可以利用最少的指令清除區塊 BANK 1 中記憶體的內容。

```
          LFSR     FSR0 ,0x100     ;
NEXT      CLRF     POSTINC0        ; 清除 INDF 暫存器並將指標遞加 1
          BTFSS    FSR0H, 1        ; 完成 Bank1 重置工作？
          GOTO     NEXT            ; NO, 清除下一個
CONTINUE                           ; YES, 繼續
```

　　檔案選擇暫存器 FSR 總共有三個。爲了要能夠設定全部資料記憶體空間（4096 個位元組）的位址，這些暫存器都有 12 位元的位址長度。因此，爲了要儲存 12 個位元的定址資料，將需要兩個 8 位元的暫存器。這些間接定址的檔案選擇暫存器包括：

・FSR0：由 FSR0L 及 FSR0H 組成

- FSR1：由 FSR1L 及 FSR1H 組成
- FSR2：由 FSR2L 及 FSR2H 組成

　　除此之外，還有三個與間接定址相關的暫存器 INDF0、INDF1 與 INDF2，這些都不是具有實體的暫存器。對這些暫存器讀寫的動作將會開啟間接定址模式，進而使用所相對應 FSR 暫存器所設定位址的資料記憶體。當某一個指令將一個數值寫入到 INDF0 的時候，實際上，這個數值將被寫入到 FSR0 暫存器所設定位址的資料記憶體；而讀取 INDF1 暫存器的動作，實際上，將讀取由暫存器 FSR1 所設定位址的記憶體資料。在指令中任何一個定義暫存器位址的地方都可以使用 INDFn 暫存器。

　　當利用間接定址法透過 FSR 來讀取 INDF0、INDF1 與 INDF2 暫存器的內容時，將會得到為 0 的數值。同樣的，當間接的寫入數值到 INDF0、INDF1 與 INDF2 暫存器時，這個動作相當於 NOP 指令，INDFn 暫存器將不會受到任何影響。

　　在離開資料暫存器的介紹之前，我們要介紹兩個與核心處理器運作相關的暫存器，狀態暫存器 STATUS 與重置控制暫存器 RCON。其他的特殊功能暫存器將會留到介紹周邊硬體功能時一一地說明。

3.5　狀態暫存器與重置控制暫存器

◗狀態暫存器

　　狀態（STATUS）暫存器記錄了數學邏輯運算單元（ALU, Arithmetic Logic Unit）的運算狀態，其位元定義如表 3-3 所示。狀態暫存器可以像其他一般的暫存器一樣作為運算指令的目標暫存器，這時候運算指令改變相關運算狀態位元 Z、DC、C、OV 或 N 的功能將會被暫時關閉。這些狀態位元的數值將視核心處理器的狀態而定，因此當指令以狀態暫存器為目標暫存器時，其結果可能會與一般正常狀態不同。例如，CLRF STATUS 指令將會把狀態暫存器的最高三個位元清除為零，而且把 Z 位元設定為 1；但是對於其他的四個位元將不會受到改變。

因此，在這裡建議使用者只能利用下列指令：

BCF、BSF、SWAPF、MOVFF 及 MOVWF

來修改狀態暫存器的內容，因爲上述指令並不會影響到相關狀態位元 Z、DC、C、OV 或 N 的數值。

◎ STATUS 狀態暫存器定義

表 3-3　STATUS 狀態暫存器位元定義

U-0	U-0	U-0	R/W-x	R/W-x	R/W-x	R/W-x	R/W-x
—	—	—	N	OV	Z	DC	C/$\overline{\text{BW}}$

bit 7　　　　　　　　　　　　　　　　　　　　　bit 0

bit 7-5　**Unimplemented:** Read as '0'

bit 4　　**N:** Negative bit
　　　　2 的補數法運算符號位元。顯示計算結果是否爲負數。
　　　　1 = 結果爲負數。
　　　　0 = 結果爲正數。

bit 3　　**OV:** Overflow bit
　　　　2 的補數法運算溢位位元。顯示 7 位元的數值大小是否有溢位產生
　　　　而改變符號 位元的內容。
　　　　1 = 發生溢位。
　　　　0 = 無溢位發生。

bit 2　　**Z:** Zero bit
　　　　1 = 數學或邏輯運算結果爲 0。
　　　　0 = 數學或邏輯運算結果不爲 0。

bit 1　　**DC:** Digit carry/$\overline{\text{borrow}}$ bit
　　　　For ADDWF, ADDLW, SUBLW, and SUBWF instructions
　　　　1 = 低 4 位元運算發生進位。

0 = 低 4 位元運算未發生進位。

註：作借位（borrow）使用時，位元極性相反。

bit 0　**C/BW**: Carry/$\overline{\text{borrow}}$ bit

For ADDWF, ADDLW, SUBLW, and SUBWF instructions

1 = 8 位元運算發生進位。

0 = 8 位元運算未發生進位。

註：作借位使用時，位元極性相反。

符號定義：

R = 可讀取位元	W = 可寫入位元	U = 未建置使用位元，讀取值爲 '0'
-n = 電源重置數值	'1'= 位元設定爲 '1'	'0'= 位元清除爲'0'　　x = 位元狀態未知

本書後續暫存器位元定義與此表相同

重置控制暫存器

重置控制（RESET Control, RCON）暫存器包含了用來辨識不同來源所產生重置現象的旗標位元，其位元定義，如表 3-4 所示。這些旗標包括了 $\overline{\text{TO}}$、$\overline{\text{PD}}$、$\overline{\text{POR}}$、$\overline{\text{BOR}}$ 以及 $\overline{\text{RI}}$ 旗標位元。這個暫存器是可以被讀取與寫入的。

RCON 重置控制暫存器定義

表 3-4　RCON 重置控制暫存器位元定義

R/W-0	R/W-1	U-0	R/W-1	R-1	R-1	R/W-0	R/W-0
IPEN	SBOREN	—	$\overline{\text{RI}}$	$\overline{\text{TO}}$	$\overline{\text{PD}}$	$\overline{\text{POR}}$	$\overline{\text{BOR}}$
bit 7							bit 0

bit 7　**IPEN**: Interrupt Priority Enable bit

1 = 開啓中斷優先順序功能。

0 = 關閉中斷優先順序功能。（PIC16 以下系列相容模式）

bit 6　**SBOREN**: Software BOR Enable bit

If BOREN1:BOREN0 = 01:

1 = 開啓電壓異常重置。

0 = 關閉電壓異常重置。

If BOREN1:BOREN0 = 00, 10or 11:

Bit is disabled and read as '0'.

bit 5 **Unimplemented:** Read as '0'

bit 4 **RI:** RESETInstruction Flag bit

1 = 重置指令未被執行。

0 = 重置指令被執行而引起系統重置。清除後必須要以軟體設定爲1。

bit 3 **TO:** Watchdog Time-out Flag bit

1 = 電源啓動或執行 CLRWDT 與 SLEEP 指令後，自動設定爲1。

0 = 監視計時器溢位發生。

bit 2 **PD:** Power-down Detection Flag bit

1 = 電源啓動或執行 CLRWDT 指令後，自動設定爲1。

0 = 執行 SLEEP 指令後，自動設定爲0。

bit 1 **POR:** Power-on Reset Status bit

1 = 未發生電源開啓重置。

0 = 發生電源開啓重置。清除後必須要以軟體設定爲1。

bit 0 **BOR:** Brown-out Reset Status bit

1 = 未發生電壓異常重置。

0 = 發生電壓異常重置。清除後必須要以軟體設定爲1。

CHAPTER 4

C 程式語言與 XC8 編譯器

　　從這一章開始，我們將開始利用 C 程式語言來撰寫 PIC18 系列微控制器的應用程式。在我們詳細地介紹 XC8 編譯器的各項內容及使用方法之前，先用一個簡單的範例來說明程式撰寫的流程，以便使用者熟悉 XC8 開發工具的操作。

　　許多使用者會以 C 程式語言來撰寫 PIC 微控制器所需要的程式，但是要轉換成微控制器的組合語言指令程式，就需要利用適當的C語言編譯器（Compliler）。Microchip 所提供的 XC8 編譯器是一個針對該公司 8 位元系列微控制器，包括 PIC10/12/16/18 系列與 AVR 系列，且符合 ANSI 及 ISO C99 標準的 C 語言編譯器。同時也支援各種電腦作業系統的版本，包括 Windows、MAC OS、Linux 等等平台。藉由 XC8 編譯器讓使用者可以撰寫一致的或模組化的 PIC 微控制器 C 語言程式，而讓程式有更大的可攜性與維護性，並且比組合語言的程式更容易了解。除了 C 語言本身的優勢之外，XC8 所提供的函式庫讓它成為一個更強大有效的編譯器。例如通訊模組的應用程式、建立浮點運算變數、數學函數等等，在組合語言中是相當困難的。但是有了 XC8 編譯器所提供的周邊功能以及標準數學等函式庫，這些函式可以輕易地被呼叫進行資料處理。同時，C 程式語言的模組化特性降低了函式互相影響的可能性。

　　除此之外，利用 C 程式語言來撰寫 PIC 控制器的應用程式，還可以節省使用者在撰寫過程當中，對於變數資料位址、函式的標籤與位址安排、資料建表、與各種變數指標或程式堆疊的存取處理等等，所需要花費的時間與精神。這些在組合語言中相當瑣碎而頻繁的必要程序，可以透過 XC8 程式編譯器自動的安排與調整，為使用者所撰寫應用程式及變數作適當的規劃，而不需要使用者費心地去規劃、安排與執行。

本章的內容將簡單地描述 C 程式語言的詳細內容，並引導讀者了解 MPLAB XC8 程式編譯器的使用方法與流程，包含新的 MPLAB Code Configuration (MCC) 的使用與說明。詳細的程式撰寫與函式庫介紹，將會在後續的章節中說明。

4.1　C 程式語言簡介

要使用 XC8 編譯器來撰寫 PIC 微控制器的程式，當然要對 C 程式語言有基本的認識。如果讀者對於 C 程式語言還不熟悉，在這裡我們會對這個程式語言的基本要素做一個介紹。如果讀者已有相關 C 語言程式撰寫經驗，可以忽略掉這一個章節，直接進入後面的詳細內容。

C 程式語言是一種通用的程式語言，它是在 1970 年所發展出來的電腦程式語言。數十年來已成為撰寫電腦或工程應用程式的主流語言，並衍生出更進階的 C++ 與其他的程式語言。大部分與電腦相關的程式，不論是哪一種作業平台，幾乎都可以由 C 程式語言來撰寫。

特別是與工程相關的發展工具，除了廠商所提供的操作介面程式之外，都會提供使用 C 程式語言的系統發展工具作為擴充功能的途徑。例如本書所介紹的 XC8 編譯器就是一個很好的例子，它提供了使用者在組合語言之外另一個發展工具的選擇。C 程式語言之所以成為一個通用的程式撰寫工具，主要是因為程式語言本身的可攜性、可讀性、可維護性以及極高的模組化設計特性。由於其語言的廣泛使用，早在 1983 年就由美國國家標準局，簡稱 ANSI，制定了一個明確而且與硬體無關的 C 語言標準定義，這就是 ANSI 標準版本的由來。而後也陸陸續續地由國際組織多次討論與修訂，制定標準的版本，例如 ISO C99，讓廠商或使用者可以發展或撰寫高度相容或跨平台的應用程式。

許多人通常會對撰寫程式語言感到害怕，但是 C 語言不是一個龐大的程式語言；相反地，它是一個非常精簡的程式語言。也就是因為它的精簡特性，使得 C 程式語言可以擁有很高的可攜性以及可讀性。同時，它也保留了非常好的擴充方式，讓使用者可以在基本的語法及運算之外，增加所需要的功能函式。在這裡，我們無意對 C 程式語言做過於詳細的介紹。坊間已經有許多引導讀者撰寫 C 語言的教材、課程與範例。在這個章節中，我們將簡單介紹 C 程

式語言中基本的運算元素、指令及語法。希望讀者在閱讀之後，能夠有基本的
能力開始撰寫 C 語言程式，以便運用 XC8 編譯器來發展 PIC 微控制器的應用
程式。

4.2　C 程式語言檔的基本格式

讓我們以一個 C 語言範例程式 my_first_c_code.c 來說明 C 語言程式檔的
基本格式。

```
// my_first_c_code,       C 語言範例程式
#include <xc.h>           // 納入外部包含檔的內容
void main (void) {
// TRISD 及  PORTD 的宣告
    PORTD = 0x00;         // 將 PORTD 清除為 0
    TRISD = 0;            // 將 TRISD 設為 0，PORTD 設定為輸出
    PORTDbits.RD0 = 0;    // 將 PORTD 的 0 位元設定為 0 點亮 LED0
    while (1) ;           // 無窮迴圈
}
```

在程式檔中，只要是以雙斜線（//）為開端的敘述，表示雙斜線（//）以
後的敘述，是與程式運算無關的註解敘述。或者是當讀者看到某一行開端使用
斜線加上星號（/*），表示這是一個註解敘述區塊的開始，而在註解區塊的結
束，將會以星號加上斜線（*/）作為註記。除了這些註解敘述之外，其他所有
的指述（Statement）都將會與程式的執行有關，這些指述就必須要依照標準
C 程式語法的規定來撰寫。

在範例程式的開端，我們看到了

```
#include <xc.h>
```

#include 不是 C 程式語言執行運算的標準指令，它們比較像是前面介紹

的虛擬指令，用來定義或處理標準 C 程式語言所沒有辦法處理或執行的前處理工作。例如，上述的兩行指述就使用了 #include 將另外一個表頭檔的內容〈xc.h〉，在這個位置納入到這個檔案中。

可執行運算的程式碼開端必須由一個 main（void）函式開始。在 main（void）前面所增加的 void 是用來宣告這一個程式回傳值的型別屬性，在此因爲沒有回傳值，故用 void。稍後將會再詳細介紹型別屬性的意義。括號內的 void 表示這個 main 函式不需要任何參數的傳遞。而 main 這個函式所包含的範圍將包括在兩個大括號 {} 之間。

在這兩個大括號 {} 之間，就是許多可執行程式碼的指述。每一個程式指述都會以一個分號（；）作爲結束。這一些指述在經過 C 程式語言編譯器（例如 XC8）的轉譯之後，就會被改寫爲可以在對應的機器（如 PIC18 微控制器）或作業系統下執行的組合語言指令程式。每一個 C 程式語言編譯器都是針對特定的機器或系統，對這些指述作出特別的編譯；因此，經過編譯後輸出的組合語言程式是沒有辦法移轉到不同的系統或者機器上執行的。然而由於 C 語言有全球一致的標準，所以使用者仍然可以將以 C 語言撰寫的程式檔案移轉到不同的機器及系統上，經過重新編譯之後，即可在不同的系統上執行，這也就是前面特別強調 C 語言的可攜性。在每一個指述裡面，都會包含有至少一個的運算子以及兩個以上的運算元。

例如在第一個指述中，

```
PORTD=0x00;    // 將 PORTD 清除爲 0
```

PORTD 及 0x00 就是兩個運算元，而等號（＝）就是運算子。這一個指述將把一個常數 0x00 寫入到 PORTD 變數符號所代表的記憶體位址。

C 語言的基本運算子

基本上，C 程式語言包含了 3 種運算子：數學運算子、關係運算子及邏輯運算子。所有的基本運算子經過整理後，整理如表 4-1 所示。

表 4-1　C 程式語言的基本運算子

符號	功能	符號	功能
( )	群組	= =	等於的關係比較
->	結構變數指標	!=	不等於的關係比較
!	邏輯反轉（NOT）運算	&	位元的且（AND）運算
~	1的補數法計算	^	位元互斥或（XOR）運算
++	遞增1	|	位元的或（OR）運算
—	遞減1	& &	邏輯且（AND）運算
*	間接定址符號	||	邏輯或（OR）運算
&	讀取位址	?:	條件敘述式
*	乘法運算	=	數值指定
/	除法運算	+=	加法運算並存回
%	餘數運算	-=	減法運算並存回
+	加法運算	*=	乘法運算並存回
-	減法運算	/=	除法運算並存回
<<	向左移位	%=	餘數運算並存回
>>	向右移位	>>=	向右移位運算並存回
<	小於的關係比較	<<=	向左移位運算並存回
<=	小於或等於的關係比較	&=	位元且（AND）運算並存回
>	大於的關係比較	^=	位元互斥或（XOR）運算並存回
>=	大於或等於的關係比較	|=	位元或（OR）運算並存回

數學運算子主要是將定義的運算元做基本的算術運算；關係運算子則是在比較運算元之間的大小與差異關係；而邏輯運算子則是將其運算元做邏輯上的布林運算。

程式流程控制指述

除了運算子之外，在 C 語言裡面還有一個很重要的元素，就是控制程式流程的流程指述。控制流程指述是用來描述程式碼及計算進行的順序，C 程式

語言所包含的控制流程指述整理如下，

```
if（邏輯敘述）指述；  [else    指述；]
while（邏輯敘述） 指述；
do 指述；while（邏輯敘述）
for（指述  1；邏輯敘述；指述  2）指述；
switch（敘述）{case: 指述；     …[ default: 指述；]}
return 指述；
goto label;
label: 指述；
break;
continue;
```

　　如果一個控制流程指述後面有超過一個以上的指述必須要執行，這時候可以用兩個大括號（{   }）來定義其開始與結束的範圍，這個範圍我們稱之為一個指述區塊（Block）。

```
{指述；…；指述；}
```

4.3　變數型別與變數宣告

　　每一個程式指述裡面，都會有需要運算處理的數據資料。而這些數據資料都會被儲存在一個指定的記憶體位址，這些位址都需要一個符號作為在程式裡面的代表，這個符號就是所謂的變數（Variable）。由於運算需求的不同，每一個變數所需要的記憶體長度以及位址都有所不同，因此也產生了許多不同的變數型別（Data Type）。標準的 C 程式語言中定義了幾種常用的變數型別，包含（但不限於）

```
int     整數
float   浮點數或實數
```

```
char    文字符號
short   短整數
long    長整數
double  倍準實數
```

這些基本的變數型別所占用的記憶體長度，會隨著所使用的微處理器與編譯器的不同而有所改變。一般來說，程式中可以用下列的語法來宣告變數的型別屬性。

```
變數型別       變數名稱 1, 變數名稱 2, …  ;
例如：   int   fahr, celsius;
```

4.4　函式結構

　　函式或稱作副程式，利用函式可以將大型計算處理指述區塊，分解成若干比較小型的區塊，同時也可以快速地利用已經寫好的函式而不必重新撰寫。使用函式的時候，並不需要知道它們的內容，只要了解它們的使用方法、宣告方式及輸出入參數便可以利用函式來完成運算。因此，一般的 C 程式語言編譯器允許使用者利用已經編譯成目標檔的函式庫或程式碼，只要透過適當的聯結器處理，便可以將它們與使用者自行撰寫的程式聯結組合成一個完整的應用程式。一般的商業程式編譯器大多會提供一些函式庫的目標檔，雖然可以提供使用者應用這些函式庫，但保留了函式庫的原始程式碼以保護其商業利益。幸運的是，Microchip 在 XC8 編譯器中，透過 MPLAB Code Configurator (MCC) 提供的函式庫已經包含了相關函式的原始程式碼，使用者如果有興趣了解相關的函式，或者希望訓練自己更好的程式技巧，不妨開啓這些函式庫的原始程式碼來學習更高階的程式技巧。要注意的是，部分的函式庫原始程式碼是以組合語言來撰寫的，其目的是要提高執行的效率或確保特定的動作程序。

　　一個函式的內容，基本上，就是一個指述區塊。為了方便編譯器了解這個指述區塊的開始與結束，在函式的起頭必須要給它一個名稱；同時要定義這個函式回傳值的資料屬性，以及需要從呼叫指述所在的位置傳入或傳出函式的相關數據資料。例如，在範例程式中：

```
void main (void)
```

就是一個函式定義的型別。在這裡，main 是函式名稱，void 指出這個函式沒有回傳值的資料，括號內的 void 告訴編譯器沒有任何的輸出或輸入數據資料。而整個函式的範圍就是用兩個大括號（{　}）來定義開始與結束的位置。

　　由於 main（）是應用程式的主程式，所以在這個函式區塊的結束之前不需要加入 return 指述。但是如果是在一般的被呼叫函式中，最後一行或者是在需要返回呼叫程式的地方就必須要加上 return 指述，以便程式在執行中由函式返回到呼叫的位址。如果需要回傳數值，就在 return 之後加上回傳的數值，這個數值可以是常數也可以是變數；而有回傳數值時，函式名稱前就必須要使用對應的型別宣告。

4.5　陣列

　　當程式中需要使用許多變數時，往往會發現變數的類別、名稱與數量常常會超出使用者的想像。這時候，可以利用陣列（Array）將性質相近或相同的變數整合在一個陣列中，給予它一個共同的名稱，並由陣列指標數字區分性質相近的變數。例如，如果程式中要定義一年中每個月的天數，我們可以用下面兩種不同的方法來宣告所需要的變數。

```
int Jan, Feb, Mar, Apr, May, Jun, Jul, Aug, Sep, Oct, Nov, Dec;
int Month[12];
```

　　第一種方法定義了 12 個整數變數，可以讓程式碼將每個月的天數儲存到這些變數中；第二種方法則定義了一個叫做 Month 的整數陣列，並保留了 12 個記憶體位址來儲存這些天數。這樣的方式，可以讓程式撰寫比較簡潔，而且在執行重複的工作時會特別有效率。要注意，在 C 語言中陣列指標是由 0 開始的；因此在上面的定義中，Month[0] 相當於第一種定義中的 Jan。

　　陣列的大小可以用好幾個陣列指標來擴張。所以如果使用者要定義一個陣列來表示每一年的某一天時，可以用下面的定義方式。

```
int day[12][31];
```

　　到這裡，已經介紹了 C 語言中比較基本且常用的元素。接下來，要介紹幾個 C 語言中比較進階的元件，但是適當的使用這些元件將會大幅地提高程式撰寫以及執行的效率。

4.6　結構變數

　　結構變數（Structure）是 C 程式語言的一種特殊資料變數型別。在前面的範例中，學到了如何將一群性質類似或相同的變數用陣列來宣告。但是，如果有一群不同型別的變數必須要一起處理，或者它們之間有某種共同的相關性時，要怎麼辦呢？

　　C 語言提供了一種變數型別，叫作結構（Struct），它是由一個或多個變數組成，各個變數可以是不同的型別，一起透過一個結構名稱宣告可以便於處理。例如，要定義一個點在平面上的座標，必須要定義兩個變數來使用。如果我們要定義兩個不同點的座標時，要怎麼處理呢？比較下面 4 個定義方式：

```
int  x1, y1, x2, y2;
int  x[2], y[2];
int  point1[2], point2[2];
struct point {
   int x;
   int y;
} point1, point2;
```

如果使用的是第一種宣告，基本上這四個座標值是分開獨立的四個整數變數；第二種宣告則是將兩個不同點的 X 座標宣告成一個陣列，Y 座標宣告成一個陣列；第三種宣告則是將同一個點的 X 及 Y 座標宣告在各自的陣列中。這三種宣告的方式，在程式的撰寫上都有其使用的不方便。如果使用第四種，也就是結構型別的宣告，這時如果要處理第一個點的 X 或 Y 座標時，可以用下列的指述在執行。

```
point1.x=point1.y;
```

這樣的結構型別宣告可以讓程式的撰寫簡潔而有效率，同時又能夠維持程式的可讀性。結構型別宣告方式在定義 PIC 微控制器輸出入埠的腳位或特殊功能暫存器的各個位元時，變得非常地有幫助。就像在程式範例中所使用的 PORTDbits.RD0，直接用名稱就可以看出來這個變數是 PORTD 輸出入埠的第 0 支接腳 RD0。有興趣的讀者不妨打開 XC8 所提供的各個 PIC 微控制器表頭檔，將會發現有許多的硬體周邊與腳位都是以這樣的方式來定義的。

4.7　集合宣告

集合（union）也是一種 C 語言的特殊資料變數宣告方式。這種宣告的目的是要將許多不同的變數經過集合的宣告後，放置到同樣一個記憶體的位址區塊內。有兩種情形使用者會需要以這種方式來做宣告：第一種是為了要節省記憶體空間，將一些不會同時使用到的變數宣告放到同一個記憶體區間，這樣可以節省程式所占用的記憶體；另一種情形則是因為同一個記憶體在程式撰寫的過程中，或是在硬體的設計上有著不同的名稱。因此程式撰寫者希望藉由集合的宣告，將所使用或定義的不同名稱指向同一個記憶體位址。例如，可以把一個有關計時器的變數宣告如下，

```
union Timers {
   unsigned int lt;
   char bt[2];
} timer;
timer.bt[0] = TMRxL; // Read Lower byte
```

```
timer.bt[1] = TMRxH;  // Read Upper byte
timer.lt++;
```

在這裡，宣告了一個集合變數 timer，它的 Timers 集合型別宣告型式定義了這個變數包含了一個 16 位元長度的變數 timer.lt，或者是可以用另一組兩個稱為 timer.bt[0] 及 timer.bt[1] 的 8 位元長度變數。所以在後續的指述中，使用者可以個別的將兩個 8 位元的資料儲存到 8 位元的變數，也可以用 16 位元長度的方式來作運算處理。要注意的是，任何一個集合型式或變數名稱的運算處理，皆會改變這個記憶體位址裡面的內容。

4.8　指標

指標（Pointer）是一種變數，它儲存著另一個變數的位址。指標在 C 程式中用得很多，一方面是因為有些資料處理工作只有指標才能完成，另一方面則是使用指標常可使程式更精簡而有效率。指標與陣列在使用上有密切的關係。

在指述中我們可以利用運算子 & 取得一個變數的位址。例如，

```
p=&c;
```

會將變數 c 的位址儲存到變數 p 中，這時候 p 就是變數 c 的指標。同時程式也可以配合另外一個運算子 * 的運用，將指標所指向位址的記憶體內容讀取出來使用。位址藉由指標使用的時候，可以用間接定址的方式來做一些運算處理。例如，

```
ip=&x;      //ip 是變數 x 的指標
y=*ip;      // 現在，變數 y 的內容等於變數 x 的內容
*ip=0;      // 現在，變數 x 的內容等於 0
```

由這個範例可以看到，在某一些特別的運算中，可以使用指標間接指向變

數所在的位址，而不必直接使用變數名稱。

　　本書對於 C 程式語言的介紹在這裡告一段落，如果讀者覺得還需要更多對 ANSI 標準 C 語言的了解，可以參閱 "The C Programming Language," B.W. Kerighan & D. M. Ritchie, 2nd Ed., Prentice Hall。或者參考 ISO C99，了解 C99 版本的相關細節。

4.9　MPLAB XC8 編譯器簡介

◐ MPLAB XC8 專案

　　在附錄 A 的範例專案中，說明了如何使用 C 語言程式檔案完成專案。讀者可以參考附錄 A 了解如何使用 XC8 建立專案的過程。

　　如圖 4-1 所示，建立一個 XC8 專案，包含了兩個步驟的流程。首先，各個 C 原始程式檔案被編譯成目標檔，然後各個目標檔將被聯結並產生一個輸出檔，作為下載到微控制器的程式燒錄檔案。

　　除了 C 程式語言檔之外，專案可能包含了函式庫檔案。這些函式庫檔案將會與目標檔聯結在一起。函式庫是由一些事先編譯過的目標檔所組成，它們是一些基本的函式，可以在專案中使用而不需要編譯。

　　XC8 使用一個叫做 hlink 的應用程式，進行專案中相關檔案的聯結。在一般的情況下，使用者並不需要特別地執行這個程式來進行聯結，而是由 XC8 自行呼叫這個聯結程式來完成。要單獨使用這一個 hlink 聯結器的程式來進行聯結的動作並不是一件簡單的事，使用者必須具備相當的程式編譯器（Compiler）以及程式聯結的相關知識才能夠完成。如果使用者真的需要進行手動聯結的設定，可以參閱相關的使用手冊說明。在聯結時，hlink 聯結器利用專案的聯結敘述檔，來了解微控制器中可以運用的記憶體。然後，它將目標檔以及函式庫檔案中所有的程式碼以及變數，安置到微控制器可用的記憶體。最後，聯結器將產生輸出檔以供除錯與燒錄使用。

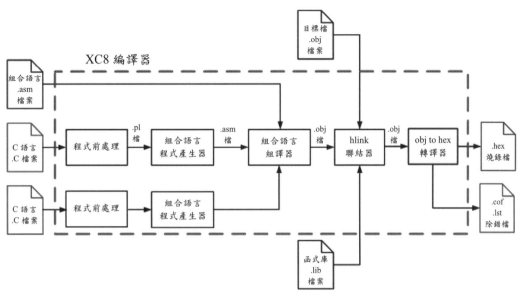

圖 4-1　XC8 編譯器功能架構圖

4.10　XC8 編譯器程式語言功能與特性

MPLAB XC8 C 語言程式編譯器是一個可獨立執行，而且經過最佳化的 ISO C99（也就是一般熟知的 ANSI C）編譯器。XC8 編譯器支援所有的 8 位元 PIC 微控制器，包括 PIC10/12/16 以及 PIC18 系列的裝置，也支援 AVR 系列的微控制器。XC8 編譯器的程式支援許多已知的電腦作業系統，包括 Windows 、Linux 及 Mac OS X。使用者可以在安裝 Microchip MPLAB X IDE 整合式開發環境軟體之後，再另行下載安裝 MPLAB XC8 編譯器軟體程式，便可以在整合式開發環境下使用這個編譯器。使用者可以在整合式開發環境下，進行相關 C 語言程式的編輯、檢查與除錯。

MPLAB XC8 編譯器提供三個不同的操作模式：免費版、標準版以及專業版。標準版及專業版必須要取得一個註冊序號，以便啟動相關的操作模式；免費版則不需要取得註冊就可以使用。所有的版本都支援一樣的基本編譯器執行、各種微控制器裝置及可使用的記憶體數量。版本之間的差異，主要是在編譯器可進行的程式最佳化的效率及程度設定。在本書中將使用免費的版本進行範例的處理，以減少讀者的負擔。

　　MPLAB XC8 C 編譯器擁有些下列的特性：

❏ 與 ISO C99（即 ANSI C）標準相容
❏ 與 MPLAB X IDE 整合式發展環境整合，提供使用容易的專案管理及
　原始碼的除錯檢查
❏ 能夠產生可攜的函示庫模組，以加強程式的應用性
❏ 與 MPASM 處理器上所編輯的組合語言檔案相容，允許在單一的專案
　內，完全自由地混合組合語言及 C 語言應用程式模組
❏ 簡單和透明的記憶體讀寫方法
❏ 支援嵌入式組合語言的撰寫，以便完全地控制應用程式的執行
❏ 高效率的程式產生引擎，以及多層次設定的程式碼最佳化
❏ 眾多的周邊函式庫支援，包括周邊硬體、字串處理以及數學函式庫，
　使用者可完全控制資料與程式記憶體位址的分配

4.11　MPLAB XC8 編譯器特定的 C 語言功能

資料型別與限制

■ 整數型別

　　MPLAB XC8 支援標準 ISO C99 定義的整數型別。標準整數型別所能夠
表示的數值範圍與所占的記憶體大小，如表 4-2 所示。

表 4-2　標準整數型別所能夠表示的數值範圍與所占的記憶體大小

整數型別	記憶體大小（位元）	最小值	最大值
bit	1	0	1
signed char	8	-128	127
unsigned char	8	0	255
signed short	16	-32768	32767

表 4-2　標準整數型別所能夠表示的數值範圍與所占的記憶體大小（續）

整數型別	記憶體大小（位元）	最小值	最大值
unsigned short	16	0	65535
signed int	16	-32768	32767
unsigned int	16	0	65535
signed short long	24	-8,388,608	8,388,607
unsigned short long	24	0	16,777,215
signed long	32	-2,147,483,648	2,147,483,647
unsigned long	32	0	$2^{32}-1$
signed long long	32	-2^{31}	$2^{31}-1$
unsigned long long	32	0	$2^{32}-1$

註：只使用 char 宣告變數時，將會對應到 unsign char 的資料型別，其他型別相同。

■ 浮點數型別

　　MPLAB XC8 編譯器支援 24 或 32 浮點數的資料型別。以浮點數型別宣告的變數將會使用 IEEE 754 標準的 32 位元格式，或者是縮減的 24 位元格式建立對應的資料記憶體空間。

　　對於 double 或 float 資料型別 MPLAB XC8 自動預設使用 24 個位元長度的浮點數型別。浮點數型別所能夠表示的數值範圍與所占的記憶體大小，如表 4-3 與 4-4 所示。

表 4-3　浮點數型別所占的記憶體大小

變數型別	使用位元（bits）	數值型式
float	24 or 32	實數
double	24 or 32	實數
long double	與double相同	實數

CHAPTER

4

表 4-4　浮點數型別所表示的數值範圍

格式	正負號 Sign	偏移冪次 Biased Exponent	尾數 Mantissa
IEEE75432-bit	x	xxxx xxxx	xxx xxxx xxxx xxxx xxxx xxxx
modified IEEE754 24bit	x	xxxx xxxx	xxx xxxx xxxx xxxx

數值$=(-1)^{\text{sign}}\times 2^{(\text{exponent}-127)}\times 1.\,\text{mantissa}$

■ 資料型別的儲存方式

　　資料型別的位元儲存方式，指的是對多位元變數數值的位元儲存順序。MPLAB XC8 採用的資料儲存方式是低位元優先（little-endian）的儲存格式。換句話說，在較低位址的位元資料將會儲存著較小的數值，也就是所謂的低位數優先（little-end-first）。例如，在程式中下列的數值儲存方式：

```
unsigned long long1;
long1=0xAABBCCDD;
```

經過定義後，在資料記憶體中的儲存位址分別為：

Address	0x0200	0x0201	0x0202	0x0203
Content	0xDD	0xCC	0xBB	0xAA

▐ 儲存類別

　　MPLAB XC8 編譯器支援標準 ANSI 的儲存類別，包括 auto 及 static。如果應用程式沒有特別宣告的話，一般的變數資料型別將會預設為 auto。依照 ANSI C 的標準，宣告為 auto 的變數，其記憶體空間將會依照宣告此變數的函式執行期間進行使用及控制。除非宣告為全域變數，一旦函示執行完畢，並不保證所對應的記憶體空間內資料的保留。如果需要保留變數所對應的記憶體空間內資料，以便在程式跳躍時仍然可以使用的話，必須在變數宣告的時候使用 static 的儲存類別。

　　如果應用程式沒有特別宣告的話，一般的變數資料型別將會預設為 auto。

資料儲存的分類

　　除了標準的儲存分類（Qualifier）const、eeprom 及 volatile 之外，MPLAB XC8 編譯器另外提供了下列幾種儲存記憶體分類：far 及 near。這些儲存分類將會決定宣告變數所使用的記憶體空間所在。簡單地以下面幾行的範例程式作為說明。

```
const unsiged char A;
eeprom unsigned int B;
volatile singed short C;
```

　　const 的宣告將會使變數 A 定義為一個不會改變數值的參數，因此 XC8 編譯器將會把 A 的資料儲存位置安排在程式記憶體空間；而 B 變數使用 eeprom 的儲存分類，將會指定它的記憶體空間使用 EEPROM；變數 C 因為使用 volatile 的儲存分類，將會使編譯器知道它的數值內容，並不是一個固定的內容，可能由其他的功能所改變，例如各個周邊功能所使用的特殊功能暫存器，可能因為外部的訊號而改變其內容。

```
near signed char D;
far float E;
```

　　near 與 far 的儲存分類是為了要依照相關變數使用的頻率及存取速度來定義所安排的記憶體空間，所以當變數宣告使用 near 儲存分類時，XC8 編譯器將會把這些變數安置在可以比較快速取得的記憶體空間，也就是 PIC18 的擷取區塊（Access Bank），因為使用擷取區塊的記憶體可以用較短的程式長度快速地取得資料。如果使用 far 的儲存分類宣告，通常是會將相關的變數安置在外部記憶體的空間，XC8 編譯器則是會將相關變數規劃安置在程式記憶體空間。如此一來，使用 far 儲存分類的變數存取速度將會相當地緩慢，除非是記憶體空間不敷使用，應該儘量避免。

包含檔案搜尋路徑

當使用

```
#include <filename>
```

前處理虛擬指令將外部檔案的內容納入時，編譯器將會在編譯器執行檔所在的資料夾內尋找所列出的檔案，並將其內容納入到程式碼中。但是如果使用

```
#include "filename"
```

指令時，編譯器將會在專案預設的搜尋路徑內尋找所列出的檔案，並將其內容納入到程式碼中。這個選項可以在 MPLAB IDE 功能選項中的 Project>Build Option>Project 選項中設定。

字串常數

一般被安置在程式記憶體中的資料，通常是作為靜態的字串使用。MPLAB XC8 編譯器會自動地將所有的字串常數安置在程式記憶體中。這一類的字串常數通常是以字元陣列（char array）的方式宣告的。例如，

```
const char table[][20] = {"string 1","string 2","string 3","string 4"};
```

將會為每個字串宣告 20 個位元長的程式記憶體位址，也就是 80 個位元組。

4.12　嵌入式組合語言指令

　　為了要讓使用者的應用程式能夠精確地掌握微處理器運算的時間與指令內容，MPLAB XC8 編譯器提供了一個內部的組譯器，並使用類似 MPASM 組譯器的語法指令。每一個組合語言程式碼的區塊必須使用 #asm 開始，並且用 #endasm 結束。這個區塊內的組合語言指令，必須將每一個組合語言的指令引數完整而清楚地定義才能夠執行。

　　如果只要嵌入一行的組合語言指令時，可以使用 asm( ) 的方式處理。例如：

```
asm ("BCF 0,3");
```

　　要注意的是，使用 MPLAB XC8 編譯器的內部組譯器時，必須要遵守下列的事項：

❏ 不可以使用虛擬指令
❏ 註解的部分必須使用 C 程式語言的方式，也就是 // 或 /* comment */
❏ 當使用表列讀取或寫入的指令時，必須將所有的指令引數定義完整
  ・ 所有指令的運算元都必須定義或宣告，不可以使用預設運算元的觀念撰寫程式。
  ・ 預設的數值編碼是 10 進位
  ・ 常數的定義必須使用 C 程式語言的規定，不可以使用其他組合語言的方式。程式標籤後面必須加上冒號 "："

例如：

```
#asm
/* User assembly code */
  MOVLW 10 // Move decimal 10 to count
  MOVWF count, 0
```

```
/* Loop until count is 0 */
start:
  DECFSZ count, 1, 0
  GOTO done
  BRA   start
done:
#endasm
```

由於嵌入式組合語言區塊並不會由編譯器進行最佳化的處理，在一般的狀況下，通常不建議使用嵌入式組合語言的方式撰寫程式。如果程式中有大量的嵌入式組合語言指令時，建議使用者利用在專案中，使用不同的檔案撰寫組合語言的程式檔，然後再使用聯結器連結，以便得到最佳的效果。

4.13　#pragma

#pragma　是 ISO C99 標準中的一個定義字虛擬指令，利用這個定義字可以讓編譯器根據特定的需求產生相對應的程式設計或硬體規劃。MPLAB XC8 編譯器利用 #pragma 定義字，在應用程式中做了許多與硬體相關的規劃與使用。雖然這個定義字所定義的內容與應用程式的執行似乎沒有絕對的關係，但使用它可以有效地規劃編譯程式的功能，所以妥善地利用 #pragma 定義字，將可以幫助程式執行的效率。特別是利用 #pragma 來定義微控制器的設定位元，以決定微控制器系統功能是一個必要的定義方式。

#pragma config

虛擬指令 #pragma config 可以被用來定義特定微控制器的設定位元。XC8 編譯器將會自動地檢查相關的控制位元是否被定義過；如果沒有的話，編譯器將會自動產生相關的設定位元程式碼。否則的話，相關的設定位元將會被設定為預設的初始值。

例如，

```
#pragma config WDT = ON, WDTPS = 128
#pragma config OSC = HS
...
void main (void)
{
...
}
```

　　上述的程式碼，將會把微控制器的監視計時器啓動，並設定監視計時器的後除器爲 1:128，並將微控制器所使用的時序震盪來源設定爲 HS。相關的設定位元設定方式可以利用 MPLAB X IDE 的設定位元視窗，設定所需要的各項功能選項之後，輸出並儲存爲一個程式檔案，再由使用者自行納入專案中即可使用，這樣可以有效地減少系統設定時錯誤的發生。如圖 4-2 與 4-3 和所示。

圖 4-2　系統設定位元視窗與程式碼輸出

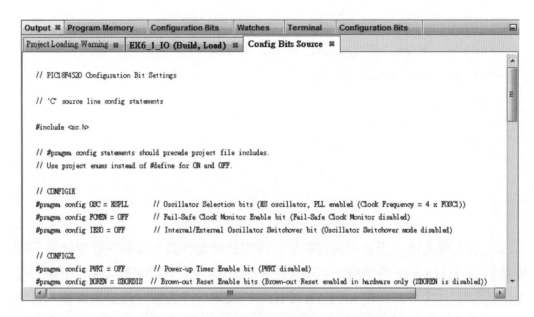

圖 4-3　系統設定位元輸出程式碼視窗

4.14　特定微控制器的表頭檔

　　為了要能夠在 C 程式語言的程式碼中，快速地撰寫相關的暫存器名稱與相關位元的使用，XC8 編譯器提供了所有相關微控制器的表頭檔。只要在程式的起頭利用 #include <xc.h>，便會在表頭檔中，將詳細地定義所有特定微控制器相關的暫存器名稱與位元定義納入程式中，例如與 PORTA 暫存器相關的定義內容如下：

```
extern volatile near unsigned char PORTA;
```

以及

```
extern volatile near union
    {   struct {
```

```
        unsigned RA0:1;
        unsigned RA1:1;
        unsigned RA2:1;
        unsigned RA3:1;
        unsigned RA4:1;
        unsigned RA5:1;
        unsigned RA6:1;
    } ;
    struct
    { unsigned AN0:1;
        unsigned AN1:1;
        unsigned AN2:1;
        unsigned AN3:1;
        unsigned T0CKI:1;
        unsigned SS:1;
        unsigned OSC2:1;
    } ;
    struct
    { unsigned :2;
        unsigned VREFM:1;
        unsigned VREFP:1;
        unsigned :1;
        unsigned AN4:1;
        unsigned CLKOUT:1;
    } ;
    struct
    { unsigned :5;
        unsigned LVDIN:1;
    } ;
} PORTAbits ;
```

CHAPTER

4

如此一來，在 C 語言程式檔中，便可以直接以名稱定義相關的特殊功能暫存器，並作適當的運算處理。例如：

```
PORTA = 0x34;        /* 指定 0x34 數值到 PORTA 暫存器 */
PORTAbits.AN0 = 1;   /* 設定 AN0 腳位為高電壓 */
PORTAbits.RA0 = 1;   /* 與上一個敘述相同的作用 */
```

更進一步地，新的 XC8 表頭檔也提供了位元名稱的定義，因此使用者可以單獨使用位元名稱，進行設定或者資料運算處理。例如，

```
RA0=1;
```

除此之外，表頭檔中並定義了一些在 C 程式語言中所沒有辦法撰寫的特定微處理器組合語言指令的巨集函式（macro），這些巨集指令包括：Nop ( )、ClrWdt ( )、Sleep ( )、Reset ( )。

4.15　MPLAB XC8 的函式處理方式

在接下來的內容中，將繼續討論與 XC8 編譯器執行方式與相關的設定內容產生的結果差異。

▌函式的程式記憶體位址

微控制器的程式為了要滿足韌體更新，或者是像 bootloader 軟體燒錄程式的需求，有時候必須要指定相關函式的程式記憶體位址。如果需要指定特定的 C 語言函式程式記憶體位址時，可以利用 @ 符號的方式處理。例如，如果要將函式 ABC 指定放在程式記憶體位址 0x400 開始的記憶體空間，可以使用下列的方式撰寫：

```
int ABC(unsigned char A) @ 0x400
```

```
{
        /* 程式內容   */
}
```

◢ 呼叫函式的方式

　　以 C 語言撰寫的函式在經過 XC8 編譯器的處理後，會以函式名稱前面再加上一個底線的符號 " _ " 作為轉換成組合語言程式碼之後的標籤，作為被呼叫時的程式記憶體位址。例如，前面例子所使用的函式名稱 ABC，在經過 XC8 編譯器的處理後，將會在組合語言中以 _ABC 的標籤，註記函式所在的記憶體位址。如果專案中有其他的組合語言程式需要呼叫這一個函式的時候，必須要使用 _ABC 的名稱呼叫。同樣地，如果有使用組合語言撰寫函式，而必須要被 C 語言的程式呼叫時，也必須要在標籤的前面加上一個底線符號。例如，_XYZ 的組合語言函式可以在 C 語言程式中，以 XYZ 的名稱被呼叫執行。

◢ 函式引數的傳遞位址

　　如果程式中的函式需要使用傳遞數值的引數時，XC8 編譯器將會使用 WREG 工作暫存器傳遞一個位元組的資料，如果需要的話，也會使用其他的暫存器作為軟體堆疊傳遞額外的引數內容。例如，下列的函式

```
void test(char a, int b);
```

　　將會從 W REG 工作暫存器收到引數 a 的數值內容，而引數 b 的部分，將藉由與函式相關的記憶體區塊位址取得。例如，

```
test(xyz, 8);
```

將會由 XC8 編譯器轉換成類似於下列的組合語言程式碼：

```
MOVLW 08h     ;將常數 8 移到 W 工作暫存器
MOVWF ?_test  ;將 W 工作暫存器內容移到函式相關的第一個位元組記
              ;憶體
CLRF  ?_test+1;由於第二個引數為 16 位元長度的整數，因此清空高位
              ;元組的內容
MOVF  xyz,w   ;將變數 xyz 的內容一到 W 工作暫存器
CALL  (_test) ;在完成引數的數值移動後，呼叫 test 函式
```

函式的數值回傳

當被呼叫函式完成資料的運算之後，有時候必須要回傳資料結果，回到原呼叫函式。如果所需要回傳的資料結果只有 8 位元的長度時，將會使用 WREG 工作暫存器；如果所需要回傳的資料結果長度大於 8 個位元的時候，將會使用相關的函式記憶體區塊進行資料的回傳。例如，

```
int   return_16(void)
{
    /*  程式內容   */
    return 0x1234;
}
```

執行完畢回傳數值時，將會產生類似於下列的組合語言程式碼：

```
MOVLW  34h
MOVWF  (?_return_16)
MOVLW  12h
MOVWF  (?_return_16)+1
```

RETURN

這時候，數值內容與記憶體位址的安排，是使用 little-endian 的方式處理。

4.16　混合 C 語言及組合語言程式碼

　　使用與撰寫微控制器應用程式的一個重要因素，便是即時的程式運作，而為了要達成這樣的目的，在撰寫程式的時候，常常為了縮短程式的長度以提高程式執行的效率。使用組合語言來撰寫微控制器應用程式最大的優勢，便是在於能夠更有效地掌控程式的執行的順序及效率，但是這往往也需要相當的實務經驗才能夠達到這樣的目的。而使用 C 程式語言來撰寫微處理器的應用程式時，最常用令人垢病與嫌棄的，就是無法掌握程式執行的效率。這是因為使用者所撰寫的 C 語言應用程式必須經由特定的編譯器轉譯成組合語言程式碼，而這中間的轉換過程，使用者並沒有辦法確切地掌握，因而產生執行上的差異。例如 XC8 編譯器不同版本所產生的程式長度就各有不同，執行效率也有所差異。

　　為了解決這個困難，除了先前所介紹嵌入式組合語言的方法之外，為了更有效而且精確地掌握程式執行的效率與時間，MPLAB XC8 編譯器提供了使用者在程式中，同時撰寫 C 語言及組合語言程式，並且可以彼此互相呼叫傳遞引數的方法。如此一來，使用者不但可以利用 C 語言的便利，同時也能夠在重要的部分利用組合語言掌握程式執行的效率。

◎ 組合語言程式呼叫 C 語言函式

　　如果使用者的應用程式需要由組合語言程式呼叫 C 語言所撰寫的函式時，必須要注意到下面的幾個事項：

- 除非在函式宣告時有額外的設定，否則 C 語言函式將內定為全域函式。
- 在組合語言程式檔中，必須將所要呼叫的 C 語言函式名稱宣告為外部（extern）函式。

- 在組合語言程式中，C 語言函式名稱前必須加一個底線符號在組合語言程式中，必須要以 CALL 或者 RCALL 來呼叫 C 語言函式。
- 在撰寫組合語言程式時，必須要在程式最前端加上，

```
#include <xc.inc>
```

的定義檔，才能夠正確的使用 XC8 在 C 語言程式中所使用的相關符號定義。

例如，在組合語言程式中需要呼叫一個 C 語言函式 add() 的時候，可以在組合語言程式中撰寫

```
extern _add
;
; 相關程式內容
;

call _add
```

便可以使用 C 語言函式 add()。

┃C 語言程式呼叫組合語言函式

如果使用者撰寫 C 語言程式，而需要呼叫以組合語言撰寫的函式時，必須要注意到下列的事項：

- 在組合語言檔案中，必須要將被呼叫的函式標籤宣告成全域（global）標籤
- 在 C 語言程式中，必須要將被呼叫的函式宣告為外部（extern）函式
- 在撰寫組合語言程式時，必須要在程式最前端加上

```
#include <xc.inc>
```

例如，撰寫一個可以被 C 語言呼叫的 add(char x) 組合語言函式時，可以
參考下面的範例。

```
#include <xc.inc>
GLOBAL _add            ; 將函式名稱做全域宣告
SIGNAT _add,4217       ; 為聯結器定義函式呼叫名稱與核對值
; 指定程式儲存的記憶體空間
PSECT mytext, local, class=CODE, delta=2
; 函式將 PORTB 與 W 相加後 ( 以 W) 回傳
_add:
; 呼叫時，被加數已儲存於 W
        BANKSEL (PORTB)              ; 選擇區塊
        ADDWF BANKMASK(PORTB),w ; 與 W 相加
; 因為只有一個 8 位元回傳數值，故以 W 為回傳值
        RETURN
```

4.17　中斷執行程式的宣告

　　由於 XC8 編譯器適用於多個系列的微處理器，且各系列微處理器的中斷
功能也有所不同，在撰寫中斷執行程式的語法也有所不同。使用者可以利用程
式分類定義字 interrupt（傳統語法）或者是 _ _interrupt( )（建議語法）將任何
一個函式定義成中斷訊號發生時所需要執行的中斷執行程式。由於 PIC18 系
列的微控制器有高低優先中斷的設計，因此可以更進一步地使用 high_priority
定義高優先中斷訊號發生時的中斷執行程式，以及使用 low_priority 定義低優
先中斷訊號發生時的中斷執行程式。如果僅使用 interrupt 或 _ _interrupt( ) 的
話，將會視為高優先中斷執行程式。使用時不需要再額外定義中斷向量所在的
程式記憶體位址。

以下是一個高優先中斷訊號的中斷執行程式範例。

```c
int tick_count;
// PIC18 系列傳統相容語法
// void interrupt tc_int(void)
void __interrupt(high_priority) tc_int(void)
{
    if (TMR0IE && TMR0IF) {
        TMR0IF=0;
        ++tick_count;
        return;
    }
// 其他程式內容
}
```

同樣地，低優先中斷訊號的中斷執行程式，則可以參考下列的範例。

```c
// 傳統相容語法：void interrupt low_priority tc_clr(void)
void interrupt(low priority) tc clr(void) {
    if (TMR1IE && TMR1IF) {
        TMR1IF=0;
        tick_count = 0;
        return;
    }
// 其他程式內容
}
```

4.18　MPLAB　XC8 函式庫

相信許多撰寫過微控制器組合語言程式的讀者都發現到，雖然組合語言的指令不多，但是要將它們串連起來成為一個功能完整的執行函式時，必須要花費許多工夫。除了要藉由長時間的撰寫與磨練之外，另外一個方法就是不斷地收集適當的資源，建立起可以使用的函式庫。

同樣地，即使是利用 C 程式語言撰寫微控制器的應用程式，也需要完整的函式庫才能夠有效地發揮微控制器硬體的功能，並且達到使用者所需要建立的功能。因此，為了減少使用者學習與撰寫微控制器收集語言程式的時間與困難，MPLAB XC8 編譯器提供了相當完整的 C 語言程式函式庫。然而因為 Microchip 的 8 位元微處理器，產品日新月異且數量增加快速，很難再以固定格式或內容的函式庫供使用者聯結使用，因此 Microchip 在近年改以 MPLAB Code Configurator (MCC) 函式庫產生器的工具程式，提供使用者產生所需的函式庫。由於 Microchip 經常對 MCC 進行更新與調整，因此不同版本的 MCC 所產生的函式庫也不盡相同。而且為了減少程式規模並提升程式效率，MCC 只針對使用者開啓使用的周邊功能產生函式庫；不同系列型號的微處理器的周邊函式庫，也會因為硬體的差異而有所不同，因此無法通用。這與過去 C18 編譯器函式庫的使用方式全然不同。

除了周邊功能函式庫之外，MCC 也會針對使用部分系統功能產生初始化程式。這些由 MCC 所產生的程式，將會以額外的程式檔案加入到應用專案中，然後在程式編譯聯結的過程中，與使用者撰寫的程式結合成一個完整的應用程式，而得以在微處理器中燒錄執行。

有關 MCC 的使用方式與相關內容，將在下一個章節做初步的介紹，而在後續各個周邊功能章節中，再針對各個功能的設定方式進行說明。

4.19　MPLAB Code Configurator, MCC程式設定器

MCC 程式設定器是 Microchip 近幾年極力推廣的一個程式工具，目的是要降低使用者撰寫程式時，使用函式庫的困難，同時也降低廠商在開發新的微控制器功能時，對於函式庫修改與維護的困難。

由於微控制器的硬體功能不斷地更新改變，即便是同一家公司的產品數量，例如 Microchip 的 PIC18F 系列，便有數百種之多，開發的時間也跨越了一、二十年的歲月。即使是擁有相同的核心功能，周邊功能也不斷的變化，就算是大同小異，在使用時也會因爲微小的變化而需要調整。因此，當廠商希望使用同一個 C 程式語言編譯器時，例如 XC8 編譯器，便會面臨統整的困難。例如，在微處理器中廣泛使用的計時器，其數量從最少的一個到最多可以高達八個、十個。從早期只有單純的計時，到最新擁有的閘控功能，甚至利用特殊事件觸發，與其他的周邊功能合併使用，這些差異都造成廠商在開發編譯器函式庫時，難以統整的困難。所以當 XC8 的函式庫發展到一定規模的時候，Microchip 便選擇了發展一套由 MPLAB 軟體針對專案所選定型號的微控制器自動產生對應功能的函式庫工具，也就是 MPLAB Code Configurator，MCC 程式設定器。

同時，爲了降低使用者在開發程式時的困難，Microchip 在 MCC 的操作介面上儘量使用圖形化的工具，協助使用者完成各項功能的選擇，因此可以降低初學者在設定功能時的困難。另外，除了可以設定相關的周邊功能函式庫選項之外，也可以協助使用者設定微處理器的系統功能，並建立初始化程式作爲專案程式的一部分。由 MCC 所產生的程式將會自動成爲開發專案的一個程式檔案，當專案進行編譯時，將會與使用者所開發的應用程式進行聯結與編譯，而產生一個最終的應用程式。

在使用 MCC 這個有效率的工具時，使用者必須注意到 MCC 也常常會進行更新與維護，因此所產生的程式，不論是內容和使用的方式也會跟隨著版本的變動而有所差異。因此，當使用者在更新版本的時候，必須注意到應用程式呼叫函式庫時，可能會發生的差異與錯誤。

▌4.19.1 MCC操作介面

MCC 使用者介面包含了五個主要的工作區域，如圖 4-4 所示，包括
資源管理區域：顯示專案的資源，包括所有可以使用的硬體資源與功能。
版本區域：顯示所使用的 MCC 核心程式、周邊函式庫及軟體函式庫的版本，以及已安裝或可下載安裝的版本。

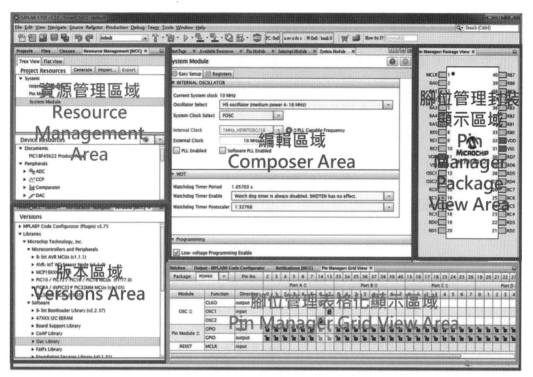

圖 4-4　MPLAB Code Configurator, MCC 程式設定器工作視窗介面

編輯區域：這是主要的工作區，在這邊所選擇的周邊或者是函式庫驅動程式，可以供使用者藉由圖形化的介面設定。基本上，所有可能的設定方式都會在這裡呈現，以降低使用者設定時的困難。但是必要時，使用者仍然需要參考使用手冊來了解所有正確的設定方式。

腳位管理表格化顯示區域：對於所選定的微控制器利用三個頁面顯示相關定義：

    1. 註解說明：包括錯誤、警訊以及所選用腳位的一段資訊。

    2. 腳位管理表格：利用表格陳列的方式，供使用者選擇和確認相關的腳位功能。

    3. 信息輸出：顯示 MCC 以及 MPLAB X IDE 的執行紀錄。

腳位管理封裝顯示區域：腳位選擇與設定的圖形化介面，顯示的內容將會於表格化顯示區域的變化同步改變。

資源管理區域

　　資源管理區域有兩種顯示的方式：樹狀圖 (Tree View) 與概要圖 (Flat View)，兩者都可以提供使用者針對選定的系統功能、軟體和周邊功能的設定。在這個區域中，將會顯示專案相關的微控制器可以選用的周邊功能、外部元件及函式庫供使用者選擇。每個專案都會有下列的三個基本元件：

- 中斷模組
- 腳位模組
- 系統模組

　　這些基本模組不像其他可選擇性的周邊功能，是不可以被移除的。可選擇性的功能，將會在工作區域的右邊出現一個可選擇的方塊，需要使用時可以標記使用或移除。當一個模組被移除時，所有未被儲存的設定資訊將會被移除。

　　在資源管理區域的上方有三個功能按鍵：

　　Generate（程式產生）：在相關的設定完成之後，可以利用這個按鍵產生相對應的設定程式與函式庫。

　　Import（匯入設定）：可以將已經存在的 MCC 設定檔案（副檔名為 .mc3）匯入到現有的專案。如果所選擇的專案是設定為其他型號的微處理器，將會出

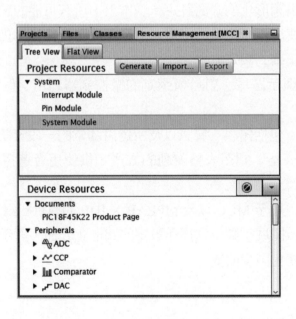

現警示的訊息做進一步的處理。

Export（匯出設定）：除了系統模組之外，使用者可以利用滑鼠右鍵點選所需要的模組設定方式，然後將它們匯出成為一個 MCC 的設定檔做後續的使用。

當使用者需要更詳細的資源內容的時候，可以選擇使用樹狀圖的形式，將各部分的功能展開，這時候資源管理區域將會展開成專案資源與裝置資源兩個區塊。所有可以選擇的裝置資源，包括周邊功能與函式庫，都會陳列在裝置資源區塊供使用者選擇。一旦使用者在裝置資源區塊選擇特定的模組之後，該模組將會移動到專案資源區塊中顯示。中斷模組、腳位模組與系統模組一定會顯示在專案資源區塊中。被選擇到的特定模組相關功能，則會在編輯區域中顯示詳細的功能選項，供使用者選擇設定，如果確定某一個模組在專案中不再需要使用的話，也可以將該模組從專案資源區塊中移除。

在裝置資源區塊中，陳列出專案所使用裝置可取得的資料手冊、外部元件及函式庫，如果使用者需要的話，可以利用滑鼠點選項目後，即可打開相關文件或者是在腳位管理區域中顯示所有相關的腳位設定。

如果選擇使用資源管理區域概要圖的顯示方式時，除了在專案資源區塊之外，還會有一個可選用的資源區塊供使用者選擇專案相關的各種周邊功能、訊號型別或者是函式庫。使用者可以依據設計的需求，利用上述的三種類別的整理，選出所需要的資源而加以開啟使用。

◎ 版本區域

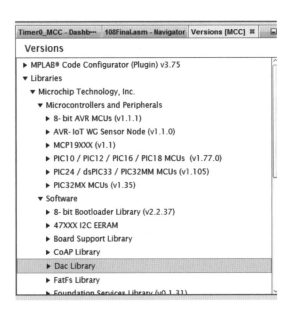

　　在這裡顯示與 MCC 有關的各項核心程式，或者是周邊功能函式庫的版本資訊供使用者挑選使用。由於 Microchip 會不定期的更新 MPLAB X IDE 函式庫與 MCC 核心程式的版本，因此使用者可以在這個區域看到已經安裝的版本，以及是否可以使用的顯示。如果有較爲近期的更新可以選用，使用者可以更改所使用的版本。但是改變時要注意，不同版本的函式庫與 MCC 所產生的程式碼會不盡相同，改變之後必須要詳細的檢查相關的改變與相容性的調適。

▍腳位管理封包顯示區域

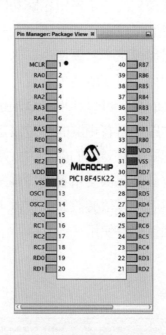

　　在這裡用顏色區別專案所選用的微控制器相關腳位的功能使用方式：

- 灰色腳位：表示腳位在所選擇的設定方式下無法使用，因此腳位沒有任何的功能。
- 藍色腳位：表示這個腳位可以被指定作爲某一個模組的使用。
- 綠色腳位（含鎖匙）：表示腳位已經被選用作爲某個模組的功能，同時會在旁邊顯示所選用的腳位功能或者是客製化的名稱。

- 綠色腳位（含鎖鏈）：表示腳位為多個模組所共用。
- 黃色腳位：表示這是一個可替代的腳位或者是已經被選用的腳位功能。
- 灰色鎖匙白色背景腳位：因為系統功能的選擇而無法使用。

🔘 腳位管理表格化顯示區域

Watches	Output - MPLAB® Code Configurator		Notifications [MCC]		Pin Manager: Grid View ✕																								
Package:	PDIP40 ▼	Pin No:	2	3	4	5	6	7	14	13	33	34	35	36	37	38	39	40	15	16	17	18	23	24	25	26	19	20	21	22	27
			Port A ▢								Port B ▢								Port C ▢								Port D ▢				
Module	Function	Direction	0	1	2	3	4	5	6	7	0	1	2	3	4	5	6	7	0	1	2	3	4	5	6	7	0	1	2	3	4
OSC ▢	CLKO	output							🔓																							
	OSC1	input								🔒																						
	OSC2	input							🔒																							
Pin Module ▢	GPIO	input	🔓	🔓	🔓	🔓	🔓	🔓	🔓	🔓	🔓	🔓	🔓	🔓	🔓	🔓	🔓	🔓	🔓	🔓	🔓	🔓	🔓	🔓	🔓	🔓	🔓	🔓	🔓	🔓	🔓
	GPIO	output	🔓	🔓	🔓	🔓	🔓	🔓	🔓	🔓	🔓	🔓	🔓	🔓	🔓	🔓	🔓	🔓	🔓	🔓	🔓	🔓	🔓	🔓	🔓	🔓	🔓	🔓	🔓	🔓	🔓
RESET	MCLR	input																														

在這個區域中，包含了腳位管理表格、輸出與資訊顯示三個頁面。

在腳位管理表格的最左邊三行顯示了微控制器腳位的模組名稱、功能名稱以及輸出入方向。讓使用者可以快速的在這個表格中檢查已經使用的，或者是可以使用的腳位資源。

在輸出頁面中，顯示 MCC 操作的結果，如果需要檢視 MPLAB X IDE 的操作結果時，也可以在這個頁面中打開。

資訊顯示頁面是用來告知使用者操作時，可能發生的錯誤訊息，藉以提醒使用者檢查相關的設定是否正確。根據相關設定所可能發生的情況，分別以嚴重(SEVERE)、警告(WARNING)、提示(ALERT)或資訊(INFO)的類別來顯示。

🔘 編輯區域

當某一個周邊功能、函式庫或者是其他的外部元件，在專案資源區域被選擇時，對應的圖形化設定視窗將會被顯示在編輯區域內。在這裡，使用者可以根據應用程式的需求選擇設定相關的功能。使用者可以利用一般簡易的圖形化設定頁面進行相關的功能設定或選擇，或者開啟暫存器頁面利用各個暫存器數值輸入的方式來完成功能的設定。

▍MCC程式生成

　　當使用者藉由 MCC 各個操作區域完成相關的系統，或者周邊功能設定之後，便可以點選資源管理區域上面的 Generate 按鍵產生所需要的功能設定初始化程式以及對應的相關函式庫。如果專案中已經存在有先前產生的 MCC 相關程式，這時候便會出現一個合併視窗提示使用者新舊版程式的差異，供使用者選擇保存既有的程式，或者是更新為新的設定程式。

　　由於 XC8 編譯器不再提供固定版本的函式庫說明文件，而且 Microchip 也會不定期的更新周邊功能函式庫以及 MCC 核心程式的版本。所以在產生相關的周邊元件函式庫之後，使用者必須自行參閱相關的函式庫程式碼以了解所有的函式使用方式。這對許多初學者來說將會是一個不小的負擔，但是這也是一個學習有效率程式撰寫的途徑。在後續的章節中，將會適當地以程式範例引導讀者瀏覽 MCC 產生的函式庫內容，藉以建立正確的程式開發手段與習慣。因為 MCC 已經成為 Microchip 的標準工具，這在未來的應用開發過程中，將是一個不可避免的程序。

CHAPTER 5

PIC 微控制器實驗板

要學習 PIC 微控制器的使用，讀者必須要選用一個適當的實驗板。Microchip 提供了許多種不同的PICDEM實驗板，包括PICDEM 2 Plus、PICDEM 4，以及 Mechatronics 等等各種不同需求的實驗板。如果讀者對於上述實驗板有興趣的話，可以透過代理商或與原廠聯絡購買，雖然原廠的實驗板價格稍高，但是一般皆附有完整的使用說明與範例程式供使用者參考。即使是沒有這些原廠的電路板在手邊，讀者也可以下載範例程式作為參考與練習。

5.1　PIC 微控制器實驗板元件配置與電路規劃

為了加強讀者的學習效果，並配合本書的範例程式與練習說明，我們將使用配合本書所設計的 PIC 微控制器實驗板 APP025。這個實驗板的功能，針對本書所有的範例程式與說明內容配合設計，並使用一般坊間可以取得的電子零件為規劃的基礎。希望藉由硬體的規劃以及本書範例程式的軟體說明，使讀者可以獲得最大的學習效果。

PIC 微控制器實驗板 APP025 的完成圖與元件配置圖，如圖 5-1 及圖 5-2 所示：

圖 5-1　PIC 微控制器實驗板實體圖

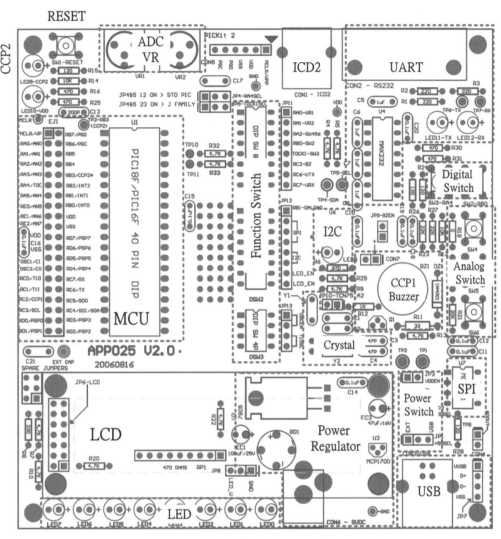

圖 5-2　PIC 微控制器實驗板元件配置圖

　　PIC 微控制器實驗板的設計規劃使用 Microchip PIC16/18 40 Pin DIP 規格
的微處理器，由於 Microchip PIC 系列微處理器的高度相容性，因此這個實驗
板可以廣泛地應用在許多不同型號的 Microchip 微處理器實驗測試。PIC 微控
制器實驗板的規劃與設計，是以 PIC18F4520 及本書所介紹的 PIC18F45K22
微處理器為核心，並針對了 PIC 微控制器的相關周邊功能作適當的硬體安排，
藉由適當的輸入或輸出訊號的觸發與顯示，加強讀者的學習與周邊功能的使

用。PIC 微控制器實驗板所能進行的功能，包括數位按鍵的訊號輸入、LCD 液晶顯示器的資訊顯示、LED 發光二極體的控制、類比訊號的感測、多重按鍵訊號的類比感測、CCP 模組訊號驅動的蜂鳴器與 LED 、RS-232 傳輸介面驅動電路，以及 I²C 與 SPI 訊號驅動外部元件功能；同時並設置了訊號的外接插座作爲擴充使用的介面，包括了線上除錯器 ICD 與 PICKit 介面、CCP 訊號輸出介面，以及一個完整的 40 接腳擴充介面連接至 PIC 微控制器；當然，實驗板上也配置了必備的石英震盪器作爲時脈輸入，並附有重置開關。PIC 微控制器實驗板的設計也考慮到未來擴充使用時的需求，配置了數個功能切換開關，讓使用者可以自由地切換實驗板上的訊號控制，或者是外部訊號的輸出入，能夠更彈性的使用實驗板，而發揮 PIC 微控制器最大的功能。除此之外，PIC 微控制器實驗板上也配置有 USB 插座，因此使用者可以利用電腦的 USB 電源，而無需額外添購電源供應器，將來亦可以使用跳線的方式，使用具備 USB 功能的 PIC18 系列微處理器。同時 PIC 微控制器實驗板也配置有 3.3 V 電源，將來可以使用 Microchip 其他系列的低電壓微處理器。完整的 PIC 微控制器實驗板電路圖如圖 5-3 所示。

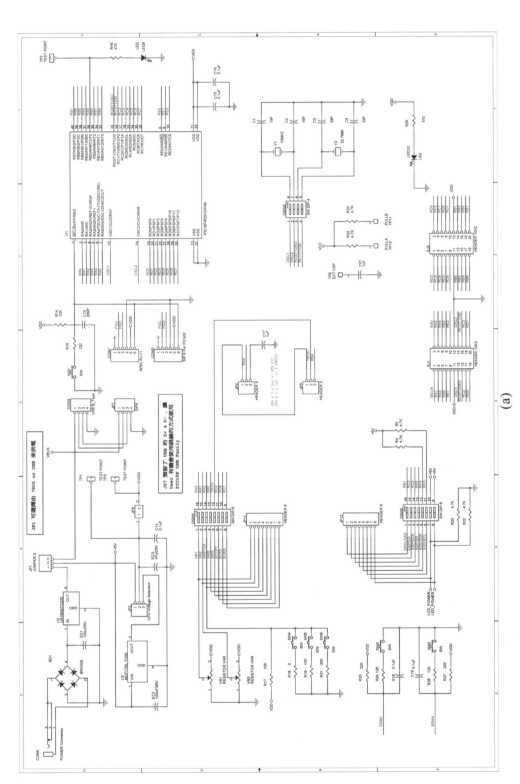

(a)

圖 5-3　PIC 微控制器實驗板電路圖，(a) MCU 與周邊元件

CHAPTER

5

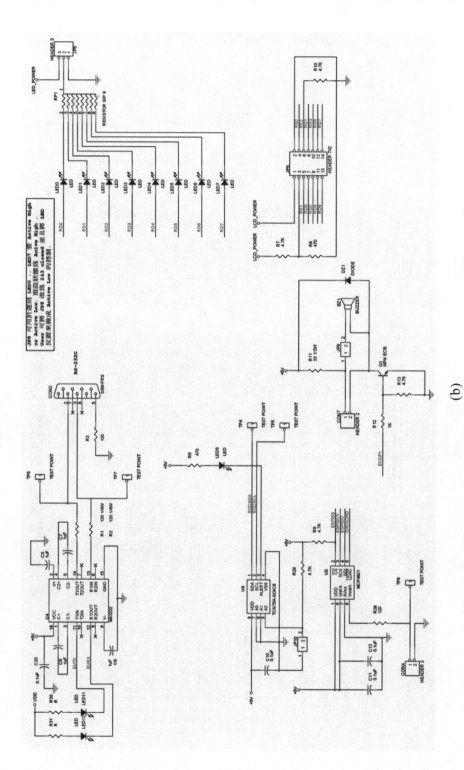

圖 5-3　PIC 微控制器實驗板電路圖，(b) 通訊介面與外部周邊元件

(b)

　　為了增加使用者的了解，接下來我們將逐一地介紹 PIC 微控制器實驗板
的電路組成。

電源供應

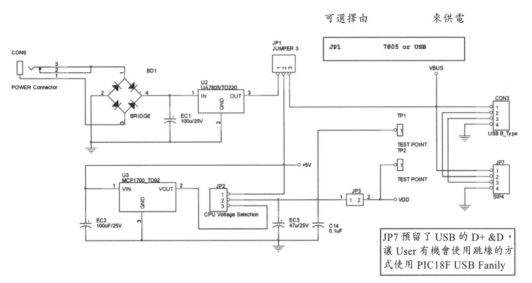

圖 5-4　PIC 微控制器實驗板電源供應電路圖

　　PIC 微控制器實驗板可利用 JP1 短路器，選擇使用 USB 插座所提供的 5
伏特電源或外部 9 伏特交／直流電源，配有橋式整流器及 7805 穩壓晶片，藉
以提供電路元件 5 伏特的直流電壓；同時並再經由穩壓晶片 MCP1700 提供 3.3
伏特的直流電壓。因此，PIC 微控制器實驗板上的電路元件，可藉由 JP2 短路
器的選擇，使用 5 伏特或 3.3 伏特直流電壓作為電源。LCD 液晶顯示器是唯一
固定使用 5 伏特直流電源的電路元件。同時 PIC 微控制器實驗板提供 JP3 短
路器作為電源開閉的選擇，可以配合 TP1 與 TP2 測試點，於 JP3 開路的情況下，
利用電表測量電路元件所消耗的總電流量。

CHAPTER

5

5.2 PIC 微控制器實驗板各部電路說明

◎ 電源顯示與重置電路

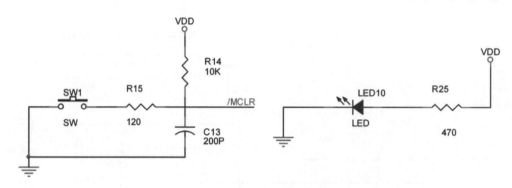

圖 5-5　PIC 微控制器實驗板電源顯示與重置電路圖

　　PIC 微控制器實驗板上有一個發光二極體 LED10 作為電源顯示之用，同時使用按鍵 SW1 作為 PIC 微控制器電源重置的開關。當按下按鍵 SW1 時，將會使重置腳位成為低電位，而達到控制器重置的功能。

◎ 數位按鍵開關與 LED 訊號輸出入

　　PIC 微控制器實驗板提供兩個數位按鍵開關，SW2 與 SW3，可以模擬 RB0/INT0 及 RA4/T0CKI 的觸發訊號輸入；同時也提供了八個發光二極體，LED0～LED7，作為 PORTD 數位訊號輸出的顯示。這些數位按鍵開關是以低電位觸發的方式所設計的，也就是 Active-Low，因此它們都接有提升電位的電阻。因此，當按鍵開關按下時，相對應的腳位將會接收到低電位的訊號，放開時則會收到高電位的訊號。發光二極體的驅動電路則可以藉由 JP8 短路器，選擇使用 Active-High 或 Active-Low 的驅動方式，原始預設為 Active-High，如果配合 PIC18F 其他系列低電流輸出的微控制器時，除 JP8 之外，也必須更改 LED 的極性。在預設狀況下，當連接發光二極體 LEDx 的 RDx 腳位輸出高電位訊號時，則相對應的發光二極體將會發亮；相反地，當輸出低電位的訊號

時，則發光二極體將不會有所顯示。實驗範例將利用這些數位按鍵開關與發光
二極體，進行基本的數位訊號產生與偵測。由於 PORTD 同時也作爲液晶顯示
器的資料匯流排，爲了避免訊號干擾，在電路上增加了功能開關 DSW2（7&8）
以便將 LED 或 LCD 的電源關閉，以作爲與其他元件或者完整的 40-Pin 電路
（EJ1&EJ2）擴充連接器的阻隔。同樣地，在 DSW1（4&5）上，也可以將
SW1 與 SW2 的功能阻隔，以便使用者另行外加測試元件。

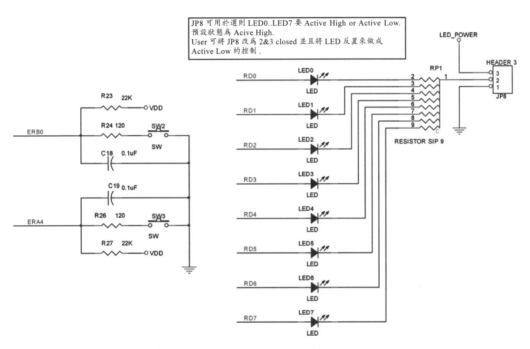

圖 5-6　PIC 微控制器實驗板數位按鍵開關與 LED 訊號輸出入電路圖

▣ 類比訊號轉換電路

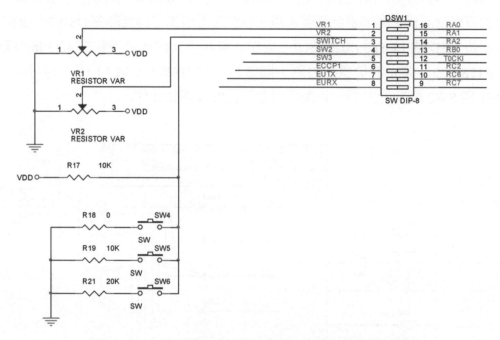

圖 5-7　PIC 微控制器實驗板類比訊號轉換電路圖

　　PIC 微控制器實驗板提供了兩種類比訊號感測的電路模式：連續電壓訊號式的可變電阻，以及分段電壓式的按鍵開關。PIC 微控制器實驗板提供了兩個可變電阻 VR1 及 VR2，用以產生連續的電壓變化；而變化的電壓訊號連接到 PIC 微控制器的類比訊號轉換腳位 RA0/AN0 與 RA1/AN1 腳位，因而可以使用內建的 10 位元類比數位訊號轉換器來量測所對應的電壓訊號變化。為了增加使用的功能，PIC 微控制器實驗板並提供 DSW1（1&2）作為實驗板類比訊號的切換與阻隔。在分段電壓式的類比按鍵開關感測部分，實驗板提供了三個按鍵開關 SW4～SW6，藉由 RA2/AN2 腳位的類比電壓感測值變化，可以判別三個按鍵開關的使用情形。

RS-232 串列傳輸介面

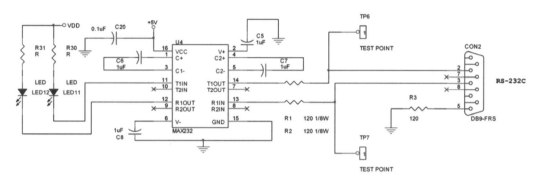

圖 5-8　PIC 微控制器實驗板 RS-232 串列傳輸介面電路圖

　　PIC 微控制器實驗板配置有一組標準的 RS-232 串列訊號傳輸介面（CON4），以及所需的電位驅動晶片（U4），以進行 PIC 微控制器 UART 傳輸介面（RC6 與 RC7）的使用練習。同時在資料傳輸電路上配置有 LED11 與 LED12 來觀察資料收發的情形。PIC 微控制器實驗板並提供 DSW1（7&8）作為實驗板 UART 訊號的阻隔。

LCD 液晶顯示器連接介面

　　PIC 微控制器實驗板配置有一個可顯示二行各十六個符號的液晶顯示器介面，而相關的驅動訊號將連接到 PIC 微控制器上的十個輸出入腳位（PORTD 與 PORTE），使用者可以選擇使用四個或八個資料位元傳輸（PORTD）及三個控制位元傳輸匯流排（PORTE），即可控制 LCD 的顯示功能。除此之外，LCD 並獨立使用 5 V 直流電源，因此不受電源選擇切換的影響。在電路上並以功能開關 DSW2(8) 將 LCD 的電源關閉，以作為與其他元件，或者完整的 40-Pin 電路（EJ1&EJ2）擴充連接器的阻隔。

CHAPTER

5

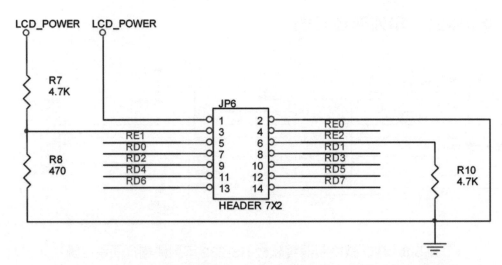

圖 5-9　PIC 微控制器實驗板 LCD 液晶顯示器連接介面電路圖

◢ CCP 模組訊號驅動周邊

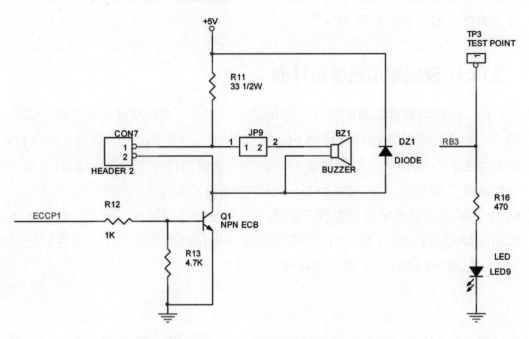

圖 5-10　PIC 微控制器實驗板 CCP 模組訊號驅動蜂鳴器（CCP1）與 LED
　　　　（CCP2）電路圖

　　為了提供讀者學習使用 PIC 微控制器提供的 CCP 模組訊號產生的功能，PIC 微控制器實驗板提供了一組蜂鳴器與 LED9 作為聲光效果的輸出。這個 CCP 模組訊號產生器將可以產生單一的脈衝訊號，或者連續的 PWM 波寬調變訊號，以驅動 LED12（CCP2），或者藉由功率放大電路驅動壓電材料的蜂鳴器（CCP1）。PIC 微控制器實驗板並提供一個訊號外接埠（CON7），可以直接驅動低功率的直流馬達。在外接其他裝置時，可以利用 JP9 將蜂鳴器斷路。

▎微處理器時脈輸入震盪器

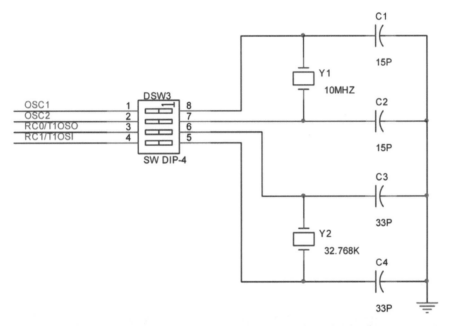

圖 5-11　PIC 微控制器實驗板時脈輸入震盪器電路圖

　　PIC 微控制器實驗板使用一個 10 MHz 的石英震盪器（Y1）作為 PIC 微控制器的外部時脈輸入來源。而由於 PIC18F 微處理器內建有 4 倍鎖相迴路（Phase Lock Loop, PLL），因此處理器最高可以 10 MIPS 的速度執行指令。除此之外，實驗板上並配置有一個 32768 Hz 的低頻震盪器，作為計時器 TIMER1 的外部時序來源，可以作為精確計時的訊號源。這兩組時序來源可以利用 DSW3 切換開關來選擇使用與否。

◉ MSSP 訊號介面與相關外部元件

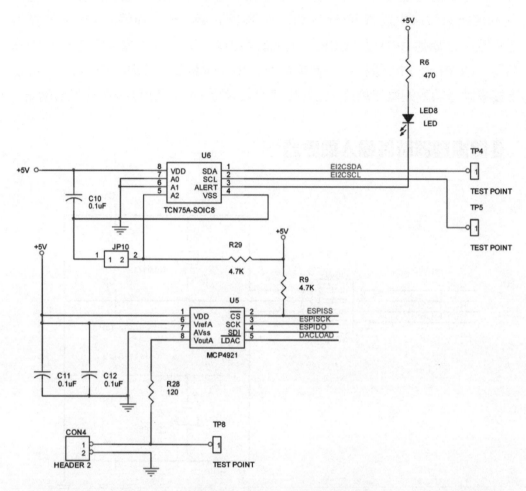

圖 5-12　PIC 微控制器實驗板 MSSP 訊號介面與相關外部元件電路圖

■ I²C 訊號介面與相關外部元件

　　為方便讀者學習 I²C 通訊協定的使用，PIC 微控制器實驗板配置有溫度感測器 TCN75A（U6）作為通訊的目標。由於 I²C 通訊協定是以元件位址為基礎，因此實驗板提供 JP10 跳接器，作為改變 TCN75A 位址的選擇。而 LED8 則可以作為 TCN75A 溫度警示訊號輸出的顯示。I²C 訊號與外部元件可以利用 DSW2（5&6）切換開關來選擇使用與否。

■SPI 訊號介面與相關外部元件

　　PIC 微控制器實驗板為方便讀者學習 SPI 通訊協定的使用，配置有外部數位轉類比電壓轉換器（Digital/Analog Converter, DAC）MCP4921（U5）作為通訊的目標。MCP4921 所轉換的類比電壓可以藉由 CON4 輸出，或者量測電壓值。SPI 訊號與外部元件可以利用 DSW2（1～4）切換開關來選擇使用與否。

微處理器 ICD 程式除錯與燒錄介面

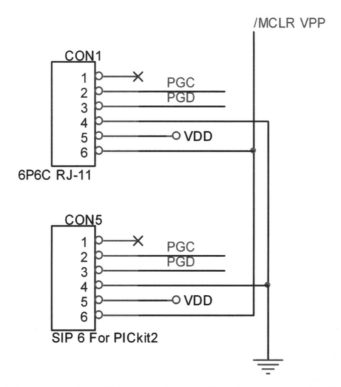

圖 5-13　微處理器 ICD 程式除錯與燒錄介面電路圖

　　PIC 微控制器實驗板提供兩組 ICD 程式除錯與燒錄介面，以方便使用者選擇 ICD4（CON1）或者 PICKit4（CON5）燒錄器，作為程式燒錄與除錯的工具。

切換開關與跳接器使用

PIC 微控制器實驗板電路提供了三個切換開關與多組跳接器使用，它們的功能描述如下：

DSW1：

    1：類比訊號元件 VR1 短路選擇

    2：類比訊號元件 VR2 短路選擇

    3：類比訊號按鍵（SW4～SW6）開關短路選擇

    4：數位訊號按鍵開關 SW2 短路選擇

    5：數位訊號按鍵開關 SW3 短路選擇

    6：CCP1 模組蜂鳴器短路選擇

    7 & 8：UART（RS-232）短路選擇

DSW2：

    1～4：SPI 通訊介面與外部元件 U5 短路選擇

    5 & 6：I^2C 通訊介面與外部元件 U5 及 U6 短路選擇

    7：LCD 電源致能短路選擇

    8：LED 電源致能短路選擇

DSW3：

    1 & 2：微處理器操作時序震盪器（Y1）短路選擇

    3 & 4：微處理器計時器 TIMER1 外部時序震盪器（Y2）短路選擇

JP1：5 V 直流電源來源選擇（EXT 與 USB）

JP2：5 V/3.3 V 直流電源來源選擇 JP3：直流電源致能選擇

JP4 & JP5：標準 PIC18 與 J 系列 3.3 V 微處理器腳位調整選擇

    1-2：標準 PIC18 微處理器

    2-3：其他系列 3.3 V 微處理器

JP6：LCD 訊號連接埠

JP7：USB 訊號跳接埠

JP8：LED 共陽或共陰選擇，共陰時須更改 LED 極性

JP9：蜂鳴器致能選擇

JP10：TCN75A 位址選擇

JP11、JP12 與 JP13：周邊元件訊號測試跳接點

實驗板所提供的外部元件連接介面表列如下：

CON1：ICD4 線上燒錄與除錯器連接埠

CON2：UART/RS232 連接埠

CON3：USB 連接埠

CON4：MCP4921 類比電壓輸出埠

CON5：PICKit4 線上燒錄與除錯器連接埠

CON6：外部 9 V 電源輸入

CON7：CCP1 放大訊號外接埠

實驗板所提供的訊號測試點功能整理如下：

TP1 & TP2：於 JP3 開路的情況下，利用電表測量電路元件所消耗的總電
流量

TP3：CCP2 訊號測試點

TP4 & TP5：I^2C 介面 SCL 與 SDA 訊號測試點

TP6 & TP7：UART 介面 TX 與 RX 訊號測試點

TP8：MCP4921 類比電壓輸出訊號測試點

TP9：預留外接穩壓電容連接點，可應用於如 PIC18F45K22 微控制器

TP10 & TP11：預留外接提升電阻連接點，可應用於外接電路

CHAPTER 6

數位輸出入埠

數位輸出入是微處理器的基本功能。藉由數位輸出可以將微處理器內部的資料或訊號傳遞到外部的元件，或者是藉由輸出腳位驅動觸發外部元件的動作。而藉由數位輸入的功能可以將外部元件的訊號或狀態，擷取到微處理器的內部暫存器，並加以作適當的運算處理，以達成使用者應用程式的目的。

基本上，所有微處理器的工作都是以數位訊號的方式來處理，包括其他功能的周邊硬體也是以數位訊號的方式完成；所不同的是，一些較常用或者是運作較為複雜的功能，已經由微處理器製造商直接以硬體電路完成，而針對一些比較特別，或者是不常用的數位訊號輸出入，則必須由使用者自行依照規格撰寫相對應的程式來進行。這些常見的數位輸出入訊號應用包括：燈號顯示、按鍵偵測、馬達驅動、外部元件開啟狀態等等。

對於學習微處理器應用的使用者而言，數位輸出入埠的使用是非常重要的基本技能，除了針對上述的簡單應用之外，原則上，所有的數位訊號系統皆可以用這些數位輸出入的功能完成。因此，如果能夠學習良好的數位輸出入應用技巧，在面對特殊元件或者是較為複雜的系統整合時，才能夠發揮微處理器的強大功能。

6.1　數位輸出入埠的架構

PIC18 系列微控制器所有的腳位，除了電源（V_{DD}、V_{SS}）、主要重置（$\overline{MCLR}$）及石英震盪器時脈輸入（OSC1/CLKIN）之外，全部都以多工處理的方式，作為數位輸出入埠與周邊功能的使用。因此，每一個 PIC 微控制器都有為數眾多的腳位，可以規劃作為數位訊號的輸出或輸入使用。訊號輸入埠分別使用 Schmitt Trigger/TTL/CMOS 輸入架構，因此在使用上會有不同的輸入特性。每一個 PIC 微控制器的輸出入埠都會被劃分為數個群組，而一般的微處理器都會採用所謂的檔案暫存器系統管理（File Register System），所以每一個群組都有相對應的暫存器，作為相關的控制與資料讀寫用途。應用時，必須要先將適當的控制暫存器做好所需要的設定，然後針對相對應的暫存器作必要的讀取或者寫入的動作，如此便可以完成所設計的數位輸出或者輸入的工作。

　　例如，PIC18F45K22 微控制器的數位輸出入埠，總共被區分為五個群組，分別為：

- PORTA
- PORTB
- PORTC
- PORTD
- PORTE

各個群組的使用方式稍後會做詳細的說明。這些數位輸出入埠的架構示意圖如圖 6-1 所示。每一組輸出入埠都有三個暫存器作為相關動作的控制與資料存取，它們分別是：

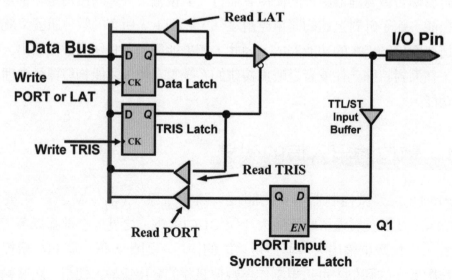

圖 6-1　PIC18 微控制器輸出入腳位架構示意圖

- TRIS 暫存器（資料方向暫存器）
- PORT 暫存器（讀取腳位電位值）
- LAT 暫存器（輸出栓鎖暫存器）

輸出栓鎖暫存器 LAT 對於在同一個指令中，執行讀取－修改－寫入動作是非常有幫助的。

由 PIC 微控制器輸出入腳位架構示意圖可以看到，當方向控制位元 TRIS 被設定為 1 的時候，TRIS Latch 將會輸出 1，這將使 Data Latch 的輸出被關閉而無法傳輸到輸出入腳位；但是輸出入腳位上面的訊號，則可以透過輸入緩衝器儲存在輸入的 PORT 資料暫存器中。因此，應用程式可以透過 PORT 暫存器讀取到輸出入腳位上的訊號狀態。

相反地，當方向控制位元 TRIS 被設定為 0 時，則 Data Latch 暫存器的輸出可以被傳輸到輸出入腳位，因此核心處理器可以藉由資料匯流排傳輸資料到 Data Latch 暫存器，進而將資料所代表的電壓反映到輸出入腳位，而完成輸出訊號狀態的改變。

6.2　多工使用的輸出入埠

所有輸出入埠腳位都有三個暫存器，直接地和這些腳位的操作聯結。資料方向暫存器（TRISx）決定這個腳位是一個輸入（Input）或者是一個輸出（Output）。當相對應的資料方向位元是「1」的話，這個腳位被設定為一個輸入。所有輸出入埠腳位在重置（Reset）後，都會被預設定義為是輸入。這時候如果從輸出入埠暫存器（PORTx）讀取資料，將會讀取到瞬間所鎖定的輸入值。要將數據輸出到腳位，只要將數值寫入到相對應的栓鎖暫存器（LATx）即可。一般而言，在操作時如果要讀取這個輸出入埠的腳位狀態，則讀取輸出入埠暫存器（PORTx）；若是要將一個數值從這個輸出入埠輸出，則將數值寫入栓鎖暫存器 LATx 中。

要注意的是，一般都是由 PORTx 暫存器讀取輸入值，而由 LATx 暫存器寫入輸出值；但是當程式寫入一個數值到 PORTx 暫存器時，同時也會更改 LATx 暫存器的內容進而影響到輸出。不過在此建議養成正確的使用習慣，由

PORTx 暫存器讀取輸入值，而由 LATx 暫存器寫入輸出值；在某些特殊情況下，正確的使用可以加快數位資料的讀寫或擷取。

通常每個輸出入埠的腳位都會與其他的周邊功能分享。這時候，在硬體上會建立多工器，作為這個腳位輸出或者輸入時資料流向的控制。當一個周邊功能被啓動，而且這個周邊功能正實際驅動所連接的腳位時，這個腳位作爲一般數位輸出的功能將會被關閉。所有腳位的相關功能，請參見表 2-2。

值得注意的是，如果某一個數位輸出入埠與類比訊號轉換模組作多工使用時，由於腳位的電源啓動預設狀態是設定作爲類比訊號轉換模組使用；因此，如果要將這個特定的腳位作爲數位輸出入埠使用的話，必須要先將類比腳位設定暫存器 ANSELA、ANSELB、ANSELC、ANSELD、ANSELE 中相對的位元設定爲 0。以 PIC18F45K22 微控制器爲例，所有的 PORTA 腳位都可以多工作爲類比訊號輸入模組使用，因此如果要使用所有 PORTA 的類比腳位，作爲一般的數位輸出入埠使用時，必須先將設定暫存器 ANSELA 設定爲 xx0x0000b（x 所在位元沒有作用），才可以正常地作爲數位輸出入使用。

數位輸出入埠相關暫存器

所有與 PORTA、PORTB、PORTC、PORTD 及 PORTE 輸出入埠相關的暫存器如表 6-1 所示。

表 6-1(1)　數位輸出入埠 PORTA 相關的暫存器

Name	Bit 7	Bit 6	Bit 5	Bit 4	Bit 3	Bit 2	Bit 1	Bit 0
ANSELA	—		ANSA5	—	ANSA3	ANSA2	ANSA1	ANSA0
LATA	LATA7	LATA6	LATA5	LATA4	LATA3	LATA2	LATA1	LATA0
PORTA	RA7	RA6	RA5	RA4	RA3	RA2	RA1	RA0
TRISA	TRISA7	TRISA6	TRISA5	TRISA4	TRISA3	TRISA2	TRISA1	TRISA0
CM1CON0	C1ON	C1OUT	C1OE	C1POL	C1SP	C1R	C1CH<1:0>	
CM2CON0	C2ON	C2OUT	C2OE	C2POL	C2SP	C2R	C2CH<1:0>	
VREFCON1	DACEN	DACLPS	DACOE	—	DACPSS<1:0>			DACNSS
VREFCON2	—	—	—	DACR<4:0>				
HLVDCON	VDIRMAG	BGVST	IRVST	HLVDEN	HLVDL<3:0>			
SLRCON	—	—	—	SLRE	SLRD	SLRC	SLRB	SLRA
SRCON0	SRLEN	SRCLK<2:0>			SRQEN	SRNQEN	SRPS	SRPR
SSP1CON1	WCOL	SSPOV	SSPEN	CKP	SSPM<3:0>			
T0CON	TMR0ON	T08BIT	T0CS	T0SE	PSA	T0PS<2:0>		

表 6-1(2)　數位輸出入埠 PORTB 相關的暫存器

Name	Bit 7	Bit 6	Bit 5	Bit 4	Bit 3	Bit 2	Bit 1	Bit 0
ANSELB	—	—	ANSB5	ANSB4	ANSB3	ANSB2	ANSB1	ANSB0
LATB	LATB7	LATB6	LATB5	LATB4	LATB3	LATB2	LATB1	LATB0
PORTB	RB7	RB6	RB5	RB4	RB3	RB2	RB1	RB0
TRISB	TRISB7	TRISB6	TRISB5	TRISB4	TRISB3	TRISB2	TRISB1	TRISB0
ECCP2AS	CCP2ASE	CCP2AS<2:0>			PSS2AC<1:0>		PSS2BD<1:0>	
CCP2CON	P2M<1:0>		DC2B<1:0>		CCP2M<3:0>			
ECCP3AS	CCP3ASE	CCP3AS<2:0>			PSS3AC<1:0>		PSS3BD<1:0>	
CCP3CON	P3M<1:0>		DC3B<1:0>		CCP3M<3:0>			
INTCON	GIE/GIEH	PEIE/GIEL	TMR0IE	INT0IE	RBIE	TMR0IF	INT0IF	RBIF
INTCON2	RBPU	INTEDG0	INTEDG1	INTEDG2	—	TMR0IP	—	RBIP
INTCON3	INT2IP	INT1IP	—	INT2IE	INT1IE	—	INT2IF	INT1IF
IOCB	IOCB7	IOCB6	IOCB5	IOCB4	—	—	—	—
SLRCON	—	—	—	SLRE	SLRD	SLRC	SLRB	SLRA
T1GCON	TMR1GE	T1GPOL	T1GTM	T1GSPM	T1GGO/DONE	T1GVAL	T1GSS<1:0>	
T3CON	TMR3CS<1:0>		T3CKPS<1:0>		T3SOSCEN	T3SYNC	T3RD16	TMR3ON
T5GCON	TMR5GE	T5GPOL	T5GTM	T5GSPM	T5GGO/DONE	T5GVAL	T5GSS<1:0>	
WPUB	WPUB7	WPUB6	WPUB5	WPUB4	WPUB3	WPUB2	WPUB1	WPUB0

表 6-1(3)　數位輸出入埠 PORTC 相關的暫存器

Name	Bit 7	Bit 6	Bit 5	Bit 4	Bit 3	Bit 2	Bit 1	Bit 0
ANSELC	ANSC7	ANSC6	ANSC5	ANSC4	ANSC3	ANSC2	—	—
LATC	LATC7	LATC6	LATC5	LATC4	LATC3	LATC2	LATC1	LATC0
PORTC	RC7	RC6	RC5	RC4	RC3	RC2	RC1	RC0
TRISC	TRISC7	TRISC6	TRISC5	TRISC4	TRISC3	TRISC2	TRISC1	TRISC0
ECCP1AS	CCP1ASE	CCP1AS<2:0>			PSS1AC<1:0>		PSS1BD<1:0>	
CCP1CON	P1M<1:0>		DC1B<1:0>		CCP1M<3:0>			
ECCP2AS	CCP2ASE	CCP2AS<2:0>			PSS2AC<1:0>		PSS2BD<1:0>	
CCP2CON	P2M<1:0>		DC2B<1:0>		CCP2M<3:0>			
CTMUCONH	CTMUEN	—	CTMUSIDL	TGEN	EDGEN	EDGSEQEN	IDISSEN	CTTRIG
RCSTA1	SPEN	RX9	SREN	CREN	ADDEN	FERR	OERR	RX9D

CHAPTER

6

表 6-1(3)　數位輸出入埠 PORTC 相關的暫存器（續）

Name	Bit 7	Bit 6	Bit 5	Bit 4	Bit 3	Bit 2	Bit 1	Bit 0
SLRCON	—	—	—	SLRE	SLRD	SLRC	SLRB	SLRA
SSP1CON1	WCOL	SSPOV	SSPEN	CKP	SSPM<3:0>			
T1CON	TMR1CS<1:0>		T1CKPS<1:0>		T1SOSCEN	T1SYNC	T1RD16	TMR1ON
T3CON	TMR3CS<1:0>		T3CKPS<1:0>		T3SOSCEN	T3SYNC	T3RD16	TMR3ON
T3GCON	TMR3GE	T3GPOL	T3GTM	T3GSPM	T3GGO/DONE	T3GVAL	T3GSS<1:0>	
T5CON	TMR5CS<1:0>		T5CKPS<1:0>		T5SOSCEN	T5SYNC	T5RD16	TMR5ON
TXSTA1	CSRC	TX9	TXEN	SYNC	SENDB	BRGH	TRMT	TX9D

表 6-1(4)　數位輸出入埠 PORTD 相關的暫存器

Name	Bit 7	Bit 6	Bit 5	Bit 4	Bit 3	Bit 2	Bit 1	Bit 0
ANSELD	ANSD7	ANSD6	ANSD5	ANSD4	ANSD3	ANSD2	ANSD1	ANSD0
LATD	LATD7	LATD6	LATD5	LATD4	LATD3	LATD2	LATD1	LATD0
PORTD	RD7	RD6	RD5	RD4	RD3	RD2	RD1	RD0
TRISD	TRISD7	TRISD6	TRISD5	TRISD4	TRISD3	TRISD2	TRISD1	TRISD0
BAUDCON2	ABDOVF	RCIDL	DTRXP	CKTXP	BRG16	—	WUE	ABDEN
CCP1CON	P1M<1:0>		DC1B<1:0>		CCP1M<3:0>			
CCP2CON	P2M<1:0>		DC2B<1:0>		CCP2M<3:0>			
CCP4CON	—		DC4B<1:0>		CCP4M<3:0>			
RCSTA2	SPEN	RX9	SREN	CREN	ADDEN	FERR	OERR	RX9D
SLRCON	—	—	—	SLRE	SLRD	SLRC	SLRB	SLRA
SSP2CON1	WCOL	SSPOV	SSPEN	CKP	SSPM<3:0>			

表 6-1(5)　數位輸出入埠 PORTE 相關的暫存器

Name	Bit 7	Bit 6	Bit 5	Bit 4	Bit 3	Bit 2	Bit 1	Bit 0
ANSELE	—	—	—	—	—	ANSE2	ANSE1	ANSE0
INTCON2	RBPU	INTEDG0	INTEDG1	INTEDG2	—	TMR0IP	—	RBIP
LATE	—	—	—	—	—	LATE2	LATE1	LATE0
PORTE	—	—	—	—	RE3	RE2	RE1	RE0
SLRCON	—	—	—	SLRE	SLRD	SLRC	SLRB	SLRA
TRISE	WPUE3	—	—	—	—	TRISE2	TRISE1	TRISE0

　　後續將以一個數位輸出入埠群組的相關暫存器 PORTD、TRISD 及 LATD
的使用範例，來說明數位輸出入埠的相關運作。並且以淺入深的方式，逐步地
帶領讀者學習撰寫 C 語言應用程式的技巧，並引用各種微處理器的功能完成
相關的應用程式。

6.3　建立一個C語言程式的專案

　　讀者可以參考附錄 A 的方法建立一個新的專案。唯一不同的地方是，在
這個專案下，必須選擇所使用的語言工具為 MPLAB XC8 編譯器。這個選項
可以在功能選項 Project>Select Language Suite 的功能視窗下，選擇 MPLAB
XC8 編譯器，然後便可以在這個專案下，建立各個所需要的程式檔案或者聯
結檔等等的相關內容。

範例

　　假設讀者已經熟悉了這個過程，讓我們建立一個 my_first_c_project 專案，
並且在專案內建立一個 my_first_c_code.c 程式檔。其內容如下：

```
// my_first_c_code ,      C語言範例程式
#include <xc.h>           // 納入外部包含檔的內容

void  main (void) {
                          // TRISD 及 LATD 的宣告
  LATD=0x00;              // 將 LATD 歸零，關閉 LED
  TRISD = 0;              // 將 TRISD 設為 0，PORTD 設定為輸出
  LATDbits.LATD0 = 1;     // 將 LATD 的 LATD0 設定為 1 點亮 LED0
  while (1) ;             // 無窮迴圈
}
```

　　這個檔案表現了一個 C 語言程式檔的基本內容，包括：主程式函式 main( )
宣告及運算敘述。除此之外，程式的開始並納入了一個表頭檔的內容 <xc.h>，

這是因為我們不希望在 C 語言程式撰寫中，仍然使用組合語言的數值位址定義方式，而希望採用簡潔易懂的符號名稱；因此利用 XC8 編譯器所提供的 <xc.h> 表頭檔定義中，自動納入專案所選定的微控制器表頭檔的宣告定義來達到這個目的。在對應的微控制器表頭檔中，以 <p18f45k22.h> 為例，讀者將可以發現，它提供了所有微控制器相關的暫存器、位元、腳位、控制位元、特殊功能等等的名稱定義，以及巨集指令等等的宣告。建議讀者有空不妨一窺其內容，可以學到許多絕招和密技。也正因為如此，讀者將會在後續的各個專案中發現將 <xc.h> 表頭檔納入的前處理指述，會是所有專案程式檔開始的第一行。

在主函式 main( ) 中，由於並未使用到硬體內建的特殊功能暫存器之外的任何變數，因此不需要做任何的變數宣告。而且在函式中只使用了一個簡單的運算子「＝」，這是一個設定或搬移數值暫存器內容的運算子，相當於組合語言指令中的 move 之類的指令。

我們可以運用這一個「＝」運算子，指定任何一個位元組、位元或者任何已宣告變數的內容。特別是在設定或檢查微控制器特殊功能暫存器的內容時，使用這樣的方式不但簡單明瞭，而且在編譯過後所產生的指令長度也會相當的精簡，有助於提升程式執行的效率。範例中這樣接近組合語言的語法，以簡單的 C 語言運算子撰寫簡單指述程式的方式，本書稱之為「類組合語言指令」。

以讀者現在對微控制器的了解，相信不必再對前三行敘述多作解釋。讓我們直接看程式的最後一行所使用的

```
while(1)  ;
```

敘述。這是在使用 C 語言程式中常用的一個永久迴圈手法。如果 while(1) 流程控制後，有可執行的敘述區塊 { }，則微控制器將會反覆地執行區塊內的敘述；相反地，像範例程式中並沒有可執行的敘述區塊時，則程式將會陷入一個永久的 GOTO/BRA 迴圈而滯留不進。所有的微控制程式都需要這樣子的一個永久迴圈，否則將會繼續執行未燒錄任何指令的程式記憶體，最終將導致系統重置。

除了主程式檔案外，專案也必須加入一個定義系統硬體功能的 Config.c

檔案，藉此進行各個系統功能的設定位元定義。完成這個動作之後，讀者便可以選擇 RUN>Build Project 選項，建立一個完整的微控制器燒錄程式檔。接著讀者便可以將程式燒錄到微控制器之中，然後一點也不意外地讓 LED0 持續的點亮。

　　到這個階段爲止，你覺得使用組合語言或 C 程式語言撰寫應用程式哪一個是比較方便或有效率的？

　　因爲這個應用程式太簡單了，所以很難分出一個高下。倒是讓我們選擇 Window>Debugging>Output>Disassembly Listing File 的選項打開 Disassembly 視窗來看一些有趣的內容。

　　Disassembly 視窗包含了組譯器或編譯器將所有程式檔案編譯聯結後組成的應用程式檔編譯內容。在這個視窗裡，可以看到所有應用程式如何實際地被編譯 / 組譯成爲控制器的機械碼，及它們被安排的順序、流程與大小。所以在這裡可以觀察到讀者所撰寫的 C 語言程式，如何地被轉譯成組合語言及機械碼。

　　當讀者打開這個 Disassembly 視窗的時候，一定嚇了一大跳：「爲什麼短短幾行程式，變成了這麼一大串的機械碼？」這是因爲專案所設定的聯結檔、啓動模組以及 MPLAB XC8 編譯器，自動設定安排的一連串初始化動作所加入的執行程式碼就占據了絕大部分的程式碼。難道這就告訴我們用 C 語言來撰寫微控制器的應用程式，是比較沒有效率的嗎？

　　如果所撰寫的應用程式都是像範例這麼的精簡，則答案必然是肯定的，但這麼簡單的應用程式是沒有價值的。而從另外一方面來看，這些初始化程式，只有在系統重置的時候才會被執行一次，只要程式進入讀者所撰寫的正常執行程式時，這些初始化程式便不再有任何執行效率與時間的問題。所剩下的問題是，這些初始化程式所爲讀者執行的工作，值不值得所花費的初始化時間，這就是見仁見智的問題了。

　　剩下來的部分，就是讀者所撰寫的 C 語言程式究竟被編譯成什麼樣子呢？如果使用 Build for Debugging 選項功能後，在 Window>Debugging>Output> Disassembly Listing File 視窗中我們看到了下列的內容：

```
Disassembly Listing for my_first_c_project
```

```
Generated From:
D:.../dist/default/debug/my_first_c_project.X.debug.elf

---    D:.../ex_my_first_c_project/my_first_c_code.c
7FEE    0E00       MOVLW 0x0
7FF0    6E8C       MOVWF LATD, ACCESS
7FF2    0E00       MOVLW 0x0
7FF4    6E95       MOVWF TRISD, ACCESS
7FF6    808C       BSF LATD, 0, ACCESS
7FF8    EFFC       GOTO 0x7FF8
7FFA    F03F       NOP
7FFC    EF00       GOTO 0x0
---    C:/Users/steph/AppData/Local/Temp/s9fs.s   ----
7FE8    0100       MOVLB 0x0
7FEA    EFF7       GOTO 0x7FEE
```

在這些交錯的內容中，讀者可以發現到從 LATD=0x00，開始的 4 行 C
語言程式碼被轉譯成 6 行相關的組合語言程式，它們對應的程式位址（如
7FEE）及機械碼（如 0E00）也被列印在左邊。

不曉得到這裡，讀者認為 C 語言與組合語言可以分出一個勝負了嗎？至
少在量的方面，它們是 4 對 6 有所不同的。例如，

```
LATD = 0x00;
```

被 XC8 編譯器轉換成下面兩行組合語言指令，

```
7FEE    0E00        MOVLW 0x0
7FF0    6E8C        MOVWF LATD, ACCESS
```

如果熟悉組合語言的讀者，可能會懷疑為什麼不用 CLRF LATD 指令以提

高效率？其實當使用者一旦選定使用特定的編譯器，如 XC8 編譯器後，這些都不是使用者可以掌控的編譯行為，一切就要仰賴開發編譯器的工程師提供有效的程式轉換。有部分編譯器，例如 XC8，可以調整程式最佳化的程度，進而改變程式的長度或執行的效率，或者藉由購買付費的標準版或專業版，可以獲得更多編譯時的優化選擇。

　　希望讀者可以從這個地方了解到，利用 C 程式語言來撰寫微控制器應用程式有其方便與有效率的地方；但是更重要的是，必須要使用一個好的 C 語言程式編譯器，以及有效率的設定方式才能夠真正地提高應用程式的品質。必要時，甚至可以利用嵌入式組合語言的語法，或在專案中混合組合語言與 C 語言的程式檔案，才能夠得到最佳的程式執行效能。

6.4　數位輸出

　　根據前一章實驗板的說明，如果要將某一個發光二極體 LED 點亮，則必須將所對應的數位輸出腳位設定為高電壓。而且要將一個腳位設定為數位輸出，必須先將相對應的輸出入方向控制暫存器 TRISx 的位元設定為 0。讓我們以前面的 C 語言程式來做一個說明。

　　由於這是本書的第一個 C 語言程式範例，讓我們從最基礎的方法開始引導讀者學習利用 C 程式語言撰寫應用程式。

▌範例 my_first_c_project

　　將 PIC18F45K22 的數位輸出入埠 PORTD 上 RD0 腳位的 LED 發光二極體點亮。

```
// my_first_c_code , C語言範例程式
#include <xc.h>   // 納入外部包含檔的內容

void main (void) {
```

```
    LATD = 0x00;              // 將 LATD 歸零，關閉 LED
    TRISD = 0;                // 將 TRISD 設爲 0，PORTD 設定爲輸出
    LATDbits.LATD0 = 1;       // 設定 LATD0 爲 1，點亮 LED0
    while (1) ;               // 無窮迴圈
}
```

在這個範例程式中，直接使用 TRISD 輸出入方向控制暫存器和 LATD 輸出控制暫存器名稱作爲 C 語言程式中的變數，並利用指定運算子（=）將 TRISD 與 LATD 設定成所要的預設值；由於 TRISD 所設定的是 0，所有的 PORTD 所對應的 8 個腳位全部被設定爲輸出腳位。由於在範例程式一開始便利用 xc.h 納入 C 編譯器所建立的 PIC18F45k22 微控制器暫存器名稱與暫存器位址對應的定義表頭檔 p18f45k22.h，因此在程式中使用者便可以利用熟悉的暫存器名稱，直接作爲變數來進行相關的程式運算與處理，可以省卻許多繁瑣的特殊功能暫存器定義的過程。

除了可以直接使用特殊功能暫存器名稱作爲變數運算處理之外，XC8 編譯器也藉由對應的定義表頭檔 p18f45k22.h 讓使用者可以對特殊功能暫存器的特定位元作運算處理，例如程式中第三行的 LATDbits.LATD0 所指的便是 LATD 特殊功能暫存器的第 0 位元，也就是 RD0 所對應的輸出栓鎖位元。XC8 編譯器對於特殊功能暫存器的位元名稱定義，是使用 C 語言所特有的結構變數（struct）與集合宣告（union）來完成的。首先以 union 宣告 LATD 與 LATDbits 使用同樣的暫存器記憶體，然後再以結構變數的方式，逐一地宣告各個位元的名稱，而完成位元變數的定義。有興趣的讀者不妨開啓定義表頭檔 p18f45k22.h 的內容，便可以看到所有特殊功能暫存器及其所屬位元的定義資料。爲了統一位元名稱定義的方式，XC8 編譯器在定義位元名稱時的規則爲：

特殊功能暫存器名稱 +"bits." + 位元名稱

例如，LATDbits.LATD0，TRISDbits.TRISD0 等等。除了 "bits." 之外的名稱，一律大寫。

雖然 XC8 編譯器也提供直接使用位元名稱的定義方式，例如 LATD0/

TRISD0 的寫法，但是這樣可能會降低未來更換硬體時的程式可攜性。建議讀者儘量使用完整的位元定義方式撰寫程式，可以提高程式的維護性與可讀性（因為包含了暫存器名稱）。

因此主程式第三行便直接將 RD0 腳位利用 LATDbits.LATD0 位元變數直接將 LATD 暫存器的第 0 個位元設定為 1，使所對應的 RD0 腳位便會輸出高電壓點亮發光二極體。然後再利用 while(1) 指令形成永久迴圈，使微控制器永遠保持上述的狀態。

這個範例程式的寫法，當然不是一個有應用價值的程式撰寫，目的只是要讓讀者了解最原始的 C 語言撰寫方式。例如 while(1) 所造成的程式迴圈會一直重複無謂的循環動作，但是這樣的循環動作仍會持續消耗電能；因此，在這裡可以直接執行 Sleep() 指令，讓處理器進入睡眠狀態。更進一步的睡眠功能使用，留待後續章節中說明。

接下來，就讓我們一同學習較為複雜的微控制器 C 語言程式。希望藉由觀摩本書的範例程式，能夠提供讀者有效率的 C 語言程式撰寫與學習的途徑，培養 C 語言程式撰寫的能力與技巧。

範例 6-1

使用 PIC18F45K22 的數位輸出入埠 PORTD 上的 LED 發光二極體，每間隔 100ms 將 LED 的發光數值遞加 1。

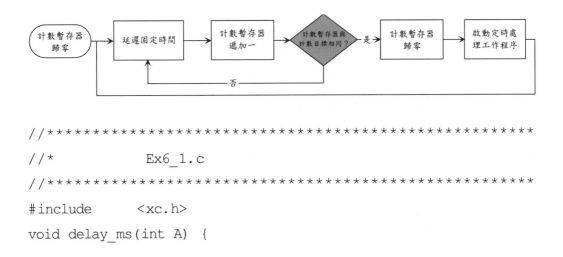

```
//*************************************************
//*              Ex6_1.c
//*************************************************
#include     <xc.h>
void delay_ms(int A)  {
```

CHAPTER

6

```
    inti,j;
    for(i=0;i<A;i++)  {
        for(j=0;j<110;j++)  Nop();
    }
    return;
}
void main (void)  {

    LATD = 0x00;            // 將 LATD 歸零，關閉 LED
    TRISD = 0;              // 將 TRISD 設為 0，PORTD 設定為輸出
    while (1)  {            // 無窮迴圈
      delay_ms(100);        // 延遲 100ms
      LATD++;               // 遞加 LATD
    }
}
```

在這個範例程式中，首先我們看到了納入編譯器定義檔敘述：

```
#include <xc.h>
```

這一行宣告透過 <xc.h> 定義檔，將 PIC18F45K22 相關的所有名稱定義的檔案 p18f45k22.h 包含到這個範例程式中；因此使用者可以直接以各個暫存器的名稱撰寫程式，而不需要使用複雜難記的位址數值。

由於主程式中需要一個延遲 100ms 的動作，因此在主程式之前，先行撰寫一個延遲時間的函式 delay_ms。這個 delay_ms 時間延遲程式是利用 for 迴圈的重複循環，來消耗時間已達到延遲的效果，因此並不是一個有效率的寫法。而且使用 C 語言所撰寫的程式必須經過編譯器轉譯，因此無法像使用組合語言撰寫程式時，可以計算執行指令所耗費的時間。但是使用者仍可以利用 MPLAB Simulator 模擬的功能，藉由模擬或者實測的方式調整實際延遲的時間。由於自建的時間延遲函式不夠精準且調校曠日廢時，在後續的範例中，將

會介紹其他更精確的時間延遲函式。

在緊接著的主程式中,我們使用了一個 while(1) 來達成一個迴圈的目的。在這個迴圈的開始,程式先呼叫了一個可以延遲 1ms 的函式,並傳遞參數值 100,以達到延遲 100ms 的目的,因此在這裡程式計數器的內容,將轉換到函式 delay_1ms 所在的程式記憶體位址。由於 XC8 組譯器會自動地處理這個函式名稱所代表的程式記憶體位址,使用者在程式撰寫的過程中,不需要知道實際的位址為何。同時 XC8 編譯器也會產生呼叫函式所需要堆疊處理與函式參數傳遞的相關程序,大幅的減輕使用者撰寫程式的負擔。接下來的程式敘述,將 LATD 的數值利用(++)運算子遞加 1,並將結果回存到 LATD 暫存器,進而使得對應的 LED 燈號顯示遞加 1。所以整個程式將會每隔 100 毫秒就會改變 PORTD 的輸出結果,使用者可以在實驗板上看到 LED 發光二極體,將會呈現二進位的數值改變。

在前面範例中利用了簡單的遞加指令來完成 LED 發光二極體的變化,並且利用簡單的迴圈執行時間完成了時間延遲。從範例中我們學習到如何使用呼叫函式,及使用設定暫存器 TRISD 與 LATD 資料暫存器來完成特定腳位的數位訊號輸出變化。雖然這個範例不是一個很有效率的應用程式,但是可以看到使用 C 程式語言撰寫 PIC 微控制器程式的容易與改變輸出入訊號的方便。

精準的時間控制是撰寫微處理器應用程式的一個重要項目之一,其中一個直接的方法就是利用時間延遲來達到控制時間的目的。由於 XC8 編譯器提供了一個完整的時間延遲函式庫,可以用來改善範例 6-1 不夠精確的時間延遲函式。因此就讓我們一方面學習如何利用這個函式庫,一方面也學習如何在 C 語言中呼叫外部函式。接下來讓我們使用另外一個製作霹靂燈的範例,以不同的程式撰寫方式,學習較為複雜的輸出訊號控制。

範例 6-2

利用 PORTD 的發光二極體製作向左循環閃動的霹靂燈,並加長燈號閃爍的時間間隔。

```
//******************************************************
//*        Ex6_2_shift.c
```

```
//*************************************************
#include <xc.h>   // 微控制器硬體名稱宣告

#define _XTAL_FREQ 10000000 // 使用 delay_ms(x) 時，一定要先定義此符號
// delay_ms(x); x 不可以太大
#define OSC_CLOCK 10

Void delay_ms(unsigned long A) {
// 使用 XC8 內建時間延遲函式    delay_ms(x) 進行時間控制
    unsigned long i;
/* 自建延遲迴圈，以 1000 個 TCY 為基礎
    unsigned long ms2TCYx1000,j;
    ms2TCYx1000=(OSC_CLOCK>>2);       // >>2 相當於除以 4
    j=A*ms2TCYx1000;
    for(i=0;i<j;i++) _delay(1000);
*/
for(i=0;i<A;i++)  delay_ms(1);
}


void main (void) {
    LATD = 0x01;              // 將 LATD 設定點亮 LED0
    TRISD = 0;                // 將 TRISD 設為 0，PORTD 設定為輸出
    while (1) {               // 無窮迴圈
        delay_ms(200);        // 延遲 200ms
        if(LATD<128)          // LATD<128，向左移動
            LATD=(LATD<<1);
        else                  // LATD>=128，回歸至 RD0
            LATD=0X01;
    }
}
```

　　首先，為了能夠使用 XC8 編譯器所提供的時間延遲函式庫，程式開始必

須納入時間延遲函式的原型定義，這些定義都整理在 xc.h 表頭檔所納入的定義中。因此程式的開端便必須要加入下列敘述：

```
#include <xc.h>
```

納入相關暫存器與函式定義。除此之外，必須要在 File>Project Properties>XC8 Linker 選項下 Link C Library 的選項，如此才可以使用時間延遲函式進行程式的撰寫。修改後的延遲時間函式如下：

```
#define _XTAL_FREQ 10000000 // 使用 delay_ms(x) 時，一定要先定義此符號
//   delay_ms(x);  x 不可以太大

void delay_ms(unsigned long A) {
// 使用 XC8 內建時間延遲函式  delay_ms(x) 進行時間控制
    unsigned long i;
    for(i=0;i<A;i++) __delay_ms(1);
}
```

　　在這裡使用 C 編譯器提供的函式 __delay_ms() 完成延遲 1ms 的工作。程式中利用 #define 的符號替換方式，將時序脈波頻率 _XTAL_FREQ 定義為 10000000。這樣的定義方式是使用這個時間延遲函式一定要定義的符號，以便在調整硬體時，仍能保持時間延遲的精確度。除了延遲一個毫秒的函式 delay_ms( ) 之外，XC8 編譯器也提供延遲一個微秒的函式 __delay_us( ) 及延遲一個指令週期的 __delay( )。由於 __delay_ms( ) 與 __delay_us( ) 中的引數，必須是可接受大小的常數，所以專案中另行以自定義的 delay_ms( ) 將其包含在迴圈中，以達到所需要的時間延遲。但是讀者必須了解，這些時間延遲函式會因為微控制器是一個狀態機器（State Machine），並占據核心處理器的效能，並無法進行其他的工作處理。這是多數使用者在使用 C 語言撰寫微處理器程式時，容易犯下的錯誤，也是本書詳細介紹微處理器相關硬體運作的原因。唯有了解並善用相關硬體的功能，即便是使用 C 語言也能夠撰寫出高效率的應

用程式。

最後在主程式的 while(1) 迴圈中，程式使用 if... else... 的程式流程控制敘述，藉由判斷 PORTD 的數值來決定對 PORTD 訊號的調整，進而達成燈號移動的目的。

6.5 數位輸入

在前面的範例中，我們學習到單純使用微控制器腳位輸出不同的訊號，藉以達成應用程式的目的；但是現實世界的應用程式並不是只需要單方向的數位輸出訊號而已，大多數的應用條件也需要擷取外部的訊號輸入，藉以調整內部微處理機程式執行的內容。要如何得到輸入的訊號呢？首先當然必須在微控制器所連接的硬體上產生不同的訊號電壓變化，藉以表達不同訊號的狀態。讓我們以範例 6-3 說明，如何完成訊號輸入的程式撰寫。

範例 6-3

建立一個霹靂燈顯示的應用程式，並利用連接到 RA4 的按鍵 SW3 決定燈號移動的方向。當按鍵放開時，燈號將往高位元方向移動；當按鍵按下時，燈號將往低位元方向移動。

```c
//*****************************************************
//*        Ex6_3_ROT_Button.c
//*****************************************************
#include   <xc.h>

#define_XTAL_FREQ 10000000 // 使用 delay_ms(x) 時，一定要先定義此符號
//   delay_ms(x); x 不可以太大

// 函式原型宣告
void delay_ms(unsigned long A);
void rot_right(void);
```

```c
void rot_left(void);

void main (void) {

    LATD = 0x01;                // 將 LATD 設定點亮 LED0
    TRISD = 0;                  // 將 TRISD 設為 0，PORTD 設定為輸出
    TRISAbits.TRISA4=1;         // 設定 RA4 為數位輸入腳位
    while (1) {                 // 無窮迴圈
        delay_ms(200);          // 延遲 200ms
        if(PORTAbits.RA4==1)    // 按鍵未按下時，向左移動
            rot_left();
        else                    // 否則，向右移動
            rot_right();
    }
}

void delay_ms(unsigned long A) {
// 使用 XC8 內建時間延遲函式   delay_ms(x) 進行時間控制
    unsigned long i;
    for(i=0;i<A;i++)    delay_ms(1);
}

void rot_right(void) {
    if(LATD>1)                          // LATD>1，向右移動
        LATD=(LATD>>1);
    else                                // LATD=1，回歸至 RD7
        LATD=127;
}

void rot_left(void) {
```

```
    if(LATD<128)                // LATD<128，向左移動
        LATD=(LATD<<1);
    else                        // LATD>=128，回歸至 RD0
        LATD=0x01;
}
```

　　和範例 6-2 比較，藉由宣告 PORTA 的 RA4 為數位輸入腳位，得以在主程式中，藉由偵測 RA4 腳位上按鍵觸發的狀態，而決定所需要的燈號調整動作。如同使用組合語言撰寫程式一樣，在 C 語言撰寫的程式中，也可以直接藉由 PORTAbits.RA4 的變數定義直接讀取到 RA4 腳位的變化。

　　另外值得一提的是，C 程式語言要求程式所需要使用的函式，必須先行定義方可呼叫使用，如同在範例 6-2 中的時間延遲函式 delay_ms( ) 定義於主程式之前。但是為了避免在撰寫或閱讀程式，必須由下而上由各個函式開始著手，反而無法建立完整主程式架構的困擾，C 語言允許程式只先宣告函式的原型，也就是僅需宣告函式的回傳資料型別與所需的各項參數資料型別，而將實際的函式運算敘述內容，安置在較後的位置或其他檔案中。如範例 6-3 中僅先行宣告三個函式的原型，而將函式內容放置在主程式之後。這樣的安排可以增加程式的維護性與可讀性。事實上，如果讀者開啟各個函式庫表頭檔的內容，將會發現其中只有函式的原型宣告，實際的函式內容是建立在其他的檔案中。

　　在這一個章節中，我們介紹了如何使用 C 程式語言撰寫有關微處理器數位訊號輸出入的功能及簡單的訊號運算處理。同時也介紹了如何撰寫並呼叫函式，及使用 XC8 所提供的時間延遲函式庫。藉由 XC8 編譯器的功能，讀者可以快速地撰寫微處理器應用程式，而無需處理低階的硬體設定工作，例如變數記憶體規劃、堆疊處理與參數傳遞等等。因此使用者可以更專注於應用程式特定工作的程式架構設計與運算處理，發展更有效率的微處理器應用程式。

6.6 受控模式的並列式輸出入埠

除了前面所敘述的個別腳位當作數位輸出入功能之外，較早期的 PIC18F4520 微控制器，同時也提供將 PORTD 當成一個 8 位元的受控模式並列式輸出入埠（Parallel Slave Port）的通訊介面；並配合 PORTE 的 3 個腳位作為主控端控制微控制器讀寫（Read/Write）與選擇（Chip Select）的功能，如圖 6-2 所示。

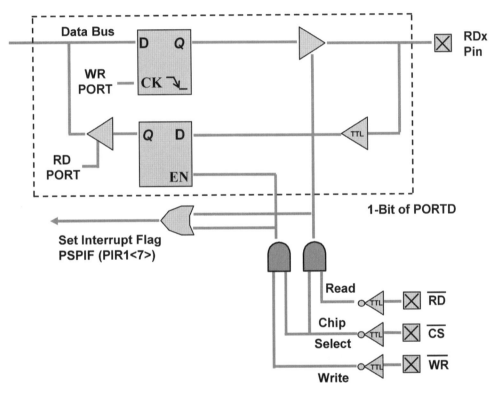

圖 6-2 受控模式的並列式輸出入埠

在這個模式下，當外部的主控系統發出晶片選擇與讀／寫的訊號時，微控制器的 PORTD 將會被視作一個並列輸出入埠的緩衝器，藉由完整的 8 個腳位讀／寫 8 位元的外部資料。

不過由於並列式的輸出入方式占用的腳位資源過多，通常在實際的應用上較少使用，在 PIC18F45K22 上就被移除而無法使用了。

CHAPTER 7

PIC18 微控制器系統功能與硬體設定

7.1 微控制器系統功能

PIC18 微控制器在硬體設計上，規劃了一些系統的功能以提高系統的可靠度，並藉由這些系統硬體的整合，減少外部元件的使用以降低成本，同時也建置了一些省電操作的模式與程式保護的機制。這些系統功能包含：

❑ 系統震盪時序來源選擇

❑ 重置的設定
- 電源啟動重置（Power-On Reset, POR）
- 電源啟動計時器（Power-up Timer, PWRT）
- 震盪器啟動計時器（Oscillator Start Timer, OST）
- 電壓異常重置（Brown-Out Reset）

❑ 中斷
- 監視計時器（或稱看門狗計時器，Watchdog Timer, WDT）
- 睡眠（Sleep）
- 程式碼保護（Code Protection）
- 程式識別碼（ID Locations）
- 線上串列燒錄程式（In-Circuit Serial Programming）
- 低電壓偵測（Low Voltage Detection）或高低電壓偵測（High/Low Vol-tage Detection）

大部分的 PIC18 系列微控制器，建置有一個監視計時器，並且可以藉由軟體設定或者開發環境下，設定位元的調整而永久地啓動。監視計時器使用獨立的 RC 震盪電路，以確保操作的可靠性。微控制器並提供了兩個計時器來確保在電源開啓時，核心處理器可以得到足夠的延遲時間之後，再進行程式的執行，以保障程式執行的穩定與正確，這兩個計時器分別是震盪器啓動計時器（OST）及電源啓動計時器（PWRT）。OST 的功用是在系統重置的狀況下，利用計時器提供足夠的時間，確保在震盪器產生穩定的時脈序波之前，核心處理器是處於重置的狀況下。PWRT 則是在電源啓動的時候，提供固定的延遲時間，以確保核心處理器在開始工作之前，電源供應趨於穩定。有了這兩種計時器的保護，PIC18 系列微控制器並不需要配置外部的重置保護電路。

睡眠模式則是設計用來提供一個非常低電流消耗的斷電模式，應用程式可以使用外部重置、監視計時器，或者中斷的方式，將微控制器從睡眠模式中喚醒。PIC18 系列微控制器提供了數種震盪器選項，以便使用者可以針對不同的應用程式，選擇不同速度的時脈序波來源。系統也可以選擇使用價格較爲便宜的 RC 震盪電路，或者使用低功率石英震盪器（LP）以節省電源消耗。上述的這些微控制器系統功能，只是 PIC18 系列微控制器所提供的一部分。而爲了要適當地選擇所需要的系統功能，必須要藉由系統設定位元，來完成相對應的功能選項。

7.2　設定位元

PIC18F45K22 微控制器的設定位元（Configuration Bits）可以在程式燒錄時被設定爲 0，或者保留其原有的預設值 1，以選擇適當的元件功能設定。這些設定位元是被映射到由位址 0x300000 開始的程式記憶體。這一個位址是超過一般程式記憶空間的記憶體位址，在硬體的規劃上，它是屬於設定記憶空間（0x300000～0x3FFFFF）的一部分，而且只能夠藉由表列讀取或表列寫入（Table Read/Write）的方式來檢查或更改其內容。

將資料寫入到設定暫存器的方式和將資料寫入程式快閃記憶體的方式是非常類似的。由於這個程序是比較複雜的一個方式，因此通常在燒錄程式的過程中便會將設定位元的內容一併燒錄到微控制器。如果在程式執行中，需要更改設定暫存器的內容時，可以參照燒錄程式記憶體的程序完成修改的動作。唯一的差異是，設定暫存器每一次只能夠寫入一個位元組（byte）的資料。

微控制器設定相關暫存器定義

微控制器系統功能設定相關的暫存器與位元定義如表 7-1 所示。

表 7-1　PIC18F45K22 微控制器設定相關的暫存器與位元定義

Address	Name	Bit 7	Bit 6	Bit 5	Bit 4	Bit 3	Bit 2	Bit 1	Bit 0	Default/Unpro-grammed Value
300000h	CONFIG1L	—	—	—	—	—	—	—	—	0000 0000
300001h	CONFIG1H	IESO	FCMEN	PRICLKEN	PLLCFG	FOSC<3:0>				0010 0101
300002h	CONFIG2L	—	—	BORV<1:0>		BOREN<1:0>			PWRTEN	0001 1111
300003h	CONFIG2H	—	—	WDPS<3:0>				WDTEN<1:0>		0011 1111
300004h	CONFIG3L	—	—	—	—	—	—	—	—	0000 0000
300005h	CONFIG3H	MCLRE	—	P2BMX	T3CMX	HFOFST	CCP3MX	PBADEN	CCP2MX	1011 1111
300006h	CONFIG4L	DEBUG	XINST	—	—		LVP		STRVEN	1000 0101
300007h	CONFIG4H	—	—	—	—	—	—	—	—	1111 1111
300008h	CONFIG5L	—	—	—	—	CP3	CP2	CP1	CP0	0000 1111
300009h	CONFIG5H	CPD	CPB	—	—	—	—	—	—	1100 0000
30000Ah	CONFIG6L	—	—	—	—	WRT3	WRT2	WRT1	WRT0	0000 1111
30000Bh	CONFIG6H	WRTD	WRTB	WRTC(3)	—	—	—	—	—	1110 0000
30000Ch	CONFIG7L	—	—	—	—	EBTR3	EBTR2	EBTR1	EBTR0	0000 1111
30000Dh	CONFIG7H	—	EBTRB	—	—	—	—	—	—	0100 0000
3FFFFEh	DEVID1	DEV<2:0>			REV<4:0>					qqqq qqqq
3FFFFFh	DEVID2	DEV<10:3>								0101 qqqq

符號：　— = unimplemented, q = value depends on condition. Shaded bits are unimplemented, read as '0'.

7.3　調整設定位元

由於設定暫存器相關的功能眾多，而每一個系統功能的定義選項也非常地繁多；因此，如果要將這些系統功能的定義逐一地表列，不但在學習上有所困難，即便是在程式撰寫的過程中，要仔細地查清楚各個選項的功能都是非常困難的一件事。有鑑於此，一般在發展環境下都會提供兩種方式，供使用者對微控制器作適當的功能設定。

以 PIC18 系列微控制器作爲範例，使用者可以在發展環境 MPLAB X IDE 的設定（Configuration）選項下選擇 Configuration Bits 功能，便會開啓一個功能設定選項視窗，如附錄 A 所示。在這個選項下，使用者可以針對每一個可設定的功能項目，點選想要設定的方式以完成相關的功能設定。這些設定的結果可以被輸出成檔案，並加入到所開啓的專案中；在程式編譯與燒錄的過程中，也會一併地被燒錄到微控制器的設定暫存器空間中。利用這樣的方式，使用者可以快速地完成功能設定的選項。但是在近期的 MPLAB X IDE 版本中，已漸漸不建議這種做法，因爲在複製或轉移程式時，常移漏了系統設定位元而造成錯誤。

如果要自行將設定位元與應用程式相結合，使用者可以利用系統功能設定位元定義的方式，將相關的微處理器設定，利用虛擬指令定義在應用程式中。如此一來，當應用程式移轉的時候，相關的設定暫存器內容便會一併地移轉，而減少可能的錯誤發生。在目前的 XC8 編譯器中，提供了一個方便簡潔的虛擬指令定義方式，使用

#pragma config [功能代碼] = [設定狀態]

的格式進行微控制器的設定。例如，如果要將震盪器時脈來源設定爲 HS ，並將監視計時器的功能關閉，則可以使用下列的指令：

#pragma config OSC = HS, WDT = OFF

如果使用者仍然有其他的功能需要設定，可以在上述的指令後面附加其他的功能設定項目，或者在另外一行指令中，重新用 config 指令完成上述的定義設定方式。在程式中或者 MPLAB 的設定視窗中沒有定義的功能項目，編譯器將會以硬體預設值進行組譯，然後再載入控制器的設定暫存器。

對於所有微控制器可設定的功能，以及每個功能可以設定的選項，使用者不妨參考資料手冊，或者是開啓在編譯器目錄下的 ～/inc/p18f45k22.inc 包含檔找到所有相關的功能定義。在這裡，僅列出應用程式經常使用的震盪器設定功能做一個簡單的表列。

如果專案沒有加入系統功能定義檔，也沒有在程式中做適當的系統功能定義，則一般會在燒入程式後發現微控制器沒有任何動作。這通常是因爲硬體的系統時脈震盪器訊號來源與預設的來源不同，導致微控制器沒有時脈訊號作爲執行指令的觸發訊號。

7.4　震盪器的設定

▌外部時脈來源

震盪器可設定的模式包括：

1. LP：低功率石英震盪器。
2. XT：石英震盪器。
3. HS：高速石英震盪器 High Speed Crystal/Resonator。
4. HS + PLL：高速石英震盪器合併使用相位鎖定迴路。
5. RC：外部 RC 震盪電路。
6. RCIO：外部 RC 震盪電路，並保留 OSC2 做一般數位輸出入腳位使用。
7. EC：外部時序來源。
8. ECIO：外部時序來源，並保留 OSC2 做一般數位輸出入腳位使用。

震盪器電路架構如圖 7-1 所示。時脈來源選項與微控制器執行速度選擇如表 7-1 所示。

系統時脈來源的選項，基本上可以分爲下列項目：

1. RC：外部 RC 震盪電路。
2. LP：低功率石英震盪器。

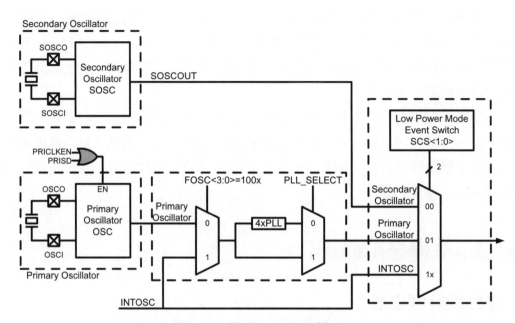

圖 7-1　震盪器電路架構圖

3. XT：石英震盪器。

4. INTOSC：內部 RC 震盪電路，見 7.4.2 節。

5. HS：外部高速（中高功率）石英震盪電路。

6. EC：外部時脈。

表 7-2　時脈來源選項與微控制器執行速度選擇

Symbol	Characteristic	Min	Max	Units	Conditions
F_{osc}	External CLKIN Frequency	DC	0.5	MHz	EC, ECIO Oscillator mode (low power)
		DC	16	MHz	EC, ECIO Oscillator mode (medium power)
		DC	64	MHz	EC, ECIO Oscillator mode (high power)
	Oscillator Frequency	DC	4	MHz	RC Oscillator mode
		5	200	kHz	LP Oscillator mode
		0.1	4	MHz	XT Oscillator mode
		4	4	MHz	HS Oscillator mode, $V_{DD} < 2.7V$
		4	16	MHz	HS Oscillator mode, $V_{DD} \geq 2.7V$, Medium-Power mode (HSMP)
		4	20	MHz	HS Oscillator mode, $V_{DD} \geq 2.7V$, Power mode (HSHP)

表 7-2 時脈來源選項與微控制器執行速度選擇（續）

Symbol	Characteristic	Min	Max	Units	Conditions
T_{OSC}	External CLKIN Period	2.0	—	ms	EC, ECIO Oscillator mode (low power)
		62.5	—	ns	EC, ECIO Oscillator mode (medium power)
		15.6	—	ns	EC, ECIO Oscillator mode (high power)
	Oscillator Period	250	—	ns	RC Oscillator mode
		5	200	ms	LP Oscillator mode
		0.25	10	ms	XT Oscillator mode
		250	250	ns	HS Oscillator mode, $V_{DD} < 2.7V$
		62.5	250	ns	HS Oscillator mode, $V_{DD} \geq 2.7V$, Medium-Power mode (HSMP)
		50	250	ns	HS Oscillator mode, $V_{DD} \geq 2.7V$, Power mode (HSHP)
T_{CY}	Instruction Cycle Time	62.5	—	ns	$T_{CY} = 4/FOSC$
TO_{SL}, T_{OSH}	External Clock in (OSC1) High or Low Time	2.5	—	ms	LP Oscillator mode
		30	—	ns	XT Oscillator mode
		10	—	ns	HS Oscillator mode
T_{OSR}, T_{OSF}	External Clock in (OSC1) Rise or Fall Time	—	50	ns	LP Oscillator mode
		—	20	ns	XT Oscillator mode
		—	7.5	ns	HS Oscillator mode

CHAPTER

7

當選擇不同選項時，系統會橋接至不同的電路，以便配合外部時脈元件所需的腳位與電源作為維持時脈運作的基礎。

RC 模式提供使用者自行利用 RC 電路設計時脈震盪頻率，提供最大的彈性與最低的設計成本，但是 RC 震盪電路容易受到環境條件與元件變化的影響而失去準確性。

EC 模式則由外部電路提供時脈訊號，不需使用微控制器的電源，其使用可分為三個範疇：

- ECLP：低於 500 kHz
- ECMP：介於 500 kHz 及 16 MHz 之間
- ECHP：高於 16 MHz

LP 、XT 與 HS 模式則是使用微控制器電路驅動外部石英震盪器電路產生時脈供作使用。LP 模式選擇最低的內部功率增益，所以消耗最少的電流。LP 模式適合使用於低功率的震盪器；XT 模式則是使用適中的功率增益，適合用來驅動中級（頻率）的震盪電路；HS 模式則提供使用 FOSC<3:0> 位元設定中與高功率的選項，中等功率適用於 4 MHz 到 16 MHz 的震盪電路，高功率則是合於 16 MHz 以上的震盪器驅動電路。

▍內部時脈電路

除了使用外部時脈之外，新一代的 PIC18F 微控制器為降低開發成本，包括物料成本與成品體積重量等等，將內建的時脈來源升級，提供更多的時脈選擇供使用者挑選，如圖 7-2。使用內建時脈時，應注意到雖然選項眾多，但內

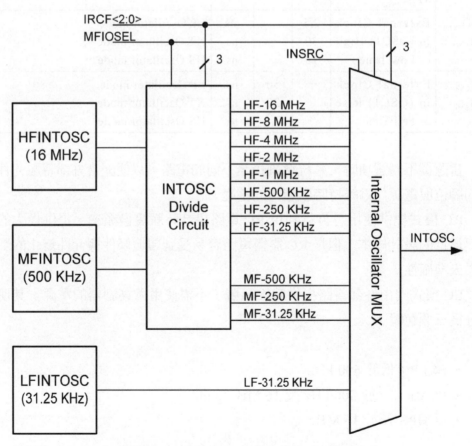

圖 7-2　內部時脈震盪器電路架構圖

建時脈的設計，基本上是以 RC 震盪電路為基礎，只是利用 IC 製程直接嵌入到微控制器電路中。因此其時脈頻率精確度將隨著生產批次而略有差異，同時也會隨著操作環境溫度與溼度的變化而出現些許變化。

　　使用內部時脈電路作為微控制器系統時脈來源時，使用者可以選擇低中高三種基本時脈來源，部分可以再經過鎖相迴路的處理後提高頻率，或經由除頻器降頻，而得以提供使用者應用更多時脈變化。

◎▎鎖相迴路

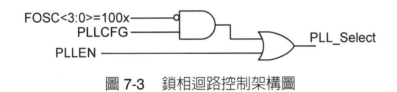

FOSC<3:0>=100x
PLLCFG
PLLEN

PLL_Select

圖 7-3　　鎖相迴路控制架構圖

　　鎖相迴路（Phase-Lock Loop, PLL）是提供使用者利用低頻率的震盪電路提升為高系統時脈頻率的一個選項，特別有助於使用者對於高頻震盪電路所產生的電磁波干擾有顧慮的設計。使用 PLL 時，必須注意系統提升後的最高頻率不可以超過 64 MHz；但是當震盪電路的時脈未達 4 MHz 時，也不建議使用 PLL 提升系統時脈頻率。震盪電路不穩定時，鎖相迴路也會脫鎖而失去作用，使用者可以藉由檢查 PLLRDY 位元得知鎖相迴路目前的操作狀況。

◎▎輔助時脈來源

　　除了前述的一般時脈選擇外，使用者可以選擇使用輔助（Secondary Clock）時脈來源，或者是提供作為 TIMER1/3/5 外部時脈來源的訊號作為系統時脈，如圖 7-4 所示。通常這些時脈的頻率較低，但是會使用較為精準的電路作為計時的依據。當系統需要切換到較為省電的操作時，可以利用輔助時脈來源作為系統時脈的依據。

CHAPTER

7

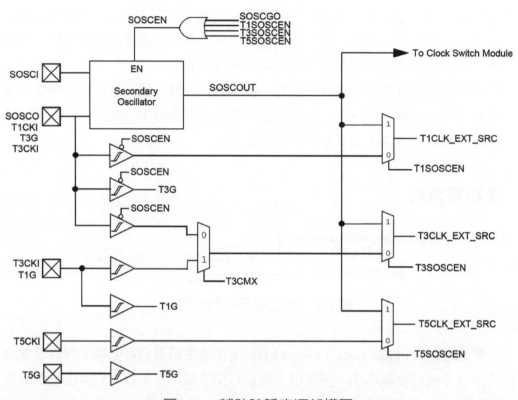

圖 7-4　輔助時脈來源架構圖

7.5　監視計時器

　　監視計時器（Watchdog Timer，WDT）是一個獨立執行的系統內建 RC 震盪電路計時器，因此並不需要任何的外部元件。由於使用獨立的震盪電路，因此監視計時器即使在系統的時脈來源故障或停止時，例如睡眠模式下，仍然可以繼續地執行而不會受到影響。

　　監視計時器的架構方塊圖，如圖 7-5 所示。

　　在正常的操作下，監視計時器的計時中止（Time-Out）或溢位（Overflow）將會產生一個系統的重置（RESET）；但是，如果系統是處於睡眠模式下，則監視計時器的計時中止會喚醒微控制器進而恢復正常的操作模式。當發生計時中止的事件時，RCON 暫存器中的狀態位元 $\overline{\text{TO}}$ 將會被清除為 0。

　　監視計時器是可以藉由系統設定位元來開啟或關閉的。如果監視計時器

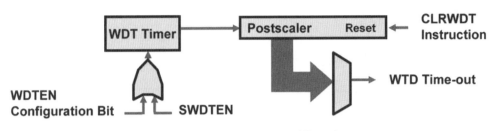

圖 7-5　監視計時器的架構方塊圖

的功能被開啓，則在程式的執行中將無法停止這個功能；但是如果監視計時器致能位元 WDTEN 被清除爲 0 時，則可以藉由監視計時器軟體控制位元 SWDTEN 來控制計時器的開啓或關閉。

　　監視計時器並配備有一個後除器的降頻電路，可以設定控制位元 WDTPS2: WDTPS0 選擇 1～8 倍的比例來調整計時中止的時間長度。

7.6　睡眠模式

　　應用程式可藉由執行一個 Sleep( ) 巨集指令，而讓微控制器進入節省電源的睡眠模式。

　　在執行 Sleep( ) 指令的同時，監視計時器的計數器內容將會被清除爲 0，但是將會持續地執行計時的功能，同時 RCON 暫存器的 $\overline{PD}$ 狀態位元將會被清除爲 0，表示進入節能（Power-Down）狀態；$\overline{TO}$ 狀態位元將會被設定爲 1，而且微控制器的震盪器驅動電路將會被關閉。每一個數位輸出入腳位，將會維持進入睡眠模式之前的狀態。

　　爲了要在這個模式下得到最低的電源消耗，應用程式應當將所有的數位輸出入腳位，設定爲適當的電壓狀態，以避免外部電路持續地消耗電能，並且關閉類比訊號轉換模組及中斷外部時序驅動電路。

▌喚醒微控制器

■下列事件可以用來將微控制器從睡眠模式中喚醒（Wake-up）

- 外部系統重置輸入訊號
- 監視計時器喚醒
- 中斷腳位、RB 輸入埠的訊號改變，或者周邊功能所產生的中斷訊號

■可以喚醒微控制器的周邊功能所產生的中斷訊號包括（但不限於）

- 受控模式平行輸入埠（Parallel Slave Port）的讀寫
- 非同步計數器操作模式下的 TIMER1/3/5 計時器中斷
- CCP 模組的輸入訊號捕捉中斷
- MSSP 傳輸埠的傳輸開始 / 中止位元偵測中斷
- MSSP 受控（Slave）模式下的資料收發中斷
- USART 同步資料傳輸受控（Slave）模式下的資料收發中斷
- 使用內部 RC 時序來源的類比數位訊號轉換中斷
- EEPROM 寫入程序完成中斷
- （高）低電壓偵測中斷

如果微控制器是藉由中斷的訊號從睡眠模式下喚醒，應用程式必須要注意喚醒時相關中斷執行函式的運作與資料儲存，以避免可能的錯誤發生。

7.7　閒置模式

傳統微控制器僅提供正常執行模式與睡眠模式，應用程式的功能受到相當大的限制。為了省電而進入睡眠模式時，大部分的周邊硬體一併隨著關閉功能，使得微控制器幾乎進入了多眠狀態，而無法進行任何的工作。為了改善這個缺失，新的微控制器提供了一個所謂的閒置模式。在這個額外的閒置模式下，應用程式可以將核心處理器的程式指令運作暫停以節省電能，同時又可以選擇性的設定所需要的周邊硬體功能繼續執行相關的工作。而當周邊硬體操作

滿足某些特定條件而產生中斷的訊號時，便可以藉由中斷重新喚醒核心處理器，執行所需要應對的工作程序。為了達成不同的執行目的與節約用電能的要求，閒置模式的設定可分為下列三種選擇：

- PRI_IDLE
- SEC_IDLE
- RC_IDLE

各個執行模式下的微控制器功能差異如表 7-3 所示。

表 7-3　各個執行模式下的微控制器功能差異

模式	核心處理器（CPU）	周邊硬體（Peripheral）
RUN	ON	ON
IDLE	OFF	ON
SLEEP	OFF	OFF

閒置模式是藉由 OSCCON 暫存器的 IDLEN 位元所控制的，當這個位元被設定為 1 時，執行 Sleep( ) 指令將會使微控制器進入閒置模式；進入閒置模式之後，周邊硬體將會改由 SCS1:SCS0 位元，所設定的時序來源繼續操作。改良的微控制器時序震盪來源設定的選擇，如表 7-4 所示。

一旦進入閒置模式後，由於核心處理器不再執行任何的指令，因此可以離開閒置模式的方法只有中斷事件的發生、監視計時器溢流（Overflow）及系統重置。

■PRI_IDLE 模式

在這個模式下，系統的主要時序來源將不會被停止運作，但是這個時序只會被傳送到微控制器的周邊裝置，而不會被送到核心處理器。這樣的設定模式主要是為了能夠縮短系統被喚醒時，重新執行指令所需要的時間延遲。

表 7-4　改良的微控制器時序震盪來源設定的選擇

模式	OSCCON（位元設定）		模組時序操作		可用時序與震盪器來源
	IDLEN <7>	SCS1:SCS0 <1:0>	CPU	Peripherals	
Sleep	0	N/A	Off	Off	None: All clocks are disabled
PRI_RUN	N/A	00	Clocked	Clocked	Primary: LP, XT, HS, HSPLL, RC, EC and Internal Oscillator Block. This is the normal full power execution mode.
SEC_RUN	N/A	01	Clocked	Clocked	Secondary: Timer1 Oscillator
RC_RUN	N/A	1x	Clocked	Clocked	Internal Oscillator Block
PRI_IDLE	1	00	Off	Clocked	Primary: LP, XT, HS, HSPLL, RC, EC
SEC_IDLE	1	01	Off	Clocked	Secondary: Timer1 Oscillator
RC_IDLE	1	1x	Off	Clocked	Internal Oscillator Block

■SEC_IDLE 模式

在這個模式下，系統的主要時序來源將會被停止，因此核心處理器將會停止運作。而微控制器的其他周邊裝置，將會藉由計時器 TIMER1 的時序持續地運作。這樣的設定可以比 PRI_IDLE 模式更加的省電，但是在系統被喚醒時，必須要花費較多的時間延遲，來等待系統主要時序來源恢復正常的運作。

■RC_IDLE 模式

這個閒置模式的使用，將可以提供更多的電能節省選擇。當系統進入閒置模式時，核心處理器的時序來源將會被停止，而其他的周邊裝置將可以選擇性的使用內部 RC 時序來源的時序進行相關的工作。而由於內部的時序來源可藉由程式調整相關的除頻器設定，因此可以利用軟體調整閒置模式下周邊裝置的執行速度，而達到調整電能與節省電能選擇的目的。

7.8 特殊的時序控制功能

在較新的 PIC18 系列微控制器中，對於時序控制的功能有許多加強的功能，包括：

- 兩段式時序微控制器啟動程序
- 時序故障保全監視器

兩段式時序微控制器啟動程序

兩段式時序微控制器啟動程序的功能，主要是為了減少時序震盪器啟動與微控制器可以開始執行程式碼之間的時間延遲。在較新的微控制器中，如果應用程式使用外部的石英震盪時序來源時，應用程式可以將兩段式時序啟動的程序功能開啟；在這個功能開啟的狀況下，微控制器將會先使用內部的時序震盪來源，作為程式執行的控制時序，直到主要的時序來源穩定而可以使用為止。因此，在這個功能被開啟的狀況下，當系統重置或者微控制器由睡眠模式下被喚醒時，微控制器將會自動使用內部時序震盪來源立刻進行程式的執行，而不需要等待石英震盪電路的重新啟動與訊號穩定所需要的時間，因此可以大幅地縮短時間延遲的影響。

時序故障保全監視器

時序故障保全監視器（Fail-Safe Clock Monitor）是一個硬體電路，藉由內部 RC 震盪時序的開啟，持續地監測微控制器主要的外部時序震盪來源是否運作正常。當外部時序故障時，時序故障保全監視器將會發出一個中斷訊號，並將微控制器的時序來源切換至內部的 RC 震盪時序，以便使微控制器持續地操作，並藉由中斷訊號的判斷作適當的工作處理，可安全有效地保護微控制器操作。

在離開這個章節之前，利用範例程式 7-1 來說明使用程式軟體完成相關系統功能設定的撰寫方式。

CHAPTER

7

範例 7-1

　　修改範例程式 6-1，將所有相關的微控制器系統功能設定項目包含到應用程式中。

```
//**********************************************************
//*                   Ex7_1.C
//*   範例程式示範如何在程式中設定結構位元 configuration bits
//**********************************************************
#include <xc.h> // 微控制器硬體名稱宣告
#define _XTAL_FREQ 10000000 // 使用 delay_ms(x) 時，一定要先定義此符號
                            //   delay_ms(x); x 不可以太大


// 函式原型宣告
void delay_ms(long A);


// 宣告設定暫存器的參數，也可以將參數使用獨立檔案 Config.c 加入到
// 專案原始碼資料夾
#pragma   config OSC=HSMP,BOREN=OFF,BORV=2,PWRT=ON,WDT=OFF,LVP=OFF
#pragma   config CCP2MX=PORTB3,STVREN=ON,DEBUG=OFF


#pragma   config CP0=OFF,CP1=OFF,CP2=OFF,CP3=OFF,CPB=OFF,CPD=OFF
#pragma   config WRT0=OFF,WRT1=OFF,WRT2=OFF,WRT3=OFF
#pragma   config WRTC=OFF,WRTB=OFF,WRTD=OFF
#pragma   config EBTR0=OFF,EBTR1=OFF,EBTR2=OFF,EBTR3=OFF,EBTRB=OFF


void main (void) {

    LATD = 0x00;               // 將 LATD 設定關閉 LED
    TRISD = 0;                 // 將 TRISD 設為 0，PORTD 設定為輸出
```

```
    while (1) {              // 無窮迴圈
        delay_ms(100);       // 延遲 100ms
        LATD++;              // 遞加 LATD

    }

}


voiddelay_ms(unsigned long A) {
// 使用 XC8 內建時間延遲函式 delay_ms(x) 進行時間控制
    unsigned long i;
    for(i=0;i<A;i++) __delay_ms(1);

}
```

在範例程式中，使用 #pragma config 虛擬指令對於各個設定位元的功能做詳細的定義。在第一行列出了比較常用或者較常修改的設定位元功能：

```
#pragma config OSC=HSMP,BOREN=OFF,BORV=2,PWRT=ON,WDT=OFF,LVP=OFF
```

其他相關的設定位元功能，則列在接續的數行中，所列出的是組譯器的預設 值。如果應用程式所使用的是預設值的話，並不需要將這些功能全部的列出，而只需要列出想要修改的設定位元即可。

至於在 MPLAB X IDE 發展環境下的 Configuration Bits 視窗選項，進行微處理器設定並輸出檔案的處理方式，請參考附錄 A 的說明。

CHAPTER

7

中斷與周邊功能運用

8.1　基本的周邊功能概念

　　在數位輸出入埠章節的使用程式範例中，相信讀者已經學習到如何使用微控制器的腳位，做一般輸出或者輸入訊號運用的方法。應用程式可以利用輸入訊號的狀態，決定所要進行的資料運算與訊號控制動作，並且利用適當的暫存器記取一些事件發生的次數，以便作爲特定事件觸發的依據。

　　在微控制器發展的早期，也就是所謂的微處理器階段，核心處理器本身只能夠做一些數學或者邏輯的計算，並且像先前的範例一樣，利用資料暫存器的記憶空間保留某一些事件的狀態。這樣的方式雖然可以完成一些工作，但是由於所有的處理工作都要藉由指令的撰寫，以及核心處理器的運算才能夠完成，因此不但增加程式的長度以及撰寫的困難，甚至微處理器本身執行的速度效率上都會有相當大的影響。

　　爲了增加微處理器的速度以及程式撰寫的方便，在後續的發展上，將許多常常應用到的外部元件，例如計數器、EEPROM、通訊元件、編碼器等等周邊元件（Peripherals），逐漸地納入到微控制器的系統裡面，而成爲單一的系統晶片（System On Chip, SOC）。所以隨著微控制器的發展，不但在核心處理器的功能與指令逐漸地加強，而且在微控制器所包含的周邊元件也一直在質與量方面不斷地提升，進而提高了微控制器的應用層次與功能。

　　爲了要將這些周邊元件完整的合併到微處理器上，通常製造廠商都會以檔案暫存器系統（File Register System）的觀念來進行相關元件的整合。基本上，以PIC18系統微控制器爲例，所有的內建周邊功能元件都會被指定由相關的特殊功能暫存器作爲一個介面。核心處理器可以藉由指令的運作，將所需要設定的周邊元件操作狀態寫入到相關的暫存器中而完成設定的動作，或者是藉由某一個暫存器的內容，來讀取特定周邊功能目前的狀態或者設定條件。由 PIC18F45K22 微控制器的架構圖，如圖 2-1，便可以看到這些相關的周邊元件是與一般的記憶體在系統層次有著相同的地位，它們都使用同樣的資料傳輸匯流排與相關的指令與核心處理器作資料的溝通運算。這些相關的特殊功能暫存器（Special Function Register，SFR）便成為周邊功能元件與核心處理器之間的一個重要橋梁，因此在微控制器的記憶體中，特殊功能暫存器占據了一個相當大的部分。要提升微控制器的使用效率，必須要詳細地了解周邊功能相關特殊功能器的設定與使用。

基本的 PIC18 微控制器周邊功能包括：

- 外部中斷腳位
- 計時器／計數器
- 輸入捕捉／輸出比較／波寬調變（CCP）模組
- 高採樣速率的 10 位元類比數位訊號轉換器模組
- 類比訊號比較器
- 通訊

在這一章，我們將以幾個簡單的範例來說明周邊元件應用程式的撰寫，並藉由不同範例的比較，讓讀者了解善用周邊元件的好處。在這裡，將利用一個最簡單的計時器與計數器的使用，說明相關的周邊元件使用技巧與觀念。其他周邊元件詳細的使用方法，將會在後續的章節中逐一地說明，並作深入的介紹與程式示範。

8.2　計數的觀念

在前一章的範例程式中，為了要延遲時間，我們利用幾個一般暫存器作為計數內容變數的儲存，當計數內容達到某一個設定的數值時，經過比較確定，核心處理器便會執行所設定的工作，以達到時間延遲的目的。在這裡，我們用一個較為簡單的範例來重複這樣的觀念，以作為後續範例程式修改的參考依據。

範例 8-1

　　利用按鍵 SW3 作為輸入訊號，當按鍵被觸發次數累計達到四次時，將發光二極體高低四個位元的燈號顯示狀態互換。

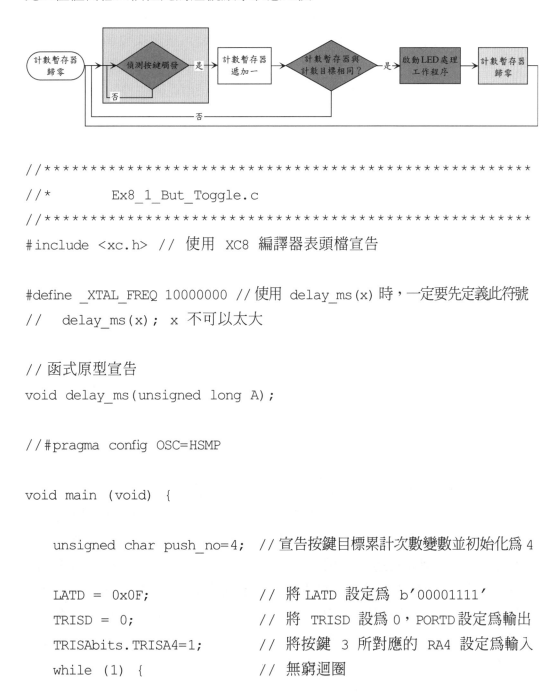

```
//***********************************************
//*          Ex8_1_But_Toggle.c
//***********************************************
#include <xc.h> // 使用 XC8 編譯器表頭檔宣告

#define _XTAL_FREQ 10000000 // 使用 delay_ms(x) 時，一定要先定義此符號
//   delay_ms(x); x 不可以太大

// 函式原型宣告
void delay_ms(unsigned long A);

//#pragma config OSC=HSMP

void main (void) {

    unsigned char push_no=4;  // 宣告按鍵目標累計次數變數並初始化為 4

    LATD = 0x0F;                // 將 LATD 設定為 b'00001111'
    TRISD = 0;                  // 將 TRISD 設為 0，PORTD 設定為輸出
    TRISAbits.TRISA4=1;         // 將按鍵 3 所對應的 RA4 設定為輸入
    while (1) {                 // 無窮迴圈
```

```
        delay_ms(10);              // 時間延遲
        if(PORTAbits.RA4==0){ // 如果  SW3  按下
            push_no--;                  // 遞減可按鍵次數
            while(PORTAbits.RA4==0);   // 等待按鍵鬆開
            if(push_no==0)  {          // 當可按鍵次數為  0  時
                push_no=4;            // 重設可按鍵次數為  4
//              LATD=LATD^0xFF;       // 使用運算敘述將 LED 燈號反轉
//              LATD=(LATD >> 4)  |  (LATD << 4);
                #asm                  // 使用嵌入式組合語言指令將
                  swapf LATD,f        // LED 燈號對調
                #endasm
            }
        }
    }
}


void delay_ms(long A)  {
// 使用 XC8 內建時間延遲函式    delay_ms(x) 進行時間控制
    longi;
    for(i=0;i<A;i++)    __delay_ms(1);
}
```

　　在程式中使用 C 語言的 while 與 if 的程式流程控制指令，藉由對 RA4 按鍵訊號的偵測改變 push_no 變數的內容；並於其為 0 時，改變 LED 燈號。程式中使用 XC8 編譯器所提供的嵌入式組合語言指令的方式將燈號反轉，而非註解行中的兩種運算敘述；使用嵌入式組合語言指令，可以減少程式的運算時間而提升效率。這是由於部分微處理器所特有的運算指令是在 C 語言的運算子中所未包含，要達到同樣的運算目的，必須使用較為複雜的運算指令完成。讀者不妨檢查 Disassembly 視窗中不同 C 語言指述的編譯結果，就可以了解其中的差異。

▍組合語言巨集指令

除了使用嵌入式組合語言指令外，XC8 編譯器提供下列的組合語言巨集指令：

Nop( )

ClrWdt( )

Sleep( )

Reset( )

可以直接對應到相關的組合語言指令。其他的指令則必須以嵌入式組合語言的方式，#asm ...... #endasm，撰寫使用。

在上面的程式中，使用 push_no 暫存器儲存計數次數的內容，因此每一次循環，必須要遞減並更新這個暫存器作為次數判斷比較的依據。除此之外，主程式每一次循環必須要檢查 PORTA 中 RA4 位元的狀態，以決定按鍵是否被觸發。這樣的做法，雖然可以達到程式設計的目的，但是核心處理器必須要多花費一些指令時間進行相關腳位的判讀，以及暫存器內容的讀寫計算（例如遞加或遞減）。還記得我們在邏輯電路回顧時，曾經介紹過的計數器邏輯元件嗎？在 PIC18F45K22 微處理器上為了增加處理效能，便配置有這樣的計數器周邊元件。為了追求更有效率的做法，讓我們改變程式以使用計數器的程式設計來觀察一些可行的做法。

在後續的範例程式中，將使用計數器 TIMER0 這個周邊元件來儲存計數的內容。由於按鍵 SW3 所接的 RA4 腳位也正好就是計數器 TIMER0 的外部訊號輸入腳位，因此可以直接利用 TIMER0 周邊元件記錄按鍵 SW3 被觸發的次數。在介紹範例程式內容前，讓我們先說明計數器 TIMER0 的硬體架構及相關的設定與使用方法，以便讀者了解微控制器中使用周邊元件的方法與觀念。

8.3 TIMER0計數器 / 計時器

TIMER0 計時器 / 計數器是 PIC18F45K22 微控制器中最簡單的一個計數器，它具備有下列的特性：

- 可由軟體設定選擇為 8 位元或 16 位元的計時器或計數器。
- 計數器的內容可以讀取或寫入。
- 專屬的 8 位元軟體設定前除器（Prescaler），或者稱作除頻器。
- 時序來源可設定為外部或內部來源。
- 溢位（Overflow）時產生中斷事件。在 8 位元狀態下，於 0xFF 變成 0x00 時；或者在 16 位元狀態下，於 0xFFFF 變成 0x0000 時，產生中斷事件。
- 當選用外部時序來源時，可使用軟體設定觸發邊緣形態（H → L 或 L → H）。
- TIMER0 計時器相關的 T0CON 設定暫存器位元內容與定義如表 8-1 所示。

表 8-1 T0CON 設定暫存器位元內容與定義

R/W-1	R/W-1	R/W-1	R/W-1	R/W-1	R/W-1	R/W-1	R/W-1
TMR0ON	T08BIT	T0CS	T0SE	PSA	T0PS2	T0PS1	T0PS0

bit 7   bit 0

bit 7 **TMR0ON:** Timer0 On/Off Control bit

       1 = 啟動 Timer0 計時器。

       0 = 停止 Timer0 計時器。

bit 6 **T08BIT:** Timer0 8-bit/16-bit Control bit

       1 = 將 Timer0 設定為 8 位元計時器 / 計數器。

       0 = 將 Timer0 設定為 16 位元計時器 / 計數器。

bit 5 **T0CS:** Timer0 Clock Source Select bit

       1 = 使用 T0CKI 腳位脈波變化。

　　0 = 使用指令週期脈波變化。

bit 4 **T0SE:** Timer0 Source Edge Select bit

　　1 = T0CKI 腳位 H→L 電壓邊緣變化時遞加。

　　0 = T0CKI 腳位 L→H 電壓邊緣變化時遞加。

bit 3 **PSA:** Timer0 Prescaler Assignment bit

　　1 = 不使用 Timer0 計時器的前除器。

　　0 = 使用 Timer0 計時器的前除器。

bit 2-0 **T0PS2:T0PS0:** Timer0 計時器的前除器設定位元。Timer0 Prescaler

　　Select bits

　　111 = 1:256 prescale value

　　110 = 1:128 prescale value

　　101 = 1:64 prescale value

　　100 = 1:32 prescale value

　　011 = 1:16 prescale value

　　010 = 1:8 prescale value

　　001 = 1:4 prescale value

　　000 = 1:2 prescale value

　　對於 TIMER0 計數器的功能先簡單地介紹到此，詳細的功能留到後面介紹其他計時器／計數器章節時，再一併詳細說明。現在先讓我們看看修改過後的範例程式內容。

範例 8-2

　　利用 TIMER0 計數器計算按鍵觸發的次數，設定計數器初始值為 0，使得當計數器內容符合設定值時，進行發光二極體燈號的改變。

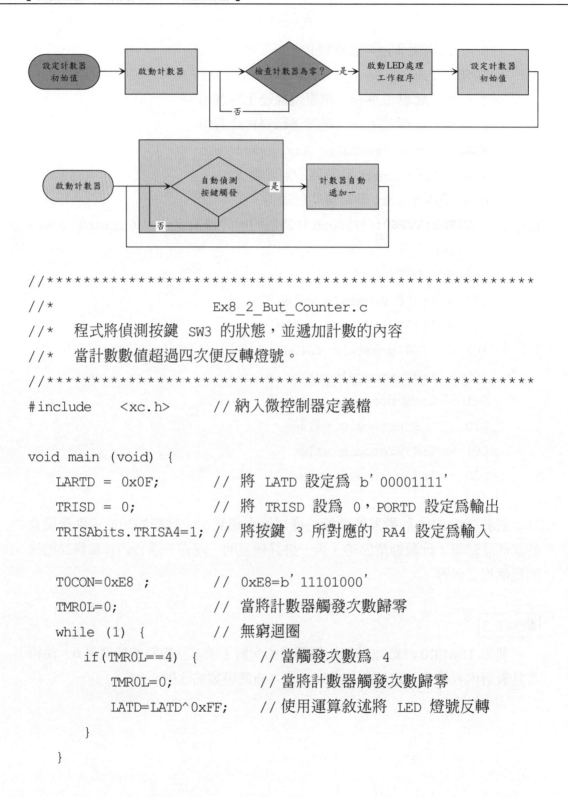

```
//*********************************************************
//*                     Ex8_2_But_Counter.c
//*    程式將偵測按鍵 SW3 的狀態，並遞加計數的內容
//*    當計數數值超過四次便反轉燈號。
//*********************************************************
#include    <xc.h>        // 納入微控制器定義檔

void main (void) {
    LARTD = 0x0F;         // 將 LATD 設定爲 b'00001111'
    TRISD = 0;            // 將 TRISD 設爲 0，PORTD 設定爲輸出
    TRISAbits.TRISA4=1;   // 將按鍵 3 所對應的 RA4 設定爲輸入

    T0CON=0xE8 ;          // 0xE8=b'11101000'
    TMR0L=0;              // 當將計數器觸發次數歸零
    while (1) {           // 無窮迴圈
        if(TMR0L==4) {           // 當觸發次數爲 4
            TMR0L=0;             // 當將計數器觸發次數歸零
            LATD=LATD^0xFF;      // 使用運算敘述將 LED 燈號反轉
        }
    }
```

```
}
```

當程式將 b'11101000' 寫入到 T0CON 控制暫存器時，根據表 8-1 的暫存器位元定義表，在這個指令中便完成下列的設定動作：

第 7 位元：設定 1 將計數器開關位元開啟。
第 6 位元：設定 1 將 TIMER0 設定為 8 位元計數器。
第 5 位元：設定 1 選擇外部時序輸入來源作為計數器的觸發脈搏。
第 4 位元：設定 0 選擇 L → H 電壓變換邊緣作為觸發訊號。
第 3 位元：設定 1 關閉前除器設定。
第 0～2 位元：由於前除器關閉，因此設定位元狀態與計數器運作無關。

除非周邊功能較為複雜，大部分周邊功能的設定就是如此的簡單，可以在一個指令執行週期內完成相關的設定。由於按鍵 SW3 的訊號已經連接到 PORTA 中 RA4 的腳位，而且這個腳位與 T0CKI（TIMER0 時序輸入）的功能作多工的處理；因此當我們將 TIMER0 計數器的功能開啟，並選擇外部時序輸入來源時，這一個腳位便可以直接作為 TIMER0 時序輸入的功能。而為了謹慎起見，在初始化的開始，程式也將 PORTA 中 RA4 的腳位設定為數位輸入腳位。在初始化的最後，程式將 TIMER0 計數器的內容清除為零，以便將來從 0 開始計數。

在接下來的主程式迴圈中，由於 TIMER0 計數器周邊元件的硬體能夠獨立地自行偵測輸入訊號脈波的時序變化，程式中不再需要做按鍵動作偵測的工作。因此，程式的內容大幅地簡化，進而可以提高程式執行的速度。而在每一次迴圈的執行中，藉由 if 指述將計數器的計數內容 TMR0L 與設定的按鍵次數 4 相比較。當比較結果相等時，便將 TIMER 0 歸零，並執行燈號切換的動作。

從這個範例中，相信讀者已經感受到使用周邊硬體的效率與方便。特別是程式撰寫時，如果能夠完全地了解相關的硬體功能與設定的技巧，所撰寫出來的應用程式，將會是非常有效率的。而這也是本書內容的規劃，先由微控制器暫存器說明與組合語言開始學習的原因，因為只有這樣的方法，才能夠讓讀者完全地了解到相關硬體的功能與設定的方法。即便在未來讀者改用高階程式語言，例如本書以 C 程式語言來撰寫相關的應用程式時，也能夠因為對於周邊硬體與核心處理器功能的深刻了解，而能夠撰寫出具備高度執行效率的應用程式。

　　在離開 TIMER0 計數器的相關探討之前，讓我們再看一個類似的 TIMER0 應用程式。

| 範例 8-3 |

　　利用 TIMER0 計數器計算按鍵觸發的次數，設定適當的計數器初始值，使得當計數器內容為 0 時，進行發光二極體燈號的改變。

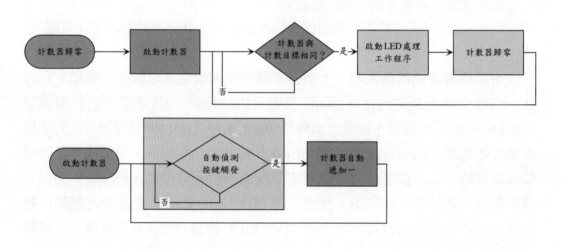

```
//************************************************
//*              Ex8_3_But_Counter.c
//*    程式將偵測按鍵 SW3 的狀態，並遞加計數的內容。
//*    當計數數值超過四次反轉燈號。
//************************************************
#include <xc.h> // 使用 XC8 編譯器定義檔宣告

// 觸發次數定義
#define push_no 4              // 預設觸發次數
#define count_val 256-push_no // 預設觸發次數對應之 Timer0 設定值
```

```c
// 宣告函式原型
void Init_TMR0(void);
void WriteTimer0(unsigned int a);
void OpenTimer0(unsigned char a);


void main (void) {
   LATD = 0x0F;              // 將 PORTD 設定為 b'00001111'
   TRISD = 0;               // 將 TRISD 設為 0，PORTD 設定為輸出
   TRISAbits.TRISA4=1;      // 將按鍵3所對應的 RA4 設定為輸入
   Init_TMR0();            // 初始化設定 Timer0 函式
   while (1) {             // 無窮迴圈
// if(ReadTimer0()==0) {  // 當計數器讀數為0時，相當於觸發次數為4
   if(TMR0L==0) {          // 當計數器讀數為0時，相當於觸發次數為4
      WriteTimer0(count_val); // 將計數器觸發次數歸零寫入預設值
      LATD=LATD^0xFF;         // 使用運算敘述將 LED 燈號反轉
   }
   }
}


void Init_TMR0 (void){

   OpenTimer0(0xE8 );        // 0xE8=b'11101000'
   WriteTimer0(count_val);   // 相當於 TMR0L=count_val
}
// XC8 2.00 以後不再支援原 C18 的函式庫，
// 如果未用 MCC 生成函式的話則須自行定義函式
// Project Properties 選擇編譯器時須注意
void WriteTimer0(unsigned int a) {
   union Bytes2 {
       unsigned int lt;
```

```
        unsigned char bt[2];
    };
    union Bytes2 TMR0_2bytes;

    TMR0_2bytes.lt=a;
    TMR0H=TMR0_2bytes.bt[1];
    TMR0L=TMR0_2bytes.bt[0];
}
void OpenTimer0(unsigned char a) {
    T0CON=a;
}
```

在這個範例程式中，以檢查 TIMER0 計數器內容是否為 0，作為燈號切換的標準；因此在計數器初始值 count_val 的設定上，使用 256-4 的計算方式。這個做法的好處是組合語言指令中提供了檢查內容是否為 0 的指令，因此 C 語言轉譯後的程式不再需要使用減法等多個指令，來完成計數器內容是否符合的檢查。範例 8-3 中未使用 XC8 編譯器所提供的 timer 函式庫，進行 TIMER0 計數器的各項處理運算工作，使用者必須自行根據 TIMER0 的相關暫存器使用方式與計數功能撰寫相關函式，例如 Init_TMR0( )、WriteTimer0( ) 與 OpenTimer0( ) 便可以撰寫如範例 8-3 的微處理器應用程式。但是如果使用者將程式中

```
if(TMR0L==0){ // 當計數器讀數為 0 時，相當於觸發次數為 4
```

改為

```
if(ReadTimer0()==0){// 當計數器讀數為 0 時，相當於觸發次數為 4
```

以檢查 TMR0L 計數暫存器數值是否為 0，就必須要再增加一個 ReadTimer0() 函式。讀者可以自行嘗試作為撰寫 C 語言函式的練習。

除此之外，程式在 Init_TMR0( ) 中呼叫 WriteTimer0( )，經過 XC8 編譯器的轉譯後，由 Disassembly 視窗可知，OpenTimer0( ) 會轉換成 4 個組合語言指令，

```
7FA8    6E01        MOVWF  _pcstackCOMRAM, ACCESS
7FAA    C001        MOVFF  _pcstackCOMRAM, T0CON
7FAC    FFD5        NOP
7FAE    0012        RETURN 0
```

再加上呼叫時，使用 call 指令，前後需要 8 個以上指令執行週期的時間，可是其功能是與直接將 T0CON 這個暫存器，設定成一個常數是一樣的。也就是說，如果使用者不要呼叫 OpenTimer0( ) 這個函式，而是直接以類組和語言的方式撰寫，

```
T0CON=0xE8;
```

將會大幅縮減執行時間。

OpenTimer0( ) 需要 6 個組合語言指令才可以完成同樣的運算，其中尚不包括呼叫 OpenTimer0( ) 函式的運算時間。因此雖然 C 語言程式的可讀性較高，且利用函式庫撰寫較爲容易，但是卻犧牲了程式執行的效率。對於希望成爲微處理器程式開發高手的讀者，熟悉硬體與暫存器架構，對於程式效率的提升是不可或缺的條件。

除此之外，範例 8-3 的程式仍有其他的改善空間。PIC18F45K22 微控制器的所有計數器，包括 TIMER0 計數器在內，都提供在溢流（Overflow）特殊事件發生時，觸發中斷的功能。這個溢流觸發中斷的功能，雖然就好像在檢查 TIMER0 計數器的內容是否被觸發而由 0xFF 遞加爲 0x00。但是這一個特殊中斷的訊號，可以讓微控制器在溢流發生的瞬間便跳脫正常的執行程式，而即時地去執行所需要的特定工作，而不需要使用輪詢（Polling）的方式，也就是前面的範例程式 8-3 利用迴圈不斷地讀取計數器內容，並檢查是否符合的方式。或許在這些短短數行的範例程式中，讀者無法體驗它們的差異，但是當

應用程式需要即時執行某一件與周邊功能或者核心處理器之間發生相關的動作時，中斷的使用是非常重要且關鍵的。接下來，就讓我們介紹微控制器中斷事件發生相關的概念與技巧。

8.4　中斷

PIC18F45K22 微控制器有多重的中斷來源與中斷優先順序安排的功能，中斷優先順序允許每一個中斷來源被設定擁有高優先層次或者低優先層次的順序。高優先中斷向量的程式起始位址是在 0x08，而低優先中斷向量的程式起始位址則是在 0x18。如果中斷優先層級的功能有開啓的話（IPEN=1），當高優先權中斷事件發生時，任何正在執行中的低優先權中斷程式將會被暫停執行，而優先執行高優先中斷函式。

也就是說，當中斷訊號發生時，例如 TIMER0 發生溢流（0xFF → 0x00）時，系統將會像呼叫函式（call）一樣，自動切換到位址 0x08 或 0x18 的程式記憶體繼續執行程式。因爲脫離了正常程式的執行，因此被稱作「中斷」。但是在中斷執行函式的最後，會以 RETFIE 返回原來正常程式繼續原來的程式執行。

控制中斷的操作總共有十幾個的暫存器，這些暫存器包括：

- RCON　　　　重置暫存器
- INTCON　　　核心功能中斷控制暫存器
- INTCON2　　核心功能中斷控制暫存器 2
- INTCON3　　核心功能中斷控制暫存器 3
- PIR1～PIR5　周邊功能中斷旗標狀態暫存器
- PIE1～PIE5　周邊功能中斷設定暫存器
- IPR1～IPR5　周邊功能中斷優先設定暫存器

在程式中，建議將相對應的微控制器包含檔（如 p18f45k22.inc）透過 xc.h 納入程式中，以方便程式撰寫時，可以直接引用暫存器以及相關位元的名稱。

PIC18F45K22 微控制器的中斷架構示意圖，如圖 8-1 所示。在圖 8-1 中，可以看到每一個中斷訊號來源都是藉由 AND 邏輯閘來作爲中斷訊號的控制。

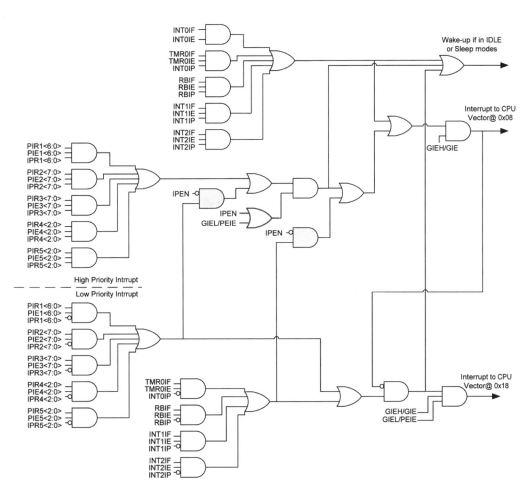

圖 8-1 PIC18F45K22 微控制器的中斷架構示意圖

當某一個特定功能的中斷事件被設定為高優先權時，必須要 AND 閘的三個輸入都同時為 1，才能夠使 AND 閘輸出 1，才能夠將中斷的訊號向上傳遞。而所有功能的中斷都會經過一個 OR 邏輯閘，因此只要有任何一個中斷事件發生，便會向核心處理器發出一個中斷訊號。但是，在這個中斷訊號傳達到核心處理器之前，又必須通過由 IPEN、PEIE 及 GIE（或 GIEH 及 GIEL）等訊號利用 AND 閘所建立的訊號控制。因此，如果應用程式需要利用中斷功能的話，必須將這些位元妥善的設定，才能夠在適當的時候將中斷訊號傳達至核心處理器。

　　除此之外，當任何一個高優先中斷事件的發生時，這個訊號將會透過一個 NOT 閘與 AND 閘的功能，使低優先中斷事件的訊號無法通過，而使核心處理器優先處理高優先中斷所對應的事件。

除了 INT0 之外，每一個中斷來源都有三個相關的位元控制相對應的中斷操作。這些控制位元的功能包括：

- 旗標（Flag）位元：指示某一個中斷事件是否發生。
- 致能（Enable）位元：當中斷旗標位元被設定時，允許程式執行跳換到中斷向量所在的位址。
- 優先（Priority）位元：用來選擇高優先或低優先順序。

中斷優先層級的功能是藉由設定 RCON 暫存器的第七個位元，IPEN，來決定開啓與否。當中斷優先層級的功能被開啓時，有兩個位元被用來開關全部的中斷事件發生。設定 INTCON 暫存器的第七個位元（GIEH）為 1 時，將開啓所有優先位元設定為 1 的中斷功能，也就是高優先中斷；設定 INTCON 暫存器的第六個位元（GIEL）為 1 時，將開啓所有優先位元設定為 0 的中斷功能，也就是低優先中斷。當中斷旗標，致能位元及對應的全域中斷致能位元被設定為 1 時，依據所設定的優先順序，中斷事件將使程式執行立即切換到程式記憶體位址 0x08 或者 0x18 的指令。個別中斷來源的功能可以藉由清除相對應的致能位元而關閉其功能。

當中斷優先順序致能位元 IPEN 被清除為 0 時（預設狀態），中斷優先順序的功能將會被關閉，而此時中斷功能的使用將和較低階的 PIC 微處理器相容。在這個相容模式下，任何一個中斷優先位元都是沒有作用的。

在相容模式下，在中斷控制暫存器 INTCON 的第六個位元，PEIE，掌管所有周邊功能中斷來源的開啓與否。INTCON 的第七個位元 GIE 則管理全部的中斷來源開啓與否。所有中斷將會使程式執行直接切換到程式記憶體位址 0x08 的指令。如果中斷優先致能位元 IPEN 被清除為 0，當微控制器發生一個中斷反應時，全域中斷致能位元 GIE 會被清除為 0，以暫停更多的中斷發生。如果 IPEN 被設定為 1，而啓動中斷優先順序的功能，視中斷位元所設定的優先順序，GIEH 或者 GIEL 會被清除為 0。高優先中斷事件來源的發生，可以中斷低優先順序中斷的執行。

當中斷發生時，返回正常程式的位址將會被推入到堆疊中，程式計數器會被載入中斷向量的位址（0x08 或 0x18）。一旦進入中斷執行函式，可以藉由檢查中斷旗標位元來決定中斷事件的來源。在重新開啓中斷功能之前，必須要藉由軟體清除相對應的中斷旗標，以免重複的中斷發生。在低優先中斷執行函式的程式中，千萬不要使用 MOVFF 等執行時間較長的組合語言指令，否則將可能會因高優先中斷的發生，使微控制器不正常地運作。

在執行完成中斷執行函式的時候，必須使用 RETFIE（由中斷返回）指令結束函式的執行，這個指令會將 GIE 位元設定為 1，以重新開啓中斷的功能。如果中斷優先順序位元 IPEN 被設定的話，RETFIE 將會設定所對應的 GIEH 或者 GIEL。離開中斷執行函式前。使用者程式必須將觸發中斷事件的相關功能中斷旗標重置為 0，以避免再度進入中斷執行函式。

對於外部訊號所觸發的中斷事件，例如所有的 INT 觸發腳位或者 PORTB 輸入變化中斷，將會有三到四個指令執行週期的中斷延遲時間。不論哪一個中斷來源的致能位元或者全域中斷位元是否已經被開啓，當中斷事件發生時，所對應的個別中斷旗標將會被設定為 1。因此當 GIE/PEIE（或 GIEH/GIEL）被恢復為 1 時，如果仍有中斷旗標為 1 的情形時，將會因此而再次觸發中斷。

8.5　中斷過程中的資料暫存器儲存

當中斷發生時，程式計數器的返回位置，將會被儲存在堆疊暫存器中。除此之外，三個重要的暫存器 WREG、STATUS 及 BSR 的數值，將會被儲存到快速返回堆疊（Fast Return Stack）。如果在中斷執行函式結束的時候，應用程式沒有使用快速中斷返還指令（retfie fast），使用者將需要在進入中斷函式時，把上述三個暫存器的內容儲存在特定的暫存器中。同時，使用者必須根據應用程式的需要，自行將其他重要的暫存器內容作適當地儲存，以便返回正常程式執行後，這些暫存器可以保持進入中斷前的數值。

讀者可以參考下面的簡單範例進行暫存器 WREG、STATUS 及 BSR 的資料儲存。使用時必須注意暫存器區塊的設定；因為 MOVFF 執行時間為兩個週期，如果在低優先中斷函式，則需要以 MOVF 及 MOVWF 取代 MOVFF。

```
MOVWF      W_TEMP                     ;W_TEMP  is  in  virtual   bank
```

```
MOVFF     STATUS, STATUS_TEMP          ;STATUS_TEMP located anywhere
MOVFF     BSR, BSR_TEMP                ;BSR located anywhere
;
; USER ISR CODE
;
MOVFF     BSR_TEMP, BSR               ; Restore BSR
MOVF      W_TEMP, W                   ; Restore WREG
MOVFF     STATUS_TEMP,STATUS          ; Restore STATUS
```

中斷相關的各個暫存器位元定義，如表 8-2 所示。

█ 核心功能中斷控制暫存器

■ INTCON

表 8-2(1)   INTCON 核心功能中斷控制暫存器位元定義

R/W-0	R/W-0	R/W-0	R/W-0	R/W-0	R/W-0	R/W-0	R/W-x
GIE/GIEH	PEIE/GIEL	TMR0IE	INT0IE	RBIE	TMR0IF	INT0IF	RBIF
bit 7							bit 0

bit 7 **GIE/GIEH:** Global Interrupt Enable bit

When IPEN = 0:

1 = 開啟所有未遮蔽的中斷。

0 = 關閉所有的中斷。

When IPEN = 1:

1 = 開啟所有高優先中斷。

0 = 關閉所有的中斷。

bit 6 **PEIE/GIEL:** Peripheral Interrupt Enable bit

When IPEN = 0:

1 = 開啟所有未遮蔽的周邊硬體中斷。

0 = 關閉所有的周邊硬體中斷。

When IPEN = 1:

1 = 開啓所有低優先中斷。

0 = 關閉所有低優先的周邊硬體中斷。

bit 5 **TMR0IE:** TMR0 Overflow Interrupt Enable bit

1 = 開啓 TIMER0 計時器溢位中斷。

0 = 關閉 TIMER0 計時器溢位中斷。

bit 4 **INT0IE:** INT0 External Interrupt Enable bit

1 = 開啓外部 INT0 中斷。

0 = 關閉外部 INT0 中斷。

bit 3 **RBIE:** RB Port Change Interrupt Enable bit

1 = 開啓 RB 輸入埠改變中斷。

0 = 關閉 RB 輸入埠改變中斷。

bit 2 **TMR0IF:** TMR0 Overflow Interrupt Flag bit

1 = TIMER0 計時器溢位中斷發生，須以軟體清除爲 0。

0 = TIMER0 計時器溢位中斷未發生。

bit 1 **INT0IF:** INT0 External Interrupt Flag bit

1 = 外部 INT0 中斷發生，須以軟體清除爲 0。

0 = 外部 INT0 中斷未發生。

bit 0 **RBIF:** RB Port Change Interrupt Flag bit

1 = RB(4:7) 輸入埠至少有一腳位改變狀態，須以軟體清除爲 0。

0 = RB(4:7) 輸入埠未有腳位改變狀態。

Note: A mismatch condition will continue to set this bit. Reading PORTB will end the mismatch condition and allow the bit to be cleared.

■ INTCON2

表 8-2(2) INTCON2 核心功能中斷控制暫存器位元定義

R/W-1	R/W-1	R/W-1	R/W-1	U-0	R/W-1	U-0	R/W-1
RBPU	INTEDG0	INTEDG1	INTEDG2	—	TMR0IP	—	RBIP

bit 7   bit 0

bit 7 **RBPU:** PORTB Pull-up Enable bit

    1 = 關閉所有 PORTB 輸入提升阻抗。

    0 = 開啓個別 PORTB 輸入提升阻抗設定功能。

bit 6 **INTEDG0:** External Interrupt0 Edge Select bit

    1 = INT0 腳位 H→L 電壓上升邊緣變化時觸發中斷。

    0 = INT0 腳位 L→H 電壓下降邊緣變化時觸發中斷。

bit 5 **INTEDG1:** External Interrupt1 Edge Select bit

    1 = INT1 腳位 H→L 電壓上升邊緣變化時觸發中斷。

    0 = INT1 腳位 L→H 電壓下降邊緣變化時觸發中斷。

bit 4 **INTEDG2:** External Interrupt2 Edge Select bit

    1 = INT2 腳位 H→L 電壓上升邊緣變化時觸發中斷。

    0 = INT2 腳位 L→H 電壓下降邊緣變化時觸發中斷。

bit 3 **Unimplemented:** Read as '0'

bit 2 **TMR0IP:** TMR0 Overflow Interrupt Priority bit

    1 = 高優先中斷。

    0 = 低優先中斷。

bit 1 **Unimplemented:** Read as '0'

bit 0 **RBIP:** RB Port Change Interrupt Priority bit

    1 = 高優先中斷。

    0 = 低優先中斷。

▍INTCON3

表 8-2(3)　INTCON3 核心功能中斷控制暫存器位元定義

R/W-1	R/W-1	U-0	R/W-0	R/W-0	U-0	R/W-0	R/W-0
INT2IP	INT1IP	—	INT2IE	INT1IE	—	INT2IF	INT1IF
bit 7							bit 0

bit 7 **INT2IP:** INT2 External Interrupt Priority bit

    1 = 高優先中斷。

    0 = 低優先中斷。

bit 6 **INT1IP:** INT1 External Interrupt Priority bit

    1 = 高優先中斷。

    0 = 低優先中斷。

bit 5 **Unimplemented:** Read as '0'

bit 4 **INT2IE:** INT2 External Interrupt Enable bit

    1 = 開啓外部 INT2 中斷。

    0 = 關閉外部 INT2 中斷。

bit 3 **INT1IE:** INT1 External Interrupt Enable bit

    1 = 開啓外部 INT1 中斷。

    0 = 關閉外部 INT1 中斷。

bit 2 **Unimplemented:** Read as '0'

bit 1 **INT2IF:** INT2 External Interrupt Flag bit

    1 = 外部 INT2 中斷發生，須以軟體清除爲 0。

    0 = 外部 INT2 中斷未發生。

bit 0 **INT1IF:** INT1 External Interrupt Flag bit

    1 = 外部 INT1 中斷發生，須以軟體清除爲 0。

    0 = 外部 INT1 中斷未發生。

周邊功能中斷旗標暫存器

PIR 暫存器包含個別周邊功能中斷的旗標位元。

■PIR1

表 8-2(4)　PIR1 周邊功能中斷旗標暫存器位元定義

R/W-0	R/W-0	R-0	R-0	R/W-0	R/W-0	R/W-0	R/W-0
PSPIF[1]	ADIF	RC1IF	TX1IF	SSP1IF	CCP1IF	TMR2IF	TMR1IF
bit 7							bit 0

bit 7 **PSPIF**[1]:Parallel Slave Port Read/Write Interrupt Flag bit

    1 = PSP 讀寫動作發生，須以軟體清除爲 0。

          0 = PSP 讀寫動作未發生。

bit 6 **ADIF:** A/D Converter Interrupt Flag bit

          1 = 類比數位訊號換完成，須以軟體清除爲 0。

          0 = 類比數位訊號換未完成。

bit 5 **RC1IF:** EUSART 1 Receive Interrupt Flag bit

          1 = EUSART 1接收暫存器RCREG1填滿資料，讀取RCREG1時將清除爲0。

          0 = EUSART 1接收暫存器 RCREG1 資料空缺。

bit 4 **TX1IF:** EUSART 1 Transmit Interrupt Flag bit

          1 = EUSART 1接收暫存器TXREG1資料空缺，寫入TXREG1時將清除爲0。

          0 = EUSART 1接收暫存器 TXREG 填滿資料。

bit 3 **SSP1IF:** Master Synchronous Serial Port Interrupt Flag bit

          1 = 資料傳輸或接收完成，須以軟體清除爲 0。

          0 = 等待資料傳輸或接收。

bit 2 **CCP1IF:** CCP1 Interrupt Flag bit

          Capture mode:

          1 = 訊號捕捉事件發生，須以軟體清除爲 0。

          0 = 訊號捕捉事件未發生。

          Compare mode:

          1 = 訊號比較事件發生，須以軟體清除爲 0。

          0 = 訊號比較事件未發生。

          PWM mode:

          PWM 模式未使用。

bit 1 **TMR2IF:** TMR2 to PR2 Match Interrupt Flag bit

          1 = TMR2 計時器內容符合 PR2 週期暫存器內容，須以軟體清除爲 0。

          0 = TMR2 計時器內容未符合 PR2 週期暫存器內容。

bit 0 **TMR1IF:** TMR1 Overflow Interrupt Flag bit

          1 = TMR1 計時器溢位發生，須以軟體清除爲 0。

          0 = TMR1 計時器溢位未發生。

Note 1: PIC18F45K22 未使用此位元，恆爲 0。

■PIR2

表 8-2(5)　PIR2 周邊功能中斷旗標暫存器位元定義

U-0	U-0	U-0	R/W-0	R/W-0	R/W-0	R/W-0	R/W-0
OSCFIF	C1IF	C2IF	EEIF	BCL1IF	HLVDIF	TMR3IF	CCP2IF

bit 7　　　　　　　　　　　　　　　　　　　　　　　　　　bit 0

bit 7 **OSCFIF:** Oscillator Fail Interrupt Flag bit

　　1 = 系統外部時序震盪器故障，切換使用內部時序來源。

　　0 = 系統外部時序震盪器正常操作。

bit 6 **C1IF:** Comparator C1 Interrupt Flag bit

　　1 = 類比訊號比較器 C1 結果改變。

　　0 = 類比訊號比較器 C1 結果未改變。

bit 5 **C2IF:** Comparator C2 Interrupt Flag bit

　　1 = 類比訊號比較器 C2 結果改變。

　　0 = 類比訊號比較器 C2 結果未改變。

bit 4 **EEIF:** Data EEPROM/FLASH Write Operation Interrupt Flag bit

　　1 = 寫入動作完成，須以軟體清除為 0。

　　0 = 寫入動作未完成。

bit 3 **BCL1IF:** Bus Collision Interrupt Flag bit

　　1 = 匯流排衝突發生，須以軟體清除為 0。

　　0 = 匯流排衝突未發生。

bit 2 **HLVDIF:** High/Low Voltage Detect Interrupt Flag bit

　　1 = 高 / 低電壓異常發生，須以軟體清除為 0。

　　0 = 高 / 低電壓異常未發生。

bit 1 **TMR3IF:** TMR3 Overflow Interrupt Flag bit

　　1 = TMR3 計時器溢位發生，須以軟體清除為 0。

　　0 = TMR3 計時器溢位未發生。

bit 0 **CCP2IF:** CCP2 Interrupt Flag bit

　　Capture mode:

　　1 = 訊號捕捉事件發生，須以軟體清除為 0。

CHAPTER

8

0 = 訊號捕捉事件未發生。

Compare mode:

1 = 訊號比較事件發生，須以軟體清除爲 0。

0 = 訊號比較事件未發生。

PWM mode:

PWM 模式未使用。

▌PIR3

表 8-2(6)　PIR3 周邊功能中斷旗標暫存器位元定義

R/W-0	R/W-0	R/W-0	R/W-0	R/W-0	R/W-0	R/W-0	R/W-0
SSP2IF	BCL2IF	RC2IF	TX2IF	CTMUIF	TMR5GIF	TMR3GIF	TMR1GIF
bit 7							bit 0

bit 7　**SSP2IF:**　Synchronous Serial Port 2 Interrupt Flag bit

　　　　1 = 資料傳輸或接收完成，須以軟體清除爲 0。

　　　　0 = 等待資料傳輸或接收。

bit 6　**BCL2IF:**　MSSP2 Bus Collision Interrupt Flag bit

　　　　1 = 匯流排衝突發生，須以軟體清除爲 0。

　　　　0 = 匯流排衝突未發生。

bit 5　**RC2IF:**　EUSART 2 Receive Interrupt Flag bit

　　　　1 = EUSART 2 接收暫存器 RCREG1 填滿資料，讀取 RCREG2 時將清除爲 0。

　　　　0 = EUSART 2 接收暫存器 RCREG1 資料空缺。

bit 4　**TX2IF:**　EUSART 2 Transmit Interrupt Flag bit

　　　　1 = EUSART 2 接收暫存器 TXREG2 資料空缺，寫入 TXREG2 時將清除爲 0。

　　　　0 = EUSART 2 接收暫存器 TXREG 填滿資料。

bit 3　**CTMUIF:**　CTMU Interrupt Flag bit

　　　　1 = CTMU 中斷發生，須以軟體清除爲 0。

　　　　0 = CTMU 中斷未發生。

bit 2　**TMR5GIF:**　TMR5 Gate Interrupt Flag bits

　　　　1 = 計時器 5 閘控中斷發生，須以軟體清除爲 0。

　　0 = 計時器 5 閘控中斷未發生。

bit 1 **TMR3GIF:** TMR3 Gate Interrupt Flag bits

　　1 = 計時器 3 閘控中斷發生，須以軟體清除為 0。

　　0 = 計時器 3 閘控中斷未發生。

bit 0 **TMR1GIF:** TMR1 Gate Interrupt Flag bits

　　1 = 計時器 1 閘控中斷發生，須以軟體清除為 0。

　　0 = 計時器 1 閘控中斷未發生。

■PIR4

表 8-2(7)　PIR4 周邊功能中斷旗標暫存器位元定義

U-0	U-0	U-0	U-0	U-0	R/W-0	R/W-0	R/W-0
—	—	—	—	—	CCP5IF	CCP4IF	CCP3IF

bit 7　　　　　　　　　　　　　　　　　　　　　　　bit 0

bit 7-3 **Unimplemented:** Read as '0'

bit 2 **CCP5IF:** CCP5 Interrupt Flag bits

　　Capture mode:

　　1 = 一次計時器 5 捕捉事件發生，須以軟體清除為 0。

　　0 = 沒有計時器 5 捕捉事件發生。

　　Compare mode:

　　1 = 一次計時器 5 比較符合事件發生，須以軟體清除為 0。

　　0 = 沒有計時器 5 比較符合事件發生。

　　PWM mode:

　　PWM 模式未使用。

bit 1 **CCP4IF:** CCP4 Interrupt Flag bits Capture mode:

　　1 = 一次計時器 4 捕捉事件發生，須以軟體清除為 0。

　　0 = 沒有計時器 4 捕捉事件發生。

　　Compare mode:

　　1 = 一次計時器 4 比較符合事件發生，須以軟體清除為 0。

　　0 = 沒有計時器 4 比較符合事件發生。

PWM mode:

PWM 模式未使用。

bit 0   **CCP3IF:** ECCP3 Interrupt Flag bits

Capture mode:

1 = 一次計時器 3 捕捉事件發生，須以軟體清除為 0。

0 = 沒有計時器 3 捕捉事件發生。

Compare mode:

1 = 一次計時器 3 比較符合事件發生，須以軟體清除為 0。

0 = 沒有計時器 3 比較符合事件發生。

PWM mode:

PWM 模式未使用。

■ PIR5

表 8-2(8)　PIR5 周邊功能中斷旗標暫存器位元定義

U-0	U-0	U-0	U-0	U-0	R/W-0	R/W-0	R/W-0
—	—	—	—	—	TMR6IF	TMR5IF	TMR4IF

bit 7   bit 0

bit 7-3 **Unimplemented:** Read as '0'

bit 2   **TMR6IF:** TMR6 to PR6 Match Interrupt Flag bit

1 = 計時器計數值 TMR6 符合 PR6 暫存器設定值發生，須以軟體清除為 0。

0 = 計時器計數值 TMR6 未符合 PR6 暫存器設定值。

bit 1   **TMR5IF:** TMR5 Overflow Interrupt Flag bit

1 = TMR5 暫存器溢位發生，須以軟體清除為 0。

0 = TMR5 暫存器溢位未發生。

bit 0   **TMR4IF:** TMR4 to PR4 Match Interrupt Flag bit

1 = 計時器計數值 TMR6 符合 PR6 暫存器設定值發生，須以軟體清除為 0。

0 = 計時器計數值 TMR6 未符合 PR6 暫存器設定值。

PIE 周邊功能中斷致能暫存器

PIE 暫存器包含個別周邊功能中斷的致能位元。當中斷優先順序致能位元被清除為 0 時，PEIE 位元必須要被設定為 1，以開啓任何一個周邊功能中斷。

■PIE1

表 8-2(9)　PIE1 周邊功能中斷致能暫存器位元定義

R/W-0	R/W-0	R/W-0	R/W-0	R/W-0	R/W-0	R/W-0	R/W-0
PSPIE[1]	ADIE	RC1IE	TX1IE	SSP1IE	CCP1IE	TMR2IE	TMR1IE

bit 7   bit 0

bit 7 **PSPIE**[1]：Parallel Slave Port Read/Write Interrupt Enable bit

 1 = 開啓 PSP 讀寫中斷功能。

 0 = 關閉 PSP 讀寫中斷功能。

bit 6 **ADIE:** A/D Converter Interrupt Enable bit

 1 = 開啓 A/D 轉換模組中斷功能。

 0 = 關閉 A/D 轉換模組中斷功能。

bit 5 **RC1IE:** EUSART 1 Receive Interrupt Enable bit

 1 = 開啓 EUSART 1 資料接收中斷功能。

 0 = 關閉 USART 資料接收中斷功能。

bit 4 **TX1IE:** USART Transmit Interrupt Enable bit

 1 = 開啓 USART 資料傳輸中斷功能。

 0 = 關閉 USART 資料傳輸中斷功能。

bit 3 **SSP1IE:** Master Synchronous Serial Port 1 Interrupt Enable bit

 1 = 開啓 MSSP 1 中斷功能。

 0 = 關閉 MSSP 1 中斷功能。

bit 2 **CCP1IE:** CCP1 Interrupt Enable bit

 1 = 開啓 CCP1 中斷功能。

 0 = 關閉 CCP1 中斷功能。

bit 1 **TMR2IE:** TMR2 to PR2 Match Interrupt Enable bit

 1 = 開啓 TMR2 計時器內容符合 PR2 週期暫存器中斷功能。

CHAPTER

8

0 = 關閉 TMR2 計時器內容符合 PR2 週期暫存器中斷功能。

bit 0 **TMR1IE:** TMR1 Overflow Interrupt Enable bit

　　1 = 開啟 TIMER1 計時器溢位中斷功能。

　　0 = 關閉 TIMER1 計時器溢位中斷功能。

Note 1: PIC18F45K22 未使用此位元，恆為 0。

■ PIE2

表 8-2(10)　PIE2 周邊功能中斷致能暫存器位元定義

U-0	U-0	U-0	R/W-0	R/W-0	R/W-0	R/W-0	R/W-0
OSCFIE	C1MIE	C2IE	EEIE	BCLIE	HLVDIE	TMR3IE	CCP2IE
bit 7							bit 0

bit 7 **OSCFIE:** Oscillator Fail Interrupt Enable bit

　　1 = 開啟時序震盪器故障中斷功能。

　　0 = 關閉時序震盪器故障中斷功能。

bit 6 **C1IE:** Comparator 1 Interrupt Enable bit

　　1 = 開啟類比訊號比較器 1 結果改變中斷功能。

　　0 = 關閉類比訊號比較器 1 結果改變中斷功能。

bit 5 **C2IE:** Comparator 2 Interrupt Enable bit

　　1 = 開啟類比訊號比較器 2 結果改變中斷功能。

　　0 = 關閉類比訊號比較器 2 結果改變中斷功能。

bit 4 **EEIE:** Data EEPROM/FLASH Write Operation Interrupt Enable bit

　　1 = 開啟 EEPROM 寫入中斷功能。

　　0 = 關閉 EEPROM 寫入中斷功能。

bit 3 **BCLIE:** Bus Collision Interrupt Enable bit

　　1 = 開啟匯流排衝突中斷功能。

　　0 = 關閉匯流排衝突中斷功能。

bit 2 **HLVDIE:** High/Low Voltage Detect Interrupt Enable bit

　　1 = 開啟低電壓異常中斷功能。

　　0 = 關閉低電壓異常中斷功能。

bit 1 **TMR3IE:** TMR3 Overflow Interrupt Enable bit

    1 = 開啓 TMR3 計時器溢位中斷功能。

    0 = 關閉 TMR3 計時器溢位中斷功能。

bit 0 **CCP2IE:** CCP2 Interrupt Enable bit

    1 = 開啓 CCP2 中斷功能。

    0 = 關閉 CCP2 中斷功能。

■ PIE3

表 8-2(11)　PIE3 周邊功能中斷致能暫存器位元定義

R/W-0	R/W-0	R/W-0	R/W-0	R/W-0	R/W-0	R/W-0	R/W-0
SSP2IE	BCL2IE	RC2IE	TX2IE	CTMUIE	TMR5GIE	TMR3GIE	TMR1GIE

bit 7   bit 10

bit 7 **SSP2IE:** Master Synchronous Serial Port 2 Interrupt Enable bit

    1 = 開啓 MSSP 2 中斷功能。

    0 = 關閉 MSSP 2 中斷功能。

bit 6 **BCL2IE:** Bus Collision Interrupt Enable bit

    1 = 啓動。

    0 = 關閉。

bit 5 **RC2IE:** EUSART2 Receive Interrupt Enable bit

    1 = 開啓 EUSART 2 資料接收中斷功能。

    0 = 關閉 EUSART 2 資料接收中斷功能。

bit 4 **TX2IE:** EUSART2 Transmit Interrupt Enable bit

    1 = 開啓 EUSART 2 資料傳輸中斷功能。

    0 = 關閉 EUSART 2 資料傳輸中斷功能。

bit 3 **CTMUIE:** CTMU Interrupt Enable bit

    1 = 啓動。

    0 = 關閉。

bit 2 **TMR5GIE:** TMR5 Gate Interrupt Enable bit

    1 = 啓動。

CHAPTER

8

0 ＝ 關閉。

bit 1 **TMR3GIE:** TMR3 Gate Interrupt Enable bit

　　1 ＝ 啟動。

　　0 ＝ 關閉。

bit 0 **TMR1GIE:** TMR1 Gate Interrupt Enable bit

　　1 ＝ 啟動。

　　0 ＝ 關閉。

■ PIE4

表 8-2(12)　PIE4 周邊功能中斷致能暫存器位元定義

U-0	U-0	U-0	U-0	U-0	R/W-0	R/W-0	R/W-0
—	—	—	—	—	CCP5IE	CCP4IE	CCP3IE
bit 7							bit 0

bit 7-3 **Unimplemented:** Read as '0'

bit 2 **CCP5IE:** CCP5 Interrupt Enable bit

　　1 ＝ 啟動。

　　0 ＝ 關閉。

bit 1 **CCP4IE:** CCP4 Interrupt Enable bit

　　1 ＝ 啟動。

　　0 ＝ 關閉。

bit 0 **CCP3IE:** CCP3 Interrupt Enable bit

　　1 ＝ 啟動。

　　0 ＝ 關閉。

■ PIE5

表 8-2(13)　PIE5 周邊功能中斷致能暫存器位元定義

U-0	U-0	U-0	U-0	U-0	R/W-0	R/W-0	R/W-0
—	—	—	—	—	TMR6IE	TMR5IE	TMR4IE
bit 7							bit 0

bit 7-3 **Unimplemented:** Read as '0'

bit 2 **TMR6IE:** TMR6 to PR6 Match Interrupt Enable bit

    1 = 啓動計時器 6 計數值 TMR6 符合 PR6 暫存器設定值發生中斷。

    0 = 關閉計時器 6 計數值 TMR6 符合 PR6 暫存器設定值發生中斷。

bit 1 **TMR5IE:** TMR5 Overflow Interrupt Enable bit

    1 = 啓動 TMR5 暫存器溢位發生中斷。

    0 = 關閉 TMR5 暫存器溢位發生中斷。

bit 0 **TMR4IE:** TMR4 to PR4 Match Interrupt Enable bit

    1 = 啓動計時器 4 計數值 TMR4 符合 PR4 暫存器設定值發生中斷。

    0 = 關閉計時器 4 計數值 TMR4 符合 PR4 暫存器設定值發生中斷。

◎ IPR 中斷優先順序設定暫存器

IPR 暫存器包含個別周邊功能中斷優先順序的設定位元。必須要將中斷優先順序致能位元（IPEN）設定爲 1 後，才能完成這些優先順序設定位元的操作。

■ IPR1

表 8-2(14)　IPR1 中斷優先順序設定暫存器位元定義

R/W-1	R/W-1	R/W-1	R/W-1	R/W-1	R/W-1	R/W-1	R/W-1
PSPIP[1]	ADIP	RC1IP	TX1IP	SS1PIP	CCP1IP	TMR2IP	TMR1IP
bit 7							bit 0

bit 7 **PSPIP[1]:** Parallel Slave Port Read/Write Interrupt Priority bit

    1 = 高優先中斷。

    0 = 低優先中斷。

bit 6 **ADIP:** A/D Converter Interrupt Priority bit

    1 = 高優先中斷。

    0 = 低優先中斷。

bit 5 **RC1IP:** USART Receive Interrupt Priority bit

    1 = 高優先中斷。

    0 = 低優先中斷。

bit 4 **TX1IP**: USART Transmit Interrupt Priority bit

    1 = 高優先中斷。

    0 = 低優先中斷。

bit 3 **SSP1IP**: Master Synchronous Serial Port Interrupt Priority bit

    1 = 高優先中斷。

    0 = 低優先中斷。

bit 2 **CCP1IP**: CCP1 Interrupt Priority bit

    1 = 高優先中斷。

    0 = 低優先中斷。

bit 1 **TMR2IP**: TMR2 to PR2 Match Interrupt Priority bit

    1 = 高優先中斷。

    0 = 低優先中斷。

bit 0 **TMR1IP**: TMR1 Overflow Interrupt Priority bit

    1 = 高優先中斷。

    0 = 低優先中斷。

Note 1: PIC18F45K22 未使用此位元，恆為 1。

■IPR2

表 8-2(15)　IPR2 中斷優先順序設定暫存器位元定義

R/W-1	R/W-1	R/W-1	R/W-1	R/W-1	R/W-1	R/W-1	R/W-1
OSCFIP	C1IP	C2IP	EEIP	BCL1IP	HLVDIP	TMR3IP	CCP2IP
bit 7							bit 0

bit 7 **OSCFIP**: Oscillator Fail Interrupt Priority bit

    1 = 高優先中斷。

    0 = 低優先中斷。

bit 6 **C1IP**: Comparator Interrupt Priority bit

    1 = 高優先中斷。

    0 = 低優先中斷。

bit 5 **C2IP**: Comparator Interrupt Priority bit

1 = 高優先中斷。

0 = 低優先中斷。

bit 4 **EEIP:** Data EEPROM/FLASH Write Operation Interrupt Priority bit

1 = 高優先中斷。

0 = 低優先中斷。

bit 3 **BCL1IP:** Bus Collision Interrupt Priority bit

1 = 高優先中斷。

0 = 低優先中斷。

bit 2 **HLVDIP:** High/Low Voltage Detect Interrupt Priority bit

1 = 高優先中斷。

0 = 低優先中斷。

bit 1 **TMR3IP:** TMR3 Overflow Interrupt Priority bit

1 = 高優先中斷。

0 = 低優先中斷。

bit 0 **CCP2IP:** CCP2 Interrupt Priority bit

1 = 高優先中斷。

0 = 低優先中斷。

■ IPR3

表 8-2(16)　IPR3 中斷優先順序設定暫存器位元定義

R/W-0	R/W-0	R/W-0	R/W-0	R/W-0	R/W-0	R/W-0	R/W-0
SSP2IP	BCL2IP	RC2IP	TX2IP	CTMUIP	TMR5GIP	TMR3GIP	TMR1GIP
bit 7							bit 0

bit 7 **SSP2IP:** Synchronous Serial Port 2 Interrupt Priority bit

1 = 高優先中斷。

0 = 低優先中斷。

bit 6 **BCL2IP:** Bus Collision 2 Interrupt Priority bit

1 = 高優先中斷。

0 = 低優先中斷。

bit 5 **RC2IP:** EUSART2 Receive Interrupt Priority bit

　　1 = 高優先中斷。

　　0 = 低優先中斷。

bit 4 **TX2IP:** EUSART2 Transmit Interrupt Priority bit

　　1 = 高優先中斷。

　　0 = 低優先中斷。

bit 3 **CTMUIP:** CTMU Interrupt Priority bit

　　1 = 高優先中斷。

　　0 = 低優先中斷。

bit 2 **TMR5GIP:** TMR5 Gate Interrupt Priority bit

　　1 = 高優先中斷。

　　0 = 低優先中斷。

bit 1 **TMR3GIP:** TMR3 Gate Interrupt Priority bit

　　1 = 高優先中斷。

　　0 = 低優先中斷。

bit 0 **TMR1GIP:** TMR1 Gate Interrupt Priority bit

　　1 = 高優先中斷。

　　0 = 低優先中斷。

■ IPR4

表 8-2(17)　IPR4 中斷優先順序設定暫存器位元定義

U-0	U-0	U-0	U-0	U-0	R/W-0	R/W-0	R/W-0
—	—	—	—	—	CCP5IP	CCP4IP	CCP3IP
bit 7							bit 0

bit 7-3 **Unimplemented:** Read as '0'

bit 2　**CCP5IP:** CCP5 Interrupt Priority bit

　　　1 = 高優先中斷。

　　　0 = 低優先中斷。

bit 1　**CCP4IP:** CCP4 Interrupt Priority bit

1 = 高優先中斷。

0 = 低優先中斷。

bit 0　**CCP3IP:** CCP3 Interrupt Priority bit

1 = 高優先中斷。

0 = 低優先中斷。

■ IPR5

表 8-2(18)　IPR5 中斷優先順序設定暫存器位元定義

U-0	U-0	U-0	U-0	U-0	R/W-0	R/W-0	R/W-0
—	—	—	—	—	TMR6IP	TMR5IP	TMR4IP

bit 7　　　　　　　　　　　　　　　　　　　bit 0

bit 7-3　**Unimplemented:** Read as '0'

bit 2　**TMR6IP:** TMR6 to PR6 Match Interrupt Priority bit

1 = 高優先中斷。

0 = 低優先中斷。

bit 1　**TMR5IP:** TMR5 Overflow Interrupt Priority bit

1 = 高優先中斷。

0 = 低優先中斷。

bit 0　**TMR4IP:** TMR4 to PR4 Match Interrupt Priority bit

1 = 高優先中斷。

0 = 低優先中斷。

■ RCON 重置控制暫存器

RCON 暫存器包含用來開啟中斷優先順序的控制位元 IPEN。

R/W-0	U-0	U-0	R/W-1	U-0	U-0	R/W-0	R/W-0
IPEN	SBOREN	—	$\overline{RI}$	$\overline{TO}$	$\overline{PD}$	$\overline{POR}$	$\overline{BOR}$

bit 7　　　　　　　　　　　　　　　　　　　bit 0

詳細內容請見第四章 RCON 定義表4-4。

8.6 中斷事件訊號

上述所列的中斷功能將留待介紹周邊功能時一併說明，在這裡僅將介紹幾個獨立功能的中斷使用。

◖ INT0、INT1 及 INT2 外部訊號中斷

在 RB0/INT0、RB1/INT1 及 RB2/INT2 腳位上，建立有多工的外部訊號中斷功能，這些中斷功能是以訊號邊緣的形式觸發。如果 INTCON2 暫存器中，相對應的 INTEDGx 位元被設定為 1，則將以上升邊緣觸發；如果 INTEDGx 位元被清除為 0，則將以下降邊緣觸發。當某一個有效的邊緣出現在這些腳位時，所相對應的旗標位元 INTxIF 將會被設定為 1。這個中斷功能可以藉由將相對應的中斷致能位元 INTxIE 清除為 0 而結束。在重新開啓這個中斷功能之前，必須要在中斷執行函式中，藉由軟體將旗標位元 INTxIF 清除為 0。如果在微控制器進入睡眠狀態之前，先將中斷致能位元 INTxIE 設定為 1，任何一個上述的外部訊號中斷，都可以將微控制器從睡眠的狀態喚醒。如果全域中斷致能位元 GIE 被設定為 1，則在喚醒之後，程式執行將切換到中斷向量所在的位址。

INT0 的中斷優先順序永遠是高優先，這是無法更改的。至於其他兩個外部訊號中斷 INT1 與 INT2 的優先順序，則是由 INTCON3 暫存器中的 INT1IP 及 INT2IP 所設定的。

◖ PORTB 狀態改變中斷

在 PORTB 暫存器的第四～七位元所相對應的輸入訊號改變時，將會把 INTCON 暫存器的 RBIF 旗標位元設定為 1。這個中斷功能可以藉由 INTCON 暫存器的第三位元 RBIE 設定開啓或關閉。而這個中斷的優先順序是由 INTCON2 暫存器的 RBIP 位元所設定。

在 PIC18F45K22 上，除了傳統的 PORTB 狀態改變的相關設定外，也增加了個別腳位的設定內容。包含了 WPUB 與 IOCB 暫存器。配合暫存器

INTCON2<$\overline{\text{RBPL}}$> 位元的設定，WPUB 暫存器設定了 PORTB 個別腳位弱電流的電位提升（Pull-up）是否開啓的設定；IOCB 暫存器則是設定 RB4～RB7 的狀態改變偵測功能是否開啓。相關位元如下。

■ WPUB

R/W-1	R/W-1	R/W-1	R/W-1	R/W-1	R/W-1	R/W-1	R/W-1
WPUB7	WPUB6	WPUB5	WPUB4	WPUB3	WPUB2	WPUB1	WPUB0

bit 7   bit 0

bit 7-0 **WPUB<7:0>:** Weak Pull-up Register bits

    1 = 開啓 PORTB 腳位電位提升功能。

    0 = 關閉 PORTB 腳位電位提升功能。

■ IOCB

R/W-1	R/W-1	R/W-1	R/W-1	U-0	U-0	U-0	U-0
IOCB7	IOCB6	IOCB5	IOCB4	—	—	—	—

bit 7   bit 0

bit 7-4 **IOCB<7:4>:** Interrupt-on-Change PORTB control bits

    1 = 啓動腳位狀態改變中斷功能，須配合 RBIE 位元（INTCON<3>）。

    0 = 關閉腳位狀態改變中斷功能。

◉ TIMER0 計時器中斷

在預設的 8 位元模式下，TIMER0 計數器數值暫存器 TMR0L 溢流（0xFF → 0x00），將會把旗標位元 TMR0IF 設定爲 1。在 16 位元模式下，TIMER0 計數器數值暫存器 TMR0H:TMR0L 溢流（0xFFFF → 0x0000），將會把旗標位元 TMR0IF 設定爲 1。這個中斷的功能是由 INTCON 暫存器的第五個位元 T0IE 進行設定功能的開啓或關閉，而中斷的優先順序則是由 INTCON2 暫存器的第二個位元 TMR0IP 所設定的。

在讀者了解中斷相關的概念之後，讓我們將本章的範例程式，改用中斷的方式來完成。

範例 8-4

　　利用 TIMER0 計數器計算按鍵觸發的次數，設定適當的計數器初始值，使得當計數器內容為 0 時，發生中斷，並利用中斷執行函式，進行發光二極體燈號的改變。

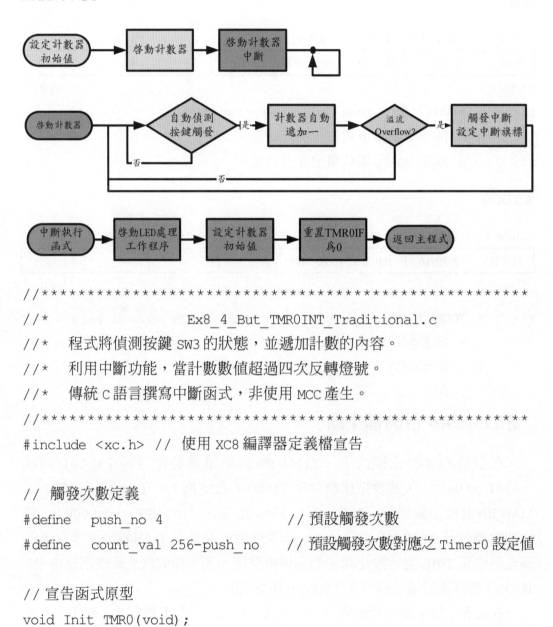

```
//*************************************************
//*              Ex8_4_But_TMR0INT_Traditional.c
//*    程式將偵測按鍵 SW3 的狀態，並遞加計數的內容。
//*    利用中斷功能，當計數數值超過四次反轉燈號。
//*    傳統 C 語言撰寫中斷函式，非使用 MCC 產生。
//*************************************************
#include <xc.h> // 使用 XC8 編譯器定義檔宣告

// 觸發次數定義
#define    push_no 4                   // 預設觸發次數
#define    count_val 256-push_no       // 預設觸發次數對應之 Timer0 設定值

// 宣告函式原型
void Init_TMR0(void);
void WriteTimer0(unsigned int a);
```

```
void OpenTimer0(unsigned char a);

// 中斷執行程式
void __interrupt(high_priority) HIGHISR(void)
{
    INTCONbits.TMR0IF = 0;      // 清除中斷旗標
    WriteTimer0(count_val);     // 當將計數器觸發次數歸零寫入預設值
    LATD=LATD^0xFF;             // 使用運算敘述將 LED 燈號反轉
}

void main (void) {

    LATD = 0x0F;               // 將 LATD 設定為 b'00001111'
    TRISD = 0;                 // 將 TRISD 設為 0，PORTD 設定為輸出
    TRISAbits.TRISA4=1;        // 將按鍵 3 所對應的 RA4 設定為輸入

    Init_TMR0();               // 初始化設定 Timer0 函式

    RCONbits.IPEN=0;           // 關閉中斷優先權層級，中斷皆跳至 0x08
    INTCONbits.TMR0IF=0;       // 清除 TIMER0 中斷旗標
    INTCONbits.TMR0IE=1;       // 啟動 TIMER0 中斷功能
    INTCONbits.PEIE=1;         // 開啟周邊中斷功能
    INTCONbits.GIE=1;          // 開啟全域中斷控制

    while (1)
        Nop();                 // 無窮迴圈
}

void Init_TMR0 (void){
    OpenTimer0(0xE8);          // 0xE8=b'11101000'
```

```
      WriteTimer0(count_val);      // 相當於 TMR0L=count_val
}


// XC8 2.00 以後不再支援原 C18 的函式庫，
// 如果未用 MCC 生成函式的話，則須自行定義函式
// Project Properties 選擇編譯器時須注意
void WriteTimer0(unsigned int a) {
  union Bytes2 {
    unsigned int lt;
    unsigned char bt[2];
  };
  union Bytes2 TMR0_2bytes;

  TMR0_2bytes.lt=a;
  TMR0H=TMR0_2bytes.bt[1];
  TMR0L=TMR0_2bytes.bt[0];
}
void OpenTimer0(unsigned char a) {
  T0CON=a;
}
```

　　在上面的範例中，將 TIMER0 中斷時，所需要執行的程式安置在中斷向量 0x08 的位址。在中斷發生時，除了將燈號切換並載入預設值到 TMR0L 暫存器之外，必須要將中斷旗標位元 TMR0IF 清除為 0，以避免中斷持續發生。

　　在正常程式的部分，初始化的區塊中必須將中斷的功能作適當的設定。因此，在設定 TIMER0 時，除了使用 OpenTimer0( ) 函式設定 TIMER0 的各項功能外，針對 TIMER0 中斷功能必須使用下列的指述完成設定：

```
RCONbits.IPEN=0;        // 關閉中斷優先權層級，中斷皆跳至 0x08
INTCONbits.TMR0IF=0;    // 清除 TIMER0 中斷旗標
```

```
INTCONbits.TMR0IE=1;    // 啓動 TIMER0 中斷功能
INTCONbits.PEIE=1;      // 開啓周邊中斷功能
INTCONbits.GIE=1;       // 開啓全域中斷控制
```

將與中斷相關的控制位元作適當的設定，以便爲控制器能夠正確的執行所需要的中斷功能。而中斷執行函式則是撰寫成：

```
void __interrupt(high_priority) HIGHISR(void) {
  INTCONbits.TMR0IF = 0;    // 清除中斷旗標
  WriteTimer0(count_val);   // 當將計數器觸發次數歸零寫入預設值
  LATD=LATD^0xFF;           // 使用運算敍述將 LED 燈號反轉
}
```

其中 __interrupt(high_priority) 宣告其後的函式 HIGHISR( ) 爲高優先中斷執行函式；如果需要宣告成低優先函式時，則將 __interrupt( ) 的引數改成 low_priority 即可，但也要注意優先層級 IPEN 位元的設定。當進入中斷執行函式時，首先必須清除 TIMER0 中斷旗標 TMR0IF，以免反覆進入中斷執行函式；接著將 TIMER0 回復成計數的初始值，以便重新執行同樣的計數程序；並利用 XOR 互斥或的運算，將燈號互換（爲什麼互斥或可以完成燈號互換？），完成工作需求。因爲使用 C 語言撰寫程式，XC8 編譯器將會自動在進出中斷執行函式時，進行相關重要暫存器的備份與還原，不需使用者撰寫，這部分是使用 C 語言撰寫微處理器程式的優勢，可以讓應用開發更爲簡易快速，但是並不會提高程式執行效率（有時反而會降低）。

最後，在主程式中僅需要一個無窮迴圈，而不需要作任何額外的動作。這是因爲計算按鍵觸發次數的工作已經交由內建整合的計數器 TIMER0 來進行，而檢查計數內容與設定值是否符合的工作，藉由計數器溢流所產生的中斷旗標通知核心處理器，並進一步地執行中斷執行函式，以完成發光二極體的燈號切換。

在這個情況下，讀者一定會好奇微控制器現在到底在做什麼？事實上，它只是一直在進行無窮迴圈的程式位址切換動作，直到中斷發生爲止。讀者不難想像，如果應用程式有一個更複雜，而且更需要時間去完成的主程式時，利用這樣的中斷功能及內建計數器的周邊功能，應用程式可以讓微控制器將大部分的時間使用在主程式的執行上，而不需要在迴圈內持續地檢查按鍵的狀態以及計數器等內容。因此應用程式可以得到更大的資源與更多的核心處理器執行時間，如此便可以有效提升應用程式的執行效率以及所需要處理的工作。

8.7　使用MCC程式產生器撰寫程式

MCC 是 Microchip 大力推廣的程式產生器，希望藉此工具可以降低使用者撰寫程式的難度，而提升開發的效率。由於 MCC 是以圖形化的工具進行設定後再產生程式，過程是相對簡單，但是所產生的程式，因為沒有參考文件說明，使用者必須自行閱讀自動產生的程式檔案，以了解相關內容與使用方式。讓我們同樣以範例 8-4 練習使用 MCC 產生相同功能程式的程序。

範例 8-5

以 MCC 程式設定器，依照範例 8-4 的需求，設定微控制器相關功能，並完成相關程式的修改與撰寫。

首先，請依照附錄 A 中的程序，產生一個使用 PIC18F45K22 微控制器以及 XC8 編譯器的新專案 Timer0_MCC。接下來，當使用者點選工具列中 MCC 的快捷鍵時，將會開啟 MCC 相關的視窗。

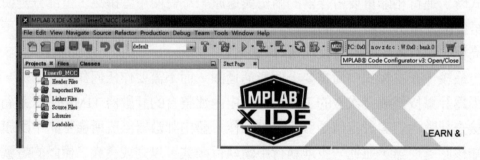

接下來，當使用者點選工具列中 MCC 的快捷鍵時，將會開啟 MCC 相關的視窗。在左上角的專案管理區域中，可以看到 MCC 預設的三個必要的功能模組：

Interrupt Module 中斷模組

Pin Module 腳位模組

System Module 系統模組

　　系統模組主要是設定系統執行的時脈來源，以及指令執行的頻率，使用者必須根據系統相關的硬體規格，在模組中選定適當的參數。一本書所用的實驗板為例，系統時脈為外部石英振盪器 10 MHz，所以必須根據這樣的規格，在模組中完成設定，如下圖所示。

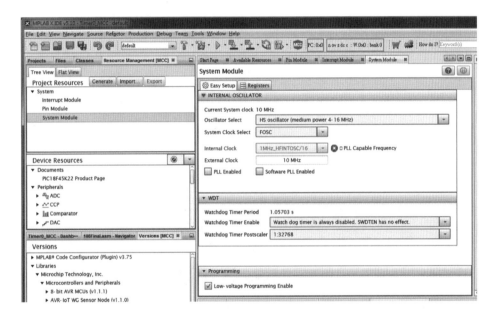

　　而在腳位模組中，必須要依照應用程式的需求，將相對應的微控制器腳位進行適當的設定。在選擇腳位模組的同時，MPLAB 將會同時顯示幾個不同的視窗。當使用者在下方的腳位表格視窗，選擇所需要的腳位作為特定的功能時，在中間的腳位功能視窗將出現相關腳位的選擇項目供使用者設定。例如，當選擇 PORTA 中 RA4 腳位作為 TIMER0 計數器的輸入訊號功能時，在腳位管理表格視窗中，將會出現一個鎖定的符號；同時在腳位模組設定視窗中，也會出現一列 PORTA 中 RA4 相關的設定訊息。使用者可以依據應用程式的需求完成各個選項的選擇。除此之外，本範例中也需要使用到與 LED 相關的 PORTD 腳位，因此在選擇之後，可以將 PORTD 全部設定為輸出腳位，並賦

予一個有意義的變數名稱（例如 LED0），同時也可以設定在程式開始執行時的初始值。在這裡，我們將 PORTD 初始化爲 0X0F。

　　每一個被選擇的腳位，除了在腳位表格視窗中會有符號及顏色的顯示之外，同時在右上角的封裝顯示視窗中，也會對各個腳位進行顏色以及名稱的調整，提醒使用者各個硬體腳位的功能規劃。

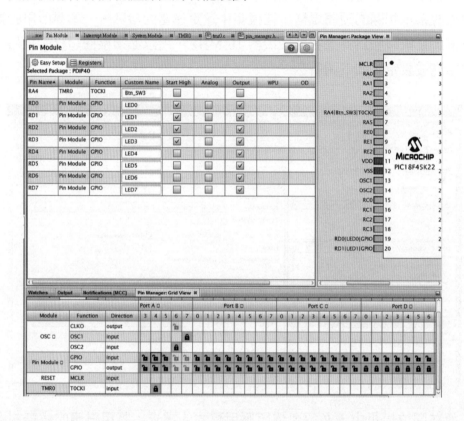

　　在進行中斷模組的設定之前，讓我們先完成其他相關周邊功能的設定。在這個範例中，我們需要使用到 TIMER0 計數器，所以在裝置資源區域中，選擇計數器 TIMER 下的 TMR0。在利用滑鼠雙點選之後，TMR0 將會自動移到專案資源區域中做後續的設定。

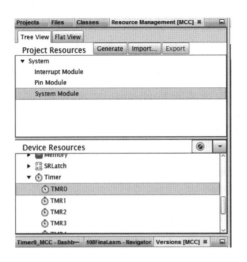

　　接下來，打開 TMR0 計數器的設定視窗，將會出現圖形化的簡易設定選項。根據專案的需求，必須要啓動計數器以及它的中斷功能；同時將選擇 8 位元的技術功能、不使用前除頻器、使用外部時脈來源 TCK0、訊號下降邊緣觸發。由於範例中使用的是外部觸發訊號，而且是手動的按鍵觸發，因此在觸發頻率的計算上，必須要假設一個虛擬的頻率，爲了方便計算，假設按鍵觸發的頻率爲 1 Hz。因爲範例要求按鍵觸發 4 次後，必須要有所變化，所以在這裡設定計時器的週期爲 4 秒鐘。在最下方的軟體設定中有一個呼叫函式的設定，這裡就是要設定中斷執行函式的觸發頻率。因爲我們已經設定的 4 秒鐘，也就是四次，觸發一次中斷，所以在這裡設定每一次觸發中斷，都必須要執行這個呼叫函式。

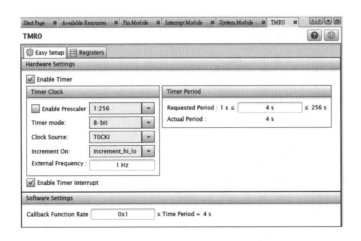

　　最後，打開專案資源管理區域中的中斷模組，將會顯示所有可以設定中斷功能的選項。在這裡，將不開啓中斷優先權的選擇，同時只使用 TIMER0 的中斷功能。在這裡要特別注意，除了各個周邊功能的中斷設定之外，使用者必須要在系統程式中，開啓痊癒中斷或者是周邊功能中斷的設定，才能夠正確的使用中斷功能，以便在發生中斷訊號的同時，可以觸發中斷函式的執行。

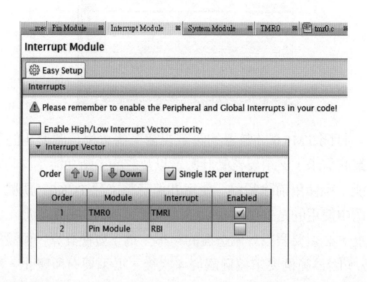

　　在完成所有的 MCC 程式產生器設定之後，使用者可以點選專案資源管理區域中的 Generate 按鍵，系統便會自動的執行程式產生器，並且將產生的程式加入到專案的各個資料夾中，如下圖所示。使用者可以發現，除了在原始碼

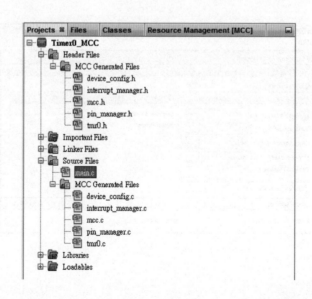

資料夾中，產生相關的系統語言程式檔案外，在表頭檔資料夾中也會產生相關的變數，或者是函式名稱原型定義的檔案。

接下來，使用者可以打開各個相關的程式進行修改，把適當的資料運算程式加入到檔案中，便可以完成應用程式的開發。例如，在這個範例中只需要有兩個運算動作：

1. 檢查按鍵是否觸發四次。（這部分已經被 TIMER0 周邊功能設定執行，所以不需要撰寫程式。）

2. 當計數器 TIMER0 觸發中斷時，進行 LED 燈號的調整。這個部分必須要打開 tmr0.c 程式檔，然後修改中斷執行函式的呼叫檔如下：

```
void TMR0_DefaultInterruptHandler(void){
    // add your TMR0 interrupt custom code
    // or set custom function using TMR0_SetInterruptHandler()
    LATD=LATD^0xFF;
}
```

最後，因為本應用程式需要啟用中斷的功能，因此在主程式 main.c 中，將全域中斷與周邊功能中斷的設定開啟。修改後的主程式如下，

```
void main(void)
{
    // Initialize the device
    SYSTEM_Initialize();

    // If using interrupts in PIC18 High/Low Priority Mode
    // you need to enable the Global High and Low Interrupts
    // If using interrupts in PIC Mid-Range Compatibility Mode
    // you need to enable the Global and Peripheral Interrupts
    // Use the following macros to:
```

CHAPTER 8

```
// Enable the Global Interrupts
INTERRUPT_GlobalInterruptEnable();// 刪除註解符號

// Disable the Global Interrupts
//INTERRUPT_GlobalInterruptDisable();

// Enable the Peripheral Interrupts
INTERRUPT_PeripheralInterruptEnable();// 刪除註解符號

// Disable the Peripheral Interrupts
//INTERRUPT_PeripheralInterruptDisable();

while (1)
{
// Add your application code
}
}
```

如果應用程式還有其他的資料運算需要進行的話，可以在主程式中的永久迴圈，撰寫相關的資料運算程式。

MCC程式設定器的相關程式使用說明

　　由於 Microchip 不再提供固定的微控制器周邊功能函式庫的說明文件，而且 MCC 與周邊功能函式庫，也會因為各種新的微控制器和函式庫的出現而更新，因此每次使用 MCC 產生程式時，必須要自行閱讀 MCC 產生的各個檔案，才能夠了解各個函式的使用方式。讓我們使用上一個範例產生的程式，作為一個例子進行說明。

1. main.c 主程式

　　在主程式中，基本上只有兩個部分，初始化程式及永久迴圈。初始化程式

可再分為兩個部分，各項功能的初始化程式 SYSTEM_Initialize()，以及全域
或周邊功能中斷的開啟與關閉。SYSTEM_Initialize() 的程式內容，則另外被
安排在 mcc.c 檔案中，

```c
void SYSTEM_Initialize(void)
{
    INTERRUPT_Initialize();
    PIN_MANAGER_Initialize();
    OSCILLATOR_Initialize();
    TMR0_Initialize();
}
```

　　分別對專案在 MCC 選擇設定的功能模組進行初始化的設定，這些個別初
始化的程式，又分別被安排在 interrupt_manager.c 、pin_manager.c 、tmr0.c 程
式檔案裡面。

2. device_config.c 系統功能設定

　　在這裡包括了所有系統硬體功能的設定位元參數定義，

```c
// Configuration bits: selected in the GUI
// CONFIG1H
#pragma config FOSC = HSMP
#pragma config PLLCFG = OFF
#pragma config PRICLKEN = ON
#pragma config FCMEN = OFF
#pragma config IESO = OFF
......
```

3. pin_manager.c 腳位功能程式

　　這裡面主要包括了兩個函式的定義，

```c
void PIN_MANAGER_Initialize (void);// 腳位功能的初始化
```

```
void PIN_MANAGER_IOC(void);//PORTB變化中斷
                        //(Interrupt ON Change) 觸發的設定
```

　　除此之外，在 pin_manager.h 表頭檔中，也利用 #define 定義字，對各個腳位進行巨集指令的符號定義，可以讓使用者在撰寫程式中，利用這些巨集指令提高程式的可讀性與維護性。同時在表頭檔中，也對各個函式的版本、使用方式，及相關輸出入引數提供說明。所以 MCC 產生的表頭檔事實上就是一個即時的周邊功能函式庫說明文件，建議讀者必須要詳細的閱讀，才能夠正確而有效的使用相關的 MCC 函式庫。

4. tmr0.c 計數器 TIMER0 功能程式

　　提供所有跟計數器 TIMER0 相關的函式庫，包括

```
// TMR0 初始化函式
void TMR0_Initialize(void);
// TMR0 啓動函式
void TMR0_StartTimer(void);
// TMR0 關閉函式
void TMR0_StopTimer(void);
// 讀取 TMR0 暫存器值函式
uint8_t TMR0_ReadTimer(void);
// 寫入 TMR0 計數暫存器函式
void TMR0_WriteTimer(uint8_t timerVal);
// 設定 TMR0 初始值函式
void TMR0_Reload(void);
//TMR0 事件呼叫函式
void TMR0_CallBack(void);
// 外部中斷執行函式
extern void (*TMR0_InterruptHandler)(void);
 // 預設中斷執行函式
void TMR0_DefaultInterruptHandler(void);
```

　　藉由這些完整的功能函式，使用者可以在專案程式中，快速的調整計數器的功能，已達到所需要的程式設計需求。

5. interrupt_manager.c 中斷功能程式

　　包括了下列的四個巨集指令，

```
#define INTERRUPT_GlobalInterruptEnable() (INTCONbits.GIE = 1)
#define INTERRUPT_GlobalInterruptDisable() (INTCONbits.GIE = 0)
#define INTERRUPT_PeripheralInterruptEnable()(INTCONbits.PEIE = 1)
#define INTERRUPT_PeripheralInterruptDisable()(INTCONbits.PEIE = 0)
```

定義了全域中斷以及周邊功能中斷開啓與關閉，以及各項中斷功能初始化的函式

```
void INTERRUPT_Initialize (void);
```

　　而各項系統或周邊功能的中斷執行函式內容，則是被安排在各個功能的程式檔中，所以使用者必須交叉比對閱讀，才能夠了解完整的中斷功能。如果有設定中斷優先權，或者是必須要將各個周邊功能中斷的優先順序排序的話，可以在程式產生的過程中，利用圖形化的視窗調整。

　　除了上述的必要程序之外，讀者也可以打開編輯區域裡的暫存器 (Registers) 頁面，了解相關暫存器的設定與變化，甚至可以直接在此透過暫存器與相關位元直接設定功能。例如計數器 TIMER0 的暫存器視窗如下，

在這裡可以清楚的看到，在簡易設定頁面中各個功能所對應的暫存器與位元設定值，例如 T0CON 暫存器是 0xFF（為什麼？），TMR0L 則被初始化為 0xFC（為什麼？）。雖然這些都是 MCC 自動生成的設定，但是建議讀者好好的了解其背後的緣由；因為當讀者的經驗與技巧慢慢成熟之後，會逐漸喜歡使用直接設定暫存器，而不透過呼叫函式庫的程式撰寫方式以增加程式執行效率，這也是為什麼範例 8-4 的規模遠較範例 8-5 為精巧的原因。

藉由這個範例，相信讀者可以發現到 MCC 程式產生器是一個非常方便的專案功能設計工具，這也是目前微控制器開發程式環境的發展趨勢。但是，如果讀者對於微控制器本身的功能，以及使用方式沒有足夠的了解，使用這樣的程式產生器雖然可以達到基本的程式撰寫功能，但是往往無法事先了解周邊功能各項可能的使用方式，因而無法發揮最大的硬體或者是軟體效益。事實上，如果讀者深入地去閱讀 MCC 所產生的各項程式時，就會發現這些函式庫的程式規模是相當龐大的，因此相對的也會占據較多的程式記憶體空間以及所需要的執行時間，這對於講求效率或者是精確度的應用程式反而是一個負擔。讀者可以自行比較，前面的兩個範例就可以發現這樣的差異。對於初學者而言，使用 MCC 程式產生器是一個方便易學的工具；但是對於一個有經驗的系統工程師來說，使用 MCC 可能反而是一個夢魘，或許自行撰寫相關的周邊功能函式庫，反而是他們所喜歡的選擇。

如果應用程式並沒有其他的工作需要執行的話，此時便可以讓微處理器進入睡眠模式，或閒置模式以節省電能，這時只需要在主程式的永久迴圈中，加入一行 Sleep() 巨集指令即可。由於 TIMER0 並無法將核心處理器由睡眠模式喚醒，因此這裡可以使用閒置模式，讓核心處理器停止而讓周邊工作繼續進行。要使用閒置模式時，必須要開啟閒置模式，同時也要考慮可以喚醒核心處理器的中斷訊號來源（TIMER0 可以喚醒核心處理器嗎？）。如果必要的話，也可以使用監視計時器（Watchdog Timer, WDT）的功能，定時喚醒核心處理器。建議讀者可以嘗試看看，也可以在後續的章節中，利用其他周邊功能試試看哪一些周邊功能是比較容易達成睡眠—喚醒功能的省電操作。

CHAPTER

8

計時器 / 計數器

　　計時或計數的功能在邏輯電路或者微控制器的應用中是非常重要的。在一般的應用中，如果要計算事件發生的次數就必須要用到計數器的功能。在上一個章中，我們看到了利用 TIMER0 作為計數器的範例程式可以有效地提高程式執行的效率，並且可以利用所對應的中斷功能在所設定事件（達到按鍵次數）發生的訊號邊緣即時地執行所需要處理的中斷執行函式內容。適當的應用計數器，可以大幅地提升軟體的效率，也可以減少硬體耗費的資源。

　　除了單純作為計數器使用之外，如果將計數器的時序脈波觸發訊號來源改成固定頻率的震盪器時序脈波，或者使用微控制器內部的指令執行時脈，計數器的功能便轉換成為計時器的功能。計時器的應用是非常廣泛而且關鍵的功能，特別是對於一些需要定時完成的工作，計時器是非常重要而且不可或缺的一個硬體資源。例如，在數位輸出入的章節中，為了要使發光二極體的燈號切換能夠有固定的時間間隔，在範例程式中使用了軟體撰寫的時間延遲函式，以便能夠在固定時間間隔後進行燈號的切換。雖然部分的時間延遲可以利用軟體程式來完成，但是這樣的做法有著潛在的缺點：

1. 時間延遲函式將會消耗核心處理器的執行時間，而無法處理其他的指令。
2. 在比較複雜的應用程式中，當其他部分的程式所需要的執行時間不固定時，將會影響整體時間長度的精確度。例如，需要等待外部觸發訊號而繼續執行的程式。

因此，為了降低上述缺點的影響，目前的微控制器多半都配置數個計時器

／計數器的整合性硬體，以方便應用程式計時或計數的執行與程式撰寫。

　　PIC18 微控制器內建有多個計時器／計數器。除了在上一章簡單介紹過的 TIMER0 之外，例如 PIC18F45K22 還有 TIMER1、TIMER2、TIMER3、TIMER4、TIMER5 及 TIMER6 計時器／計數器。在這個章節中，將詳細地介紹所有計時器／計數器的功能及設定與使用方法。

9.1　TIMER0 計時器／計數器

　　TIMER0 計時器／計數器是 PIC18F45K22 微控制器中最簡單的一個計數器，它具備有下列的特性：

- 可由軟體設定選擇為 8 位元或 16 位元的計時器或計數器。
- 計數器的內容可以讀取或寫入。
- 專屬的 8 位元軟體設定前除器（Prescaler）或者稱作除頻器。
- 時序來源可設定為外部或內部來源。
- 溢位（Overflow）時產生中斷事件。在 8 位元狀態下，於 0xFF 變成 0x00 時；或者在 16 位元狀態下，於 0xFFFF 變成 0x0000 時產生中斷事件。
- 當選用外部時序來源時，可以軟體設定觸發邊緣形態（H → L 或 L → H）。

　　TIMER0 計時器的硬體架構圖如圖 9-1 與 9-2 所示。

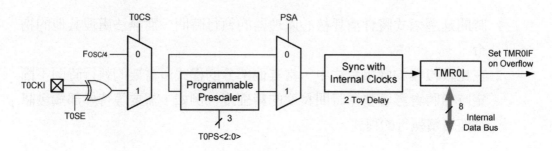

圖 9-1　TIMER0 計時器的 8 位元模式硬體架構圖

　　在 8 位元模式的架構圖中，如圖 9-1，可以看到藉由 T0CS 訊號所控制的多工器，選擇了計時器的時脈訊號來源。如果選擇外部時脈訊號輸入的話，則必須符合 T0SE 所設定的訊號邊緣形式，才能夠通過 XOR 閘。在 T0CS 多工器之後，可以利用 PSA 多工器選擇是否經過除頻器（也是一個計數器）的降頻處理；然後再經過內部時序同步的處理後，觸發計時器的計數動作。而核心處理器可以藉由資料匯流排讀取 8 位元的計數內容，而且當溢位發生時，將會觸發中斷訊號的輸出。

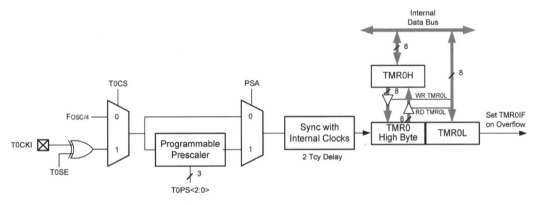

圖 9-2　TIMER0 計時器的 16 位元模式硬體架構圖

　　16 位元模式的架構圖，如圖 9-2，大致與 8 位元的使用方式相同。唯一的差異是計時器的計數內容是以 16 位元的方式儲存在兩個不同的暫存器內，而高位元組的暫存器必須要藉由一個緩衝暫存器 TMR0H 間接地讀寫計數的內容。緩衝暫存器讀寫的操作方式與第一張所描述的程式計數器（Program Counter）的方式相同。

T0CON 設定暫存器定義

　　TIMER0 暫存器相關的 T0CON 設定暫存器位元內容與定義如表 9-1 所示。

CHAPTER

9

表 9-1　T0CON 設定暫存器位元內容定義

R/W-1	R/W-1	R/W-1	R/W-1	R/W-1	R/W-1	R/W-1	R/W-1
TMR0ON	T08BIT	T0CS	T0SE	PSA	T0PS2	T0PS1	T0PS0

bit 7 　　　　　　　　　　　　　　　　　　　　　　　　　　　bit 0

bit 7 **TMR0ON:** Timer0 On/Off Control bit

　　　1 = 啓動 Timer0 計時器。

　　　0 = 停止 Timer0 計時器。

bit 6 **T08BIT:** Timer0 8-bit/16-bit Control bit

　　　1 = 將 Timer0 設定為 8 位元計時器 / 計數器。

　　　0 = 將 Timer0 設定為 16 位元計時器 / 計數器。

bit 5 **T0CS:** Timer0 Clock Source Select bit

　　　1 = 使用 T0CKI 腳位脈波變化。

　　　0 = 使用指令週期脈波變化。

bit 4 **T0SE:** Timer0 Source Edge Select bit

　　　1 = T0CKI 腳位 H→L 電壓邊緣變化時遞加。

　　　0 = T0CKI 腳位 L→H 電壓邊緣變化時遞加。

bit 3 **PSA:** Timer0 Prescaler Assignment bit

　　　1 = 不使用 Timer0 計時器的前除器。

　　　0 = 使用 TImer0 計時器的前除器。

bit 2-0 **T0PS2:T0PS0:** Timer0 計時器前除器設定位元。

　　　111 = 1:256 prescale value

　　　110 = 1:128 prescale value

　　　101 = 1:64 prescale value

　　　100 = 1:32 prescale value

　　　011 = 1:16 prescale value

　　　010 = 1:8 prescale value

　　　001 = 1:4 prescale value

　　　000 = 1:2 prescale value

　　其他與 TIMER0 計時器 / 計數器相關的暫存器如表 9-2 所示。

表 9-2 　 TIMER0 相關暫存器與位元定義

Name	Bit 7	Bit 6	Bit 5	Bit 4	Bit 3	Bit 2	Bit 1	Bit 0	Value on POR, BOR	Value on All Other RESETS
TMR0L	Timer0 Module Low Byte Register								xxxx xxxx	uuuu uuuu
TMR0H	Timer0 Module High Byte Register								0000 0000	0000 0000
INTCON	GIE/GIEH	PEIE/GIEL	TMR0IE	INT0IE	RBIE	TMR0IF	INT0IF	RBIF	0000 000x	0000 000u
T0CON	TMR0ON	T08BIT	T0CS	T0SE	PSA	T0PS2	T0PS1	T0PS0	1111 1111	1111 1111
TRISA	—	PORTA Data Direction Register							-111 1111	-111 1111

❒ TIMER0 的操作方式

TIMER0 的計數內容是由兩個暫存器 TMR0H 以及 TMR0L 共同組成的。當 TIMER0 作為 8 位元的計時器使用時，將僅使用 TMR0L 暫存器作為計數內容的儲存。當 TIMER0 作為 16 位元的計時器使用時，TMR0H 以及 TMR0L 暫存器將共同組成 16 位元的計數內容。這時候，TMR0H 代表計數內容的高位元組，而 TMR0L 代表計數內容的低位元組。

藉由設定 T0CS 控制位元，TIMER0 可設定以計時器或者計數器的方式操作。當 T0CS 控制位元清除為 0 時，TIMER0 將使用內部的指令執行週期時間作為時脈來源，因此將進入所謂的計時器操作模式。在計時器操作模式而且沒有任何的前除器（Prescaler）設定條件下，每一個指令週期時間計數器的內容將增加 1。當計數器的計數數值內容暫存器 TMR0L 被寫入更改內容時，將會有兩個指令週期的時間停止計數內容的增加。讀者可以在程式需要修改 TMR0L 暫存器內容時，刻意地加入兩個指令週期時間，以彌補不必要的時間誤差。

當 T0CS 控制位元被設定為 1 時，TIMER0 將會以計數器的方式操作。在計數器的模式下，TIMER0 計數的內容將會在 RA4/T0CKI 腳位的訊號有變化時增加 1。使用者可以藉由設定 T0SE 控制位元，來決定在訊號上升邊緣（T0SE = 1）或者下降邊緣（T0SE = 0）的瞬間遞加計數的內容。

▋前除器 Prescaler

在 TIMER0 計時器模組內，建置有一個 8 位元的計數器作為前除器的使用。所謂的前除器，或者稱為除頻器，就是要將輸入訊號觸發計時器頻率降低的計數器硬體。例如，當前除器被設定為 1:2 時，則每兩次的輸入訊號邊緣發生，才會觸發一次計數內容的增加。前除器的內容只能被設定，而不可以被讀寫的。TIMER0 前除器的功能開啟與設定，是使用 T0CON 控制暫存器中的位元 PSA 與 T0PS0:T0PS0 所完成的。

控制位元 PSA 清除為 0 時，將會啟動 TIMER0 前除器的功能。一旦啟動之後，便可以將前除器設定為 1:2，……，1:256 等八種不同的除頻器比例。除頻器的設定是可以完全由軟體設定控制更改，因此在應用程式中，可以隨時完全地控制除頻器設定。

當應用程式改寫 TMR0L 暫存器的內容時，前除器的除頻計數器內容將會被清除為 0，而重新開始除頻的計算。

▋TIMER0 中斷事件

當 TIMER0 計數器的內容，在預設的 8 位元模式下，TIMER0 計數器數值暫存器 TMR0L 溢流（0xFF → 0x00），將會產生 TIMER0 計時器中斷訊號，而把旗標位元 TMR0IF 設定為 1。在 16 位元模式下，TIMER0 計數器數值暫存器 TMR0H: TMR0L 溢流（0xFFFF → 0x0000），將會把旗標位元 TMR0IF 設定為 1。這個中斷功能是可以藉由 TMR0IE 位元來選擇開啟與否。如果中斷功能開啟，而且因為溢位事件發生進入中斷執行函式，在重新返回正常程式執行之前，必須將中斷旗標位元 TMR0IF 清除為 0，以免重複地發生中斷，而一再地進入中斷執行函式。在微控制器的睡眠（SLEEP）模式下，TIMER0 將會被停止操作，而無法利用 TIMER0 的中斷來喚醒微控制器。

▋TIMER0 計數內容的讀寫

在預設的 8 位元操作模式下，應用程式只需針對低位元組的 TMR0L 暫存器進行讀寫的動作,便可以更改 TIMER0 計數的內容。但是在 16 位元的操作模式下,必須要藉由特定的程序才能夠正確地讀取或寫入計數器的內容。16 位元的讀寫程序必須要藉由 TMR0H:TMR0L 這兩個暫存器來完成。TMR0H 實際上並不是 TIMER0 計數內容的高位元組,它只是一個計數器高位元組讀寫過程中的緩衝暫存器位址,實際的計數器高位元組是不可以直接被讀寫的。

在想要讀取 TIMER0 計數器內容的時候,當指令讀取計數器低位元組 TMR0L 暫存器的內容時,計數器高位元組的內容將會同時地被轉移並栓鎖 (Latch) 在 TMR0H 暫存器中。這樣的做法可以避免應用程式在讀取兩個暫存器的時間差中,計數器有不協調的讀取內容更改,而可以得到同一時間完整的 16 位元計數內容。換句話說,在讀取低位元組 TMR0L 的計數內容時,TMR0H 暫存器將保留著同一讀取時間的高位元組計數內容。

同樣的觀念也應用在改寫 TIMER0 計數器內容的程序。當要改寫計數器的內容時,必須先將高位元組的資料寫入到 TMR0H 緩衝暫存器中,這時候並不會改變 TIMER0 計時器的內容;當應用程式將低位元組的資料寫入到 TMR0L 暫存器時,TMR0H 暫存器的內容也將同時地被載入到 TIMER0 計數器的高位元組,而同步完成全部 16 位元的計數內容更新。

9.2 TIMER1/3/5 計時器／計數器

PIC18 新一代改良的 TIMER1/3/5 計時器／計數器,除了增加更多的計時／計數觸發的時脈訊號來源之外,更重要的是,在閘控的功能上面將更多進步的設計加入到計時器模組,讓使用者在運用計時器時可以有更彈性的使用方式,以及更快速的資料處理運用。

在傳統的計時器功能上,例如 PIC18F452 的 TIMER1,硬體主要以計算脈波觸發次數為主,在輸入訊號的管控上並沒有太多著墨,只能夠選擇來源。一旦計時器啟動後,就必須一直隨著時脈來源的變化計算次數,直到關閉計時器為止。但是一旦關閉計時器後再重新開啟,有時計數內容將會被重置或初始化為特定值,或者重新開啟的時機無法快速精確地掌控,導致計時器的應用受到限制,或者必須大費周章地利用程式做計時器初始化的處理。計時器閘控 (Gate Control) 的功能在這些需求下應運而生。

　　所謂閘控（Gate Control），最基本的功能就是對於時脈訊號來源作管控，在不關閉計時器的情形下，藉由暫停時脈傳輸到計時器做累加計數的動作，例如 PIC18F4520 的 TIMER1/3。在較新的 PIC18 微控制器上，例如 PIC18F45K22，對於閘控的功能就更進一步地加強設計，可以藉由許多內外部訊號啟動或關閉閘控訊號控制決定時脈訊號的通過與否；也可以在閘控完成時觸發中斷，即時的處理利用閘控所希望處理的計時資料。藉由在計時器中閘控功能的提升，擴大計時器的應用範疇。

　　PIC18F45K22 的 TIMER1/3/5 計時器／計數器具備有下列的特性：

- 16 位元的計時器或計數器（使用 TMRxH:TMRxL 暫存器）
- 可以讀取或寫入的計數器內容
- 時序來源可設定為外部或內部來源
- 專屬的 3 位元軟體設定前除器（Prescaler）
- 專屬的 32768 Hz 輔助震盪器電路
- 可選擇的同步類比訊號比較器輸出
- 多種 TIMER1/3/5 閘控（Gate Control 或 Count Enable）訊號來源
- 溢位（Overflow）時，也就是計數內容於 0xFFFF 變成 0x0000 時，產生中斷事件
- 溢位時喚醒系統（僅適用於使用外部時脈，非同步模式）
- 輸入捕捉與輸出比較的計時基準
- 可由 CCP/ECCP 模組重置的特殊事件觸發器
- 可選擇的閘控訊號來源極性設定
- 閘控事件觸發中斷，及各種閘控相關功能

　　TIMER1/3/5 計時器的硬體架構圖如圖 9-3 所示。而圖 9-3 中的閘控（Gate Control）訊號，則是由如圖 9-4 中的閘控訊號硬體所產生。

　　圖 9-3 中的基本計時器硬體決定計時或計數的時脈來源、頻率與溢位中斷的部分。如果閘控功能關閉（TMRxGE=0），則計時器將會回到基本的操作模式；一旦開啟閘控功能時，也就是 TMRxGE=1，則計時器數值暫存器的遞加觸發，將會隨著閘控訊號的變化而執行或暫停。因此，在外部時脈觸發訊號持

續變化的情況下，計時器也會因爲閘控訊號的管理而有不同的意義。這是新一
代計時器最大的變化。因此，閘控的管理也衍生出數種不同的模式。

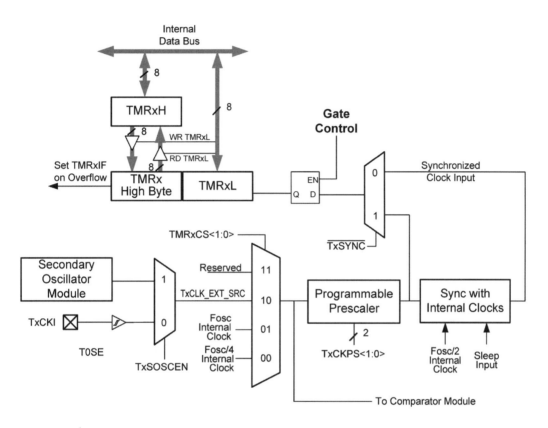

圖 9-3　TIMER1/3/5 計時器的基本計時／計數硬體架構圖

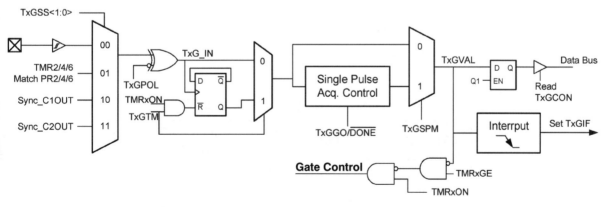

圖 9-4　TIMER1/3/5 計時器的閘控（Gate Control）硬體架構圖

CHAPTER

9

完整的計時器 TIMER1/3/5 硬體架構，如圖 9-5 所示。

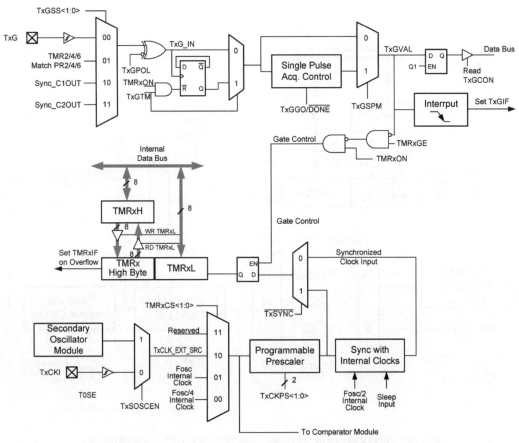

圖 9-5　TIMER1/3/5 計時器的完整硬體架構圖

因此，計時器 TIMER1/3/5 的計數動作，就可以由 TMRxON 跟 TMRxGE 兩個位元決定，如表 9-3 所示。

表 9-3　計時器 TIMER1/3/5 計數動作選擇

TMRxON	TMRxGE	Timer1/3/5 計數動作
0	0	停止
0	1	停止
1	0	持續動作
1	1	依閘控訊號決定

　　接下來將會把計時器的功能分成基本計時器與閘控管理兩個部分做詳細的解說。

◙ TIMER1/3/5 的計時計數功能

　　TIMER1/3/5 相關的基本計時器功能設定，主要由 TxCON 暫存器所定義，其內容如表 9-4 所示。

表 9-4　TxCON 設定暫存器位元內容定義

R/W-0/u	R/W-0/u	R/W-0/u	R/W-0/u	R/W-0/u	R/W-0/u	R/W-0/0	R/W-0/u
TMRxCS<1:0>		TxCKPS<1:0>		TxSOSCEN	$\overline{\text{TxSYNC}}$	TxRD16	TMRxON

bit 7　　　　　　　　　　　　　　　　　　　　　　　　　　　　　　bit 0

bit 7-6　**TMRxCS1: TMRxCS0:** Timer1/3/5 Clock Source Select bits

　　　　11= 保留，未使用。

　　　　10= Timer1 時脈來源為對應腳位或震盪器：

　　　　如果 TxSOSCEN = 0：

　　　　由 TxCKI 腳位所接入的外部時脈，在上升邊緣觸發。

　　　　如果 TxSOSCEN = 1：

　　　　由 SOSCI/SOSCO 腳位所接入的震盪器時脈。

　　　　01 =Timer1/3/5 時脈來源為系統時脈 (Fosc)

　　　　00 =Timer1/3/5 時脈來源為指令時脈 (Fosc/4)

bit 5-4　**TxCKPS1:TxCKPS0:** 前除器比例設定位元。

　　　　11 = 1:8 Prescale value

　　　　10 = 1:4 Prescale value

　　　　01 = 1:2 Prescale value

　　　　00 = 1:1 Prescale value

bit 3　　**TxSOSCEN:** TIMERx Seconday Oscillator Enable bit

　　　　1 =　開啟 TIMERx 輔助計時器外部震盪源。

　　　　0 =　關閉 TIMERx 輔助計時器外部震盪源與相關電路節省電能。

bit 2　　**TxSYNC:** TIMERx External Clock Input Synchronization Select bit

When TMRxCS = 1X:

1 = 不進行指令週期與外部時序輸入同步程序。

0 = 進行指令週期與外部時序輸入同步程序。

When TMRxCS = 0X:

此位元設定被忽略。

bit 1　　**TxRD16:** 16-bit Read/Write Mode Enable bit

1 = 開啓 TIMER1 計時器一次 16 位元讀寫模式。

0 = 開啓 TIMER1 計時器兩次 8 位元讀寫模式。

bit 0　　**TMRxON:** TIMERx On bit

1 = 開啓 TIMERx 計時器。

0 = 關閉 TIMERx 計時器。

■ 時序脈波的來源

　　計時器的時序脈波可以藉由 TxCON 暫存器中 TMRxCS1 與 TMRxCS2 及 TxSOSCEN 這些設定位元的組合設定，如表 9-5 所示。

表 9-5　TIMER1/3/5 計時器時脈來源選擇

TMRxCS1	TMRxCS0	TxSOSCEN	Clock Source
0	1	x	系統時脈（Fosc）
0	0	x	指令時脈（Fosc/4）
1	0	0	TxCKI 腳位所接入的外部時脈
1	0	1	由 SOSCI/SOSCO 腳位所接入的震盪器時脈

　　當 TIMER1/3/5 各自設定使用專屬的 32768 Hz 輔助時脈來源時，它可以由 TIMER1/3/5 同時使用。

■ 內部時脈來源

　　有別於傳統的 PIC18 微控制器，只能使用指令時脈作爲內部計時單位，新的 PIC18 微控制器，例如 PIC18F45K22 可以使用系統時脈，也就是震盪器時脈 F_{osc}，作爲計時單位，可以更精確地計算各種事件發生的時間。當選擇系統時脈爲計時器時脈來源時，計時器將會在每個系統時脈訊號發生時遞加一，或者當設定有前除器的比例時，則依據所設定的比例 N，每 N 個系統時脈後遞加一。如果程式設定使用指令時脈時，則會在每個指令時脈訊號（Fosc/4）發生時遞加一，或者當設定有前除器的比例時，則依據所設定的比例 N，每 N 個指令時脈後遞加一。

由於計時器的內容必須藉由指令的執行而得以讀寫，因此如果使用同步訊號或單純使用系統時脈，則所得到的數值仍將會與指令時脈同步，而無法得到更精確的計時，也就是計時器的最低兩個位元將沒有實際的意義。所以如果要得到更精確的計時精度，必須使用非同步訊號作爲計時器 TIMER1/3/5 的閘控訊號。一般而言，適當的非同步閘控訊號包含：

1. 連接到 TIMER1/3/5 閘控訊號腳位的非同步事件訊號。
2. 輸出到 TIMER1/3/5 閘控訊號的類比訊號比較器 C1 或 C2 的輸出。

■ 外部時脈來源

當選擇使用外部訊號來源時，依外部訊號是否爲固定頻率的訊號源，TIMER1/3/5 將作爲計時器或計數器使用。使用外部時脈時，計時器將會在所對應的時脈輸入腳位（TxCKI）的上升邊緣發生時遞加一。外部時脈來源並可以選擇設定爲與微控制器系統時脈同步或保持非同步。外部時脈保持非同步（$\overline{\text{TxSYNC}}$=1）時，可以更精確記錄事件發生時計時器的時間資料。

如果應用程式選擇使用外部石英震盪器作爲時脈來源時，可選擇使用常用的 32768 Hz 石英震盪器，且由微控制器的 SOSCI/SOSCO 腳位連結的專屬內部電路提供電源產生時脈訊號。這個專屬的輔助震盪器電路在系統睡眠時仍可以繼續運作，而產生適當的時脈與中斷事件供系統使用。

要開啓這個輔助震盪器電路的使用，需要將 TxCON 暫存器中的 TxSO-SCEN 位元及 OSCCON2 暫存器中的 SOSCGO 位元設定爲 1，或在設定系統功能時，將 OSCCON 暫存器的 SCS<1:0> 設爲 01 的組合，而選擇使用輔助震盪器電路作爲系統時脈來源。

■TIMER1/3/5 前除器

TIMER1/3/5 可以藉由 TxCPS<1:0> 位元，設定四種不同比例的除頻器，藉由一個簡單的三位元計數器電路的不同位元輸出，提供 1、2、4 及 8 倍四種比例。設定前除器的比例後，計數器內容的遞加，將依照設定比例倍數的時脈訊號發生後，才會發生計數器遞加一的動作。例如當設定為 4 倍時，需要 4 個時脈訊號，才會使 TMRxL 遞加一。

為避免計數器內容的誤差，當計時器開啟或計數器數值暫存器被寫入數值時，前除器內的計數器將會被清除為 0，以避免未知的誤差發生。

■TIMER1/3/5 計數器 16 位元數值的讀寫

TIMER1 的計數內容是由兩個暫存器 TMR1H 以及 TMR1L 共同組成的。當 TIMER1 作為 16 位元的計時器使用時，TMR1H 以及 TMR1L 暫存器將共同組成 16 位元的計數內容。這時候，TMR1H 代表計數內容的高位元組，而 TMR1L 代表計數內容的低位元組。

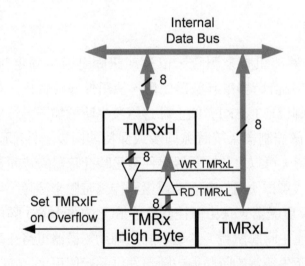

圖 9-6　TIMER1/3/5 計時 16 位元數值的讀寫

如圖 9-6 所示，當暫存器 TxCON<TxRD16> 位元設定為 1（16 位元讀寫）時，在想要讀取計數器 TIMER1/3/5 內容的時候，當指令讀取計數器低位元組

TMRxL 暫存器的內容時，計數器高位元組的內容將會同時地被轉移，並栓鎖（Latch）在 TMRxH 暫存器中。這樣的做法可以避免應用程式在讀取兩個暫存器的時間差中，計數器有不協調的讀取內容更改，而可以得到同一時間完整的 16 位元計數內容。換句話說，在讀取低位元組 TMRxL 的計數內容時，TMRxH 暫存器將保留著同一讀取時間的高位元組計數內容。

同樣的觀念也應用在改寫 TIMER1/3/5 計數器內容的程序。當要改寫計數器的內容時，必須先將高位元組的資料寫入到 TMRxH 緩衝暫存器中，這時候並不會改變 TIMERx 計時器的內容；當應用程式將低位元組的資料寫入到 TMRxL 暫存器時，TMRxH 暫存器的內容也將同時地被載入到 TIMERx 計數器的高位元組，而完成全部 16 位元的計數內容更新。

相反地，如果 TxRD16 位元設定為 8 位元的讀寫方式，則使用時必須由程式確認兩個位元組分開讀寫時，是否有進位或溢位的產生而發生不可預期的錯誤。所以一般而言，使用計時器 TIMER1/3/5 都會採用 16 位元的讀寫方式。

TIMER1/3/5 計時器的閘控功能

計時器 TIMER1/3/5 閘控功能相關的設定暫存位元如表 9-6 所示。

表 9-6　計時器 TIMER1/3/5 閘控功能相關的 TxGCON 設定暫存器位元表

R/W-0/u	R/W-0/u	R/W-0/u	R/W-0/u	R/W/HC-0/u	R-x/x	R/W-0/u	R/W-0/u
TMRxGE	TxGPOL	TxGTM	TxGSPM	TxGGO/$\overline{\text{DONE}}$	TxGVAL	TxGSS<1:0>	

bit 7　　　　　　　　　　　　　　　　　　　　　　　　　　　　　bit 0

bit 7 **TMRxGE:** Timer1/3/5 Gate Enable bit

If TMRxON = 0:

忽略不使用

If TMRxON = 1:

1 = Timer1/3/5 計數受到 Timer1/3/5 閘控訊號控制。

0 = Timer1/3/5 持續計數，不受閘控訊號影響。

bit 6 **TxGPOL:** Timer1/3/5 Gate Polarity bit

1 = Timer1/3/5 閘控訊號為 active-high（閘控訊號為 1 時，持

續計數）。

0 = Timer1/3/5 閘控訊號為 active-low （閘控訊號為 0 時，持續計數）。

bit 5 **TxGTM:** Timer1/3/5 閘控反轉模式位元

1 = Timer1/3/5 閘控反轉模式啟動。

0 = Timer1/3/5 閘控反轉模式關閉，且清除相關正反器內容。

Timer1/3/5 閘控正反器每次上升邊緣反轉。

bit 4 **TxGSPM:** Timer1/3/5 閘控單一脈衝模式位元

1 = Timer1/3/5 閘控單一脈衝模式開啟。

0 = Timer1/3/5 閘控單一脈衝模式關閉。

bit 3 **TxGGO/$\overline{\text{DONE}}$:** Timer1/3/5 閘控單一脈衝模式狀態位元

1 = Timer1/3/5 閘控單一脈衝偵測中，等待觸發邊緣訊號。

0 = Timer1/3/5 閘控單一脈衝偵測完成或未啟動。

This bit is automatically cleared when TxGSPM is cleared.

bit 2 **TxGVAL:** Timer1/3/5 閘控目前狀態

顯示目前 TIMER1/3/5 閘控實際執行狀態，TIMER1/3/5 是否有持續計時的狀態，而非閘控功能位元 (TMRxGE) 的設定。

bit 1-0 **TxGSS<1:0>:** Timer1/3/5 Gate Source Select bits

00 = Timer1/3/5 閘控腳位。

01 = Timer2/4/6 計時數值符合 PR2/4/6 週期暫存器輸出。

10 = 類比訊號比較器 Comparator 1 輸出 sync_C1OUT。

11 = 類比訊號比較器 Comparator 2 輸出 sync_C2OUT。

　　計時器 TIMER1/3/5 可以設定為持續計數或者在不關閉計數器的情形下，藉由閘控電路啟動或暫停計數的動作。藉由閘控功能，配合多種可選擇的閘控訊號及閘控事件中斷，可以更精確地計算對應事件發生的時間。

　　當 TxGCON 暫存器的 TMRxGE 位元設定為 1 時，將啟動計時器的閘控功能，啟動或暫停閘控訊號的極性（1 或 0）可以藉由 TxCON 暫存器中的 TxGPOL 位元設定。如此一來，可以更彈性地配合外部硬體的特性計算時間。如圖 9-4 或 9-5 所示，當最終的閘控致能訊號 TxG（Gate Control 或 Gate Enable）為 1 時，將會使得計時器在時脈來源訊號的上升邊緣遞加一。當閘控致能訊號為 0 時，則會停止遞加一的動作，計時器數值暫存器則會保持目前的計數內容。整體而言，當閘控致能訊號為 1 時，計時器的遞加動作如表 9-7 所示。

表 9-7　在閘控功能開啟的情形下，計時器 TIMER1/3/5 計時動作的設定

TxCLK	TxGPOL	TxG	Timer1/3/5 Operation
↑	0	0	持續計數
↑	0	1	暫停計數
↑	1	0	暫停計數
↑	1	1	持續計數

■計時器 TIMER1/3/5 閘控訊號來源選擇

計時器 TIMER1/3/5 閘控訊號來源可以有四種選擇，程式藉由 TxGCON 暫存器中的 TxGSS<1:0> 組合選擇，而觸發閘控計數的訊號極性，也可以由 TxCON 暫存器中的 TxGPOL 位元設定。可選擇的四個閘控訊號來源如表 9-8 所示。

表 9-8　計時器 TIMER1/3/5 閘控訊號來源

TxGSS	閘控訊號來源
00	Timer1/3/5 閘控訊號腳位 TxG
01	Timer2/4/6 計時數值符合 PR2/4/6 暫存器
10	類比訊號比較器 Comparator 1 輸出 Sync_C1OUT
11	類比訊號比較器 Comparator 2 輸出 Sync_C2OUT

■TxG 腳位閘控功能

使用者可以利用 TxG 腳位連結外部訊號，提供閘控電路外部訊號控制計時器 TIMER1/3/5 計數的功能。

■計時器 TIMER2/4/6 閘控功能

當選擇 TxGSS 為 01 時，計時器 TIMER2、TIMER4 及 TIMER6 所能閘控的計時器，分別為 TIMER1、TIMER3 及 TIMER5。當計時器 TIMER2、TIMER4 及 TIMER6 的計時數值，各自符合 PR2、PR4 及 PR6 時，就會將對應的計時器 TIMER1/3/5 的計數功能暫停。

當計時功能啟動後，TIMER2/4/6 會持續遞加，直到計時數值符合週期暫存器 PR2/4/6 為止，緊接著的下一個計時脈波，TIMER2/4/6 將會重置為 0。當重置發生時，將會有一個內部上升邊緣訊號脈衝，由 0 變為 1，提供給對應的 TIMER1/3/5 作為閘控電路使用。當配對的 TIMER2/4/6 與 TIMER1/3/5 都使用指令時脈（Fosc/4）作為時脈來源時，TIMER1/3/5 將會在 TIMER2/4/6 溢位（Overflow）觸發 TIMER1/3/5 遞加一；這樣的連結實質上將 TIMER2/4/6 與對應的 TIMER1/3/5 結合成一組最高達 24 位元的計時器。特別是在配合 CCP 的特殊事件觸發時，可以提供一個更長時間週期的中斷訊號。

■類比訊號比較器 Comparator 1/2 輸出 Sync_CxOUT

類比訊號比較器 Comparator 的輸出結果，可以作為計數器 TIMER1/3/5 的閘控訊號。比較器輸出 Sync_CxOUT 可以與計數器做同步或非同步結合的運用。詳細的內容留待類比訊號比較的章節再加以介紹。

■計時器 TIMER1/3/5 閘控模式

計時器的閘控操作模式有三種：

1. 基本模式
2. 反轉模式（Toggle Mode）
3. 單一脈衝模式（Single-Pulse Mode）

■基本模式

基本模式的計時器閘控，僅僅由外部訊號的變化管控。當外部訊號為 1 時（假設 TxGPOL=1），計數器將持續計數；當閘控訊號為 0 時，則暫停計數。基本模式的計時器閘控時序圖如圖 9-7 所示。

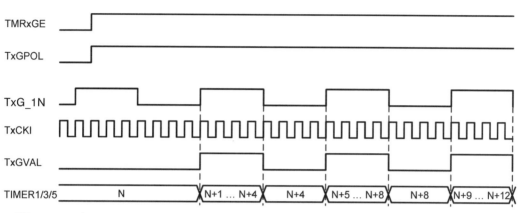

圖 9-7　計時器 TIMER1/3/5 閘控基本模式下的計數與相關位元訊號時序圖

　　反轉模式（TxGTM=1）基本上是藉由在閘控訊號後面增加一個正反器，再接到閘控電路控制計數。由於增加一個正反器，所以輸入訊號必須有一次完整的 0 與 1 週期變化，正反器才會有一個變化，因此相當於計時器必須持續計時一個完整的週期後才停止。啟動反轉模式的計時器閘控時序圖如圖9-8所示。

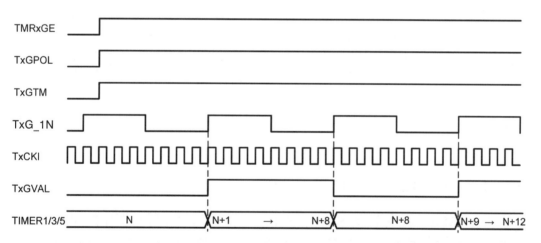

圖 9-8　計時器 TIMER1/3/5 閘控反轉模式下的計數與相關位元訊號時序圖

　　單一脈衝模式（TxGSPM=1）基本上是藉由在基本模式上，額外增加一個 TxGGO/$\overline{\text{DONE}}$ 控制訊號，在 TxGGO/$\overline{\text{DONE}}$ 控制訊號為 1 的情形下，執行單一閘控訊號 TxG_IN 脈衝（僅有 TxG_IN 為 1 時）的計數動作。TxGGO/$\overline{\text{DONE}}$ 將會在執行完成單一脈衝的計數動作後，由 TxGVAL 的下降邊緣自動清除爲 0。因此，TxGGO/$\overline{\text{DONE}}$ 也可以作爲單一脈衝模式是否執行完成的狀態檢查位元。當完成閘控計數時，同時也會將計時器閘控中斷旗標設定爲 1，如果中斷功能開啓的話，將可以直接進入中斷執行函式進行資料處理，可以提供即時快速的系統反應。單一脈衝模式的計時器閘控時序圖如圖 9-9 所示。

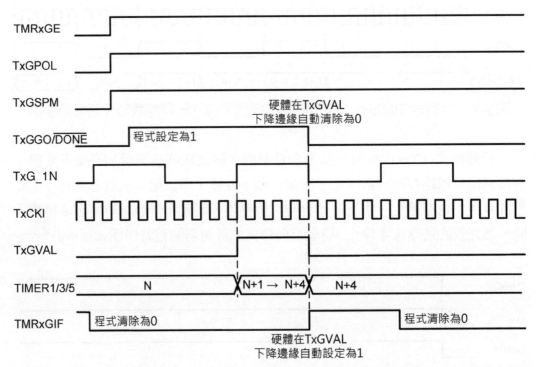

圖 9-9　計時器 TIMER1/3/5 閘控單一脈衝模式下的計數與相關位元訊號時序圖

■ 計時器 TIMER1/3/5 閘控事件中斷

　　當 TxGVAL 發生下降邊緣的訊號時，將會把 PIR3 暫存器中的 TMRxGIF 中斷旗標位元設定爲 1。當計時器閘控事件中斷功能被開啓（TMRxGIE=1 時），這個中斷訊號將會觸發系統中斷執行函式。即便計時器閘控事件中斷功能沒有開啓，仍然可以利用 TMRxGIF 中斷旗標位元進行狀態的判斷。

■ 計時器 TIMER1/3/5 的中斷功能

　　當 TIMER1/3/5 計數器數值暫存器 TMRxH:TMRxL 溢位時（0xFFFF →

0x0000），將會把 PIR1/2/5 暫存器中的旗標位元 TMRxIF 設定爲 1。這個中斷功能是可以藉由 PIE1/2/5 暫存器中的 TMRxIE 位元來選擇開啓與否。如果中斷功能開啓，而且進入中斷執行函式，在重新返回正常程式執行之前，必須將中斷旗標位元 TMRxIF 清除爲 0，以免重複地發生中斷。

■ 計時器 TIMER1/3/5 的系統喚醒功能

只有當計時器 TIMER1/3/5 被設定爲非同步計數器的功能時，在系統睡眠的狀態下才可以繼續操作。在這個模式下，外部石英震盪器或時脈訊號可以持續讓計數器數值遞加。當計數器數值發生溢位（Overflow）時，將會喚醒系統並執行下一個指令。如果相關計時器中斷功能有設定的話，將會執行相關的中斷執行函式。

如果設定使用輔助時脈來源（Secondary Oscillator），不論 $\overline{TxSYNC}$ 是否設定，計時器仍會持續運作。

■ ECCP/CCP 的輸入捕捉與輸出比較的計時基礎

當 ECCP/CCP 的輸入捕捉與輸出比較開啓時，必須要選擇 TIMER1/3/5 中的一個計時器作爲其計時的基礎。

在輸入捕捉（Capture）模式下，當設定的訊號事件發生時，計時器數值 TMRxH:TMRxL 暫存器內容將會被複製到 CCPRxH:CCPRxL 暫存器中。

在輸出比較（Compare）模式下，當 CCPRxH:CCPRxL 暫存器中的數值與所設定的計時器 TMRxH:TMRxL 暫存器內容相同時，將會觸發一個事件訊號。這可以設定作爲一個輸出捕捉的中斷事件，或者重置相對應計時器的特殊事件訊號。將計時器重置時並不會觸發溢位中斷，但是可以設定成爲 CCP 模組的中斷。

利用與 CCP 模組的搭配，CCPRxH:CCPRxL 暫存器實質上成爲對應計時器的週期暫存器。要使用這樣的功能，必須將計時器設定使用內部指令時脈作爲訊號來源。如果是用非同步訊號，則有可能造成特殊事件訊號的錯失。萬一計數器因爲程式執行寫入計數器數值暫存器的時間與 CCP 模組特殊事件觸發的時間碰巧重疊，將會優先執行寫入的指令而不會重置。

表 9-9　計時器 TIMER1/3/5 相關的暫存器位元表

Name	Bit 7	Bit 6	Bit 5	Bit 4	Bit 3	Bit 2	Bit 1	Bit 0
ANSELB	—	—	ANSB5	ANSB4	ANSB3	ANSB2	ANSB1	ANSB0
ANSELC	ANSC7	ANSC6	ANSC5	ANSC4	ANSC3	ANSC2	—	—
INTCON	GIE/GIEH	PEIE/GIEL	TMR0IE	INT0IE	RBIE	TMR0IF	INT0IF	RBIF
IPR1	—	ADIP	RC1IP	TX1IP	SSP1IP	CCP1IP	TMR2IP	TMR1IP
IPR2	OSCFIP	C1IP	C2IP	EEIP	BCL1IP	HLVDIP	TMR3IP	CCP2IP
IPR3	SSP2IP	BCL2IP	RC2IP	TX2IP	CTMUIP	TMR5GIP	TMR3GIP	TMR1GIP
IPR5	—	—	—	—	—	TMR6IP	TMR5IP	TMR4IP
PIE1	—	ADIE	RC1IE	TX1IE	SSP1IE	CCP1IE	TMR2IE	TMR1IE
PIE2	OSCFIE	C1IE	C2IE	EEIE	BCL1IE	HLVDIE	TMR3IE	CCP2IE
PIE3	SSP2IE	BCL2IE	RC2IE	TX2IE	CTMUIE	TMR5GIE	TM-R3GIE	TMR1GIE
PIE5	—	—	—	—	—	TMR6IE	TMR5IE	TMR4IE
PIR1	—	ADIF	RC1IF	TX1IF	SSP1IF	CCP1IF	TMR2IF	TMR1IF
PIR2	OSCFIF	C1IF	C2IF	EEIF	BCL1IF	HLVDIF	TMR3IF	CCP2IF
PIR3	SSP2IF	BCL2IF	RC2IF	TX2IF	CTMUIF	TMR5GIF	TMR3GIF	TMR1GIF
PIR5	—	—	—	—	—	TMR6IF	TMR5IF	TMR4IF
PMD0	UART2MD	UART1MD	TMR6MD	TMR5MD	TMR4MD	TMR3MD	TMR2MD	TMR1MD
T1CON	TMR1CS<1:0>		T1CKPS<1:0>		T1SOSCEN	T1SYNC	T1RD16	TMR1ON
T1GCON	TMR1GE	T1GPOL	T1GTM	T1GSPM	T1GGO/DONE	T1GVAL	T1GSS<1:0>	
T3CON	TMR3CS<1:0>		T3CKPS<1:0>		T3SOSCEN	T3SYNC	T3RD16	TMR3ON
T3GCON	TMR3GE	T3GPOL	T3GTM	T3GSPM	T3GGO/DONE	T3GVAL	T3GSS<1:0>	
T5CON	TMR5CS<1:0>		T5CKPS<1:0>		T5SOSCEN	T5SYNC	T5RD16	TMR5ON
T5GCON	TMR5GE	T5GPOL	T5GTM	T5GSPM	T5GGO/DONE	T5GVAL	T5GSS<1:0>	
TMR1H	Holding Register for the Most Significant Byte of the 16-bit TMR1 Register							
TMR1L	Least Significant Byte of the 16-bit TMR1 Register							
TMR3H	Holding Register for the Most Significant Byte of the 16-bit TMR3 Register							
TMR3L	Least Significant Byte of the 16-bit TMR3 Register							
TMR5H	Holding Register for the Most Significant Byte of the 16-bit TMR5 Register							
TMR5L	Least Significant Byte of the 16-bit TMR5 Register							
TRISB	TRISB7	TRISB6	TRISB5	TRISB4	TRISB3	TRISB2	TRISB1	TRISB0
TRISC	TRISC7	TRISC6	TRISC5	TRISC4	TRISC3	TRISC2	TRISC1	TRISC0

CHAPTER 9

9.3 TIMER2/4/6 計時器／計數器

PIC18F45K22 有三個屬於 TIMER2 類型的 8 位元計時器模組，爲保持與過去相容的傳統與名稱，稱之爲 TIMER2、TIMER4 與 TIMER6。

TIMER2/4/6 計時器／計數器具備有下列的特性：

- 8 位元的計時器或計數器（使用可讀寫的 TMR2/TMR4/TMR6 暫存器）。
- 8 位元的週期暫存器（PR2/4/6）。可以讀取或寫入的暫存器內容。
- 軟體設定前除器（Prescaler）（1:1、1:4、1:16）。
- 軟體設定後除器（Postscaler）（1:1～1:16）。
- 當週期暫存器 PR2/4/6 符合 TMR2/4/6 計時器數值時，產生中斷訊號。
- MSSP 模組可選擇使用 TMR2 輸出而產生時序移位脈波。

TIMER2/4/6 計時器的硬體結構方塊圖如圖 9-10 所示。

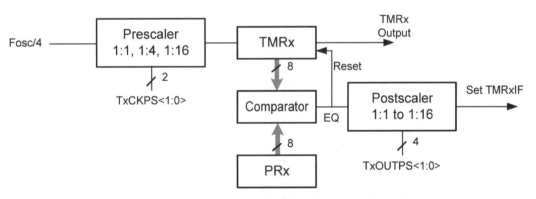

圖 9-10　TIMER2/4/6 計時器的硬體結構方塊圖

■ TIMER2/4/6 TxCON 設定暫存器定義

表 9-10　TxCON 設定暫存器位元內容定義

U-0	R/W-0	R/W-0	R/W-0	R/W-0	R/W-0	R/W-0	R/W-0
—	TxOUTPS<3:0>				TMRxON	TxCKPS<1:0>	

bit 7　　　　　　　　　　　　　　　　　　　　　　　　　　　　　bit 0

CHAPTER 9

bit 7 **Unimplemented:** Read as '0'

bit 6-3 **TxOUTPS3:TxOUTPS0:** Timerx 計時器後除器設定位元。

    0000 = 1:1 Postscale

    0001 = 1:2 Postscale

    1111 = 1:16 Postscale

bit 2 **TMRxON:** Timerx On bit

    1 = 啟動 Timerx 計時器。

    0 = 停止 Timerx 計時器。

bit 1-0 **TxCKPS1:TxCKPS0:** Timerx 計時器前除器設定位元。

    00 = Prescaler is 1

    01 = Prescaler is 4

    1x = Prescaler is 16

其他與 TIMER2/4/6 計時器／計數器相關的暫存器如表 9-11 所示。

表 9-11　TIMER2/4/6 計時器／計數器相關的暫存器

Name	Bit 7	Bit 6	Bit 5	Bit 4	Bit 3	Bit 2	Bit 1	Bit 0
CCPTMRS0	C3TSEL<1:0>		—	C2TSEL<1:0>		—	C1TSEL<1:0>	
CCPTMRS1	—	—	—	—	C5TSEL<1:0>		C4TSEL<1:0>	
INTCON	GIE/GIEH	PEIE/GIEL	TMR0IE	INT0IE	RBIE	TMR0IF	INT0IF	RBIF
IPR1	—	ADIP	RC1IP	TX1IP	SSP1IP	CCP1IP	TMR2IP	TMR1IP
IPR5	—	—	—	—	TMR6IP	TMR5IP	TMR4IP	
PIE1	—	ADIE	RC1IE	TX1IE	SSP1IE	CCP1IE	TMR2IE	TMR1IE
PIE5	—	—	—	—	TMR6IE	TMR5IE	TMR4IE	
PIR1	—	ADIF	RC1IF	TX1IF	SSP1IF	CCP1IF	TMR2IF	TMR1IF
PIR5	—	—	—	—	TMR6IF	TMR5IF	TMR4IF	
PMD0	UART2MD	UART1MD	TMR6MD	TMR5MD	TMR4MD	TMR3MD	TMR2MD	TMR1MD
PR2	Timer2 Period Register							
PR4	Timer4 Period Register							
PR6	Timer6 Period Register							
T2CON	—	T2OUTPS<3:0>				TMR2ON	T2CKPS<1:0>	

表 9-11　TIMER2/4/6 計時器／計數器相關的暫存器（續）

Name	Bit 7	Bit 6	Bit 5	Bit 4	Bit 3	Bit 2	Bit 1	Bit 0
T4CON	—	\multicolumn4 T4OUTPS<3:0>				TMR4ON	T4CKPS<1:0>	
T6CON	—	T6OUTPS<3:0>				TMR6ON	T6CKPS<1:0>	
TMR2	Timer2 Register							
TMR4	Timer4 Register							
TMR6	Timer6 Register							

◉ TIMER2/4/6 的操作方式

　　TIMER2/4/6 計時器／計數器功能的開啟，是由 TxCON 設定暫存器中的 TMRxON 位元所控制的。TIMER2/4/6 計時器的前除器或者後除器的操作模式，則是藉由 TxCON 設定暫存器中的相關設定位元所控制的。

　　TIMER2/4/6 可以被用來作爲 CCP 模組下波寬調變（PWM）模式的時序基礎。TMRx 暫存器是可以被讀寫的，而且在任何一個系統重置發生時，將會被清除爲 0。TIMERx 計時器所使用的時序輸入，也就是指令時脈（Fosc/4），可藉由 TxCON 控制暫存器中的 TxCKPS1: TxCKPS0 控制位元設定三種不同選擇的前除比例（1: 1、1:4、1:16）。而 TMRx 暫存器的輸出將會經過一個 4 位元的後除器，它可以被設定爲十六種後除比例（1:1～1:16），以產生 TMRx 中斷訊號，並將 PIR1/5 暫存器的中斷旗標位元 TMRxIF 設定爲 1。

　　TIMER2/4/6 前除器與後除器的計數內容在下列的狀況發生時，將會被清除爲 0：

- 當寫入資料到 TMRx 暫存器時。
- 當寫入資料到 TxCON 暫存器時。
- 任何一個系統重置發生時。

但是寫入資料到 TxCON 控制暫存器，並不會影響到 TMRx 暫存器的內容。

◎ TIMER2/4/6 中斷事件

TIMER2/4/6 模組建置有一個 8 位元的週期暫存器 PR2/4/6。TIMER2/4/6 的計數內容將由 0x00 經由訊號觸發而逐漸地遞加，一直到符合 PR2/4/6 週期暫存器的內容為止。這時候，將會觸發 TIMER2/4/6 的中斷訊號，而且 TMR2/4/6 的內容將會在下一個遞加的訊號發生時，被重置為 0。在系統重置時，PR2/4/6 暫存器的內容將會被設定為 0xFF。

◎ TIMER2/4/6 其他相關功能

■ TMR2/4/6 輸出

未經過後除器之前的 TMR2/4/6 輸出訊號，主要是作為 CCP 模組中 PWM 模式的計時基礎，這個訊號也可以被選擇作為產生同步串列通訊時所需要的移位時脈。程式可以藉由設定 CCPTMRS0 及 CCPTMRS1 暫存器中的 CxT-SEL<1:0> 選擇 CCP 模組對應的計時器。

■ TIMER2/4/6 在睡眠模式下的操作

計時器 TIMER2/4/6 在睡眠模式下無法操作。TMRx 與 PRx 暫存器的內容在睡眠模式下將會維持不變。

■ 未使用的周邊模組停用

為降低系統電能消耗，當某一個周邊功能模組未使用或未啟動時，可以藉由 PMD 暫存器中的模組關閉位元關閉對應的周邊硬體。當對應的關閉位元設定為 1 時，對應模組會被維持在重置的狀態，並且停止系統時脈的提供。計時器 TIMER2/4/6 對應的模組關閉位元，是在 PDM 暫存器的 TMR2MD、TMR4MD 與 TMR6MD。

接下來，將以範例 9-1 說明計時器 TIMER1 的設定及使用。

範例 9-1

設計一個每0.5秒讓PORTD的LED所顯示的二進位數字自動加一的程式。

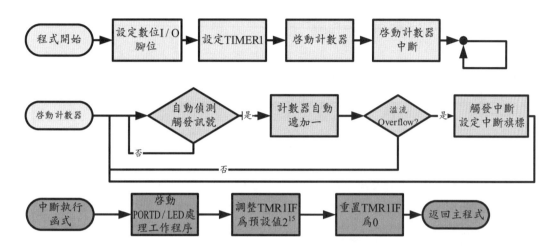

首先使用 MCC 程式設定器進行相關模組的設定。系統模組及腳位模組與範例 8-5 大致相同，讓我們先看看 TIMER1 模組的設定。

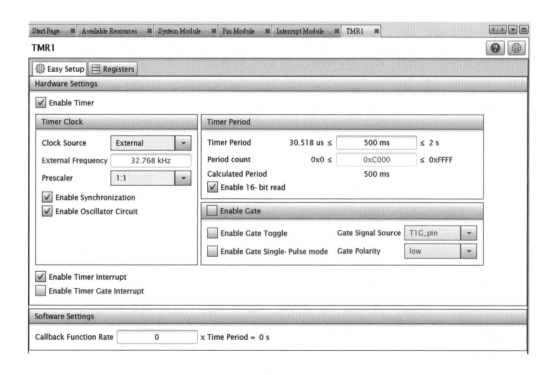

在這裡設定 TIMER1 的時脈來源為外部，並開啟外部震盪驅動電路，其預設頻率為 32768 Hz，未使用除頻器，啟動外部時脈與系統時脈同步處理。週期為 500 ms，所以在開啟中斷功能後，將會每 0.5 秒觸發一次 TIMER1 溢流中斷訊號。範例中並未使用閘控相關功能。

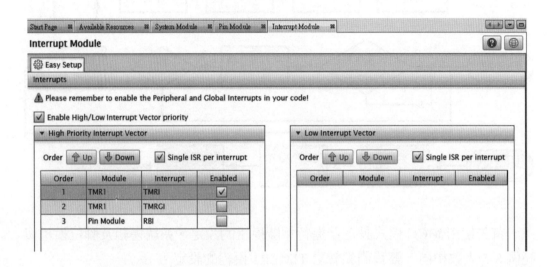

　　至於中斷模組的部分，則是開啟高低優先中斷層級的功能，但是只有開啟 TIMER1 的中斷功能；再次提醒讀者，這裡只有管理個別周邊功能的中斷設定，全域中斷與周邊中斷，或者高優先中斷與低優先中斷的開啟與關閉，必須要在主程式中另外設定。

　　MCC 在 timer1.c 程式中，產生了下列函式庫供作使用，

```
void TMR1_Initialize(void);
void TMR1_StartTimer(void);
void TMR1_StopTimer(void);
uint16_t TMR1_ReadTimer(void);
void TMR1_WriteTimer(uint16_t timerVal);
void TMR1_Reload(void);
void TMR1_StartSinglePulseAcquisition(void);
uint8_t TMR1_CheckGateValueStatus(void);
```

```
void TMR1_ISR(void);
void TMR1_SetInterruptHandler(void (* InterruptHandler)(void));
extern void (*TMR1_InterruptHandler)(void);
void TMR1_DefaultInterruptHandler(void);
```

這些函式的使用方式與 TIMER0 的函式基本上是類似的。

在範例程式中，將 TIMER1 計時器設定為使用外部時脈輸入。而由於在硬體電路上，外部的時脈輸入源建置有一個 32768Hz 的震盪器，因此適當設定計數器初始值後，將產生每 0.5 秒一次的中斷訊號，計數器的內容必須計算 32768 的一半，就必須產生溢流的中斷訊號。所以在設定計數器的初始值時，必須將計數器的 16 位元計數範圍 65536 扣除掉 32768/2 = 16384，便可以得到所應該要設定的計數器初始值為 49152(0xC000)。

除了 MCC 所產生的初始化與設定程式之外，讀者必須自行修改 main.c 中，主程式的些微內容如下，

```
void main(void)
{
    // Initialize the device
    SYSTEM_Initialize();

    // Enable high priority global interrupts
    INTERRUPT_GlobalInterruptHighEnable(); //  啟動高優先中斷

    // Enable low priority global interrupts.
    INTERRUPT_GlobalInterruptLowEnable(); //  啟動低優先中斷

    while (1)                      //  無需調整
    {
        // Add your application code
    }
}
```

CHAPTER

9

而在 tmr1.c 的 TIMER1 中斷處理函式中，則必須加入每 0.5 秒中斷時，所需要進行的資料處理程式如下，

```
void TMR1_DefaultInterruptHandler(void){
   LATD++;          // 將 LED 燈號以二進位遞加一調整
}
```

由於 TIMER1 計數器具有閘控的功能，因此其函式庫的規模又遠較 TIMER0 計數更為複雜。

　　更重要的是，在這個範例程式中，藉由外部時脈訊號來源、TIMER1 計數器以及中斷訊號的使用，可以讓應用程式非常精確地在 TIMER1 計時器被觸發 16384 次之後，立即進行燈號切換的動作。雖然進入中斷執行函式之後，仍然有少許幾個指令的執行時間延遲，但是由於每一次中斷發生後的時間延遲都是一樣的，因此每一次燈號切換動作所間隔的時間也就會相同。

　　由於 TIMER1 是可以直接將核心處理器由睡眠模式喚醒的周邊功能之一，因此可以更進一步地在無所事事的 while(1) 永久迴圈執行時，讓微控制器進入睡眠模式，可以大幅節省電能。如範例 9-2 所示。

範例 9-2

　　設計一個 0.5 秒讓 PORTD 的 LED 所顯示的二進位數字自動加一的程式，並使微處理器進入睡眠模式以節省電能。

　　要進入睡眠模式必須要考慮到進入的方式與喚醒的訊號來源。進入睡眠模式可以使用 Sleep() 這個巨集指令，讀者可以將其放置在適當的程式位置。由於在這個範例中，並沒有其他的程序需要處理，故可以直接放在永久迴圈中。而喚醒的方式必須選擇睡眠後仍然可以繼續維持執行的周邊功能，例如使用外部訊號來源且未同步處理的 TIMER1 中斷。這兩個必要條件，1. 外部訊號來源，2. 未與系統時脈同步處理，皆滿足的情況下，TIMER1 可以在核心處理器睡眠的模式下繼續運作，而在中斷訊號發生時，喚醒核心處理器。

　　因此，TIMER1 模組的時脈同步處理設定，必須修改為關閉如下，

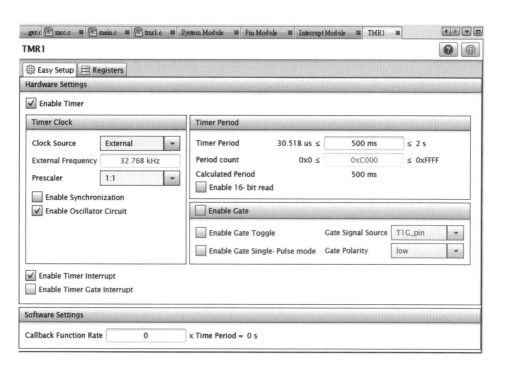

如此一來，讀者便可以在主程式的永久迴圈中加入

```
while (1)
{
    // Add your application code
    Sleep();    // T1SYNC=1，關掉時脈同步設定，讓 TMR1 在睡眠模式
                // 下執行並喚醒 CPU
}
```

這樣的修改雖然從功能上沒有太多改變，但是使用者可以從電流監測上，發現電能的節省。如果扣除掉 LED 的電能消耗，將可以大幅降低微控制器的電能消耗，達到可攜式裝置低耗能的設計需求。

CHAPTER 10

類比訊號模組

　　在許多微控制器的應用中，類比訊號感測器是非常重要的一環。一方面是由於許多傳統的機械系統或者物理訊號所呈現的，都是一個連續不間斷的類比訊號，例如溫度、壓力、位置等等；因此在量測時，通常也就以連續式的類比訊號呈現。另外一方面，雖然數位訊號感測器的應用越趨普遍，但是相對的許多對應的類比訊號感測器，在成本以及使用方法上仍然較為簡單，例如水位的量測、角度的量測等等，因此在比較不要求精確度或者不容易受到干擾的應用系統中，仍然存在著許多類比訊號感測器。

　　這些類比訊號感測器的輸出，通常是以電壓的變化呈現，因此在微控制器的內部或者外接元件中，必須要有適當的模組，將這些類比電壓訊號轉換成微控制器所能夠運算處理的數位訊號。通常最普遍的類比數位訊號轉換方式，是採用 SAR（Successive Approximation Register），有興趣的讀者可參考數位邏輯電路的書籍，以了解相關的運作與架構。

　　通常在選擇一個類比訊號轉換的硬體時，最基本的考慮條件為轉換時間及轉換精度。當然使用者希望能夠在越短的轉換時間內取得越高精度的訊號，以提高系統運作的效能；但是系統性能的提升，相對的也會增加系統的成本。

　　無論如何，如果微控制器能夠內建有一個足夠解析度的類比數位訊號轉換模組，對於一般的應用而言將會有極大的幫助，並有效的降低成本。

　　在 PIC18 系列的微控制器中，10 位元的類比數位訊號轉換模組是一個標準配備，甚至在較為低階的 PIC12 或者 PIC16 系列的微控制器中，也可以見到它的蹤影。傳統的微控制器，如 PIC18F452，類比數位訊號轉換模組建置有 8 個類比訊號的輸入端點，較新的微控制器，如 PIC18F4520，類比數位訊號轉換模組，則建置有 13 個類比訊號的輸入端點，藉由一個多工器、訊號採樣保持及 10 位元的轉換器，這個模組快速地將類比訊號轉換成 10 位元精度的數位訊號，供核心處理器做更進一步的運算處理。PIC18F45K22 則擁有高達 30個類比訊號功能的腳位，可以更輕易地設計出使用類比訊號的應用程式。

除此之外，如果應用程式只需要判斷輸入類比訊號與特定預設電壓的比較，而不需要知道入訊號的精確電壓大小時，在較新的微控制器中可以使用類比訊號比較器（Comparator）以加速程式的執行。應用程式可以將比較器的兩個輸入端的類比電壓做比較，並將比較的結果轉換成輸出高電位「1」或低電位「0」的數位訊號，作為後續程式執行判斷的依據。

PIC18F45K22 更擁有內部固定參考電壓（Fixed Reference Voltage, FVR）與數位類比訊號轉換器（Digital-to-Analog Converter, DAC）的功能，可以由應用程式自行設定所需要的類比電壓，供類比轉數位訊號轉換器或比較器使用。數位類比訊號轉換器更可以輸出類比電壓，作為外部元件的參考電壓使用，讓使用者在開發微控制器應用時，更為方便且節省成本。

10.1　內部固定參考電壓

在前面介紹的類比訊號轉換器與比較器中，參考訊號的來源除了可以使用操作電壓與外部電壓之外，新一代的微控制器增加了可調整的內部參考電壓選項，讓應用開發時不需要再額外增加外部電路元件，就可以取得許多不同的電壓設定。這不但降低應用開發的硬體成本，更增加應用程式的彈性。使用者可以根據不同的執行條件調整參考電壓，因應外部變化調整程式判斷的參考電壓範圍。新增的內部類比參考訊號有兩個：固定參考電壓（Fixed Voltage Reference, FVR）以及數位類比訊號轉換器（Digital to Analog Converter, DAC）。在這個章節先介紹固定參考電壓的部分。

固定參考電壓是利用 Microchip 自行發展的類比訊號電路，不論微控制器的操作電壓如何變化，提供一個穩定的參考電壓給其他類比元件使用。可提供使用的功能包括：

- 類比訊號轉換器（ADC）的輸入
- 類比訊號轉換器（ADC）的正端參考電壓

- 類比訊號比較器（Comparator）的負端輸入
- 數位轉類比訊號轉換器（DAC）

PIC18F45K22 固定參考電壓的硬體架構圖如圖 10-1 所示。

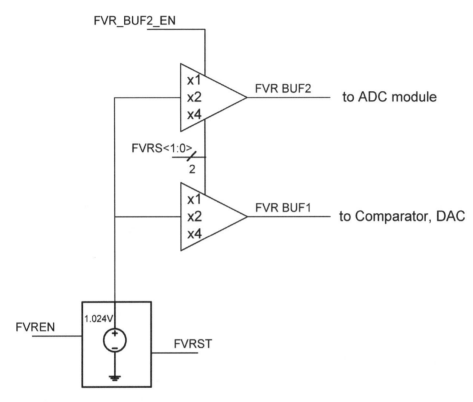

圖 10-1 PIC18F45K22 固定參考電壓硬體架構圖

PIC18F45K22固定參考電壓功能相關的暫存器與位元定義如表10-1所示。

表 10-1 PIC18F45K22 固定參考電壓相關暫存器與位元定義表

R/W-0	R/W-0	R/W-0	R/W-1	U-0	U-0	U-0	U-0
FVREN	FVRST	FVRS<1:0>		—	—	—	—
bit 7							bit 0

bit 7　**FVREN:** Fixed Voltage Reference Enable bit 固定參考電壓致能位元

　　　0 = Fixed Voltage Reference is disabled

　　　1 = Fixed Voltage Reference is enabled

bit 6　**FVRST:** Fixed Voltage Reference Ready Flag bit 固定參考電壓準備穩定旗標位元

　　　0 = Fixed Voltage Reference output is not ready or not enabled

　　　1 = Fixed Voltage Reference output is ready for use

bit 5-4　**FVRS<1:0>:** Fixed Voltage Reference Selection bits 固定參考電壓選擇位元

　　　00 = Fixed Voltage Reference Peripheral output is off

　　　01 = Fixed Voltage Reference Peripheral output is 1x (1.024V)

　　　10 = Fixed Voltage Reference Peripheral output is 2x (2.048V)

　　　11 = Fixed Voltage Reference Peripheral output is 4x (4.096V)

　　　註：參考電壓輸出最大值為微控制器的操作電壓

bit 3-2　**Reserved:** Read as '0'. Maintain these bits clear. 保留

bit 1-0　**Unimplemented:** Read as '0'. 未使用

固定參考電壓的啟動

　　使用固定參考電壓模組時，只需將 VREFCON0 暫存器中的 FVREN 位元設定為 1，即可提供其他周邊元件一個固定的參考電壓。不需要的時候，建議將 FVREN 清除為 0，以避免電能消耗。

獨立的電壓放大增益

　　提供給類比訊號轉換器（ADC），跟提供給比較器（Comparator）與數位轉類比訊號轉換器（DAC）各自有兩個輸出通道，而且這兩個通道是獨立的電壓隨耦器（Voltage Follower，或稱緩衝器，Buffer），如圖 10-1 所示，以避免輸出訊號受到各自連結電路設定而有變化。

每個通道上的基本參考電壓為 1.024 V，可以藉由 FVRS<1:0> 位元調整，設定為 1, 2, 4 倍而變成 1.024、2.048 與 4.096 V；但是當操作電壓 VDD 降低時，固定參考電壓將會以操作電壓為上限。例如，當微控制器操作電壓為 3.3 V，即便 FVRS<1:0>=11，輸出電壓將會是 3.3 V，而不會是 4.096 V。

FVRS<1:0> 位元的設定主要是作為比較器（Comparator）與數位轉類比訊號轉換器（DAC）的電壓增益設定所使用；類比訊號轉換器（ADC）如果設定使用固定參考電壓功能作為輸入或參考電壓使用時，將使用 FVR BUF2 的通道輸出訊號。

▋固定參考電壓的穩定時間

當固定參考電壓功能被致能啟動後，或者放大增益被改變時，需要一點時間讓輸出電壓達到穩定的輸出設定值。所需時間視操作溫度而定，約在 25～100 μs 之間。程式可以利用 FVRST 位元進行判斷，當 FVRST 為 1 時，表示輸出電壓穩定可以使用。

10.2 數位轉類比訊號轉換器

數位轉類比訊號轉換器（Digital-To-Analog Converter, DAC）是將微控制器資料處理的結果轉換成類比訊號的模組，轉換而得的類比訊號可以作為其他元件的參考電壓，或作為控制其他元件的訊號，以類比電壓的高低作為控制訊號大小的變化。在傳統的控制系統中，早期多以可變電阻作為人員操控設備的輸入裝置，藉由可變電阻的位置調整改變電壓的大小而得以輸出控制訊號。但是在微處理器中，如果要得到高解析度的數位轉類比訊號轉換器，微處理器所耗費的電能、建置的成本都將大幅的增加。所以在一般的控制系統中，多數會以外加外部元件的方式處理。

Microchip 為了加強在類比訊號方面的功能，在相關的參考電源的設定上必須提供更大的彈性，以免設計應用時還需要使用外部訊號，而增加使用者的成本。所以在 PIC18F45K22 微控制器上，便建置有一個基本的數位轉類比訊號轉換器（Digital-To-Analog Converter, DAC），除了作為其他內建周邊元件的參考電壓或輸入訊號使用外，也可以作為外部元件的控制訊號。

　　PIC18F45K22 微控制器的數位轉類比訊號轉換器架構圖如圖 10-2 所示，數位轉類比訊號轉換器相關的暫存器與位元定義如表 10-2 所示。

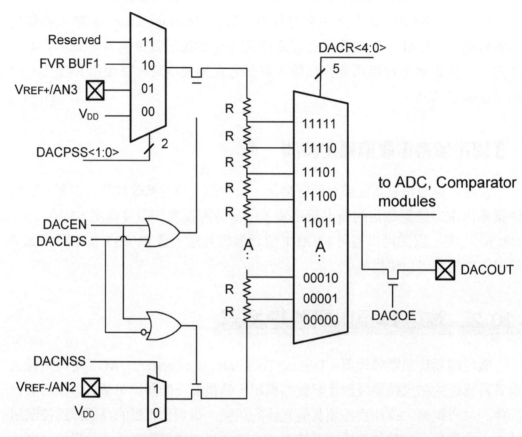

圖 10-2　PIC18F45K22 微控制器數位轉類比訊號轉換器架構圖

表 10-2(1)　PIC18F45K22 微控制器數位轉類比訊號轉換器 VREFCON1 暫存器位元定義表

R/W-0	R/W-0	R/W-0	U-0	R/W-0	R/W-0	U-0	R/W-0
DACEN	DACLPS	DACOE	—	DACPSS<1:0>		—	DACNSS

bit 7 〜 bit 0

bit 7 **DACEN:** DAC Enable bit DAC 模組啟動位元

```
1 = DAC is enabled
0 = DAC is disabled
```

bit 6 **DACLPS:** DAC Low-Power Voltage Source Select bit DAC 低功率電壓來源選擇位元

```
1 = DAC Positive reference source selected
0 = DAC Negative reference source selected
```

bit 5 **DACOE:** DAC Voltage Output Enable bit DAC 電壓輸出致能位元

```
1 = DAC voltage level is also an output on the DACOUT pin
0 = DAC voltage level is disconnected from the DACOUT pin
```

bit 4 **Unimplemented:** Read as '0' 未使用

bit 3-2 **DACPSS<1:0>:** DAC Positive Source Select bits DAC 正電壓來源選擇位元

```
00 = VDD
01 = VREF+
10 = FVR BUF1 output
11 = Reserved, do not use
```

bit 1 **Unimplemented:** Read as '0' 未使用

bit 0 **DACNSS:** DAC Negative Source Select bits DAC 負電壓來源選擇位元

```
1 = VREF-
0 = VSS
```

表 10-2(2)　PIC18F45K22 微控制器數位轉類比訊號轉換器 VREFCON2 暫存器位元定義表

U-0	U-0	U-0	R/W-0	R/W-0	R/W-0	R/W-0	R/W-0
—	—	—	DACR<4:0>				

bit 7 　　　　　　　　　　　　　　　　　　　　　　　　　　　 bit 0

bit 7-5 **Unimplemented:** Read as '0' 未使用

bit 4-0 **DACR<4:0>:** DAC Voltage Output Select bits DAC 輸出電壓選擇位元

$$VOUT = ((VSRC+) - (VSRC-)) * (DACR<4:0>/(2^5)) + VSRC-$$

　　PIC18F45K22 微控制器的數位轉類比訊號轉換器提供一個可調整 32 位階電壓大小的類比電壓設定功能。32 位階的大小區分是以輸入電壓（正負兩端的電壓差）為準，而輸入電壓的來源可以由使用者在下列來源選擇：

- 外部參考電壓 V_{REF} 腳位
- 正操作電壓 V_{DD}
- 固定參考電壓 FVR

輸出的電壓訊號則可以由設定作為下列功能使用：

- 比較器的正端輸入
- 類比訊號轉換器（ADC）輸入通道
- DACOUT 腳位輸出電壓

　　要啟動數位轉類比訊號轉換器功能時，只要將 VREFCON1 暫存器的 DACEN 位元設定為 1。如果不需要使用數位轉類比訊號轉換器時，最好把 DACEN 位元清除為 0，以免持續消耗電能。

◗ 輸出電壓的選擇設定

　　數位轉類比訊號轉換器可以設定出 32 位階的不同電壓輸出，設定時，要使用 VREFCON2 暫存器的 DACR<4:0> 位元進行設定。計算的方法如下：

$$V_{OUT} = (V_{SRC+} - V_{SRC-}) \times \frac{DACR<4:0>}{32}$$

◗ 比例式的電壓輸出

　　數位轉類比訊號轉換器的基本電路是以 32 個電阻串連而成的分壓電路，再將每一個電阻與電阻間的接點電壓連結到一個 32 通道的類比訊號多工器，而通道的選擇是由 DACR<4:0> 位元進行設定。如此一來，便可以將 32 個位階的電壓依使用者的設定輸出到使用者選擇的裝置。而這 32 個電壓位階的大小會根據數位轉類比訊號轉換器兩個輸入端的電壓決定。當輸入電壓不穩定時，輸出電壓也會有所浮動。

低功率電壓狀態

由於數位轉類比訊號轉換器在使用時會持續地耗費電能，為了讓模組使用的電能最低，數位轉類比訊號轉換器可以使用 VREFCON1 暫存器的 DACLPS 位元設定，將兩個輸入電壓之一關閉。如果 DACLPS 位元設定為 1，則負端輸入（V_{SRC-}）將會被關閉；如果 DACLPS 位元清除為 0，則正端輸入（V_{SRC+}）將會被關閉。如果需要節省更多的電能，可以使用適當的設定，讓電壓鎖定在正端或負端輸入電壓，但是需將模組關閉而減少電能的消耗。

數位轉類比訊號轉換器輸出電壓

如果要將 DAC 產生的電壓輸出到 DACOUT 腳位時，可以將 VREFCON1 暫存器 DACOE 位元設定為 1 即可。由於 PIC18F 微控制器的腳位功能設計是以類比訊號的設定優先，所以當 DACOE 位元被設定為 1 時，類比電壓輸出的功能將優先於數位輸出入腳位的設定；如果利用數位輸入讀取設為 DACOUT 功能的腳位時，將會得到數值 0。

值得使用者注意的是，當腳位作為類比電壓輸出功能時，由於微控制器所能夠提供的功率有限，所以在外接電路時，必須要使用一個電壓隨耦器（Voltage Follower）或稱緩衝器（Buffer）的電路提供外部元件所需的電能，以免造成微控制器電能過度輸出，導致電源供應電路不穩而當機重置。電壓隨耦器可以利用功率放大器（Operational Amplifier）搭配簡單的回饋電路即可以完成。

從睡眠中喚醒

當微控制器由 Watchdog、TIMER1 等裝置從睡眠中喚醒時，DAC 模組的相關設定將不會被改變。但是為了降低睡眠中的電能消耗，最好在睡眠指令執行前將 DAC 模組關閉。

範例 10-1

　　每秒鐘調整數位類比轉換電壓值一次，逐次降低；當電壓變成 0 V 時，重設電壓為 2.5 V，並維持每秒調降的動作。並將電壓設定值 VREFCON2 的呈現在 PORTD 發光二極體工作檢查。如果設定 DACOUT 腳位輸出功能，亦可輸出至 RA2 腳位（須將 DSW1 的 RA2 斷開）。

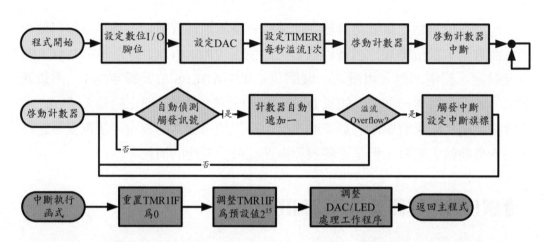

　　延續第九章範例 9-1，並在 MCC 中新增 DAC 模組至專案資源管理區域。首先重新設定 TIMER1 的計時間隔為 1 秒鐘。TIMER1 編輯畫面如下所示：

```
TMR1                                                    ⓘ  ⊕
 ⚙ Easy Setup   ☰ Registers
 Hardware Settings
 ☑ Enable Timer

 ┌ Timer Clock ───────────────┐  ┌ Timer Period ──────────────────┐
 │ Clock Source    External  ▼│  │ Timer Period    30.518 us ≤  1 s  ≤ 2 s │
 │ External Frequency  32.768 kHz │ Period count    0x0 ≤  0x8000  ≤ 0xFFFF │
 │ Prescaler       1:1       ▼│  │ Calculated Period        1 s    │
 │ ☑ Enable Synchronization   │  │ ☑ Enable 16- bit read           │
 │ ☑ Enable Oscillator Circuit│  ├ ☐ Enable Gate ─────────────────┤
 │                            │  │ ☐ Enable Gate Toggle   Gate Signal Source  T1G_pin ▼ │
 │                            │  │ ☐ Enable Gate Single- Pulse mode  Gate Polarity  low ▼ │
 └────────────────────────────┘  └─────────────────────────────────┘
 ☑ Enable Timer Interrupt
 ☐ Enable Timer Gate Interrupt

 Software Settings

 Callback Function Rate    0      x Time Period = 0 s
```

　　藉由 MCC 的圖形化介面設定，只需將計時器周期改為 1 秒即可，同時保持使用外部時脈來源。如果想要使用睡眠功能的話（如範例 9-2），則需關閉同步功能。

　　接著打開 DAC 模組編輯頁面，選擇正負參考電壓來源為微控制器操作電壓，並選擇在 RA2 輸出產生的電壓作為檢查，此時需要關閉 DSW1(3) 以隔絕實驗板上的其他訊號。

DAC (5 bit)

Easy Setup　Registers

Hardware Settings

☑ Enable DAC

Positive Reference　VDD

Negative Reference　VSS

Low- Power Voltage State　pos_ref

☑ Enable Output on DACOUT

Software Settings

Vdd	5
Vref+	4
Vref-	0
Required ref:	1

DAC out value:　2.5 calculated from DACR

　　同時可以打開暫存器頁面將 DACCON1 設定為 0x10（十進位值 16），而將初始輸出電壓設定為 5*(16/32)= 2.5 V。在此，DACCON1 為 PIC18F45K22 手冊中的 VREFCON2 暫存器，這可以從暫存器位址得到確認。

　　由於腳位編輯區域中只有 RA2，因為選擇 DAC 輸出而自動調整外，其他仍維持與範例 9-1 相同。系統模組與中斷模組則不需修改。按下 Generate 產生相關的程式碼後，使用者需要依範例需求調整程式。將 TIMER1 計數器中斷執行程式內容修改為：

```
void TMR1_DefaultInterruptHandler(void){
   if (!LATD) LATDbits.LATD4=1;        // 當 DACOUT 電壓為 0 時，重新調
                                        // 整為 2.5 V
```

```
        else LATD--;              //  否則，以遞減調降電壓輸出
        VREFCON2=LATD;            //  更新電壓輸出，也可以使用 DACCON1 變數
}
```

如此，便可以在每秒一次的計時器中斷時，進行電壓的提整與LED顯示的更新。

　　如果 DACOUT 僅作為內部其他周邊功能的參考電壓，則可以選擇將電壓輸出關閉，以便將腳位做為其他用途。

　　在 dac.c 程式檔中，MCC 產生了下列函式

```
//DAC 初始化函式
void DAC_Initialize(void);
//DAC 輸出電壓設定函式
void DAC_SetOutput(uint8_t inputData);
//DAC 讀取輸出電壓設定函式
uint8_t DAC_GetOutput(void);
```

讀者可以在程式中使用這些函式進行 DAC 相關功能設定。

　　由於本書所選用實驗板的 RA2 腳位已於前面範例連接到 SW4/5/6 按鍵的電路，作為類比電壓量測的練習，如果需要使用 RA2 作為 DACOUT 類比電壓輸出以便觀察轉換變化時，必須將實驗板上的 DSW1 的接點 3 斷開，然後利用擴充埠的 RA2 接點使用示波器觀察。如果沒有示波器，也可以使用多功能電表量測，但是需要將延遲時間延長到相當的時間，才可以在電表上看到電壓變化。如果將 LATD 的初始值設定為 0x1F，也可以達到增加週期時間為兩倍的效果。

10.3　10 位元類比數位訊號轉換模組

　　PIC18F45K22 的類比訊號轉換模組總共有 30 個輸入端點，並且使用控制暫存器 ADCON0、ADCON1 及 ADCON2，加上 ANSELA 、ANSELB 、AN-

SELC、ANSELD 與 ANSELE 腳位類比功能設定暫存器設定相關的模組功能，並將轉換結果輸出至 ADRESH 與 ADRESL 暫存器。這個模組可以將一個類比輸入訊號，轉換成相對應的 10 位元數位數值。這個類比數位訊號轉換模組的架構圖如圖 10-3 所示。

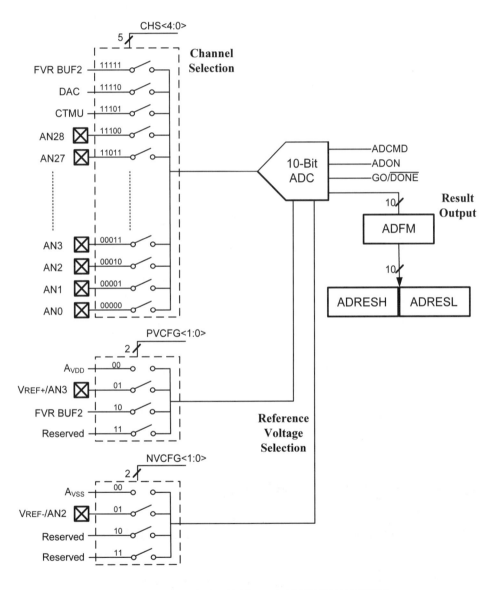

圖 10-3 類比數位訊號轉換模組架構圖

▊類比數位訊號轉換器

　　由於類比訊號電路的設計技術取得不易且製作成本較高，因此內建的類比數位訊號轉換器是一個重要的微控制器資源。一般類比數位訊號轉換器大多使用所謂的連續近似暫存器（Successive Approximation Register, SAR）的電路設計方式，其架構如圖 10-4 所示。由於在轉換訊號時，是使用二分逼近法的操作方式轉換類比訊號，因此每增加一個位元的解析度，將會延長一個轉換週期的時間。所以，微控制器製造廠商必須要在成本、時間與解析度之間做一個適當的妥協與設計。如果所提供的設計不能滿足使用者的需求，使用者必須外加類比訊號元件，不但增加成本，也會降低操作的效率。

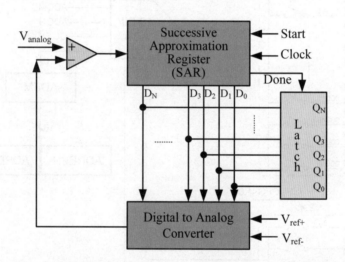

圖 10-4　連續近似暫存器（SAR）類比數位訊號轉換器示意圖

▊類比數位訊號轉換模組相關暫存器

　　與類比數位訊號轉換模組功能有關的主要暫存器可分為

- 功能控制與設定相關的暫存器 ADCON0、ADCON1 與 ADCON2
- 設定腳位類比功能的設定暫存器 ADSELA～ADSELE
- 類比訊號轉換數位訊號的結果輸出暫存器 ADRESH 與 ADRESL

其他還有設定中斷功能或中斷旗標的暫存器 IPR1、PIE1 與 PIR1。這些暫存器的功能說明如表 10-3 所示。

表 10-3(1)　PIC18F45K22 類比數位訊號轉換模組 ADCON0 暫存器位元定義

U-0	R/W-0	R/W-0	R/W-0	R/W-0	R/W-0	R/W-0	R/W-0
—	CHS<4:0>					GO/$\overline{\text{DONE}}$	ADON

bit 7 　　　　　　　　　　　　　　　　　　　　　　　　　　　　　　　bit 0

bit 7　**Unimplemented:** Read as '0' 未使用

bit 6-2　**CHS<4:0>:** Analog Channel Select bits 類比通道選擇位元。

　　　　00000 = **AN0**

　　　　00001 = **AN1**

　　　　00010 = **AN2**

　　　　00011 = **AN3**

　　　　00100 = **AN4**

　　　　00101 = **AN5**

　　　　00110 = **AN6**

　　　　00111 = **AN7**

　　　　01000 = **AN8**

　　　　01001 = **AN9**

　　　　01010 = **AN10**

　　　　… …

　　　　11001 = **AN25**

　　　　11010 = **AN26**

　　　　11011 = **AN27**

　　　　11100 = **Reserved**

　　　　11101 = **CTMU**

　　　　11110 = **DAC**

　　　　11111 = **FVR BUF2(1.024V/2.048V/4.096V Volt Fixed Voltage Reference)**

bit 1　**GO/$\overline{\text{DONE}}$:** A/D Conversion Status bit A/D 轉換狀態位元

1 = A/D conversion cycle in progress. Setting this bit starts an A/D conversion cycle.

This bit is automatically cleared by hardware when the A/D conversion has completed.

0 = A/D conversion completed/not in progress

bit 0　**ADON:** ADC Enable bit A/D模組啓動位元

1 = ADC is enabled

0 = ADC is disabled and consumes no operating current

表 10-3(2)　PIC18F45K22 類比數位訊號轉換模組 ADCON1 暫存器位元定義

R/W-0	U-0	U-0	U-0	R/W-0	R/W-0	R/W-0	R/W-0
TRIGSEL	—	—	—	PVCFG<1:0>		NVCFG<1:0>	
bit 7							bit 0

bit 7　**TRIGSEL:** Special Trigger Select bit 特殊事件觸發來源選擇

1 = Selects the special trigger from CTMU

0 = Selects the special trigger from CCP5

bit 6-4　**Unimplemented:** Read as '0' 未使用

bit 3-2　**PVCFG<1:0>:** Positive Voltage Reference Configuration bits 正參考電壓設定位元

00 = A/D VREF+ connected to internal signal, AVDD

01 = A/D VREF+ connected to external pin, VREF+

10 = A/D VREF+ connected to internal signal, FVR BUF2

11 = Reserved (by default, A/D VREF+ connected to internal signal, AVDD)

bit 1-0　**NVCFG<1:0>:** Negative Voltage Reference Configuration bits 負參考電壓設定位元

00 = A/D VREF- connected to internal signal, AVSS

01 = A/D VREF- connected to external pin, VREF-

10 = Reserved(by default, A/D VREF- connected to internal

signal, AVSS)

11 = Reserved(by default, A/D VREF- connected to internal
signal, AVSS)

表 10-3(3)　PIC18F45K22 類比數位訊號轉換模組 ADCON2 暫存器位元定義

R/W-0	U-0	R/W-0	R/W-0	R/W-0	R/W-0	R/W-0	R/W-0
ADFM	—	ACQT<2:0>			ADCS<2:0>		

bit 7 　　　　　　　　　　　　　　　　　　　　　　　　　　　bit 0

bit 7　**ADFM:** A/D Conversion Result Format Select bit 輸出格式設
定位元

1 = Right justified

0 = Left justified

bit 6　**Unimplemented:** Read as '0' 未使用

bit 5-3　**ACQT<2:0>:** A/D Acquisition time select bits. 採樣時間設
定位元

Acquisition time is the duration that the A/D charge
holding capacitor remains connected to A/D channel
from the instant the GO bit is set until conversions
begins. 採樣電容與腳位外部訊號連接的時間

000 = 0

001 = 2 T_{AD}

010 = 4 T_{AD}

011 = 6 T_{AD}

100 = 8 T_{AD}

101 = 12 T_{AD}

110 = 16 T_{AD}

111 = 20 T_{AD}

bit 2-0　**ADCS<2:0>:** A/D Conversion Clock Select bits 轉換時間設定
位元

$$000 \;=\; F_{OSC}/2$$
$$001 \;=\; F_{OSC}/8$$
$$010 \;=\; F_{OSC}/32$$
$$011 \;=\; FRC$$
$$100 \;=\; F_{OSC}/4$$
$$101 \;=\; F_{OSC}/16$$
$$110 \;=\; F_{OSC}/64$$
$$111 \;=\; FRC$$

表 10-3(4)　PIC18F45K22 類比數位訊號轉換模組其他相關暫存器位元定義

Name	Bit 7	Bit 6	Bit 5	Bit 4	Bit 3	Bit 2	Bit 1	Bit 0
ADRESH	A/D Result, High Byte							
ADRESL	A/D Result, Low Byte							
ANSELA	—	—	ANSA5	—	ANSA3	ANSA2	ANSA1	ANSA0
ANSELB	—	—	ANSB5	ANSB4	ANSB3	ANSB2	ANSB1	ANSB0
ANSELC	ANSC7	ANSC6	ANSC5	ANSC4	ANSC3	ANSC2	—	—
ANSELD	ANSD7	ANSD6	ANSD5	ANSD4	ANSD3	ANSD2	ANSD1	ANSD0
ANSELE	—	—	—	—	—	ANSE2	ANSE1	ANSE0
INTCON	GIE/GIEH	PEIE/GIEL	TMR0IE	INT0IE	RBIE	TMR0IF	INT0IF	RBIF
IPR1		ADIP	RC1IP	TX1IP	SSP1IP	CCP1IP	TMR2IP	TMR1IP
IPR4	—	—	—	—	—	CCP5IP	CCP4IP	CCP3IP
PIE1	—	ADIE	RC1IE	TX1IE	SSP1IE	CCP1IE	TMR2IE	TMR1IE
PIE4	—	—	—	—	—	CCP5IE	CCP4IE	CCP3IE
PIR1	—	ADIF	RC1IF	TX1IF	SSP1IF	CCP1IF	TMR2IF	TMR1IF

▋設定類比訊號輸入腳位

在 PIC18F45K22 微控制器中，總共有 30 個類比訊號輸入腳位。它們分布在 PORTA 到 PORTE，使用者可以參考腳位圖中有 ANx 記號的腳位，x 指的是類比通道的編號。因此在使用時，必須透過 ADCON0、ANSELA～AN-

SELE 暫存器來完成相關腳位的類比訊號功能設定。設定時必須將相關腳位在 ANSELA～ANSELE 中對應的位元設定為 1，方能使用類比訊號功能。如果需要將腳位連接的外部訊號轉換成數位訊號時，則需要將 ADCON0 暫存器中的通道編號設定為腳位對應的編號。如果將某一個特定的腳位設定為類比訊號輸入，則必須同時將相對應的數位輸出入方向控制位元 TRISx 也設定為數位訊號輸入的方向，以免輸出訊號干擾外部類比訊號。被設定為類比訊號輸入腳位之後，如果使用 PORTx 暫存器讀取這些腳位的狀態時，將會得到 0 的結果。

▐ 類比訊號轉換時脈訊號

將類比訊號轉換成每一個數位訊號位元所需要的時間，稱之為 T_{AD}；由於需要額外兩個 T_{AD} 進行控制的切換，要將一個類比訊號轉換成為 10 位元的數位訊號，總共需要 12 個 T_{AD}。在類比訊號轉換模組中，提供了幾個可能的 T_{AD} 時間選項，它們分別是 2、4、8、16、32、64 倍系統時序震盪時間的 T_{AD}，以及使用類比訊號模組內建的 FRC 震盪器（通常為 1.7 μs）。但是為了要得到正確的訊號轉換結果，應用程式必須確保最小的 T_{AD} 時間要大於 1 μs。使用時可以藉由 ADCON2 暫存器 ADCS<2:0> 轉換時間設定位元設定。

除此之外，由於電路設計的考量，類比訊號轉換模組相關的時間，必須要滿足如表 10-4 的規定。

表 10-4　類比訊號轉換模組相關的時間規格

參數	功能	Min	Max	單位	條件
T_{AD}	A/D Clock Period	1	25	μs	−40°C to +85°C
		1	4	μs	+85°C to +125°C
T_{CNV}	Conversion Time (not including acquisition time)	11	11	T_{AD}	
T_{ACQ}	Acquisition Time	1.4	—	μs	V_{DD} = 3 V, Rs = 50 Ω
T_{DIS}	Discharge Time	1	1	T_{cy}	

◎類比訊號採樣時間

在完成類比數位訊號模組的設定之後，被選擇的類比訊號通道，必須在訊號轉換之前完成採樣的動作。採樣所需的時間計算可以利用下面的公式計算：

$$T_{ACQ} = \text{Amplifier Settling Time} + \text{Hold Capacitor Charging Time}$$
$$+ \text{Temperature Coefficient}$$
$$= T_{AMP} + T_C + T_{COFF}$$
$$= 5\ \mu s + T_C + (\text{Temperature} - 25°C) \times 0.05\ \mu s/°C$$

使用者必須確認所選定的採樣時間 T_{ACQ}，足以讓採樣電容有足夠的時間達到與外部訊號相同的電位，否則將會產生量測的誤差。因此在使用上，寧可使用較長的 T_{ACQ} 以避免誤差的產生。完成設計之後，再行調整測試較短的採樣時間以節省效能。

◎類比訊號參考電壓

類比訊號參考電壓指的是訊號轉換時的電壓上下限範疇，參考電壓是可以藉由軟體選擇，而使用微控制器元件的高低供應電壓（V_{DD} 與 V_{SS}），或者是使用外部電壓腳位，以及內部固定電壓訊號作為參考電壓。使用時可以藉由 ADCON1 暫存器設定。

◎睡眠模式下的類比訊號轉換

如果需要在睡眠模式下進行類比訊號轉換的話，必須要將轉換時脈改成使用內部的 FRC 電路作為時脈來源。由於當 GO 位元設定為 1 啟動轉換後，還需要一個時脈週期才會開始進行，這足以讓微控制器執行 SLEEP 指令進入睡眠。在睡眠模式下進行類比訊號轉換，可以降低微控制器執行程式時，產生的高頻訊號干擾，有助於提高訊號的精確度。如果進入睡眠前，沒有將轉換時脈來源改變成內部 FRC 時脈的話，ADC 將在進入睡眠時停止轉換，該次轉換結

果將會被放棄，同時也會關閉 ADC 模組的運作，即便 ADON 位元仍然保持
為 1。如果全域中斷功能跟 ADC 中斷功能都有開啟的話，GIE=1 且 ADIE=1
（必要時 PEIE=1），則轉換完成時將喚醒微控制器並進入中斷執行函式。如
果 ADIE 未開啟的話，則在轉換完成後將關閉 ADC 模組，即便 ADON 位元仍
然保持為 1。

類比訊號轉換的中斷事件

當類比訊號轉換完成時，不論中斷功能 ADIE 是否開啟，都將會觸發中斷
旗標 ADIF，然後根據中斷優先權 ADIP 的設定，觸發高優先或低優先中斷函
式的執行。如果使用者要利用 ADIF 作為類比訊號是否轉換完成的狀態位元，
則必須在每一次訊號轉換完成後由程式將 ADIF 清除為 0，以便後續的檢查。
由於類比訊號轉換模組可以在睡眠模式下繼續進行轉換，當轉換完成時，將可
以利用 ADIF 中斷訊號將微控制器喚醒。如果進入睡眠前有開啟全域中斷功能
（GIE=1，必要時 PEIE=1）的話，喚醒時將會進入中斷執行函式；否則將會
繼續執行睡眠指令 SLEEP 的下一行指令。

類比數位訊號轉換的程序

經過歸納整理，完成一個類比數位訊號轉換必須經過下列的步驟：

1. 設定類比數位訊號轉換模組：
   * 設定腳位為類比訊號輸入、參考電壓或者是數位訊號輸出入（AN-SELx、TRISx 與 ADCON1）。
   * 選擇類比訊號輸入通道（ADCON0）。
   * 選擇類比訊號轉換時序來源（ADCON2）。
   * 啟動類比數位訊號轉換模組（ADCON0）。
   * 設定類比數位訊號轉換輸出格式（ADCON2）。
2. 如果需要的話，設定類比訊號轉換中斷事件發生的功能：
   * 清除 ADIF 旗標位元。
   * 設定 ADIE 控制位元。

- 設定 PEIE 控制位元。
- 設定 GIE 控制位元。

3. 等待足夠的訊號採樣時間。

4. 啓動轉換的程序：

　　• 將控制位元 GO/$\overline{\text{DONE}}$ 設定爲 1（ADCON0）。

5. 等待類比訊號轉換程序完成。檢查的方法有二：

　　• 檢查 GO/$\overline{\text{DONE}}$ 狀態位元是否爲 0。

　　• 檢查中斷旗標位元 ADIF。

6. 讀取類比訊號轉換結果暫存器 ADRESH 與 ADRESL 的內容；如果中斷功能啓動的話，必須清除中斷旗標 ADIF。

7. 如果要進行其他的類比訊號轉換，重複上述的步驟。每一次轉換之間至少必須間隔兩個 T_{AD}，一個 T_{AD} 代表的是轉換一個位元訊號的時間。

類比數位訊號轉換結果的格式

　　類比訊號結果暫存器 ADRESH 與 ADRESL 是作爲在成功地轉換類比訊號之後，儲存 10 位元類比訊號轉換結果內容的記憶體位址。這兩個暫存器組總共有 16 位元的長度，但是被轉換的結果只有 10 位元的長度；因此系統允許使用者自行設定，將轉換的結果使用向左或者向右對齊的方式存入到這兩個暫存器組中。對齊格式的示意圖如圖 10-5 所示。對齊的方式是使用對齊格式控制位元 ADFM 所決定的。至於多餘的位元則將會被填入 0。當類比訊號轉換的功能被關閉時，這些位址可以用來當作一般的 8 位元暫存器。

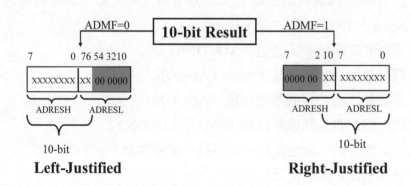

圖 10-5　類比數位訊號轉換結果格式設定

▣特殊事件觸發訊號轉換

類比訊號轉換可以藉由數位訊號捕捉、比較與 PWM 模組 CCP5，以及充電時間量測單元（Charging Time Measurement Unit, CTMU）的中斷事件旗標自動觸發類比訊號的轉換。

如果要使用 CCP5 模組特殊事件觸發器所產生的訊號啟動功能，必須要將 CCP5CON 暫存器中的 CCP2M3:CCP2M0 控制位元設定為 1011，並且將類比訊號轉換模組開啟（ADON = 1）。當 CCP5 模組特殊事件觸發器產生訊號時，GO/DONE 將會被設定為 1，並同時開始類比訊號的轉換。在同一瞬間，由於 CCP5 觸發訊號也聯結至計時器 TIMER1、TIMER3 或 TIMER5，因此，所選擇的計數器也將會被自動重置為 0。利用這個方式，便可以用最少的軟體程式讓這些計數器被重置，並自動地重複類比訊號採樣週期。在下一次自動觸發訊號產生之前，應用程式只需要將轉換結果搬移到適當的暫存器位址，並選擇適當的類比輸入訊號通道。

如果類比訊號轉換的功能未被開啟，則觸發訊號將不會啟動類比訊號轉換；但是 CCP5 對應的計時器，仍然會被重置為 0。

CTMU 的特殊事件觸發功能，則是能夠讓該模組在固定的充電時間後，觸發類比訊號轉換模組進行電壓的量測，進而由轉換結果判斷相對應的電路參數。

在對於 PIC18F45K22 的類比數位訊號轉換模組的操作有了基本認識之後，讓我們用範例程式來說明類比訊號轉換的設定與操作過程。

範例 10-2

利用類比數位訊號轉換模組量測可變電阻 VR1 的電壓值，並將轉換的結果以 8 位元的方式，呈現在 LED 發光二極體顯示。

　　首先，新增一個專案，然後利用 MCC 設定系統模組與先前範例相同。接下來在腳位模組中，將 VR1 對應到的腳位 RA0 設定為 AN0 的功能，此時在腳位表格視窗中，會在 AN0 的位置出現鎖定的符號。由於本範例不打算使用計時器中斷的方式，而改採延遲時間的方式將每次採樣與訊號轉換做固定時間間隔，所以不需要修改中斷模組。當讀者從裝置資源區域（Device Resources）點選 ADC 的模組將其加入專案資源區域時，CCP5 也會一併被要求加入專案中，這是因為 ADC 模組可以藉由 CCP5 的特殊事件訊號觸發 ADC 轉換。由於本專案尚不需要使用到這個 CCP5 的觸發功能，即便將它加入到專案中，也可以不要理會它。有沒有讀者懷疑，這樣會不會增加專案程式的大小？這部分就要看 XC8 編譯器的軟體是否有將沒用到的函式排除在編譯與燒錄程式中，有一些編譯器是可以進行最佳化的程式縮減，使用者必須自行檢查或修改自動產生的程式。這也是用 C 語言及 MCC 程式產生器撰寫程式的缺點與限制，使用者完全無法置喙或調整。

　　在 ADC 模組的編輯頁面中可以設定如下：

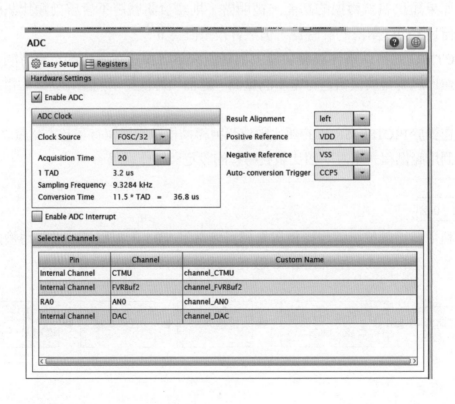

　　其中，將 ADC 模組啟動致能，設定了 ADC 的轉換時間，輸出格式向左靠齊（所以程式比較好取出較高的 8 位元進行顯示）。當使用 MCC 產生程式相關檔案時，可以在 adc.c 檔案中，看到 MCC 產生的函式庫包括：

```
// ADC 模組初始化設定函式
void ADC_Initialize(void);
// ADC 轉換通道設定函式
void ADC_SelectChannel(adc_channel_t channel);
// ADC 模組轉換啟動函式
void ADC_StartConversion();
// 檢查 ADC 模組啟動是否完成函式
bool ADC_IsConversionDone();
// 取得 ADC 模組轉換結果函式
adc_result_t ADC_GetConversionResult(void);
// ADC 模組指定通道轉換啟動，並取得結果函式（為前列函式的組合函式）
adc_result_t ADC_GetConversion(adc_channel_t channel);
// ADC 模組量測溫度感測器延遲時間函式
void ADC_TemperatureAcquisitionDelay(void);
```

由於本範例並未使用中斷功能，故所有的函式執行將回到正常的主程式 main.c 中進行初始化與永久迴圈的程式設定。在主程式中，為方便讀取 ADC 的雙位元組 (2-byte) 轉換結果，利用集合變數宣告如下，

```
// 共享記憶體的 union 變數宣告，方便取出長變數的一部份資料位元組
union twobyte{
    unsigned int lt;
    unsigned char bt[2];
} ADCResult;
```

因此，稍後在程式中可以使用 16 位元的變數 ADCResult.lt 取得雙位元組的轉

換結果，這與 MCC 所產生的 adc_result_t 其實是一樣的作用。但是需要個別處理單一位元組資料時，又可以使用 ADCResult.bt[0] 及 ADCResult.bt[1] 個別進行，這是使用集合變數的一大益處。

在永久迴圈中，加入下列函式以符合範例需求，

```
while (1)
{
    // 啟動 ADC 取得結果，並輸出高位元組於 LED
    ADC_SelectChannel(0); // 選擇 AN0 轉換通道
    _delay(50);        // 時間延遲以完成採樣
    ADC_StartConversion() ;   // 進行訊號轉換
    while(!ADC_IsConversionDone()); // 等待轉換完成
    ADCResult.lt=ADC_GetConversionResult(); // 取得結果
    LATD=ADCResult.bt[1];   // 將高位元組結果傳至 LED
}
```

如果使用者對於 PIC18 微控制器熟悉的話，上述程式可以更進一步的改成

```
while (1)
{
    // 啟動 ADC 取得結果，並輸出高位元組於 LED
    ADCON0 = ADCON0 & 0x03; // 選擇 AN0 轉換通道
    _delay(50);        // 時間延遲以完成採樣
    ADCON0bits.GO = 1 ;   // 進行訊號轉換
    while(!ADCON0bits.DONE);    // 等待轉換完成

    LATD=ADCRESH;    // 將高位元組結果傳至 LED
}
```

讀者可以比較前後兩種撰寫方式，後者因為對微控制器熟捻，所以可以直接使用暫存器與位元名稱轉寫程式，根本不需呼叫函式而減少程式的大小與記憶體

需求；而由於不需呼叫函式，所以可以減少進出函式的暫存器資料備份與引數
讀寫的執行時間，而提升程式效率。因此，如果讀者可以完整的學習微控制器
的相關技術與觀念的話，日後也可以使用這樣的簡潔技巧撰寫 C 語言的程式，
特別是在使用較為簡單功能的周邊功能時，更是應當如此。

■ 練習

將範例 10-2 中的延遲時間函式 _delay(50) 改以計時器中斷的方式處理。
試利用 TIMER1/3/5 的中斷功能，每間隔 1ms、100 ms 或 1s，進行 ADC 的轉
換並調整 LED。同時也可以開啟 ADC 的中斷功能，將燈號顯示的部分移動到
ADC 中斷函式中進行。

提示：當間隔時間較長或需要較為精確計時的應用場合，利用計時器遠比
時間延遲函式精準且有效率。如果所需間隔時間較長而超出 16 位元計數器範
圍時，可以利用計時器的前除頻器擴大計時範圍；如果還不夠使用的話，可以
自行設定計數變數遞加以達到目的。而且使用計時器的中斷，更可使用喚醒微
處理器的功能，進而在 ADC 轉換處理完成後，以 SLEEP 進入睡眠模式節省
電能。

範例 10-3

利用類比輸入電壓檢測類比按鍵 SW4、SW5、SW6 的狀態。當按鍵 SW2
按下時，以 LED 顯示類比電壓值；當 SW2 按鍵放開時，以 LED 顯示對應之
按鍵值（例如，LED4 → SW4）。

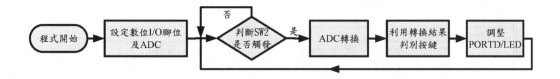

範例程式中利用單一的輸入端 AN2/RA2，以類比電壓的方式擷取按鍵
SW4、SW5 與 SW6 的狀態。主要是以類比電壓感測值配合分壓定律計算可能
的電壓值，藉以判定所觸發的按鍵為何。程式的類比電壓判斷值必須依照實際
電路的電阻值計算決定。利用這樣的方式可以使用單一的輸入腳位偵測多個按

鍵的狀態，但是這個方法每次僅能判定一個按鍵的觸發。多重按鍵同時觸發時，則只能由程式決定其中特定的一個按鍵。

在範例的專案中，除了基本的系統、腳位、中斷模組之外，我們只需要再增加 ADC 模組的功能即可。在腳位模組的部分，由於按鍵 SW3～5 是連接到 PIC18F45K22 微控制器的 RA2/AN0 腳位，因此透過 MCC 視窗的腳位管理區域將腳位更改成類比訊號輸入的功能；PORTD 因為要作為 LED ＝的顯示，所以仍然保留數位輸出的功能；按鍵 SW2 所對應的 RB0 腳位者設定為數位輸入使用。相關的腳位設定如下圖所示，

Pin Module

Easy Setup　Registers
Selected Package : PDIP40

Pin Name ▲	Module	Function	Custom N...	Start High	Analog	Output	WPU	OD	IOC
RA2	ADC	AN2	channel_A	☐	☑	☐			
RB0	Pin Module	GPIO	IO_RB0	☐	☐	☐	☐		
RD0	Pin Module	GPIO	IO_RD0	☐	☐	☑			
RD1	Pin Module	GPIO	IO_RD1	☐	☐	☑			
RD2	Pin Module	GPIO	IO_RD2	☐	☐	☑			
RD3	Pin Module	GPIO	IO_RD3	☐	☐	☑			
RD4	Pin Module	GPIO	IO_RD4	☐	☐	☑			
RD5	Pin Module	GPIO	IO_RD5	☐	☐	☑			
RD6	Pin Module	GPIO	IO_RD6	☐	☐	☑			
RD7	Pin Module	GPIO	IO_RD7	☐	☐	☑			

Watches　Output　Notifications [MCC]　Pin Manager: Grid View ✖

Package:	PDIP40 ▼	Pin No:	2	3	4	5	6	7	14	13	33	34	35	36	37	38	39	40	15	16	17	18	23
			Port A ☐								Port B ☐								Port C ☐				
Module	Function	Direction	0	1	2	3	4	5	6	7	0	1	2	3	4	5	6	7	0	1	2	3	4
ADC ☐	ANx	input	🔓	🔓	🔒		🔓				🔓	🔓	🔓	🔓	🔓						🔓	🔓	🔓
	VREF+	input				🔓																	
	VREF-	input			🔓																		
OSC ☐	CLKO	output							🔓														
	OSC1	input								🔒													
	OSC2	input							🔒														
Pin Module ☐	GPIO	input	🔓	🔓	🔓	🔓	🔓	🔓	🔓	🔒	🔓	🔓	🔓	🔓	🔓	🔓	🔓	🔓	🔓	🔓	🔓	🔓	🔓
	GPIO	output	🔓	🔓	🔓	🔓	🔓	🔓	🔓		🔓	🔓	🔓	🔓	🔓	🔓	🔓	🔓	🔓	🔓	🔓	🔓	🔓
RESET	MCLR	input																					

延續上一個範例的做法，在這裡我們將不會使用中斷的功能，因此不用特別對中斷模組進行任何的修改。而在 ADC 模組的部分，可以繼續保留跟上一個範例一樣的設定，只需要將通道的選擇更改為 AN2 即可。

由於不使用中斷的功能，所以相關的資料處理程式將必須在主程式檔案 main.c 中進行相關程序的撰寫。在程式的永久迴圈中，

```
while (1){
  while(PORTBbits.RB0);   // 等待按鍵 SW2 觸發
  ADC_SelectChannel(2);
  _delay(50);             // 時間延遲以完成採樣
  ADC_StartConversion() ;       // 進行 AN2 訊號轉換
  while(ADC_IsConversionDone());    // 等待轉換完成
  LATD = ADRESH ;        // 將高位元組結果傳至 LED
  while(!PORTBbits.RB0); // 等待按鍵 SW2 解除
  LATD = 0x00;           // 清除 LED 燈號
```

```
      if (ADRESH == 0) LATDbits.LATD4=1;   // 根據轉換結果決定
                                           // 觸發之類比按鍵

      else {
        if(ADRESH < 128)  LATDbits.LATD5=1;
        else {
          if(ADRESH < 170)  LATDbits.LATD6=1;
        }
      }


    }
```

　　在迴圈的一開始，利用 while() 判斷 RB0 是否因為按鍵的觸發變成 0，而跳出等待的迴圈以開始檢測訊號的程序；在類比電壓訊號的量測中，首先將通道改為 AN2，然後等待一段時間讓訊號穩定，便可以開始訊號轉換的過程；當轉換完成時，將結果的高位元組搬移到 LATD 作為初步的顯示，讓使用者可以看到電壓的大小；當按鍵放開時，利用 if 判斷訊號轉換電壓的大小，以決定被觸發的按鍵。根據電路圖的資料，當 SW4 按鍵被觸發時，RA2/AN2 的電壓將因為接地而成為 0 V；而當按鍵 SW5 被觸發時，將因為分壓定律且電阻相同的關係而成為 2.5 V，因而高位元組將呈現 0x80 的結果。但是，因為電路板線路及電阻本身的誤差，這個判斷的電壓標準會有微幅的變化，使用者必須自行調校電路或者修改判斷的數值，才能正確的顯示觸發的按鍵。

　　在程式中使用完整的暫存器與位元名稱，做為數位輸出腳位的符號，這是為了要讓使用者了解微控制器各個腳位功能的撰寫方式。但是這樣完整的名稱所占用的符號長度有點過長，而且與實際電路板的元件功能並不能夠直接的聯想，因而降低了程式的可讀性。如果為了提高各個變數的可讀性，以加強對設計功能的了解，使用者可以在腳位管理區域中增加客製化的名稱，如下圖所示，

則 MCC 所產生的程式在 pin_manager.h，將會出現許多由 #define 所定義的巨
集指令，供使用者在程式撰寫時方便使用。例如，在 RA2/AN2 的部分將有，

```
// get/set SW345 aliases

#define SW345_TRIS                TRISAbits.TRISA2
#define SW345_LAT                 LATAbits.LATA2
#define SW345_PORT                PORTAbits.RA2
#define SW345_ANS                 ANSELAbits.ANSA2
#define SW345_SetHigh()           do { LATAbits.LATA2 = 1; }
                                  while(0)
#define SW345_SetLow()            do { LATAbits.LATA2 = 0; }
                                  while(0)
#define SW345_Toggle()            do { LATAbits.LATA2 =
                                  ~LATAbits.LATA2; } while(0)
#define SW345_GetValue()          PORTAbits.RA2
#define SW345_SetDigitalInput()   do { TRISAbits.TRISA2 = 1; }
                                  while(0)
#define SW345_SetDigitalOutput()  do { TRISAbits.TRISA2 = 0; }
                                  while(0)
```

```
#define SW345_SetAnalogMode()        do { ANSELAbits.ANSA2 = 1; }
                                      while(0)
#define SW345_SetDigitalMode()       do { ANSELAbits.ANSA2 = 0; }
                                      while(0)
```

配合這些巨集指令，永久迴圈程式將會變成

```
while (1){
  while(SW2_GetValue());   // 等待按鍵 SW2 觸發
  ADC_SelectChannel(2);
  _delay(50);              // 時間延遲以完成採樣
  ADC_StartConversion() ;  // 進行 AN2 訊號轉換
  while(ADC_IsConversionDone());// 等待轉換完成
  LATD = ADRESH ;          // 將高位元組結果傳至 LED
  while(!SW2_GetValue());  // 等待按鍵 SW2 解除
  LATD = 0x00;             // 清除 LED 燈號
  if (ADRESH == 0)  // 根據轉換結果決定觸發之類比按鍵
    LED4_SetHigh();
  else {
    if(ADRESH < 128) LED5_SetHigh();
    else {
      if(ADRESH < 170) LED6_SetHigh();
    }
  }
}
```

因而提高了程式閱讀時的方便。但是讀者也要注意到，部分的巨集指令因為使用了 do while() 迴圈的架構，因而會增加程式的長度。這樣的利弊得失也是使用者必須要了解的。

10.4   類比訊號比較器

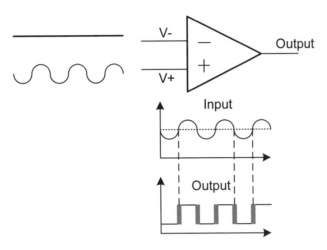

圖 10-6   類比訊號比較器的功能

　　在較新的微控制器中，除了前述的類比訊號轉換器（Analog to Digital Converter, ADC）之外，也會配備有類比訊號比較器（Comparator），應用程式可以將比較器的 V+ 與 V– 端輸入的類比電壓做比較，當 V+ 通道的類比電壓高於 V– 的類比電壓時，比較器將會輸出高電位的「1」訊號；當 V+ 通道的類比電壓低於 V– 的類比電壓時，比較器將會輸出低電位的「0」訊號，如圖 10-6 所示。所以比較器基本上是一個簡單快速的類比訊號轉換成數位訊號的裝置。

　　類比訊號轉換器雖然可以得到精確的類比訊號（電壓高低）的數值，但是相對的操作程序也比較複雜，所需的轉換時間也比較長。如果使用者不需要知道類比訊號的精確數值，特別是因為應用需求只是需要做一個啟動器開關（ON/OFF）的訊號，這時候類比訊號比較器的使用相對就較為簡單、快速。而且使用者也可以自行選擇比較器參考訊號（V+）的來源，可以選擇外部訊號、內部固定電壓或數位類比訊號轉換器（Digital to Analog Converter, DAC）的輸出訊號，作為與外部待測訊號（V–）的比較對象。所以使用者可以根據應用需求，而選擇使用類比訊號轉換器或比較器。

比較器相關的暫存器

與比較器相關的暫存器與位元定義如表 10-5 所示。

表 10-5(1)　CMxCON0 暫存器與位元定義表

R/W-0	R-0	R/W-0	R/W-0	R/W-1	R/W-0	R/W-0	R/W-0
CxON	CxOUT	CxOE	CxPOL	CxSP	CxR	CxCH<1:0>	

bit 7　　　　　　　　　　　　　　　　　　　　　　　bit 0

bit 7　**CxON:** Comparator Cx Enable bit 比較器 Cx 致能位元

　　1 = Comparator Cx is enabled

　　0 = Comparator Cx is disabled

bit 6　**CxOUT:** Comparator Cx Output bit 比較器 Cx 結果位元

　　If CxPOL = 1 (inverted polarity):

　　CxOUT = 0 when CxVIN+ > CxVINCxOUT

　　　　　= 1 when CxVIN+ < CxVINIf

　　CxPOL = 0 (non-inverted polarity):

　　CxOUT = 1 when CxVIN+ > CxVINCxOUT

　　　　　= 0 when CxVIN+ < CxVIN

bit 5　**CxOE:** Comparator Cx Output Enable bit 比較器結果輸出（到腳位）致能位元

　　1 = CxOUT is present on the CxOUT pin(1)

　　0 = CxOUT is internal only

bit 4　**CxPOL:** Comparator Cx Output Polarity Select bit 比較器輸出極性選擇位元

　　1 = CxOUT logic is inverted

　　0 = CxOUT logic is not inverted

bit 3　**CxSP:** Comparator Cx Speed/Power Select bit 比較器 Cx 運作速度與功率選擇位元

　　1 = Cx operates in Normal-Power, Higher Speed mode

　　0 = Cx operates in Low-Power, Low-Speed mode

bit 2 **CxR:** Comparator Cx Reference Select bit (non-inverting input) 比較器 Cx 參考訊號選擇位元

    1 = CxVIN+ connects to CXVREF output

    0 = CxVIN+ connects to C12IN+ pin

bit 1-0 **CxCH<1:0>:** Comparator Cx Channel Select bit 比較器 Cx 通道選擇位元

    00 = C12IN0- pin of Cx connects to CxVIN-

    01 = C12IN1- pin of Cx connects to CXVIN-

    10 = C12IN2- pin of Cx connects to CxVIN-

    11 = C12IN3- pin of Cx connects to CxVIN-

    註：使用比較器腳位輸出時，需要完成下列設定，CxOE = 1、CxON = 1 及對應腳位的 TRISx bit = 0.

表 10-5(2)　CM2CON1 暫存器與位元定義表

R-0	R-0	R/W-0	R/W-0	R/W-0	R/W-0	R/W-0	R/W-0
MC1OUT	MC2OUT	C1RSEL	C2RSEL	C1HYS	C2HYS	C1SYNC	C2SYNC

bit 7   bit 0

bit 7 **MC1OUT:** Mirror Copy of C1OUT bit 比較器 C1 輸出鏡像位元（內容與 C1OUT 相同）

bit 6 **MC2OUT:** Mirror Copy of C2OUT bit 比較器 C2 輸出鏡像位元（內容與 C2OUT 相同）

bit 5 **C1RSEL:** Comparator C1 Reference Select bit 比較器 C1 參考訊號選擇位元

    1 = FVR BUF1 routed to C1VREF input

    0 = DAC routed to C1VREF input

bit 4 **C2RSEL:** Comparator C2 Reference Select bit 比較器 C2 參考訊號選擇位元

    1 = FVR BUF1 routed to C2VREF input

    0 = DAC routed to C2VREF input

bit 3 **C1HYS:** Comparator C1 Hysteresis Enable bit 比較器 C1 輸出訊號

CHAPTER

10

遲滯（磁滯）致能位元

1 = Comparator C1 hysteresis enabled

0 = Comparator C1 hysteresis disabled

bit 2 **C2HYS**: Comparator C2 Hysteresis Enable bit 比較器 C2 輸出訊號
遲滯（磁滯）致能位元

1 = Comparator C2 hysteresis enabled

0 = Comparator C2 hysteresis disabled

bit 1 **C1SYNC**: C1 Output Synchronous Mode bit 比較器 C1 同步模式致能
位元

1 = C1 output is synchronized to rising edge of TMR1 clock (T1CLK)

0 = C1 output is asynchronous

bit 0 **C2SYNC**: C2 Output Synchronous Mode bit 比較器 C2 同步模式致能位元

1 = C2 output is synchronized to rising edge of TMR1 clock (T1CLK)

0 = C2 output is asynchronous

表 10-5(3)　比較器相關暫存器與位元表

Name	Bit 7	Bit 6	Bit 5	Bit 4	Bit 3	Bit 2	Bit 1	Bit 0
ANSELA	—	—	ANSA5	—	ANSA3	ANSA2	ANSA1	ANSA0
ANSELB	—	—	ANSB5	ANSB4	ANSB3	ANSB2	ANSB1	ANSB0
CM2CON1	MC1OUT	MC2OUT	C1RSEL	C2RSEL	C1HYS	C2HYS	C1SYNC	C2SYNC
CM1CON0	C1ON	C1OUT	C1OE	C1POL	C1SP	C1R	C1CH<1:0>	
CM2CON0	C2ON	C2OUT	C2OE	C2POL	C2SP	C2R	C2CH<1:0>	
VREFCON1	DACEN	DACLPS	DACOE	—	DACPSS<1:0>		—	DACNSS
VREFCON2	—	—	—	DACR<4:0>				
VREFCON0	FVREN	FVRST	FVRS<1:0>		—	—	—	—
INTCON	GIE/GIEH	PEIE/GIEL	TMR0IE	INT0IE	RBIE	TMR0IF	INT0IF	RBIF
IPR2	OSCFIP	C1IP	C2IP	EEIP	BCL1IP	HLVDIP	TMR3IP	CCP2IP
PIE2	OSCFIE	C1IE	C2IE	EEIE	BCL1IE	HLVDIE	TMR3IE	CCP2IE
PIR2	OSCFIF	C1IF	C2IF	EEIF	BCL1IF	HLVDIF	TMR3IF	CCP2IF
PMD2	—	—	—	—	CTMUMD	CMP2MD	CMP1MD	ADCMD
TRISA	TRISA7	TRISA6	TRISA5	TRISA4	TRISA3	TRISA2	TRISA1	TRISA0
TRISB	TRISB7	TRISB6	TRISB5	TRISB4	TRISB3	TRISB2	TRISB1	TRISB0

█ 比較器的運作程序

PIC18F45K22 類比訊號比較器的設計較以往的架構更爲多元，提供使用者更多使用上的彈性，操作上也更爲簡單。比較器的系統架構圖如圖 10-7 所示。

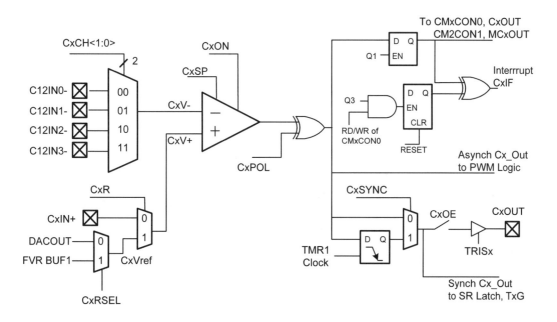

圖 10-7　PIC18F45K22 比較器系統架構圖

█ 比較器的控制

PIC18F45K22 微控制器配置有兩個比較器，每一個比較器有各自的控制暫存器 CM1CON0 與 CM2CON0，另外還有一個 CM2CON1 作爲共同功能的設定與結果同時讀取的設定使用。相關功能請見表 10-5。

█ 比較器的啟動

要使用個別的比較器時，只要將 CMxCON0 中的 CxON 位元設定爲 1，即可開始比較器的作用。未使用時，將 CxON 設定為 0，可以減少電能消耗至最低。但是在啟動前，必須將相對應的腳位適當的設定：

1. 將對應的待測或參考電壓腳位的 ANSEL 位元設定為 1，啟動類比訊號輸入功能。
2. 將對應的待測或參考電壓腳位的數位輸出入設定方向設定為 1（輸入），以免輸出電壓影響量測值。

▎輸入訊號的選擇

　　藉由設定 CMxCON0 暫存器中 CxCH<1:0> 位元的組合，選擇需要的 V- 負端輸入訊號來源。要注意的是，在 Microchip 的微控制器設計上，V- 負端是待測電壓訊號來源，V+ 是參考電壓來源。所以輸出為 1 時，代表待測訊號較參考訊號低。但是這樣的輸出極性，是可以藉由 CxPOL 位元進行調整。

　　正端輸入訊號的來源則是藉由 CMxCON0 暫存器的 CxR 位元，從下列三個訊號來源選擇：

1. CxIN+
2. 內部固定參考電壓 (Fixed Reference Voltage, FVR)
3. 內部數位類比訊號轉換器 (DAC) 輸出訊號

如果使用 CxIN+ 時，同樣需要注意腳位的類比功能相關設定。

▎比較器的結果輸出

　　比較器的結果可以選擇輸出數位訊號至對應的腳位，使用時必須將 CxOE 位元設定為 1 方能改變腳位的輸出狀態，同時也要注意腳位數位輸出入方向要設為 0。比較結果同時將更新控制暫存器的 CxOUT 位元，作為應用程式檢查並控制程式流程的依據。各個比較器除了在 CMxCON1 中，有各自的 CxOUT 位元作為結果的檢查外，當兩個比較器同時開啟時，為減少分別讀取兩個暫存器，以得到比較結果的時間。在 CM2CON1 中，設計有鏡射輸出結果位元

MCxCON，方便程式使用單一指令讀取兩個結果以提升使用效率。

比較器的速度與功率設定

由於比較器電路會在每一個指令週期檢查，並更新比較器的結果，所以一旦開啓比較功能，將會耗費較高的電能。如果應用上有電能的考量，但又不想要關閉比較器功能時，可以將 CxSP 位元設定爲 0，讓比較器執行跟資料更新的速度降低，藉此得到較好的電能效率。

比較器的中斷事件觸發

每個比較器在 PIR 暫存器中對應的中斷旗標位元 CxIF 會在比較結果發生變化時，被設定爲 1；也就是說，無論是輸出由 0 變爲 1，或 1 變爲 0，都將觸發中斷。比較器中斷事件的判斷與觸發，是藉由每一次執行指令時，在指令的 Q1 時脈相位讀取前一次 CxOUT 的結果，然後跟本次指令 Q3 相位時所得到比較結果做檢查；如果 Q1 與 Q3 相位所得到的結果不同，表示比較結果與前一次相較有變化，將會觸發中斷旗標位元 CxIF 的設定。如果在 PIE2 暫存器中，相對應的 CxIE 致能位元也被設定爲 1 而啓動中斷功能時，將會觸發微控制器進入中斷執行函式。當然，使用者在執行完中斷執行函式的內容後，必須自行將 CxIF 位元清除爲 0，以免反覆地進入中斷執行函式。

如果在程式執行睡眠（SLEEP）指令前，比較器中斷的功能已經開啓，則當發生中斷事件時，將可以藉由 CxIF 位元觸發系統喚醒的功能。如果系統不需要利用比較器中斷事件喚醒微控制器的功能，建議在進入睡眠之前，可以將比較器關閉（CxON=0），藉此降低系統在睡眠時的電能消耗。

比較器與計時器 TIMER1 同步的功能

如果需要的話，比較器可以藉由 CM2CON1 暫存器中 CxSYNC 位元的設定，讓比較器結果輸出的 CxOUT 與 TIMER1 的時序脈波訊號同步，使得比較器輸出訊號可以跟 TIMER1 時序脈波的下降邊緣同步。使用時要注意到，必須將 TIMER1 的前除頻器設定爲 1:1，而且注意到 TIMER1 將會在時序脈波的上升邊緣遞加一，而不是下降邊緣。同步功能開啓時，也不要使用比較器作爲 TIMER1 的閘控訊號來源，以免發生不可預期的變化。

範例 10-4

　　利用比較器設定發光二極體的顯示，當可變電阻 VR1 電壓值小於設定的內部電壓時，將 VR1 的類比訊號轉換結果，以二進位方式顯示在 LED 上。當 VR1 電壓值小於設定的內部電壓時，則點亮所有 LED。

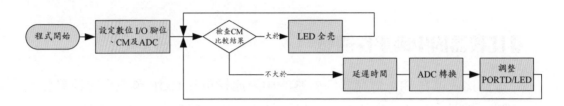

　　針對這個範例的需求，可以了解到主要是在比較的結果出現變化的時候，必須要進行不同的動作程序。其中的一個方式是利用比較器中斷的方式，可以在比較結果由變化的時候，觸發一個比較器中斷的訊號，然後再中斷執行函式中，處理所需要的微控制器動作程序。但是也要特別注意到需求的細節，當外部訊號低於所設定的參考電壓時，必須要持續的更新類比電壓轉換的結果在 LED 燈號上；如果使用中斷的話，將只會在比較結果有變化的一瞬間進行處理，而無法長時間持續的更新電壓轉換的結果。因爲要持續的進行類比電壓的轉換與結果的更新，所以在這個範例中，採取將相關的執行程序撰寫在主程式的永久迴圈中，以便能夠不斷地持續更新類比電壓轉換的結果。當然也可以利用中斷執行函式設定旗標，然後在主程式中根據旗標狀態判斷是否更新。

　　因此，在這個範例中，我們必須要新增比較器的功能，同時爲了提供一個參考電壓的設定，也必須啓用數位轉類比訊號的 DAC 模組。由於在 PIC18F45K22 微控制器上，RA0 同時具有類比電壓轉換，以及比較器輸入 CINx- 的功能，因此我們將開啓腳位的類比電壓量測功能；同時利用 DAC 所設定的參考電壓作爲 CINx+AN 的輸入，以便與 AN0 電壓變化進行比較。

　　首先在 MCC 程式產生器介面中，將比較器模組與 DAC 模組增加到專案資源區域中，然後開啓相關的介面進行設定。再在比較器模組的頁面中，進行

下列的設定，

CMP1

Easy Setup　Registers

Hardware Settings

☑ Enable Comparator　　Positive Input　CVref ▾　routed to: DAC ▾
☐ Enable Synchronous Mode　Negative In...　CIN0- ▾
☐ Enable Comparator Hysteresis
☐ Enable Low Power　　Output Pol...　○ inverted　● not inverted
☐ Enable output Pin

☐ Enable Comparator Interrupt

針對比較器模組，MCC 將會產生下列的程式庫，

```
// 比較器初始化函式
void CMP1_Initialize(void);
// 取得比較結果函式
bool CMP1_GetOutputStatus(void);
```

緊接著，在 DAC 模組的頁面上，可以將參考電壓設定為應用所需要的電壓強度，以便與連接到 AN0 的類比電壓進行比較。相關的設定如下圖所示：

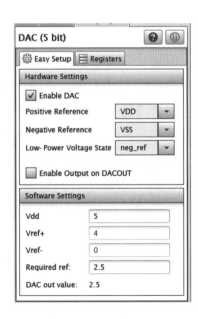

DAC (5 bit)

Easy Setup　Registers

Hardware Settings

☑ Enable DAC
Positive Reference　VDD ▾
Negative Reference　VSS ▾
Low- Power Voltage State　neg_ref ▾

☐ Enable Output on DACOUT

Software Settings

Vdd	5
Vref+	4
Vref-	0
Required ref:	2.5
DAC out value:	2.5

　　在完成上述的設定後，就可以在主程式的永久迴圈中，撰寫相關的比較及結果檢查，以及後續的 LED 燈號更新動作程序如下，

```
while (1){
  if(CMP1_GetOutputStatus()){// 如果 VR1 電壓小於參考電壓
   (VDD-VSS)/2
   _delay(50);              // 時間延遲以完成採樣
   ADC_StartConversion() ;    // 進行類比訊號轉換
   while(!ADC_IsConversionDone()); // 檢查轉換是否完成
   LATD = ADRESH ;
  }
  else LATD=0xFF;// 如果 VR1 電壓大於內部參考電壓，點亮所有 LED
}
```

　　在這裡，利用 C1OUT 位元檢查輸入訊號與參考電壓比較的結果，因為輸入訊號是接到比較器的負端，所以當 C1OUT 為 1 時，輸入訊號是小於參考電壓，所以必須進行類比電壓的轉換，並將結果儲存到 LATD 而顯示在 LED 燈號上。相反的，當 C1OUT 為 0 時，則輸入電壓大於參考電壓，而必須將 LED 燈號全部點亮。

　　最後，留下一個相關的練習給讀者自行完成。當應用程式的需求比較簡單時，可以像這個範例一樣，利用主程式的永久迴圈進行程式的撰寫，而能夠維持相關動作有效的執行。但是當在永久迴圈中所需要執行的動作程序逐漸地增多時，由於程式的規模變得比較冗長，相對所需的執行時間也就變長；這時候，所有動作更新的頻率也就會降低。如果，使用者仍然想要維持一定的工作頻率，就必須利用中斷，甚至加上計時器計算時間，才能夠維持一定的工作頻率。接下來，就請讀者自己嘗試如何修改上述的程式，利用計時器以及比較器的中斷，當比較結果發生變化時，能夠即時的更新 LED 燈號；而又能夠在輸入電壓小於參考電壓時，能夠持續的更新輸入電壓的大小變化。

CHAPTER 11

CCP 模組

　　CCP（Capture/Compare/PWM）模組是 PIC18 系列微控制器的一個重要功能，它主要是用來量測數位訊號方波的頻率或工作週期（Capture 功能），也可以被使用作為產生精確脈衝的工具（Compare 功能），更重要的是，它也能產生可改變工作週期的波寬調變連續脈衝（PWM 功能）。這些功能使得這個模組可以被使用作為數位訊號脈衝的量測，或者精確控制訊號的輸出。

　　當應用程式需要量測某一個連續方波的頻率、週期（Period）或者工作週期（Duty Cycle）時，便可以使用輸入訊號捕捉（Capture）的功能。如果使用者需要產生一個精確寬度的脈衝訊號時，便可以使用輸出訊號比較（Compare）的功能。在許多控制馬達或者電源供應的系統中，如果要產生可變波寬的連續脈衝時，便可以使用波寬調變（Pulse Width Modulation, PWM）的功能。

　　而在較新的微控制器中則配置有增強功能的 CCP 模組（ECCP），以作為控制直流馬達所需要的多組 PWM 脈波控制介面。在 PIC18F45K22 為控制器上，配置有三個 ECCP 模組與兩個 CCP 模組。ECCP 模組中的輸入訊號捕捉（Capture）與輸出訊號比較（Compare）是與 CCP 模組相同的，僅有 PWM 模組建置加強的輸出電力及腳位數量，以便有效率地控制馬達電路。每一個 CCP 或 ECCP 模組的 PWM 功能如表 11-1 所示。由於加強型的 PWM 模組需要更多腳位進行控制，如果使用者選擇其他的微控制器時，需要注意每個模組所能夠執行的功能。

表 11-1　PIC18F45K22 微控制器中 CCP/ECCP 模組的 PWM 功能

ECCP1	ECCP2	ECCP3	CCP4	CCP5
加強的 全橋 PWM 電路	加強的 全橋 PWM 電路	加強的 半橋 PWM 電路	標準的 PWM 單一腳位輸出	標準的 PWM 單一腳位輸出 配有特殊事件觸發器

11.1　傳統的 PIC18 系列微控制器 CCP 模組

　　每一組 CCP/ECCP 模組都可以多工選擇執行輸入訊號捕捉、輸出訊號比較，以及波寬調變的功能；但是在任何一個時間，只能夠執行上述三個功能中的一項。每一個 CCP/ECCP 模組中都包含了一組 16 位元的暫存器（由兩個暫存器 CCPxRL 跟 CCPRxH 組成），它可以被用作為輸入訊號捕捉暫存器、輸出訊號比較暫存器，或者是 PWM 模組的工作週期暫存器。

　　使用不同的模組功能時，可以選擇不同的時序來源。可以選擇的項目如表 11-2 所示。

表 11-2　CCP 模組可選擇的計時器數值來源

模式	計時器數值來源
Capture	TIMER1/TIMER3/TIMER5
Compare	TIMER1/TIMER3/TIMER5
PWM	TIMER2/TIMER4/TIMER6

　　CCP/ECCP 模組的功能，基本上都是由 CCPxCON 與 CCPTMRSx 暫存器所設定，其位元定義表如表 11-3 所示。如果所使用的是 ECCP 模組，則 bit 6～7 也會有與加強型 PWM 相關的功能。

表 11-3(1)　CCP/ECCP 模組相關控制暫存器 CCPxCON 位元定義表

R/x-0	R/W-0	R/W-0	R/W-0	R/W-0	R/W-0	R/W-0	R/W-0
PxM<1:0>		DCxB<1:0>		CCPxM<3:0>			

bit 7　　　　　　　　　　　　　　　　　　　　　　　　　　　　　　bit 0

bit 7-6 **PxM<1:0>**：加強型 PWM 輸出設定位元（僅 ECCP 適用）Enhanced PWM Output Configuration bits

If CCPxM<3:2> = 00, 01, 10: (Capture/Compare 模式)

xx = 僅 PxA 作為 CCP 功能；PxB, PxC, PxD 作為一般數位輸出入腳位。

半橋模式（Half-Bridge ECCP Modules）：僅 ECCPx 適用。

If CCPxM<3:2> = 11: (PWM modes)

0x = 單一輸出（Single Output）；PxA 為 PWM 輸出；PxB 為一般數位輸出入腳位。

1x = 半橋輸出（Half-Bridge output）；PxA 與 PxB 作為有空乏時間的 PWM 輸出腳位。

全橋模式（Full-Bridge ECCP Modules）：僅 ECCPx 適用。

If CCPxM<3:2> = 11:（PWM 模式）

00 = 單一輸出（Single output）；PxA 為 PWM 輸出；PxB/PxC/PxD 為一般數位輸出入腳位。

01 = 全橋正向輸出（Full-Bridge output forward）；PxD 為 PWM 輸出；PxA 致能（Active）；PxB/PxC 關閉（Inactive）。

10 = 半橋輸出；PxA/PxB 作為有空乏時間的 PWM 輸出腳位；PxC/PxD 為一般數位輸出入腳位。

11 = 全橋正向輸出（Full-Bridge output reverse）；PxB 為 PWM 輸出；PxC 致能（Active）；PxA/PxD 關閉（Inactive）。

bit 5-4 **DCxB1:DCxB0**： PWM 工作週期的位元 0 與位元 1 定義。PWM Duty Cycle bit 1 and bit 0

Capture mode: 未使用。

Compare mode: 未使用。

PWM mode: PWM 工作週期的最低兩位元。配合 CCPRxL 暫存器使用。

bit 3-0 **CCPxM3:CCPxM0**： CCP 模組設定位元。CCP Mode Select bits

0000 = 關閉（重置）CCP 模組。

0001 = 保留。

0010 = 比較輸出模式，反轉輸出腳位狀態。

0011 = 保留。

0100 = 捕捉輸入模式，每一個下降邊緣觸發。

0101 = 捕捉輸入模式，每一個上升邊緣觸發。

0110 = 捕捉輸入模式，每四個下降邊緣觸發。

0111 = 捕捉輸入模式，每十六個下降邊緣觸發。

1000 = 比較輸出模式，初始化 CCPx 腳位為低電位，比較相符時，設定為高電位（並設定 CCPxIF）。

1001 = 比較輸出模式，初始化 CCPx 腳位為高電位，比較相符時，設定為低電位（並設定 CCPxIF）。

1010 = 比較輸出模式，僅產生軟體 CCPxIF 中斷訊號，CCPx 保留為一般輸出入使用。

1011 = 比較輸出模式，觸發特殊事件（重置由 CxTSEL 選擇的 TMR1/3/5，設定 CCPxIF 位元；CCPx 腳位不變）。

11xx = 波寬調變模式。

表 11-3(2)　CCP/ECCP 模組相關控制暫存器 CCPTMRS0 位元定義表

R/W-0	R/W-0	U-0	R/W-0	R/W-0	U-0	R/W-0	R/W-0
C3TSEL<1:0>		—	C2TSEL<1:0>		—	C1TSEL<1:0>	
bit 7							bit 0

bit 7-6　**C3TSEL<1:0>:** CCP3 Timer Selection bits　CCP3 配合暫存器選擇位元

00 = CCP3 - Capture/Compare modes use Timer1, PWM modes use Timer2

01 = CCP3 - Capture/Compare modes use Timer3, PWM modes use Timer4

10 = CCP3 - Capture/Compare modes use Timer5, PWM modes use Timer6

11 = Reserved

bit 5　**Unused** 未使用

bit 4-3 **C2TSEL<1:0>:** CCP2 Timer Selection bits CCP2 配合暫存器 選擇位元

00 = CCP2 – Capture/Compare modes use Timer1, PWM modes use Timer2

01 = CCP2 – Capture/Compare modes use Timer3, PWM modes use Timer4

10 = CCP2 – Capture/Compare modes use Timer5, PWM modes use Timer6

11 = Reserved

bit 2 **Unused** 未使用

bit 1-0 **C1TSEL<1:0>:** CCP1 Timer Selection bits CCP1 配合暫存器 選擇位元

00 = CCP1 – Capture/Compare modes use Timer1, PWM modes use Timer2

01 = CCP1 – Capture/Compare modes use Timer3, PWM modes use Timer4

10 = CCP1 – Capture/Compare modes use Timer5, PWM modes use Timer6

11 = Reserved

表 11-3(3) CCP/ECCP 模組相關控制暫存器 CCPTMRS1 位元定義表

U-0	U-0	U-0	U-0	R/W-0	R/W-0	R/W-0	R/W-0
—	—	—	—	C5TSEL<1:0>		C4TSEL<1:0>	

bit 7   bit 0

bit 7-4 **Unimplemented:** Read as '0' 未使用

bit 3-2 **C5TSEL<1:0>:** CCP5 Timer Selection bits CCP5 配合暫存器 選擇位元

00 = CCP5 – Capture/Compare modes use Timer1, PWM modes use Timer2

01 = CCP5 - Capture/Compare modes use Timer3, PWM modes use Timer4

10 = CCP5 - Capture/Compare modes use Timer5, PWM modes use Timer6

11 = Reserved

bit 1-0 **C4TSEL<1:0>**: CCP4 Timer Selection bits　CCP4 配合暫存器選擇位元

00 = CCP4 - Capture/Compare modes use Timer1, PWM modes use Timer2

01 = CCP4 - Capture/Compare modes use Timer3, PWM modes use Timer4

10 = CCP4 - Capture/Compare modes use Timer5, PWM modes use Timer6

11 = Reserved

　　由於 PIC18F45K22 微控制器增加了許多新功能，即便是有 40 個腳位可以多工分配，也常發生捉襟見肘，腳位被占用而無法使用所需功能的情形。為了增加使用的彈性跟設計的方便，較新的微控制器除了在單一腳位上可以多工選擇功能之外，也增加將特定功能輸出可以多工選擇到不同腳位的功能。CCP/ECCP 模組可以多工選擇的腳位如表 11-4 所示。但是這些設定必須在系統專案設定時，利用設定位元（Configuration bits）事先選擇；一旦燒錄程式之後，就無法在程式執行中進行調整。

表 11-4　PIC18F45K22 微控制器 CCP/ECCP 模組腳位多工選擇定義表

CCP OUTPUT	CONFIG 3H Control Bit	Bit Value	PIC18F4XK22 I/O pin
CCP2	CCP2MX	0	RB3
		1*	RC1
CCP3	CCP3MX	0*	RE0
		1	RB5

*：預設值

爲了方便學習，接下來將把 CCP/ECCP 模組分成輸入訊號捕捉（Capture）、輸出訊號比較（Compare）、一般的脈波寬度調變（PWM）與加強的 PWM 模組分別介紹。

11.2   輸入訊號捕捉模式

輸入訊號捕捉的模式操作架構圖如圖 11-1 所示。

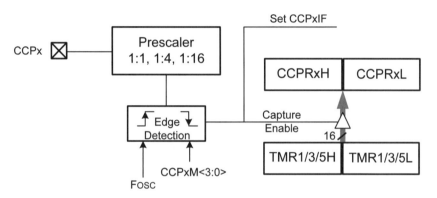

圖 11-1   輸入訊號捕捉模式的架構圖

從輸入訊號捕捉的架構圖中可以看到，輸入訊號將先經過一個可設定的前除器作除頻的處理，然後再經過一個訊號邊緣觸發偵測的硬體電路。

在訊號捕捉模式下，當在 CCPx 腳位有一個特定的事件發生時，CCPR1H 與 CCPR1L 暫存器，將會捕捉計時器 TIMER1、TIMER3 或 TIMER5 的暫存器內容，作爲後續核心處理器擷取資料的位址。在這同時，則會觸發核心處理器的 CCP 中斷事件旗標訊號。所謂特定的事件定義爲下列項目之一：

- 每一個訊號下降邊緣。
- 每一個訊號上升邊緣。
- 每四個訊號上升邊緣。
- 每十六個訊號上升邊緣。

事件定義的選擇是藉由控制位元 CCPxM3: CCPxM0 所設定的。當完成一個訊號捕捉時，PIR1/2/4 暫存器中，相對應的中斷旗標位元 CCPxIF 將會被設定為 1，這個中斷旗標位元必須要用軟體，也就是使用者的應用程式才能夠清除為 0。如果另外一次的捕捉事件在 CCPR1 暫存器的內容被讀取之前發生，則舊的訊號捕捉數值，將會被新的訊號捕捉結果改寫而消失。如果在輸入訊號捕捉功能開啟時，改變捕捉的模式，可能會引發錯誤的中斷觸發。如果要避免這樣的錯誤，建議在更換 CCP 模式時，將相關 PIE1/2/4 暫存器的中斷致能位元 CCPxIE 關閉；而且開啟模組之前，最好將相關的 CCPxIF 中斷旗標位元先清除為 0，以免開啟模組功能時，發生不可預期的中斷。

　　使用輸入訊號捕捉功能時，必須要開啟一個對應的 16 位元計時器才能使用。使用者可以藉由 CCPTMRS1 與 CCPTMRS0 暫存器的各個 CCP 模組對應的計時器，選擇位元設定對應的計時器。例如，如果 ECCP1 被開啟，且設定為輸入訊號捕捉功能時，如果 CCPTMRS0 暫存器的 C1TSEL<1:0> 位元被設定 00，則將使用 TIMER1；如果 C1TSEL<1:0> 被設定 01，則將使用 TIMER3；以此類推。同樣的設定也適用於輸出訊號比較的對應計時器設定，但是，如果 CCP 或 ECCP 模組被設定為 PWM 功能時，則對應使用的計時器將會是 TIMER2/TIMER4/TIMER6。

▌ 輸入捕捉模組的前除頻器

　　以 CCP1 為例，藉由 CCP1M3: CCP1M0 的設定，應用程式可以選擇 4 種前除器的比例。當 CCP 模組被關閉或者模組不是在輸入訊號捕捉模式下操作時，前除器的計數內容將會被清除為 0。在切換不同的輸入捕捉前除器設定時，可能會產生一個中斷的訊號；而且前除器的計數內容可能不會被清除為 0。因此，第一次訊號捕捉的結果可能是經過一個不是由 0 開始的前除器。為了避免這些可能的錯誤發生，建議先關閉 CCP 模組後，再進行修改前除器的程序並重新開啟。

▌ 睡眠模式下的輸入捕捉

　　輸入捕捉的執行需要一個 16 位元的計時器 TIMER1/TIMER3/TIMER5，

作為計時的基礎。所選擇的計時器可以依照計時器的功能，選擇四種計時器的驅動方式：

1. 系統時脈（F_{OSC}）
2. 指令時脈（$F_{OSC}/4$）
3. 輔助外部時脈
4. TxCKI 外部時脈輸入

當計時器選擇使用系統時脈或指令時脈時，在微控制器進入睡眠模式時，計時器將會因為系統時脈或指令時脈被關閉而不會繼續計時。因此，如果要在睡眠模式下繼續使用輸入捕捉功能，必須使用外部時脈或輔助外部時脈，以免得到錯誤的結果。

11.3 輸出訊號比較模式

輸出訊號比較模式的操作架構圖如圖 11-2 所示。

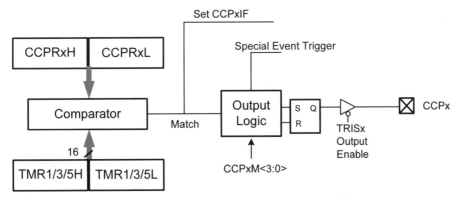

圖 11-2　輸出訊號比較模式的架構圖

在輸出訊號比較的架構圖中，所選定的 TIMER1/3/5 計時器的 16 位元（TMRxH 與 TMRL）內容，將透過一個比較器與 CCPx 模組暫存器（CCPxRH 及 CCPxRL）所儲存的數值做比較。當兩組暫存器的數值符合時，比較器將會發出一個訊號；這個輸出訊號將觸發一個中斷事件，而且將觸發 CCPxCON 控制暫存器所設定的輸出邏輯。輸出邏輯電路將會根據控制暫存器所設定的內容，將訊號輸出腳位透過 SR 正反器，設定為高或低電位訊號狀態，而且也會啟動特殊事件觸發訊號。特別要注意到，SR 正反器的輸出必須通過資料方向控制暫存器位元 TRIS 的管制，才能夠傳輸到輸出腳位。

在輸出訊號比較模式下，16 位元長的 CCPRx L/H 暫存器的數值，將持續地與計時器 TMR1/3/5 暫存器的內容比較。當兩者的數值內容符合時，對應的 CCPx 腳位將會發生下列動作的其中一種：

- 提升為高電位。
- 降低為低電位。
- 輸出訊號反轉（H → L 或 L → H）。
- 保持不變。

藉由 CCPxM3: CCPxM0 的設定，應用程式可以選擇上述四種動作中的一種。在此同時，PIR1/2/4 暫存器中相對應的中斷旗標位元 CCPxIF 將會被設定為 1，這個旗標位元必須由軟體清除為 0。

▌CCP 模組設定

在輸出訊號比較的模式下，CCPx 腳位必須藉由 TRIS 控制位元設定為訊號輸出的功能。在這個模式下，所選用的計時器模組（TIMER1/3/5）必須要設定在計時器模式，或者同步計數器模式之下執行。如果設定為非同步計數器模式，輸入訊號捕捉的工作可能沒辦法有效地執行。應用程式可以藉由 CCPTMRS0 與 CCPTMRS1 控制暫存器，來設定 CCP 模組所使用的計時器。

▌軟體中斷

當模組被設定產生軟體中斷訊號模式時，CCPx 腳位的狀態將不會受到影響，而只會產生一個內部的軟體中斷訊號。

◙ 特殊事件觸發器

在這個模式下，將會有一個內部硬體觸發器的訊號產生，而這個訊號可以被用來觸發一個核心處理器的動作。

CCP5 模組的特殊事件觸發輸出，將會把計時器 TIMER1/3/5 暫存器的內容清除為 0。這樣的功能，在實務上將會使得 CCPR5 成為 TIMERx 計時器可調整的 16 位元週期暫存器，類似 TIMER2/4/6 的 PR2/4/6 暫存器。除此之外，如果類比訊號模組的觸發轉換功能被開啟，CCP5 的特殊事件觸發器也可以被用來啟動類比數位訊號轉換。

◙ 睡眠模式下的輸出比較

輸出比較的執行需要一個 16 位元的計時器 TIMER1/TIMER3/TIMER5 作為計時的基礎，當計時器選擇使用系統時脈或指令時脈時，在微控制器進入睡眠模式時，計時器將會因為系統時脈或指令時脈被關閉，而不會繼續計時。因此，如果要在睡眠模式下繼續使用輸出比較功能，必須要使用外部時脈或輔助外部時脈，以免得到錯誤的結果。一般使用下，輸出比較通常是作為精確時脈輸出或計時使用，所以如果計時器使用系統時脈或指令時脈作為計時基礎時，應在進入睡眠模式前將輸出比較功能關閉，以免發生不可預期的結果。

在下面的範例中，讓我們以程式來說明，如何利用輸出比較模組產生一個週期反覆改變的訊號。

範例 11-1

將微控制器的 CCP 模組設定為輸出比較模式，配合計時器 TIMER1 於每一次比較相同訊號發生時，進行可變電阻的電壓採樣，並將類比訊號採樣結果顯示在發光二極體上。然後使用該類比電壓值改變輸出比較訊號的週期，並以此訊號週期觸發 LED0 閃爍，顯示訊號的變化。

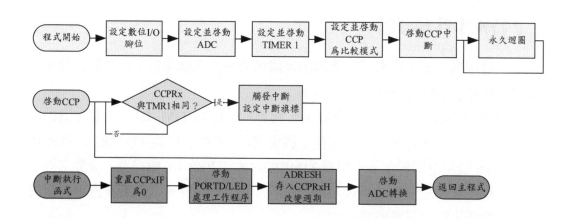

為了滿足範例的需求，首先必須將 LED 燈號相關的腳位，設定為數位輸出的功能；同時將可變電阻 VR1 對應的腳位 RA0/AN0 設定為類比輸入，並開啟類比訊號轉換模組的功能。更重要的是，除了要開啟輸出比較功能的 ECCP1 模組之外，也要將配合使用的計時器 TIMER1 做適當的設定。讓我們先來看看計時器 TIMER1 的設定。透過 MCC 的介面，可以將 TIMER1 設定如下，

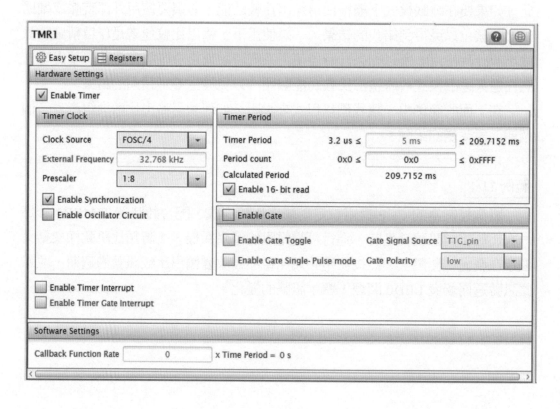

在這裡將計數器設定使用內部時脈,同時將前除器設定為 8 倍,以便觀察實驗結果。當使用計數器配合輸出比較使用時,希望讓計數器可以持續的由 0 開始計數,所以將不開啟中斷的功能;同時也會讓計數器從零開始計數一直到溢流後,自動歸零然後持續的計數。

在輸出比較的部分,先將 ECCP1 模組加入到專案資源區域後,然後調整相關的設定為輸出比較以及特殊事件觸發的功能。

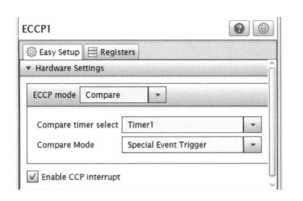

為了在輸出比較事件發生的瞬間即時進行範例程式的設計需求,將會開啟 CCP1 的中斷功能。綜合以上的設定,當發生輸出比較時間的同時,特殊事件觸發的功能將會把計時器重置為零,同時藉由 CCP1 的中斷執行函式可以設計相關的資料處理來滿足需求。在中斷模組的管理頁面中,可以看到在這個範例僅僅開啟了 CCP1 的中斷功能,而且因為只有一個中斷訊號的需求,所以不需要開啟高低優先中斷層級的功能。

在完成設定之後,利用 MCC 自動產生相關的設定程式與函式庫。在 eccp1.c 的程式中,可以看到下列相關的函式,

```
// ECCP1 初始化設定函式
void ECCP1_Initialize(void);
// 輸出比較週期暫存器設定函式
void ECCP1_SetCompareCount(uint16_t compareCount);
// 輸出比較中斷執行函式
void ECCP1_CompareISR(void);
```

輸出比較功能模組利用特殊事件觸發，可以在比較相同時自動將計時器重置為零，因此要根據類比訊號轉換結果，調整 LED0 訊號變化的週期的話，只需要在類比訊號轉換完成之後，設定暫存器的數值即可。這些動作都可以在輸出比較觸發中斷時執行中斷函式完成，相關的內容如下，

```
void ECCP1_CompareISR(void)
{
    // Clear the ECCP1 interrupt flag
    PIR1bits.CCP1IF = 0;
    // 範例需求處理
    while(ADCON0bits.GO_nDONE);   // 等待 ADC 轉換完成
    if(PORTDbits.RD0)             // LED0 反轉與 LED1~7 顯示 ADRESH
                                  // (bit 1~7))
        LATD = (ADRESH & 0xFE) ;// 亮則利用 &0xFE 將其關閉，LED1~7=
                                  //                   ADRESH(1:7)
    else
        LATD = (ADRESH | 0x01) ;// 暗則利用 |0x01 將其關閉，LED1~7=
                                  //                   ADRESH(1:7)

    CCPR1H = ADRESH;              // 更新比較輸出週期

    ADCON0bits.GO_nDONE=1;        // 啟動 ADC 轉換作為下次更新資料使用
}
```

在這裡，我們仍然直接使用暫存器與位元名稱撰寫程式，而避免使用像 ADC_IsConversionDone() 這樣的函式查詢類比訊號轉換是否完成。讀者可以自行參閱 adc.c 中的函式庫內容，就可以了解到呼叫這些函式必須要花費更多的執行時間；因此，對於熟悉微控制器的使用者，自然而然地就會使用類似組合語言的撰寫方式，藉以得到更高的執行效率並縮減程式的大小。

在範例中，為了保留 LED0 作為顯示輸出比較發生時的燈號閃爍頻率，因

此在中斷執行函式中，先利用 RD0 讀取目前燈號的狀態；然後再利用「且」及「或」的邏輯運算在一個運算敘述中，在 LED0 燈號反轉的同時，把類比訊號轉換結果較高的 7 個位元顯示在對應的 LED 燈號上。同時在中斷執行函式的最後，將啓動下一次的類比訊號轉換。可能有讀者會懷疑，是否需要等待類比訊號轉換完成後，再離開中斷執行函式？在這裡要跟大家討論一個很重要的觀念，中斷執行函式的執行時間。

由於中斷執行函式是強制性的，從主程式的永久迴圈中跳脫而進入，因此在永久迴圈中的其他工作必須要等待中斷執行函式完成後，才能夠繼續執行。爲了避免一些重要的資料處理動作因爲長時間的脫離而產生變化，特別是外部訊號的變化，一般而言，都會希望使用者撰寫中斷執行函式時，應該儘量的縮短所需要的執行時間。因此，由於類比訊號轉換需要相當長的時間，如果在進入中斷執行函式才啓動類比訊號的轉換，然後等待轉換完成後，再進行相關的燈號與資料更新的話，將會導致應用程式在中斷執行函式停留的時間過久，可能會影響到永久迴圈中其他資料運算工作的執行結果。簡單的說，在中斷執行函式中，必須要快進快出，縮短執行時間。因爲類比訊號轉換模組在設定轉換啓動的 GO 位元之後會自動運行，而且比較週期的更新只要在下一次比較相同發生的時候進行即可；因此，這個範例程式在每一次的中斷執行函式結束前，啓動類比訊號轉換，而在下一次進入中斷執行函式的一開始直接讀取 AD-RESH 轉換結果的高位元組即可。如此一來，便可以省下等待轉換結果的時間。而爲了避免類比訊號轉換結果的資料全部爲 0 時，導致比較週期的更新出現不可預期的狀態，在範例程式中，刻意的將 CCPR1L 暫存器設定爲 0XFF，因此每一次的比較發生訊號，將會有一定的最小間隔時間。

另外，再一次地提醒讀者，不要忘記在主程式 main.c 檔案中開啓相關中斷的致能函式。

11.4 CCP 模組的基本 PWM 模式

在波寬調變（PWM）的操作模式下，CCPx 腳位可以產生一個高達 10 位元解析度的波寬調變輸出訊號。由於 CCPx 腳位與一般數位輸出入的腳位多工共用，因此必須將對應腳位的 TRIS 控制位元清除爲 0，使 CCPx 腳位成爲一

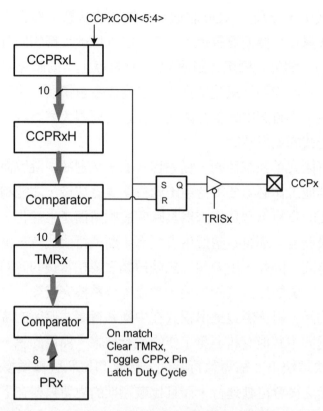

圖 11-3　PWM 模式的架構圖

個訊號輸出腳位。

　　PWM 模式操作的架構圖如圖 11-3 所示。

　　從 PWM 模式的架構圖中，可以看到 TIMER2/4/6 計時器的計數內容，將
與兩組暫存器的內容做比較。首先，TIMER2/4/6 計數的內容將與 PR2/4/6 週
期暫存器的內容做比較；當內容相符時，比較器將會對 SR 正反器發出一個
設定訊號，使輸出值為 1。同時，TIMER2/4/6 計數的內容將和 CCPRxH 與
CCPxCON<5:4> 共組的 10 位元內容做比較；當這兩組數值內容符合時，比較
器將會對 SR 正反器發出一個清除的訊號，使腳位輸出低電壓訊號。而且 SR
正反器的輸出訊號，必須受到 TRIS 控制位元輸出入方向的管制。波寬調變的
輸出是一個以時間定義為基礎的連續脈衝。

　　基本上，波寬調變的操作必須要定義一個固定的脈衝週期（Period）以及
一個輸出訊號保持為高電位的工作週期（Duty Cycle）時間，如圖 11-4 所示。

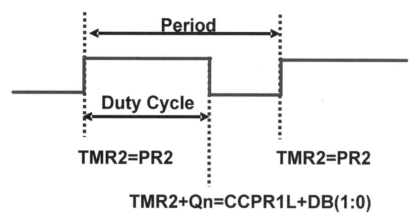

圖 11-4 波寬調變的脈衝週期及工作週期時間定義

PWM 週期

波寬調變的週期是由計時器 TIMER2/4/6 相關的 PR2/4/6 週期暫存器的內容所定義。波寬調變的週期可以用下列的公式計算：

$$\text{PWM period} = [\text{PRx} + 1]*4*\text{Tosc}*(\text{TMRx prescale value})$$

波寬調變的頻率就是週期的倒數。

當計時器 TIMER2/4/6 的內容，等於 PR2/4/6 週期暫存器的所設定的內容時，在下一個指令執行週期將會發生下列的事件：

- TMRx 被清除為 0。
- CCPx 腳位被設定為 1（當工作週期被設定為 0 時，CCPx 腳位訊號將不會被設定）。
- 下一個 PWM 脈衝的工作週期，將會由 CCPRxL 被栓鎖到 CCPRxH 暫存器中。

PWM 工作週期

PWM 工作週期（Duty Cycle）是藉由寫入 CCPRxL 暫存器，以及 CCPx-

CON 暫存器的第 4、5 位元 DCxB<1:0> 的數值所設定，因此總共可以有高達 10 位元的解析度。其中，CCPRxL 儲存著較高位址的 8 個位元，而 CCPxCON 則儲存著較低的兩個位元。下列的公式可以被用來計算 PWM 的工作週期時間：

PWM duty cycle = (CCPRxL:CCPxCON<5:4>)*Tosc *(TMRx prescale value)

CCPRxL 暫存器及 CCPxCON 暫存器的第 4、5 位元，可以在任何的時間被寫入數值，但是這些數字將要等到工作週期暫存器 PR2/4/6 與計時器 TIM-ER2/4/6 內容符合的事件發生時，才會被轉移到 CCPRxH 暫存器。在 PWM 模式下，CCPRxH 暫存器的內容只能被讀取而不能夠被直接寫入。

CCPRxH 暫存器和另外兩個位元長的內部栓鎖器被用來作為 PWM 工作週期的雙重緩衝暫存器。這樣的雙重緩衝器架構可以確保 PWM 模式所產生的訊號不會雜亂跳動。

當上述的十個位元長的（CCPRxH+2 位元）緩衝器符合 TIMER2/4/6 暫存器與內部兩位元栓鎖器的內容時，CCPx 腳位的訊號將會被清除為 0。對於一個特定的 PWM 訊號頻率所能得到的最高解析度，可以用下面的公式計算：

Resolution = log[4(PRx + 1)]/log(2) bits

如果應用程式不慎將 PWM 訊號的工作週期，設定的比 PWM 訊號週期還長的時候，CCPx 腳位的訊號將不會被清除為 0。換句話說，將會呈現 100% 的工作週期。

▌PWM 操作的設定

如果要將 CCPx 模組設定為 PWM 模式的操作時，必須要依照下列的步驟進行：

• 將 CCPTMRS0 或 CCPTMRS1 控制暫存器中的 CxTSEL<1:0> 設定成對應的計時器 TIMER2/4/6。

- 將 PWM 訊號週期（Period）寫入到 PR2/4/6 暫存器週期。
- 將 PWM 工作週期（Duty Cycle）寫入到 CCPRxL:CCPxCON<5:4>。
- 將數位輸出入訊號方向控制位元 TRIS 清除為 0，使 CCPx 腳位成為訊號輸出腳位。
- 設定計時器 TIMMR2/4/6 的前除器，並開啟 TIMER2/4/6 計時器的功能。
- 將 CCPx 模組設定為一般 PWM 操作模式。

在範例 11-1 中，利用輸出比較的功能調整 LED0 燈號閃爍的週期，但是由於明跟暗的時間是相同的，也就是說工作週期是 50%，要將這個訊號作為控制的功能是無法調整的。接下來，在範例 11-2 中，一起來學習產生一個固定頻率，但是可以改變工作週期的 PWM 訊號。

範例 11-2

利用類比數位訊號轉換模組的量測可變電阻的電壓值，並將轉換的結果以 8 位元的方式，呈現在 LED 發光二極體顯示。同時以此 8 位元結果作為 CCP1 的 PWM 模組之工作週期設定值，產生一個頻率為 4000 Hz 的可調音量蜂鳴器週期波。

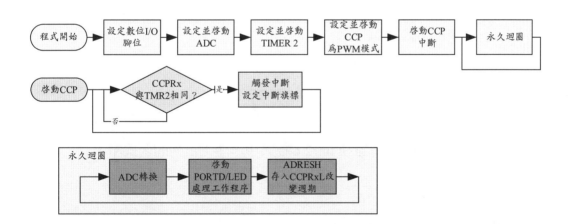

範例程式中，為了要產生 4000 Hz 的訊號，必須將週期暫存器 PR2 設定為 155，而且將 CCP1CON 暫存器中，與週期有關的另外兩個低位元 DCB(1:0) 設定為 00，再加上將 TIMER2 計時器的前除器設為 4 倍，因此將可

以計算 PWM 脈衝的週期為：

$$PWM\ period = (PR2+1)\times 4\times Tosc\times(TMR2\ prescale\ value)$$
$$= (155+1)\times 4\times(1\ /\ (10\ MHz))\times(4)$$
$$= 0.00025\ sec$$

換算為頻率就是 4000 Hz。另外，在範例程式中延遲時間的計算函式方面，也值得讀者詳細地去推敲如何精準地控制延遲時間。

　　為了達到上述的需求，在專案的 MCC 介面下，必須要加入 PWM 功能所在的 ECCP1 模組、搭配使用的計時器 TIMER2 模組，以及作為調整依據的 ADC 模組。首先，根據上面的計算公式將計時器 TIMER2 的週期設定為 0.00025 秒，也就是 4000 Hz，相關的設定畫面，如下圖所示，

MCC 將會為 TIMER2 計時器在 tmr2.c 檔案中，產生下列的函式庫，

```
// TMR2 初始化函式
void TMR2_Initialize(void);
// 啟動計時器函式
void TMR2_StartTimer(void);
// 停止計時器函式
void TMR2_StopTimer(void);
```

```
// 讀取計時器數值函式
uint8_t TMR2_ReadTimer(void);
// 寫入計時器數值函式
void TMR2_WriteTimer(uint8_t timerVal);
// 寫入計時器週期暫存器函式
void TMR2_LoadPeriodRegister(uint8_t periodVal);
// 計時器中斷執行函式
void TMR2_ISR(void);
// 設定計時器中斷執行處理函式
void TMR2_SetInterruptHandler(void (* InterruptHandler)(void));
// 計時器外部中斷執行程序
extern void (*TMR2_InterruptHandler)(void);
// 預設計時器中斷執行處理程序
void TMR2_DefaultInterruptHandler(void);
```

類比訊號轉換模組的部分，仍然使用跟前一個範例相同的可變電阻 VR1。而最重要的 PWM 功能設定則是在 ECCP1 頁面中完成，其設定如下，

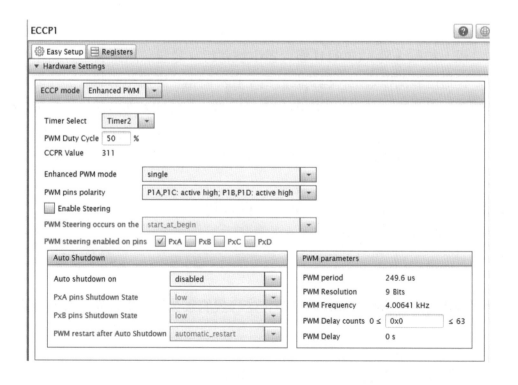

由於實驗板上的 ECCP1 只設計了一個輸出腳位 RC2，連接到蜂鳴器的驅動電路，因此在這裡選擇了單一腳位 single 的選項。此時 MCC 將會產生一個 epwm1.c 的檔案，其中並產生下列的函式庫，

```
// PWM 初始化函式
void EPWM1_Initialize(void);
// 載入 PWM 工作週期函式
void EPWM1_LoadDutyValue(uint16_t dutyValue);
```

最後讓我們來探討什麼時候要進行類比訊號的量測，以及工作週期的更新。當使用 ECCPx 模組的時候，由於同時使用了計時器，因此在一個週期的循環中，可以有兩次的中斷：一個由計時器產生；一個由 PWM 模組產生。在這個範例中，如果類比訊號量測的啓動是由 PWM 的中斷訊號出發後，在中斷執行函式中所設定，則在應用時如果工作週期的數值較大時，例如 99%，可能在類比訊號尚未完成之前，就已經進入下一個訊號的週期，這樣就延遲了一次訊號更新的時間；反過頭來，如果使用計時器的中斷，則中斷的訊號發生將會是在計時器數值與 PR2 週期暫存器相同時，也就是在一個訊號週期的結束或者是開始的時候。如果利用計時器的中斷啓動類比訊號轉換，通常可以在一次的訊號週期內完成，而更新 CCPR1L 的數值，並且會在下一個訊號週期開始的時候，被載入到 CCPR1H 暫存器中被執行。考量到訊號發生時間點的一致性，在這個範例程式中，程式設計爲了在計時器中斷發生的時候，啓動類比訊號轉換，同時爲了減少在中斷執行函式中等待的時間，而將類比訊號轉換結果以及工作週期更新的動作程序放置在主程式的永久迴圈中。所以在中斷模組中，我們將自開啓計時器 TIMER2 的中斷功能，其中斷執行函式的內容如下，

```
void TMR2_DefaultInterruptHandler(void){
    ADCON0bits.GO_nDONE=1;
}
```

在這裡將啓動類比訊號的轉換，同時在主程式的永久迴圈中，完成轉換結果的

擷取以及工作週期的更新如下，

```
while (1){
  if(!ADCON0bits.GO_nDONE) {
    EPWM1_LoadDutyValue(ADC_GetConversionResult());
    if(CCPR1L>PR2)  CCPR1L=PR2;   // 限制工作週期的最大值
    LATD=CCPR1L;                  // 在 LED 顯示工作週期設定值
  }
}
```

當轉動可變電阻時，會以類比訊號轉換結果改變 PWM 的工作週期。當工作週期越大時，蜂鳴器的聲音應當越大，但是由於實驗板的壓電式蜂鳴器，是藉由正負電位變化產生震盪的裝置，因此最大聲音會發生於工作週期為 50% 的時候。當正負電位時間差異加大時，震動範圍將縮小而降低聲音。但是如果將 PWM 外接馬達作為控制訊號時，則當工作週期越大時，馬達的轉速將會愈快。

除此之外，讓我們討論一個使用 MCC 程式產生器的缺點。由於 MCC 產生的 PWM 初始化函式是根據使用者在設定頁面中的數值建立的，因此每一次呼叫這個初始化函式所設定的功能與內容將會是一樣的。假設讀者想要在應用程式中，不斷地更改聲音的頻率時，就不能夠一再地使用這個初始化函式進行頻率的調整。這是因為初始化函式並沒有提供任何的輸出入引數作為調整的通道。這樣的困境要如何因應呢？讀者可以朝兩個方向去思考：首先，讀者可以複製 MCC 所產生的函式，將部分的內容修改成變數，就可以調整函式執行的內容。但是這樣的修改就會有重複，或者是類似的函式存在於同樣的專案中，會增加程式記憶體的需求。而且，在函式名稱上面也可能造成混淆。第二個選項，也是比較建議讀者採用的，是在了解微控制器相關功能以及暫存器設定的方式後，直接以暫存器名稱進行相關功能的設定與調整。這樣的方式，不但不用受限於 MCC 函式庫的限制，而且在調整功能時，可以更直接而且有效率的完成相關的設定功能。

CHAPTER

11

■練習

　　修改範例 11-2，保留同樣的功能，但是當每一次按鍵 SW1 觸發時，調整聲音的頻率在 3000 與 4000 Hz 間切換。

┃範例 11-3┃

　　利用 CCP1 模組的 PWM 模式產生一個週期變化的訊號，並以可變電阻 VR1 的電壓值調整訊號的週期。然後利用短路線，將這個週期變化的訊號傳送至 CCP2 模組的腳位上，利用模組的輸入訊號擷取功能計算訊號的週期變化，並將高位元的結果顯示在發光二極體上。

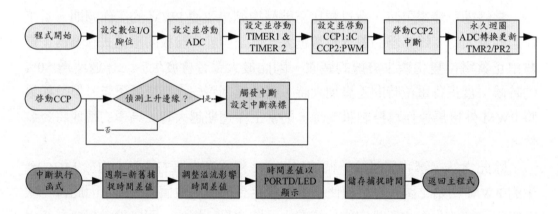

　　在範例程式中，將 CCP2 模組的輸入訊號捕捉功能，設定為在每一次訊號下降邊緣時觸發；然後藉由與前一次觸發時的計時器數值比較，計算出兩次訊號下降邊緣的時間間隔，也就是一個完整訊號的週期。

　　首先說明 PWM 訊號產生的部分。在這裡沿用範例 11-2 的觀念與內容，仍然維持著由類比訊號轉換的結果更新 TIMER2 計數週期的架構。為了降低訊號的頻率，使讀者容易由 CCP2 所連接的 LED9 燈號上觀察訊號的變化，程式中將 ECCP1 產生 PWM 訊號所搭配使用的 TIMER2 計時器的前除器調整為最大比例 16 倍。而且仍然維持利用 TIMER2 計時器中斷觸發類比訊號轉換的模式。

　　接下來，將利用 ECCP2 模組的輸入捕捉功能，搭配計時器 TIMER1 進行輸入訊號邊緣捕捉，以及間隔時間的計算。首先在計時器 TIMER1 的設定上，將使用內部指令週期作爲訊號來源，同時會讓 TIMER1 計時器從 0x0000 到 0xFFFF 持續的反覆計算時間，而且不會使用中斷訊號的功能。有關 TIMER1 計時器的設定，如下圖所示，

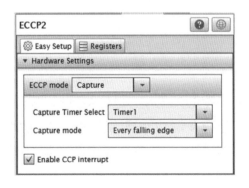

在 ECCP2 模組的設定上，將會開啓成輸入捕捉的模式，並且以計時器 TIM-ER1 爲計時基礎，捕捉每一個下降邊緣，相關的設定，如下圖所示，

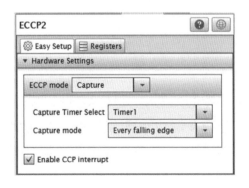

MCC 將會爲輸入捕捉在 eccp2.c 檔案中，自動產生下列的函式庫，

```
// ECCP2 初始化函式
void ECCP2_Initialize(void);
// 輸入捕捉中斷執行函式
void ECCP2_CaptureISR(void);
// ECCP2 事件呼叫函式
void ECCP2_CallBack(uint16_t capturedValue);
```

由於在這個範例中，設定了兩個可以觸發中斷的功能模組，TIMER2 與
ECCP2，因此必須要設定這兩個中斷的執行優先順序。考量輸入捕捉訊號處
理的即時性較為重要，在這個範例中將把 ECCP2 設定為高優先中斷，而將計
時器 TIMER2 的中斷執行函式設定為低優先中斷。相關的中斷管理設定頁面，
如下圖所示，

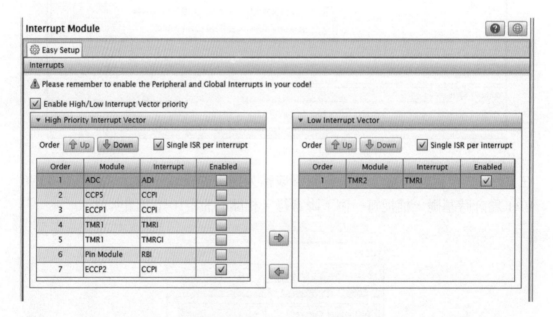

讀者可以看到在高優先中斷的列表中，這個範例只開啟了 ECCP2 的中斷功能。
如果在高優先中斷中，也有多個功能被開啟的時候，使用者可以按照順序由上
而下的決定在高優先中斷群組中各個功能中斷訊號被優先判斷執行的先後順
序。換句話說，在同一個層級的中斷執行函式中，所有中斷訊號的優先順序，
是由使用者撰寫程式而決定的。

另外一個要注意的是，Microchip 在較新的微控制器上，採用了一個更為彈型的腳位功能設定設計，稱之為可程式腳位選擇。在 PIC18F45K22 上簡化為功能腳位多工設計，例如 CCP2 的腳位除了傳統的 RC1 腳位之外，也可以選擇變換到 RB3，以便在需要 RC1 腳位上其他功能時不至於衝突而無法使用。使用者只需要在 MCC 介面下，在腳位表格顯示區域中，在 ECCP2 功能列上選擇 RB3 即可，如下圖所示，

這會在 device_config.c 檔中修改設定為

```
#pragma config CCP2MX = PORTB3 // CCP2 MUX bit multiplexed with RB3
```

在完成MCC程式產生器的設定之後，必須要進行下列程式的撰寫與修改。首先在計時器TIMER2的中斷執行函式中，增加啟動類比訊號轉換的設定。

```
void TMR2_DefaultInterruptHandler(void){
    ADCON0bits.GO_nDONE=1; // 啟動類比訊號轉換
}
```

而類比訊號轉換完成之後，會在主程式的永久迴圈中，將類比訊號轉換的結果，載入到 ECCP1 的 PWM 訊號週期中。

CHAPTER

11

```
    while (1) {
      if(!ADCON0bits.GO_nDONE) {    // 等待轉換結束
        CCPR1L=ADRESH;              // 將高位元組載入 PWM 訊號週期 PR2
        if(CCPR1L>PR2) CCPR1L=PR2;  // 限制工作週期的最大與最小值
        if(CCPR1L<2)      CCPR1L=3;
      }
    }
```

因此執行時，仍然可以聽到蜂鳴器聲音大小的變化。

在輸入捕捉中斷函式的部分，MCC 產生的函式庫中

```
void ECCP2_CaptureISR(void){
  CCP2_PERIOD_REG_T module;
  // Clear the ECCP2 interrupt flag
  PIR2bits.CCP2IF = 0;
  // Copy captured value.
  module.ccpr2l = CCPR2L;
  module.ccpr2h = CCPR2H;
  // Return 16bit captured value
  ECCP2_CallBack(module.ccpr2_16Bit);
}
```

會將輸入捕捉到的時間數值，轉存到 module.ccpr2_16Bit 後，呼叫 ECCP2_
CallBack 執行程序，進行使用者所需要的資料處理。在這裡，將程式修改如下：

```
void ECCP2_CallBack(uint16_t capturedValue){
  static union EDGE {      //使用 static 宣告，確保記憶體位置不會改變，
    unsigned int lt;       // 資料不會遺失
    unsigned char bt[2];
  }EDGE_O, EDGE_N;
```

```
    EDGE_N.lt=capturedValue; //  讀取輸入捕捉結果
    if(EDGE_N.bt[1]>=EDGE_O.bt[1])  //計算兩次輸入捕捉結果差異計算週期
      LATD=~(EDGE_N.bt[1]-EDGE_O.bt[1]);
    else
      LATD=~((EDGE_N.bt[1]-EDGE_O.bt[1])+256);
    EDGE_O.lt=EDGE_N.lt;
}
```

首先宣告兩個靜態集合變數 EDGE_O 與 EDGE_N ，作爲兩次邊緣發生時間的紀錄變數；接著考慮到 TIMER1 在兩次邊緣發生中間可能發生溢位的情況，所以先判斷兩次之間數值大小的情況。如果新的比舊的數值大，表示沒有溢流的發生；反之，就必須補償溢流發生時的數值差異 (256) ，才能得到正確的結果。

在範例程式中，將 CCP2 模組的輸入訊號捕捉功能設定爲在每一次訊號下降邊緣時觸發；然後藉由與前一次觸發時的計時器數值比較，計算出兩次訊號下降邊緣的時間間隔，也就是一個完整訊號的週期。爲了降低訊號的頻率，使讀者容易由 CCP2 所聯結的發光二極體上觀察訊號的變化，程式中將 TIMER2 計時器的前除器調整爲最大比例。

範例 11-4

利用加強式 PWM 模組輸出半橋式 PWM 輸出，並設定適當的空乏時間。同時開啓自動關閉的功能，當 RB0 觸發時，檢查蜂鳴器與 LED5(P1B) ，是否運作正常，並使用示波器檢查空乏時間。

首先，在範例程式中利用計時器 TIMER1 與中斷的功能，建立一個以秒爲單位的計時功能，MCC 頁面的設定如下圖所示，並利用中斷執行函式的自設旗標 update 在主程式永久迴圈中進行判斷是否更新 LED 變化。同時也利用每秒計時，利用計時功能將 PWM 訊號工作週期於每分鐘的前十秒設為 512，使蜂鳴器發出聲音，其他時間則為 0，關閉蜂鳴器，造成一個類似定時器的效果。讀者也可以自行修改各項規格，創造一個自動化的裝置。

相關的 tmr1.c 程式檔中斷執行函式如下

```
void TMR1_DefaultInterruptHandler(void){
    update=1;              // 設定每秒更新旗標
}
```

主程式永久迴圈

```
    while (1)   {
        if(update)  {
            LATDbits.LATD0=~LATDbits.LATD0;      // 每秒閃爍
            ++sec;                               // 將秒數遞加
```

```
        if (sec >= 60)  sec-=60;                  //  作進位處理
        update=0;                                  //  清除更新旗標
    }
    if(sec == 0)
        EPWM1_LoadDutyValue(512);       // 開啟 PWM，須配合 RB0 按鍵
    else if (sec == 10)   EPWM1_LoadDutyValue(0);
}
```

　　然後藉由加強型 PWM 的功能，建立半橋式的 PWM 輸出至 CCP1/P1A 與
RD5/P1B，同時並建立錯誤偵測的功能。因此當 RB0/FLT0 為 1 時，PWM 將
停止輸出。由於 RB0 所在的按鍵 SW2 觸發時為低電位，平常為高電位，因此
SW2 未觸發時，為錯誤狀態，故蜂鳴器與 RD5/P1B 上的發光二極體並不會啟
動；當 SW2 觸發時，RB/FLT0 成為低電位，使 PWM 回復正常狀態，使蜂鳴
器與 RD5/P1B 上的發光二極體同時啟動。相關的設定可以在 ECCP1 的編輯頁
面完成，而不需要撰寫程式，這是 MCC 提供的方便性。

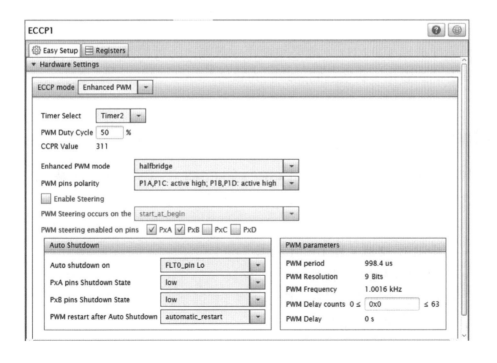

但是訊號切換時的空乏時間因爲不在這個編輯頁面中，故使用者必須自行開啓暫存器頁面，將其中的 P1DC 變數設定爲所需要的空乏時間即可，如下圖所示，

由於時脈頻率爲 4000 Hz，故必須使用示波器，方能觀察 CCP1/P1A 與 RD5/P1B 兩者間的變化，與空乏間隔時間的關係。

11.5　加強型 ECCP 模組的 PWM 控制

較新的微控制器，如 PIC18F45K22 的 ECCP1～3 模組，除了基本的 CCP 功能之外，也提供更完整的 PWM 波寬調變功能。包括：

- 可提供 1、2 或 4 組 PWM 輸出。
- 可選擇輸出波型的極性。
- 可設定的空乏時間（Dead Time）。
- 自動關閉與自動重新啓動。

加強的 PWM 模組架構示意圖如圖 11-5 所示。

加強的 PWM 波寬調變模式提供了額外的波寬調變輸出選項，以應付更廣泛的控制應用需求。這個模組仍然保持了與傳統模組的相容性，但是在新的功能上可以輸出高達四個通道的波寬調變訊號。應用程式可以透過控制 CCPx-CON 暫存器中，控制位元的設定，以選擇訊號的極性。

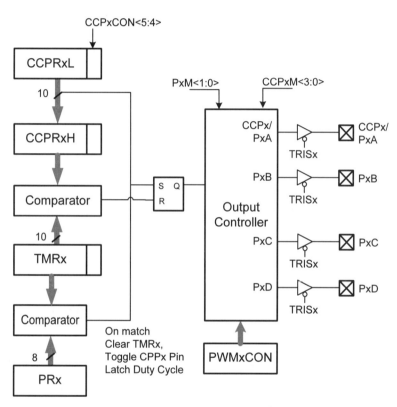

圖 11-5　加強的 PWM 模組架構圖

表 11-7(1)　加強型 PWM 相關暫存器 ECCPxAS 控制暫存器位元定義表

R/W-0	R/W-0	R/W-0	R/W-0	R/W-0	R/W-0	R/W-0	R/W-0
CCPxASE	CCPxAS<2:0>			PSSxAC<1:0>		PSSxBD<1:0>	
bit 7							bit 0

bit 7　**CCPxASE：** CCPx Auto-shutdown Event Status bit　ECCP 自動關閉事件狀態位元

if PxRSEN = 1;

1 =   An Auto-shutdown event occurred; CCPxASE bit will automatically clear when event goes away; CCPx outputs in shutdown state

0 =   ACCPx outputs are operating

if PxRSEN = 0;

1 =   AAn Auto-shutdown event occurred; bit must be cleared in software to restart PWM; CCPx outputs in shutdown state

0 =   ACCPx outputs are operating

bit 6-4 **CCPxAS<2:0>:** CCPx Auto-Shutdown Source Select bits ECCP 自動關閉來源設定位元

000 =   Auto-shutdown is disabled

001 =   Comparator C1 (async_C1OUT) – output high will cause shutdown event

010 =   Comparator C2 (async_C2OUT) – output high will cause shutdown event

011 =   Either Comparator C1 or C2 – output high will cause shutdown event

100 =   FLT0 pin – low level will cause shutdown event

101 =   FLT0 pin – low level or Comparator C1 (async_ C1OUT) – high level will cause shutdown event

110 =   FLT0 pin – low level or Comparator C2 (async_ C2OUT) – high level will cause shutdown event

111 =   FLT0 pin – low level or Comparators C1 or C2 – high level will cause shutdown event

bit 3-2 **PSSxAC<1:0>:** Pins PxA and PxC Shutdown State Control bits PxA 與 PxC 預設的關閉狀態控制位元

00 =   Drive pins PxA and PxC to '0'

01 =   Drive pins PxA and PxC to '1'

1x　=　Pins PxA and PxC tri-state

bit 1-0　**PSSxBD<1:0>:**　Pins PxB and PxD Shutdown State Control
bits PxB 與 PxD 預設的關閉狀態控制位元

00　=　Drive pins PxB and PxD to '0'

01　=　Drive pins PxB and PxD to '1'

1x　=　Pins PxB and PxD tri-state

註：如果 CM2CON1 暫存器中的 C1SYNC 或 C2SYNC 位元被設定為 1 時，關閉的
發生，將會被計時器 TIMER1 延遲。

表 11-7(2)　加強型 PWM 相關暫存器 PWMxCON 控制暫存器位元定義表

R/W-0	R/W-0	R/W-0	R/W-0	R/W-0	R/W-0	R/W-0	R/W-0
PxRSEN	PxDC<6:0>						

bit 7　　　　　　　　　　　　　　　　　　　　　　　　　　　bit 0

bit 7　**PxRSEN:**　PWM Restart Enable bit 重新開始啓動位元

1　=　Upon auto-shutdown, the CCPxASE bit clears automati-
cally once the shutdown event goes away; the PWM re-
starts automatically

0　=　Upon auto-shutdown, CCPxASE must be cleared in soft-
ware to restart the PWM

bit 6-0　**PxDC<6:0>:**　PWM Delay Count bits PWM 延遲計數位元

PxDCx　=　Number of FOSC/4 (4 * TOSC) cycles between the
scheduled time when a PWM signal should transi-
tion active and the actual time it transitions
active

表 11-7(3)　加強型 PWM 相關暫存器 PSTRxCON 控制暫存器位元定義表

U-0	U-0	U-0	R/W-0	R/W-0	R/W-0	R/W-0	R/W-1
—	—	—	STRxSYNC	STRxD	STRxC	STRxB	STRxA

bit 7　　　　　　　　　　　　　　　　　　　　　　　　　　　bit 0

bit 7-5 **Unimplemented:** Read as '0' 未使用

bit 4 **STRxSYNC:** Steering Sync bit 操控同步設定位元

    1 = Output steering update occurs on next PWM period

    0 = Output steering update occurs at the beginning of the instruction cycle boundary

bit 3 **STRxD:** Steering Enable bit D PxD 腳位操控致能位元

    1 = PxD pin has the PWM waveform with polarity control from CCPxM<1:0>

    0 = PxD pin is assigned to port pin

bit 2 **STRxC:** Steering Enable bit C PxC 腳位操控致能位元

    1 = PxC pin has the PWM waveform with polarity control from CCPxM<1:0>

    0 = PxC pin is assigned to port pin

bit 1 **STRxB:** Steering Enable bit B PxB 腳位操控致能位元

    1 = PxB pin has the PWM waveform with polarity control from CCPxM<1:0>

    0 = PxB pin is assigned to port pin

bit 0 **STRxA:** Steering Enable bit A PxA 腳位操控致能位元

    1 = PxA pin has the PWM waveform with polarity control from CCPxM<1:0>

    0 = PxA pin is assigned to port pin

註：PWM 操控模式只有當 CCPxCON 暫存器的位元 CCPxM<3:2> = 11，且 PxM<1:0> = 00 時才有作用。

◉ PWM 輸出設定

利用 CCPxCON 暫存器中的 PxM1:PxM0 位元可以設定波寬調變輸出，為下列四種選項之一：

    00 = 單一輸出：PxA 設定為 PWM 腳位。PxB、PxC、PxD 為一般數位輸出入腳位。

    01 = 全橋正向輸出：PxD 設定為 PWM 腳位，PxA 為高電位。PxB、PxC

為一般數位輸出入腳位。

10 = 半橋輸出：PxA、PxB 設定為 PWM 腳位，並附空乏時間控制。
PxC、PxD 為一般數位腳位。

11 = 全橋逆向輸出：PxB 設定為 PWM 腳位，PxB 為高電位。PxA、PxD
為一般數位輸出入腳位。

表 11-8　加強型 PWM 設定模式與輸出腳位選擇

ECCP Mode	PxM<1:0>	CCPx/PxA	PxB	PxC	PxD
Single	00	Yes	Yes	Yes	Yes
Half-Bridge	10	Yes	Yes	No	No
Full-Bridge, Forward	01	Yes	Yes	Yes	Yes
Full-Bridge, Reverse	11	Yes	Yes	Yes	Yes

註：在單一腳位模式（Single）下，只有開啟操控功能（Steering）時，可以輸出至PxA
以外的腳位。

在單一輸出的模式下，只有 CCPx/PxA 腳位會輸出 PWM 的波型變化，這
是與標準 PWM 相容的操作模式。

在半橋輸出的模式下，只使用 PxA 與 PxB 腳位輸出 PWM 訊號，並附有
空乏時間的控制，如圖 11-6 所示。

全橋正向輸出：PxD 設定為 PWM 腳位，PxA 為高電位。PxB、PxC 為一
般數位輸出入腳位，如圖 11-7 所示。

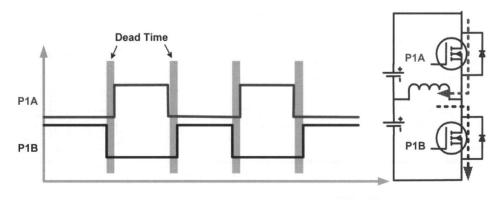

圖 11-6　加強的 PWM 波寬調變模組半橋輸出的模式

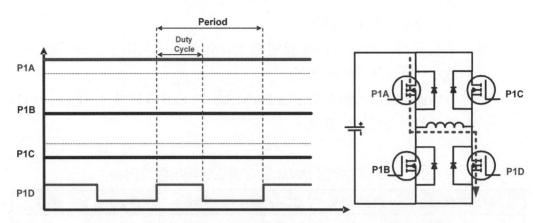

圖 11-7　加強的 PWM 波寬調變模組全橋正向輸出的模式

全橋逆向輸出：PxB 設定為 PWM 腳位，PxB 為高電位。PxA、PxD 為一般數位輸出入腳位，如圖 11-8 所示。

在半橋或全橋模式下，如圖 11-7 與 11-8 所示，因為 PxA 與 PxB 所控制的場效電晶體不能夠同時開啟而形成短路，使得在應用程式中，必須要將 PxA 與 PxB 輸出的 PWM 波寬調變波型，在切換之間加上空乏時間（Dead Time）予以區隔。PIC18F45K22 微控制器所具備的加強 PWM 模組便提供了一個使用者可設定的空乏時間延遲功能。應用程式可以藉由 PWMxCON 控制暫存器中的 PDC6：PDC0 位元，設定 0 到 128 個指令執行週期（Tcy）的空乏時間延遲長度。PWMxCON 暫存器的內容與位元定義，如表 11-7 所示。

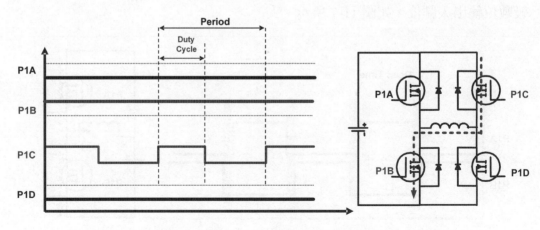

圖 11-8　加強的 PWM 波寬調變模組全橋逆向輸出的模式

CHAPTER

11

▌ 自動關閉的功能

當模組被設定為加強式的 PWM 模式時，訊號輸出的腳位可以被設定為自動關閉模式。這自動關閉的模式下，當關閉事件發生時，將會把加強式 PWM 訊號輸出腳位強制改為所預設的關閉狀態。關閉事件包括：

- 任何一個類比訊號比較器模組
- INT 腳位上的低電壓訊號
- 以程式設定 CCPxASE 位元

比較器可以用來監測一個與電橋電路上所流通電流成正比的電壓訊號。當電壓超過設定的一個門檻值時，表示這個時候電流過載，比較器便可以觸發一個關閉訊號；除此之外，也可以利用 INT 腳位上的外部數位觸發訊號，引發一個關閉事件；也可以單純利用軟體，以程式設定 CCPxASE 位元觸發自動關閉訊號輸出的腳位。應用程式可以藉由 ECCPxAS 暫存器的 ECCPAS2:ECCPAS0 位元，設定選擇使用上述三種關閉事件訊號源。而關閉事件發生時，每一個 PWM 訊號輸出腳位的預設狀態，也可以在 ECCPxAS 暫存器中 PSSxAC<1:0> 跟 PSSxBD<1:0> 位元設定各個腳位的關閉狀態。可設定的狀態包括：

- 1：高電壓
- 0：低電壓
- 高阻抗（Tri-State, High Impedanct）

ECCPxAS 暫存器的內容與相關位元定義如表 11-7 所示。

當自動關閉事件發生時，ECCPxASE 位元將會被設定為 1。如果自動重新開始（PWMxCON<7>）的功能未被開啓的話，則在關閉事件消逝之後，這個位元將必須由軟體清除為 0；如果自動重新開始的功能被開啓的話，則在關閉事件消逝之後，這個位元將會被自動清除為 0。

▌自動重新啟動模式

當 PWM 模組因為觸發自動關閉，而停止 PWM 訊號輸出時，要回復 PWM 訊號的輸出，可以利用適當的設定選擇所需要的自動重新啟動條件。當 PWMxCON 暫存器中的 PxRSEN 位元設定為 1 時，當觸發自動關閉的訊號被移除後，PWM 訊號將自動重新啟動。例如，如果設定為 INT 腳位上的低電壓會自動關閉時，當 INT 腳位回復成高電壓時，PWM 訊號就會重新開始。如果 PxRSEN 位元是被清除為 0 的話，則除了觸發自動關閉的訊號必須要移除之外，也必須要利用程式將PxRSEN位元清除為0，才能夠回復PWM訊號的輸出。

由於加強式的 PWM 波寬調變訊號模組功能變得更為完整，卻也變得更為複雜，使用者在撰寫相關應用程式時，必須要適當地規劃各個功能，包括：

- 選擇四種 PWM 輸出模式之一。
- 如果必要的話，設定延遲時間。
- 設定自動關閉的功能、訊號來源與自動關閉時，輸出腳位的狀態。
- 設定自動重新開始的功能。

▌PWM 操控模式

在單一輸出的模式下，應用程式可以使用 PWM 輸出到任何一個或多個指定的 PWM 腳位輸出作為調變訊號。

在單一輸出模式下，CCPxCON 暫存器的位元 CCPxM<3:2> = 11 及 PxM<1:0> = 00，藉由設定 PSTRxCON 暫存器的 STRxA、STRxB、STRxC 及 STRxD，可以選擇將 PWM 訊號輸出到 PxA、PxB、PxC 或 PxD。操控模式的控制示意圖如圖 11-9 所示。輸出訊號的極性也可以藉由 CCPxCON 暫存器的 CCPxM<1:0> 位元。如果有開啟自動關閉的功能時，只有開啟操控功能的腳位才會被關閉訊號。

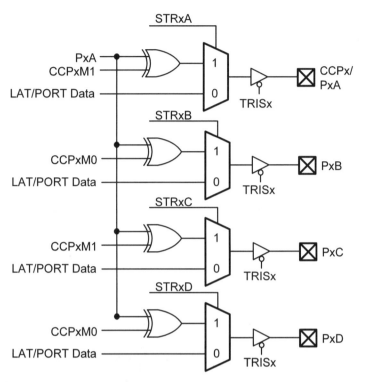

圖 11-9　ECCP 模組的加強型 PWM 操控模式控制示意圖

▌操控訊號同步

　　PSTRxCON 暫存器 STRxSYNC 位元，讓使用者可以選擇兩個操控模式發生的時間。

　　STRxSYNC=0 時，操控訊號同步會在寫入 PSTRxCON 暫存器時立即發生。在這個情況下，PxA 、PxB 、PxC 或 PxD 將會有立即的改變，但是因為發生的時間點可能會造成一個不完整的 PWM 週期訊號。這種設定在需要立即移除 PWM 訊號時非常有用。

　　STRxSYNC=1 時，操控訊號的效果會在下一個 PWM 週期才會發生；因此，每一個 PWM 週期的訊號都會是完整可用的。

　　使用者可以根據應用的需求自行決定所需要的設定。

CHAPTER

11

◀ CCP/ECCP 模組相關的暫存器位元表

表 11-9　CCP/ECCP 模組相關的暫存器位元表

Name	Bit 7	Bit 6	Bit 5	Bit 4	Bit 3	Bit 2	Bit 1	Bit 0
ECCP1AS	CCP1ASE	CCP1AS<2:0>			PSS1AC<1:0>		PSS1BD<1:0>	
CCP1CON	P1M<1:0>		DC1B<1:0>		CCP1M<3:0>			
ECCP2AS	CCP2ASE	CCP2AS<2:0>			PSS2AC<1:0>		PSS2BD<1:0>	
CCP2CON	P2M<1:0>		DC2B<1:0>		CCP2M<3:0>			
ECCP3AS	CCP3ASE	CCP3AS<2:0>			PSS3AC<1:0>		PSS3BD<1:0>	
CCP3CON	P3M<1:0>		DC3B<1:0>		CCP3M<3:0>			
CCPTMRS0	C3TSEL<1:0>		—	C2TSEL<1:0>		—	C1TSEL<1:0>	
INTCON	GIE/GIEH	PEIE/GIEL	TMR0IE	INT0IE	RBIE	TMR0IF	INT0IF	RBIF
IPR1	—	ADIP	RC1IP	TX1IP	SSP1IP	CCP1IP	TMR2IP	TMR1IP
IPR2	OSCFIP	C1IP	C2IP	EEIP	BCL1IP	HLVDIP	TMR3IP	CCP2IP
IPR4	—	—	—	—	CCP5IP	CCP4IP	CCP3IP
PIE1	—	ADIE	RC1IE	TX1IE	SSP1IE	CCP1IE	TMR2IE	TMR1IE
PIE2	OSCFIE	C1IE	C2IE	EEIE	BCL1IE	HLVDIE	TMR3IE	CCP2IE
PIE4					CCP5IE	CCP4IE	CCP3IE
PIR1	—	ADIF	RC1IF	TX1IF	SSP1IF	CCP1IF	TMR2IF	TMR1IF
PIR2	OSCFIF	C1IF	C2IF	EEIF	BCL1IF	HLVDIF	TMR3IF	CCP2IF
PIR4	—	—	—	—	CCP5IF	CCP4IF	CCP3IF
PMD0	UART2MD	UART1MD	TMR6MD	TMR5MD	TMR4MD	TMR3MD	TMR2MD	TMR1MD
PMD1	MSSP2MD	MSSP1MD	—	CCP5MD	CCP4MD	CCP3MD	CCP2MD	CCP1MD
PR2	Timer2 Period Register							
PR4	Timer4 Period Register							
PR6	Timer6 Period Register							
PSTR1CON	—	—	—	STR1SYNC	STR1D	STR1C	STR1B	STR1A
PSTR2CON	—	—	—	STR2SYNC	STR2D	STR2C	STR2B	STR2A
PSTR3CON	—	—	—	STR3SYNC	STR3D	STR3C	STR3B	STR3A
PWM1CON	P1RSEN	P1DC<6:0>						
PWM2CON	P2RSEN	P2DC<6:0>						
PWM3CON	P3RSEN	P3DC<6:0>						

表 11-9　CCP/ECCP 模組相關的暫存器位元表（續）

Name	Bit 7	Bit 6	Bit 5	Bit 4	Bit 3	Bit 2	Bit 1	Bit 0
T2CON	—	T2OUTPS<3:0>				TMR2ON	T2CKPS<1:0>	
T4CON	—	T4OUTPS<3:0>				TMR4ON	T4CKPS<1:0>	
T6CON	—	T6OUTPS<3:0>				TMR6ON	T6CKPS<1:0>	
TMR2	Timer2 Register							
TMR4	Timer4 Register							
TMR6	Timer6 Register							
TRISA	TRISA7	TRISA6	TRISA5	TRISA4	TRISA3	TRISA2	TRISA1	TRISA0
TRISB	TRISB7	TRISB6	TRISB5	TRISB4	TRISB3	TRISB2	TRISB1	TRISB0
TRISC	TRISC7	TRISC6	TRISC5	TRISC4	TRISC3	TRISC2	TRISC1	TRISC0
TRISD	TRISD7	TRISD6	TRISD5	TRISD4	TRISD3	TRISD2	TRISD1	TRISD0
TRISE	WPUE3	—	—	—	—	TRISE2	TRISE1	TRISE0

CHAPTER

11

CHAPTER 12

通用非同步接收傳輸模組

在微控制器的使用上，資料傳輸與通訊介面是一個非常重要的部分。對於某一些簡單的工作而言，或許微控制器本身的硬體功能就可以完全地應付。但是對於一些較為複雜的工作，或者是需要與其他遠端元件做資料的傳輸或溝通時，資料傳輸與通訊介面的使用就變成是不可或缺的程序。例如微處理器如果要和個人電腦做資料的溝通，便需要使用個人電腦上所具備的通訊協定／介面，包括 RS-232 與 USB 等等。如果所選擇的微控制器並不具備這樣的通訊硬體功能，則應用程式所能夠發揮的功能將會受到相當的限制。

PIC18 系列微控制器提供許多種通訊介面，作為與外部元件溝通的工具與橋梁，包括 USART（Universal Synchronous Asynchronous Receiving and Transmission）、SPI、I²C 與 CAN 等等通訊協定相關的硬體。由於這些通訊協定的處理已經建置在相關的微控制器硬體，因此在使用上就顯得相當地直接而容易。一般而言，使用時不論是上述的哪一種通訊架構，應用程式只需要將傳輸的資料存入到特定的暫存器中，PIC 微控制器中的硬體將自動地處理後續的資料傳輸程序，而不需要應用程式的介入；而且當硬體完成傳輸的程序之後，也會有相對應的中斷旗標或位元的設定，提供應用程式作為傳輸狀態的檢查。同樣地，在資料接收的方面，PIC18 系列微控制器的硬體將會自動地處理接收資料的前端作業；當接收到完整的資料並存入暫存器時，控制器將會設定相對應的中斷旗標或位元，觸發應用程式擷取所接收的資料做後續的處理。

一般的 PIC18 微控制器配置至少一個通用同步／非同步接收傳輸模組，這個資料傳輸模組有許多不同的使用方式。USART 資料傳輸模組可以被設定成為一個全雙工非同步的系統，作為與其他周邊裝置的通訊介面，例如資料終端機或者個人電腦；或者它可以被設定成為一個半雙工同步通訊介面，可以用來與其他的周邊裝置傳輸資料，例如微控制器外部的 AD/DA 訊號擷取裝置，或者串列傳輸的 EEPROM 資料記憶體。新的 PIC18 微控制器則配置有加強型的通用同步／非同步接收傳輸模組（Enhanced, USART, EUSART），除了原有的 USART 功能之外，加強了採樣電路、自動鮑率偵測、中斷訊號等等的相關功能，使其可以適用於較爲複雜的 LIN（Local Interconnect Network）匯流排的通訊協定。

在這一章將以最廣泛使用的通用非同步接收傳輸模組 UART 的使用爲範例，說明如何使用 PIC18 微控制器中的通訊模組。並引導使用者撰寫相關的程式，並與個人電腦作資訊的溝通。

12.1　通用同步／非同步接收傳輸簡介

PIC18F45K22 的加強型用同步／非同步接收傳輸模組 EUSART，基本上是以 USART 爲基礎，再加上一些適用於 LIN Bus 的硬體功能組合而成的。EUSART 基本上是一個串列通訊（Serial Communication）的周邊模組，可以跟周邊外加元件，或適當距離內的其他系統進行資料的交換。所謂的串列傳輸，就是一筆資料，以二進位的方式，將每個位元一個接一個地傳遞給其他元件，或者從其他系統接收一個又一個的位元，並將它們整合成一筆正確而有意義的資料。

PIC18F45K22 的 EUSART 模組包含了進行串列傳輸所需要的時脈產生器、移位暫存器跟資料暫存器等等硬體，得以在不需要程式與核心處理器介入的條件下，獨立完成資料的串列傳輸與接收。EUSART，有時也被稱作串列通訊介面（Serial Communication Interface, SCI），可以被設定成非同步的全雙工（Asynchronous Full Duplex）或同步的半雙工（Synchronous Half Duplex）的使用方式，這也是它的名稱由來。

所謂的全雙工，指的是在任何時間，模組可以同時進行雙向的資料傳輸；半雙工則是指在同一時間，模組只能夠進行傳送或接收兩者其中之一的功能，但是藉由適當的操作，仍可以完成雙向傳送或接收的工作。所謂的同步與非同步，則是在傳輸資料的同時，是否存在或需要同步的時脈訊號，藉此定義每一個位元傳的時間。如果有同步時脈訊號則稱爲同步傳輸；如果沒有則稱爲非同步傳輸。同步傳輸因為有伴隨資料的時脈訊號，作為硬體判斷資料的時間依據，因此可以在沒有特定速率的設定下傳輸資料；相反地，非同步傳輸則因為沒有伴隨資料的同步時脈訊號，所以必須由收發資料的兩端，依照事先定義的傳輸速率，以各自的內部時脈產生器依照所訂定的速度，把資料一個一個位元依照次序傳輸或接收。一般同步傳輸都會由一個主控端產生時脈，提供給其他從屬端使用，以減少從屬端的資料成本。

PIC18F45K22 的用同步 / 非同步接收傳輸（USART）模組，包含了下列的功能：

- 非同步全雙工接收傳輸
- 兩層輸入緩衝器
- 一層輸出緩衝器
- 可程式設定 8 位元或 9 位元長度資料
- 9 位元模式下的通訊位址（站號）偵測
- 輸入緩衝器溢流錯誤偵測
- 接收資料格式錯誤偵測
- 同步半雙工主控端
- 同步半雙工受控端
- 可程式規劃的時脈訊號與極性設定

除此之外，也加強了下列的功能（EUSART），使得 PIC18F45K22 也可以適用於 LIN Bus 的系統中，包括：

- 自動鮑率偵測與校正
- 接收中止訊號的喚醒
- 13 位元中止訊息的傳輸

PIC18F45K22 微控制器的功能示意圖如圖 12-1 與 12-2 所示。

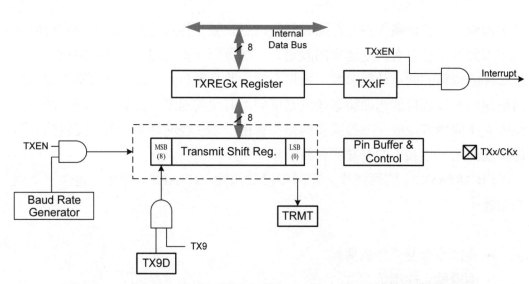

圖 12-1　PIC18F45K22 微控制器 EUSART 傳送資料功能示意圖

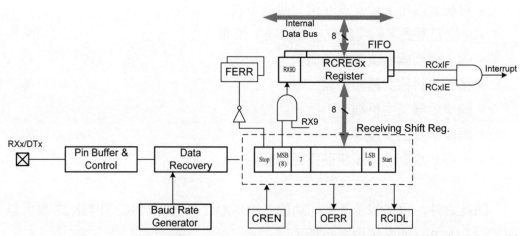

圖 12-2　PIC18F45K22 微控制器 EUSART 接收資料功能示意圖

　　如果要將這個模組所需要的資料傳輸腳位 RC6/TX/CK 與 RC7/RX/DT，設定作為 EUSART 資料傳輸使用時，必須要做下列的設定：

- RCSTA 暫存器的 SPEN 位元必須要設定為 1
- TRISC<6> 位元必須要清除為 0
- TRISC<7> 位元必須要設定為 1

　　EUSART 模組中與資料傳輸狀態或控制相關的暫存器內容定義如表 12-1
所示。

表 12-1(1)　PIC18F45K22 的 EUASRT 模組 TXSTAx 暫存器內容定義表

R/W-0	R/W-0	R/W-0	R/W-0	R/W-0	R/W-0	R-1	R/W-0
CSRC	TX9	TXEN	SYNC	SENDB	BRGH	TRMT	TX9D

bit 7　　　　　　　　　　　　　　　　　　　　　　　　　　　bit 0

bit 7 **CSRC:** Clock Source Select bit

　　Asynchronous mode:（非同步傳輸模式）

　　無作用。

　　Synchronous mode:（同步傳輸模式）

　　1 = 主控端，將產生時序脈波。

　　0 = 受控端，將接受外部時序脈波。

bit 6 **TX9:** 9-bit Transmit Enable bit

　　1 = 選擇 9 位元傳輸。

　　0 = 選擇 8 位元傳輸。

bit 5 **TXEN:** Transmit Enable bit

　　1 = 啓動資料傳送。

　　0 = 關閉資料傳送。

　　註：同步模式下，SREN/CREN 位元設定強制改寫 TXEN 位元設定。

bit 4 **SYNC:** USART Mode Select bit

　　1 = 同步傳輸模式。

　　0 = 非同步傳輸模式。

bit 3 **SENDB:** Send Break Character bit

　　Asynchronous mode:

　　1 = 下次傳輸時發出同步中斷（由硬體清除爲 0）。

　　0 = 同步中斷完成。

　　Synchronous mode：無作用。

bit 2 **BRGH:** High Baud Rate Select bit

Asynchronous mode:

1 = 高速。

1 = 低速。

2 Synchronous mode: 無作用。

bit 1 **TRMT:** Transmit Shift Register Status bit

1 = TSR 暫存器資料空乏。

0 = TSR 暫存器填滿資料。

bit 0 **TX9D:** 9th bit of Transmit Data

9 位元傳輸模式下可作為位址或資料位元，或同位元檢查位元。

表 12-1(2)　PIC18F45K22 的 EUASRT 模組 RCSTAx 暫存器內容定義表

R/W-0	R/W-0	R/W-0	R/W-0	R/W-0	R-0	R-0	R-0
SPEN	RX9	SREN	CREN	ADDEN	FERR	OERR	RX9D
bit 7							bit 0

bit 7 **SPEN:** Serial Port Enable bit

1 = 啟動串列傳輸埠腳位傳輸功能。

0 = 關閉串列傳輸埠腳位傳輸功能。

bit 6 **RX9:** 9-bit Receive Enable bit

1 = 設定 9 位元接收模式。

0 = 設定 8 位元接收模式。

bit 5 **SREN:** Single Receive Enable bit

Asynchronous mode:

無作用。

Synchronous mode - Master:

1 = 啟動單筆資料接收。

0 = 關閉單筆資料接收。單筆資料接收完成後，自動清除為 0。

Synchronous mode - Slave:

無作用。

bit 4 **CREN:** Continuous Receive Enable bit

Asynchronous mode:

1 = 啟動資料接收模組。

0 = 關閉資料接收模組。

Synchronous mode:

1 = 啟動資料連續接收模式，直到 CREN 位元被清除為 0。（CREN 設定高於 SREN）

0 = 關閉資料連續接收模式。

bit 3 **ADDEN:** Address Detect Enable bit

Asynchronous mode 9-bit (RX9 = 1):

1 = 啟動位址偵測、中斷功能與 RSR<8>=1資料載入接收緩衝器的功能。

0 = 關閉位址偵測，所有位元被接收與第九位元可作為同位元檢查位元。

bit 2 **FERR:** Framing Error bit

1 = 資料定格錯誤（Stop 位元為 0），可藉由讀取 RCREG 暫存器清除。

0 = 無資料定格錯誤。

bit 1 **OERR:** Overrun Error bit

1 = 資料接收溢流錯誤，可藉由清除 CREN 位元清除。

0 = 無資料接收溢流錯誤。

bit 0 **RX9D:** 9th bit of Received Data

9 位元接收模式下可作為位址或資料位元，或應用程式提供的同位元檢查位元。

表 12-1(3)　PIC18F45K22 的 EUASRT 模組 BAUDCONx 暫存器內容定義表

R/W-0	R-1	R/W-0	R/W-0	R/W-0	U-0	R/W-0	R/W-0
ABDOVF	RCIDL	DTRXP	CKTXP	BRG16	—	WUE	ABDEN

bit 7   bit 0

bit 7 **ABDOVF:** Auto-Baud Detect Overflow bit 自動鮑率偵測溢流旗標位元。

非同步模式（Asynchronous mode）:

1 = 自動鮑率計時器溢流（意指計時時間可能發生錯誤）。

　　　　0 = 自動鮑率計時器無溢流發生。

　　　　同步模式（Synchronous mode）：無作用。

bit 6 **RCIDL:** Receive Idle Flag bit 接收閒置旗標位元。

　　　　非同步模式（Asynchronous mode）：

　　　　1 = 接收閒置。

　　　　0 = 偵測到起始位元，且資料接收正在進行。

　　　　同步模式（Synchronous mode）：無作用。

bit 5 **DTRXP:** Data/Receive Polarity Select bit 資料 / 接收極性選擇位元。

　　　　非同步模式（Asynchronous mode）：

　　　　1 = 資料接收腳位（RXx）為負邏輯訊號（active-low）。

　　　　0 = 資料接收腳位（RXx）為正邏輯訊號（active-high）。

　　　　同步模式（Synchronous mode）：

　　　　1 = 資料腳位（DTx）為負邏輯訊號（active-low）。

　　　　0 = 資料腳位（DTx）為正邏輯訊號（active-high）。

bit 4 **CKTXP:** Clock/Transmit Polarity Select bit 時脈 / 傳輸極性選擇位元。

　　　　非同步模式（Asynchronous mode）：

　　　　1 = 傳輸腳位（TXx）閒置狀態為低電位。

　　　　0 = 傳輸腳位（TXx）閒置狀態為高電位。

　　　　同步模式（Synchronous mode）：

　　　　1 = 資料在時脈訊號下降邊緣更新，且在上升邊緣採樣。

　　　　0 = 資料在時脈訊號上升邊緣更新，且在下降邊緣採樣。

bit 3 **BRG16:** 16-bit Baud Rate Generator bit 16 位元鮑率產生器位元。

　　　　1 = 使用 16 位元鮑率產生器（SPBRGHx:SPBRGx）。

　　　　0 = 使用 8 位元鮑率產生器（SPBRGx）。

bit 2 **Unimplemented:** Read as '0' 未使用。

bit 1 **WUE:** Wake-up Enable bit 喚醒致能位元。

　　　　非同步模式（Asynchronous mode）：

　　　　1 = 設定為 1 時，接收器等待一個下降邊緣訊號。下降邊緣訊號發生時，RCxIF 將會被設定為 1，且 WUE 被清除為 0，但下降邊緣訊號不列入資料的一部分。

0 = 接收器正常操作。

同步模式（Synchronous mode）：無作用。

bit 0 **ABDEN:** Auto-Baud Detect Enable bit 自動鮑率偵測致能位元。

非同步模式（Asynchronous mode）：

1 = 啟動自動鮑率偵測，完成鮑率偵測時，自動清除為 0。

0 = 關閉自動鮑率偵測。

同步模式（Synchronous mode）：無作用。

12.2 鮑率產生器

在 EUSART 模組中，接收與傳輸模組各自有獨立的處理電路，唯一共用的就是鮑率產生器，也就是時序脈波電路。

鮑率產生器（Baud Rate Generator, BRG）同時支援非同步與同步模式的 EUSART 操作，它是一個專屬於 EUSART 模組的 8 位元或 16 位元時脈產生器，並利用 BAUDCONx 暫存器控制一個獨立運作的 8 位元或 16 位元計時器的計時週期。在非同步的狀況下，TXSTAx 暫存器的 BRGH 與 BAUDCONx 暫存器的 BRG16 控制位元，也會與鮑率的設定有關。但是在同步資料傳輸的模式下，BRGH 控制位元的設定將會被忽略。

在決定所需要的非同步傳輸鮑率及微控制器的時脈頻率後，SPBRGHx 與 SPBRGx 兩個暫存器共 16 位元決定鮑率產生器中的一個獨立計時器的週期。BRH16 控制位元選擇使用 8 位元或 16 位元的計時器運作方式。它的運作與 TIMER2/4/6 類似，但是它是一個 16 位元的暫存器；而 SPBRGHx 與 SPBRGx 兩個暫存器就好像 PR2/4/6 週期暫存器的角色。在不同的模式與設定下，所需要 SPBRGHx 與 SPBRGx 兩個暫存器的設定值，可以藉由表 12-2 的公式計算。

表 12-2　PIC18F45K22 微控制器 EUSART 的鮑率計算公式表

Configuration Bits			BRG/EUSART Mode	Baud Rate Formula
SYNC	BRG16	BRGH		
0	0	0	8-bit/Asynchronous	Fosc/[64 (n+1)]
0	0	1	8-bit/Asynchronous	Fosc/[16 (n+1)]
0	1	0	16-bit/Asynchronous	
0	1	1	16-bit/Asynchronous	Fosc/[4 (n+1)]
1	0	x	8-bit/Synchronous	
1	1	x	16-bit/Synchronous	

註：n為SPBRGHx與SPBRGx兩個暫存器的設定數值。

例如：系統時脈為 Fosc=10 MHz，非同步模式與 8 位元計時器，當需要鮑率為 9600 bits/second 時，相關的計算如下：

1. 如果 BRG16=1，BRGH=0

所需鮑率 9600= Fosc/ (16 (n + 1))

$\quad$ n = ((Fosc / 9600 / 16) –1

$\quad$ n = ((10000000 / 9600) / 16) –1

$\quad$ n = [64.1042] = 64（最接近的整數）

$\quad$ SPBRGHx = 0000 0000 = 0x00

$\quad$ SPBRGx = 0100 0000 = 0x40

實際鮑率 = 10000000 / (16 (64 + 1)) = 9615

誤差 = (9615–9600) / 9600 = 0.16%

2. 如果 BRG16=1，BRGH=1

所需鮑率 9600= Fosc/ (4 (n + 1))

$\quad$ n = 259

$\quad$ SPBRGHx = 0x01

$\quad$ SPBRGx = 0x03

必要的話，可以將控制位元 BRGH 設定為 1，或者使用 16 位元鮑率產生器（BRG16=1），而得到不同的 SPBRGHx 與 SPBRGx 設定值。建議讀者使用不同的設定值，並計算鮑率誤差，然後選擇誤差較小的設定值使用。

在大部分的微控制器應用中，多半會以非同步模式接收與傳輸模式進行資料溝通。同樣的方式可以對應到工業通訊協定 RS-232 與 RS-485 的傳輸裝置，在早期電腦上所常見的 COM 通訊埠，就是以 RS-232 為標準所建立的；在工業的可程式邏輯控制器（Programmable Logic Controller, PLC）或者人機介面裝置（Human Machine Interface, HMI）也都提供 RS-232 與 RS-485 的通訊埠，作為與其他裝置的資料傳輸介面。所以使用 EUSART 在一般工業應用是非常基礎且普遍的功能。

接下來的章節中，將以非同步模式接收與傳輸模式（UART）的傳輸與接收資料的相關操作程序及設定進行詳細的介紹。

▣ 非同步模式通訊模式

在非同步模式通訊模式下，EUSART 模組使用標準的 non-return-to-zero（NRZ）格式，也就是一個起始（Start）位元、八或九個資料位元，加上終止（Stop）位元的格式。最為廣泛使用的是 8 位元資料的模式。微處理器上內建專屬的 8 或 16 位元鮑率產生器，可以從微控制器的震盪時序中產生標準的鮑率。EUSART 模組在傳輸資料時，將會由低位元資料開始傳輸。EUSART 的資料接收器與傳輸器在功能上是獨立分開的，但是它們將會使用同樣的資料格式與鮑率。根據控制位元 BRG16 與 BRGH 的設定，鮑率產生器將會產生一個 16 倍或 64 倍的時脈訊號。EUSART 模組的硬體並不支援同位元檢查，但是可以利用軟體程式來完成。這時候，同位元將會被儲存在第 9 個位元資料的位址。在睡眠的模式下，非同步資料傳輸模式將會被中止。標準的 UART 傳輸資料格式，如圖 12-3 所示。每一個位元的資料傳輸將占據一個鮑率時脈週期，所以當設定鮑率為 9600 時，每一秒中最多就可以連續傳輸 9600 個位元資料。

藉由設定 TXSTAx 暫存器的 SYNC 控制位元為 0，可以將 EUSART 設定為非同步操作模式。EUSART 非同步資料傳輸模組，包含了下列四個重要的元件：

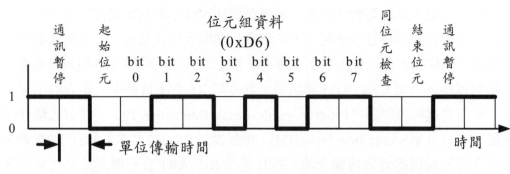

圖 12-3　標準的 UART 通訊協定傳輸資料時序與格式

1. 鮑率產生器。
2. 採樣電路。
3. 非同步傳輸器。
4. 非同步接收器。

◎ EUSART 非同步資料傳輸

　　EUSART 非同步資料傳輸的架構圖，如圖 12-1 所示。串列傳輸移位暫存器（Transmit Shift Register, TSR）是資料傳輸器的核心，TSR 移位暫存器將透過可讀寫的傳輸緩衝暫存器 TXREGx 得到所要傳輸的資料。所需要傳輸的資料可以經由程式指令，將資料載入 TXREGx 暫存器。TSR 暫存器必須要等到前一筆資料傳輸的終止位元被傳送出去之後，才會將下一筆資料由 TXREGx 暫存器載入。一旦 TXREGx 暫存器的資料被移轉到 TSR 暫存器，TXREGx 暫存器的內容將會被清除，而且 PIR1/PIR3 暫存器的中斷旗標位元 TX1IF/TX2IF 將會被設定為 1。中斷的功能可以藉由設定 PIE1/PIE3 暫存器中的中斷致能位元 TX1IE/TX2IE 開啟或關閉。無論中斷的功能是否開啟，在資料傳輸完畢的時候，TXxIF 中斷旗標位元都會被設定為 1，而且不能由軟體將它清除。一直到有新的資料被載入到 TXREGx 暫存器時，這個中斷旗標位元才會被清除為 0。當資料傳輸功能被開啟（TXEN=1），中斷旗標將會被設定為 1。如同中斷旗標位元 TXxIF 用來顯示 TXREGx 暫存器的狀態，TXSTAx 暫存器中另外一個狀態位元 TRMT，則被用來顯示 TSR 暫存器的狀態。當暫存器的資料空乏時，TRMT 狀態位元將會被設定為 1，而且它只能夠被讀取而不能寫入。TRMT 位元的狀態與中斷無關，因此使用者只能夠藉由輪詢（Polling）的方式來檢查這個 TRMT 位元，藉以決定 TSR 暫存器是否空乏。TSR 暫存器並未被映射到資料記憶體，因此使用者無法直接檢查這個暫存器的內容。

使用者可以依照下面的步驟，開啟非同步資料傳輸：

1. 根據所需要的資料傳輸鮑率設定 SPBRGHx 與 SPRBGx 暫存器。如果需要較高的傳輸鮑率，可以將控制位元 BRG16 與 BRGH 設定為不同的組合。
2. 將 TXx 腳位設定為數位輸出，也就是 ANSELx 清除為 0，TRIS 位元設定為 0。
3. 將控制位元 SYNC 清除為 0，並設定控制位元 SPEN 為 1，以開啟非同步串列傳輸埠的功能。
4. 如果需要使用中斷的功能時，將控制位元 TXxIE 設定為 1。
5. 如果需要使用 9 位元資料傳輸格式的話，將控制位元 TX9 設定為 1。
6. 如果需要相反的訊號極性，將 CKTXP 設為 1。
7. 藉由設定 TXEN 位元來開啟資料傳輸的功能，這同時也會將中斷旗標位元 TXxIF 設定為 1。
8. 如果選擇 9 位元資料傳輸模式時，先將第九個位元的資料載入到 TX9D 位元中。
9. 將資料載入到 TXREGx 暫存器中，這個動作將會開啟資料傳輸的程序。

與非同步資料傳輸相關的暫存器如表 12-5 所示。

表 12-5　與非同步資料傳輸相關的暫存器

Name	Bit 7	Bit 6	Bit 5	Bit 4	Bit 3	Bit 2	Bit 1	Bit 0
BAUDCON1	ABDOVF	RCIDL	DTRXP	CKTXP	BRG16	—	WUE	ABDEN
BAUDCON2	ABDOVF	RCIDL	DTRXP	CKTXP	BRG16	—	WUE	ABDEN
INTCON	GIE/GIEH	PEIE/GIEL	TMR0IE	INT0IE	RBIE	TMR0IF	INT0IF	RBIF
IPR1	—	ADIP	RC1IP	TX1IP	SSP1IP	CCP1IP	TMR2IP	TMR1IP

表 12-5　與非同步資料傳輸相關的暫存器（續）

Name	Bit 7	Bit 6	Bit 5	Bit 4	Bit 3	Bit 2	Bit 1	Bit 0
IPR3	SSP2IP	BCL2IP	RC2IP	TX2IP	CTMUIP	TMR5GIP	TMR3GIP	TMR1GIP
PIE1	—	ADIE	RC1IE	TX1IE	SSP1IE	CCP1IE	TMR2IE	TMR1IE
PIE3	SSP2IE	BCL2IE	RC2IE	TX2IE	CTMUIE	TMR5GIE	TMR3GIE	TMR1GIE
PIR1	—	ADIF	RC1IF	TX1IF	SSP1IF	CCP1IF	TMR2IF	TMR1IF
PIR3	SSP2IF	BCL2IF	RC2IF	TX2IF	CTMUIF	TMR5GIF	TMR3GIF	TMR1GIF
PMD0	UART2MD	UART1MD	TMR6MD	TMR5MD	TMR4MD	TMR3MD	TMR2MD	TMR1MD
RCSTA1	SPEN	RX9	SREN	CREN	ADDEN	FERR	OERR	RX9D
RCSTA2	SPEN	RX9	SREN	CREN	ADDEN	FERR	OERR	RX9D
SPBRG1	EUSART1 Baud Rate Generator, Low Byte							
SPBRGH1	EUSART1 Baud Rate Generator, High Byte							
SPBRG2	EUSART2 Baud Rate Generator, Low Byte							
SPBRGH2	EUSART2 Baud Rate Generator, High Byte							
TXREG1	EUSART1 Transmit Register							
TXSTA1	CSRC	TX9	TXEN	SYNC	SENDB	BRGH	TRMT	TX9D
TXREG2	EUSART2 Transmit Register							
TXSTA2	CSRC	TX9	TXEN	SYNC	SENDB	BRGH	TRMT	TX9D

◉ EUSART 非同步資料接收

　　資料接收器的架構如圖 12-2 所示。RXx 腳位將會被用來接收資料，並驅動資料還原區塊（Data Recovery Block）。資料還原區塊實際上是一個高速移位暫存器，它是以 16 倍的鮑率頻率來運作的。相對地，主要資料接收串列移位的操作程序，則是以 Fosc 或者資料位元傳輸的頻率來運作的。這個操作模式通常被使用在 RS-232 的系統中。

　　使用者可以依照下列的步驟來設定非同步的資料接收：

1. 根據所需要的資料傳輸鮑率設定 SPBRGHx 與 SPRBGx 暫存器。如果需要較高的傳輸鮑率，可以將控制位元 BRGH 設定為 1，或者開啟 16 位元計時器設定（BRG16=1）。

2. 將 RXx 腳位設定為數位輸入，也就是 ANSELx 清除為 0，TRIS 位元設定為 1。

3. 將控制位元 SYNC 清除為 0，並設定控制位元 SPEN 為 1，以開啟非同步串列傳輸埠的功能。

4. 如果需要使用中斷的功能時，將控制位元 RCxIE 設定為 1。

5. 如果需要使用 9 位元資料傳輸格式的話，將控制位元 RX9 設定為 1。

6. 如果需要相反的訊號極性，將 DTRXP 設為 1。

7. 將控制位元 CREN 設定為 1，以開啟資料接收的功能。

8. 當資料接收完成時，中斷旗標位元 RCxIF 將會被設定為 1，如果 RCxIE 位元被設定為 1 的話，將會產生一個中斷事件的訊號。

9. 如果開啟 9 位元資料傳輸模式的話，先讀取 RCSTAx 暫存器的資料以得到第九個位元的數值，並決定在資料接收的過程中是否有任何錯誤發生。讀取 RCREGx 暫存器中的資料以得到 8 位元的傳輸資料。

10. 如果有任何錯誤發生的話，藉由清除控制位元 CREN 為 0，以清除錯誤狀態。

11. 如果想要使用中斷的功能，必須確保 INTCON 控制暫存器中的 GIE 與 PEIE 控制位元，都被設定為 1。

與非同步資料接收相關的暫存器，如表 12-6 所示。

表 12-6　與非同步資料接收相關的暫存器

Name	Bit 7	Bit 6	Bit 5	Bit 4	Bit 3	Bit 2	Bit 1	Bit 0
BAUDCON1	ABDOVF	RCIDL	DTRXP	CKTXP	BRG16	—	WUE	ABDEN
BAUDCON2	ABDOVF	RCIDL	DTRXP	CKTXP	BRG16	—	WUE	ABDEN
INTCON	GIE/GIEH	PEIE/GIEL	TMR0IE	INT0IE	RBIE	TMR0IF	INT0IF	RBIF
IPR1	—	ADIP	RC1IP	TX1IP	SSP1IP	CCP1IP	TMR2IP	TMR1IP
IPR3	SSP2IP	BCL2IP	RC2IP	TX2IP	CTMUIP	TMR5GIP	TMR3GIP	TMR1GIP
PIE1	—	ADIE	RC1IE	TX1IE	SSP1IE	CCP1IE	TMR2IE	TMR1IE
PIE3	SSP2IE	BCL2IE	RC2IE	TX2IE	CTMUIE	TMR5GIE	TMR3GIE	TMR1GIE
PIR1	—	ADIF	RC1IF	TX1IF	SSP1IF	CCP1IF	TMR2IF	TMR1IF

表 12-6　與非同步資料接收相關的暫存器（續）

Name	Bit 7	Bit 6	Bit 5	Bit 4	Bit 3	Bit 2	Bit 1	Bit 0
PIR3	SSP2IF	BCL2IF	RC2IF	TX2IF	CTMUIF	TMR5GIF	TMR3GIF	TMR1GIF
PMD0	UART2MD	UART1MD	TMR6MD	TMR5MD	TMR4MD	TMR3MD	TMR2MD	TMR1MD
RCREG1	EUSART1 Receive Register							
RCSTA1	SPEN	RX9	SREN	CREN	ADDEN	FERR	OERR	RX9D
RCREG2	EUSART2 Receive Register							
RCSTA2	SPEN	RX9	SREN	CREN	ADDEN	FERR	OERR	RX9D
SPBRG1	EUSART1 Baud Rate Generator, Low Byte							
SPBRGH1	EUSART1 Baud Rate Generator, High Byte							
SPBRG2	EUSART2 Baud Rate Generator, Low Byte							
SPBRGH2	EUSART2 Baud Rate Generator, High Byte							
TRISB	TRISB7	TRISB6	TRISB5	TRISB4	TRISB3	TRISB2	TRISB1	TRISB0
TRISC	TRISC7	TRISC6	TRISC5	TRISC4	TRISC3	TRISC2	TRISC1	TRISC0
TRISD	TRISD7	TRISD6	TRISD5	TRISD4	TRISD3	TRISD2	TRISD1	TRISD0
ANSELC	ANSC7	ANSC6	ANSC5	ANSC4	ANSC3	ANSC2	—	—
ANSELD	ANSD7	ANSD6	ANSD5	ANSD4	ANSD3	ANSD2	ANSD1	ANSD0
TXSTA1	CSRC	TX9	TXEN	SYNC	SENDB	BRGH	TRMT	TX9D
TXSTA2	CSRC	TX9	TXEN	SYNC	SENDB	BRGH	TRMT	TX9D

　　以上所介紹的非同步資料傳輸接收模式，是一般最廣泛使用的資料傳輸模式，包括與個人電腦上的 COM 通訊埠，便是使用這個模式的 RS-232 通訊協定。EUSART 模組還有許多其他不同的資料傳輸模式，例如同步資料傳輸的主控端模式，或者受控端模式。有興趣的讀者可以參考相關的資料手冊，以學習各個不同操作模式的使用方法。

　　除了傳輸一般的 8 位元二進位資料之外，通常 EUSART 傳輸模組也會使用常見的 ASCII 文字符號。ASCII（American Standard Code for Information Interchange）編碼是全世界所公認的符號編碼表，許多文字符號資料的傳輸都是藉由這個標準的編碼方式進行資料的溝通，例如個人電腦視窗作業系統下的超級終端機程式。ASCII 符號編碼的內容，如第一章表 1-1 所示。

　　接下來，就讓我們使用範例程式來說明，如何完成上述非同步資料傳輸接收的設定與資料傳輸。在範例程式中，將使用個人電腦上的超級終端機介面程式與 PIC18F45K22 微控制器作資料的傳輸介紹，藉以達到由個人電腦掌控微控制器，或者由微控制器擷取資料的功能。

範例 12-1

　　量測可變電阻 VR1 的類比電壓值，並將 10 位元的量測結果轉換成 ASCII 編碼，並輸出到個人電腦上的 VT-100 終端機（可使用超級終端機 ®（Hyper Terminal）、TeraTerm® 或其他類似的終端機軟體。當電腦鍵盤按下 'c' 按鍵時，開始輸出資料；當按下按鍵 'p' 時，停止輸出資料。

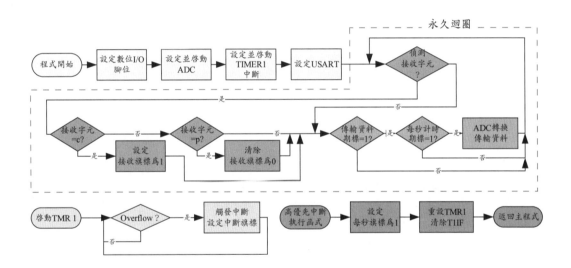

　　當讀者取得一個應用程式的設計需求時，通常是沒有指定程式撰寫或執行的方式，完全由設計者自行決定，如何讓微控制器達成所需要的工作需求。例如這個範例就有幾種不同的寫法。首先示範最基礎的設計方式，輪詢（Polling）。

　　在微處理器發明的初期，由於功能較為簡單，並沒有中斷的功能，所以，所有的工作都是藉由微處理器程式，查詢各個暫存器後判斷，再決定執行的方式，就好像第八章的 TIMER0 計數器使用方式。同樣的概念，在通訊的部分，如果對於資料處理不是非常的急迫時，也可以輪詢的方式進行。

　　在初始化程式執行後，微控制器將不斷地執行永久迴圈的程式。每一次永久迴圈開始時，進行 USART 模組是否有接收到新資料的輪詢，如果有，才繼續後續的處理，否則跳過一部分的處理工作；接下來繼續判斷目前的旗標狀態，決定每一個區塊的程式是否需要執行。這樣的程式設計方式就是標準的輪詢方式。當然輪詢也可以適度地配合周邊功能的中斷訊號，例如範例中認為時間的判斷是非常重要的，但是又不可以在中斷當中進行太長時間的資料處理程式，所以在計數器中斷函式中，僅設定事件發生的旗標，而在永久迴圈中，完成需時較長的 ADC 訊號轉換。

　　在範例程式的專案中，首先將計時器 TIMER1 設定為 1 秒鐘週期，並開啟其中斷功能。由於系統指令週期只有 0.4 us，即便使用除頻器也無法達成一秒鐘的週期，所以選擇使用外部時脈來源。在 MCC 的 TIMER1 設定，如下圖所示，

　　一般工業控制器的 UART 傳輸，通常會定義幾個規格，資料傳輸速度、資料長度、同位元檢查碼、停止訊號長度。由於 PIC18F45K22 並未提供同位元檢查的硬體功能，所以在範例中將選擇使用 9600-8-N-1 的資料格式，也就是資料傳輸速度 9600 bits/s、資料長度 8 bits、同位元檢查碼無（N/A）、停止訊號

長度 1 bit 的設計。由於使用輪詢的方式，將不會開啟中斷功能。相關的 MCC 設定方式如下圖所示，

在與實驗板連接的電腦程式或其他裝置中，也必須要做一模一樣的設定，才能夠讓彼此溝通資料。這時候，MCC 會在 eusart1.c 檔案中，產生下列函式庫，

```
// 檢查 RCREG1 是否有接收到資料巨集指令
#define EUSART1_DataReady  (EUSART1_is_rx_ready())
// 初始化函式
void EUSART1_Initialize(void);
// 檢查資料傳輸 (TX) 是否完成函式 (是否可以繼續送出一個位元組資料到 TXREG1)
bool EUSART1_is_tx_ready(void);
// 檢查資料接收 (RX) 是否完成函式 (是否可以從 RCREG1 取出一個位元組資料)
bool EUSART1_is_rx_ready(void);
// 檢查資料傳輸 (TX) 是否完成函式 (TRMT=1？是否可以送出兩個位元組資料)
bool EUSART1_is_tx_done(void);
// 上一次資料傳輸錯誤狀態函式
```

```
eusart1_status_t EUSART1_get_last_status(void);
```
// 讀取接收資料函式
```
uint8_t EUSART1_Read(void);
```
// 寫入傳輸資料函式
```
void EUSART1_Write(uint8_t txData);
```
// 接收資料框架錯誤處理函式
```
void EUSART1_SetFramingErrorHandler(void (*interruptHandler)(void));
```
// 接收資料長度錯誤處理函式
```
void EUSART1_SetOverrunErrorHandler(void (* interruptHandler)(void));
```
// 接收資料錯誤處理函式
```
void EUSART1_SetErrorHandler(void (* interruptHandler)(void));
```

在中斷的部分，將僅開啓計時器 TIMER1 的中斷，並且將其設定爲高優先中斷，如下圖所示，

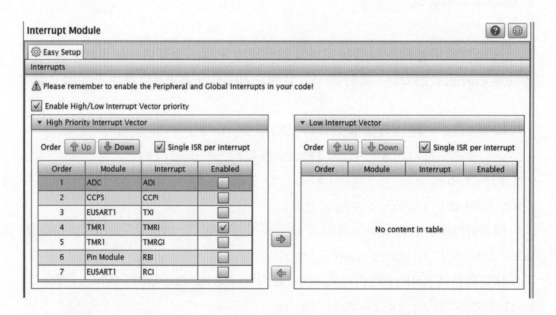

在完成上述的設定後，首先在 TIMER1 中斷執行函式進行下列的修改，

// 狀態旗標變數
```
extern struct Flag{
```

```
  unsigned One_S :1;    //One Second Passed
  unsigned TxD :1;      //UART Tx Continue
} FLAGbits;


void TMR1_DefaultInterruptHandler(void){
  FLAGbits.One_S=1;     // 設定整秒旗標，以利正常程式更新資料
}
```

由於需要中斷函式中，使用一個與主程式共同使用的旗標變數，所以必須將其
宣告成外部變數，而在主程式檔案中，對應宣告為全域（global）變數。同時
這個變數因為僅需使用兩個位元作為旗標，故在結構變數宣告中，使用位元的
宣告方式以節省記憶體空間，這樣的做法在微處理器應用程式中是非常普遍的
做法。

　　接下來在 main.c 主程式檔中，進行下列的程式撰寫，

```
// 狀態旗標變數
struct Flag{
  unsigned One_S :1; // One Second Passed
  unsigned TxD :1;  // UART Tx Continue
} FLAGbits;


void main(void){
  // Initialize the device
  SYSTEM_Initialize();

  // Enable high priority global interrupts
  INTERRUPT_GlobalInterruptHighEnable();

  // 宣告 ADC 轉換結果與通訊接收資料變數
  unsigned char result;
```

```
unsigned char RX_Temp;

// Clear User Defined Flags
FLAGbits.TxD = 0;        // 重置狀態旗標
FLAGbits.One_S = 0;

while (1)
{
  if(EUSART1_is_rx_ready()){          // 如果 UART 有新資料
    RX_Temp=EUSART1_Read();      // 讀取 USART 資料位元組
    LATD = RX_Temp;              // 將資料顯示於 LED
    if(RX_Temp=='c')    FLAGbits.TxD=0;   // 'c' 則傳送資料
    if(RX_Temp=='p')    FLAGbits.TxD=1;   // 'p' 則停止傳送
  }

                                // 判斷資料傳送狀態旗標
  if((FLAGbits.TxD==0)&&(FLAGbits.One_S==1)) {// 判斷是否整秒
    FLAGbits.One_S=0;        // 重置狀態旗標
    ADC_StartConversion() ;             // 進行訊號轉換
    while(!ADC_IsConversionDone());    // 等待轉換完成

    // 將 ADC 十位元資料分三次傳出
    EUSART1_Write(ADRESH+0x30);// 轉換成 ASCII 符號，並傳出數值符號

    result=(ADRESL>>4);    // 轉換成 ASCII 符號
    if(result>9)  result += 0x37;
    else result+=0x30;
    EUSART1_Write(result);// 傳出數值符號
    result=ADRESL&0x0F;    // 轉換成 ASCII 符號
    if(result>9)  result += 0x37;
```

```
        else  result+=0x30;
        EUSART1_Write(result);// 傳出數值符號

        EUSART1_Write(0x0A);   // 傳出格式符號，換行 + 回到行起始位置
        EUSART1_Write(0x0D);
    }
}
}
```

由於微處理器暫存器的資料，都是以二進位或 16 進位的儲存方式，當要傳述到供人員檢視的設備上時，例如電腦、平板或人機介面時，必須要採用 ASCII 的格式。由於範例中只需要傳輸 16 進位的數值，所以可以根據數值的大小判斷處理方式。如果是 0～9，則加上 0x30 即可轉換成對應的 ASCII 編碼；如果是 A～F，則加上 0x37 即可。如果應用需求為十進位的顯示，則需要更進一步的處理，能夠轉換成百位數、十位數與個位數的適當編碼。

■ 練習

　　將上述範例修改顯示為十進位或二進位的數值顯示，並在使用者利用電腦鍵盤觸發按鍵時，回傳所按下的按鍵符號。

　　由於使用輪詢會不斷地在永久迴圈中耗費微處理器核心運算的資源，特別是有其他需要在永久迴圈中處理的工作時，將會耽誤這些工作的處理頻率。因此，如果可以將接收資料的部分也使用中斷功能進行處理，一方面可以提升應用程式的處理效能；另一方面也可以避免資料接收因為其他工作的耽誤而來不及讀取，導致被後續資料覆蓋而遺失的錯誤。

範例 12-2

　　修改範例 12-1，將 USART 的資料接收，改為使用中斷方式執行以提高效能。

CHAPTER

12

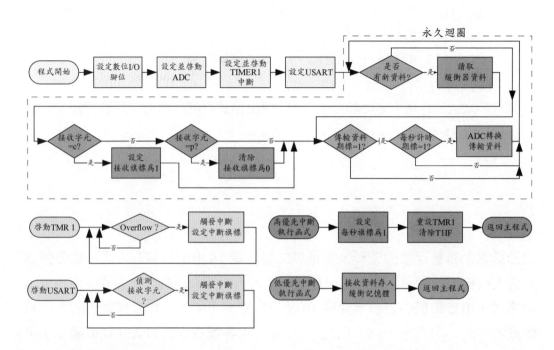

首先開啓 EUSART 的中斷功能，修改 EUSART 的設定如下圖，

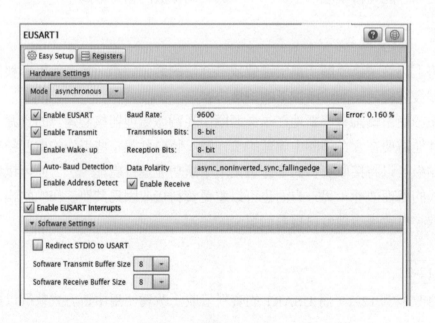

在中斷模組中開啓接收資料中斷，並將其設定爲低優先中斷如下圖，

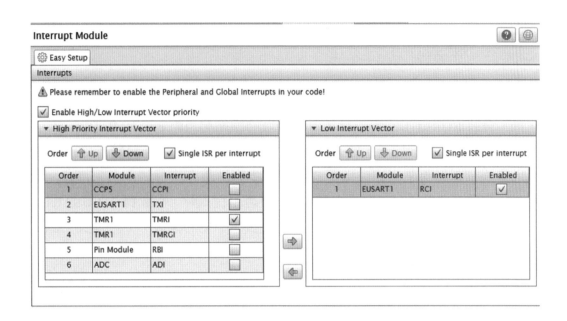

在這裡只開啓資料接收的中斷，而未使用資料傳輸中斷功能。此時 MCC 程式產生器將會在 eusart1.c 檔案中，額外產生相關的中斷執行函式如下，

```
// 接收資料中斷執行函式
void EUSART1_Receive_ISR(void);
// 接收資料處理函式
void EUSART1_RxDataHandler(void);
// 設定接收資料處理函式
void EUSART1_SetRxInterruptHandler(void(*interruptHandler)(void));
```

有了中斷相關的函式庫，當外部裝置傳送資料到微控制器的 RCREG1 暫存器時，將會觸發 RC1IF 中斷。此時將會因爲相關設定，而在中斷時執行 EU-SART1_Receive_ISR()，除了判斷資料接受是否正確外，並會執行

```
void EUSART1_RxDataHandler(void){
  eusart1RxBuffer[eusart1RxHead++] = RCREG1;
  if(sizeof(eusart1RxBuffer) <= eusart1RxHead)
```

```
        eusart1RxHead = 0;
    eusart1RxCount++;
}
```

在此，會將 RCREG1 的資料存入資料接收的緩衝記憶體 eusart1RxBuffer[]，並將未取出資料指標加一。如果應用程式一直未處理緩衝記憶體的資料，將會導致錯誤。而對應這樣的中斷函式處理，本來應該在主程式永久迴圈中，讀取資料的部分進行修正，但是因為 MCC 在產生程式時，自動修改 EUSART1_Read() 函式的執行方式，因此在保持函式名稱不變的情況下，呼叫此函式的主程式並不需要修改。這樣的隱藏式變化，恐怕是許多讀者無法察覺的變化，但是對於程式執行效率與穩定性，卻會有相當程度的影響。例如因為有緩衝記憶體的設計，主程式在每一次讀取資料間隔可以有更長的緩衝時間，而減少資料遺失的發生。同時利用中斷函式讀取資料更可以提升永久迴圈的執行效率。這些改善都需要使用者在了解微控制器的功能後，才能夠進行適當的設計與選擇。這也提醒讀者要善選編譯器。因為市場上有許多編譯器都號稱提供使用者函式庫進行各項周邊功能的使用，但是通常並不會提供函式庫的內容，供使用者檢視而無法了解或調整其效能。即便使用者發現問題也無法自行修改函式內容而無法改善，此時恐怕只能利用類組合語言的程式撰寫方式自行開發應用程式。希望讀者可以了解這些問題，進而加強自己的學習，而不是僅僅在網路搜尋相關的應用函式庫解決問題。

最後，XC8 函式庫針對各個通訊周邊功能模組，設計了一個更為簡便的函式庫，利用 C 語言中常用的 printf() 函式，將 USART 的輸出轉變為一般的輸出入函式，讓使用者撰寫程式時，更為簡單方便。如果讀者將 USART 當作主要的輸出入介面時，可以利用這個方式產生函式庫，可以提高程式的可讀性與維護性。

範例 12-3

修改範例 12-1，使用 XC8 的輸出入函式庫 STDIO 作為 USART 的資料處理。

当使用者在 EUSART 編輯頁面中，點選 Redirect STDIO to USART 的選項後，在專案資源區域中 EUSART 模組的符號，就會改成一個印表機的符號。此時，MCC 所產生的 eusart1.c 檔案也會有大幅的變動。基本的使用概念會跟開啓中斷功能的使用方式相同，但是因爲使用 STDIO 的函式型式，所以在函式庫裡面並不會看到實際使用的 printf 函式。在標準的 C 語言中，STDIO 會提供下列的函式，

函式名稱	函式型式
printf	int printf(const char * restrict format, ...);
scanf	int scanf(const char * restrict format, ...);
getchar	int getchar(void);
gets	char *gets(char *s);
putchar	int putchar(int c);
puts	int puts(const char *s);

因此，使用者可以在程式中像一般的 C 語言程式，利用上述的 scanf、getchar 與 gets 函式，從 USART 的接收資料部分讀取字元或字串資料；也可以從 USART 利用 printf、putchar 與 puts 函式傳輸字元或字串資料。更方便的是，

因為 STDIO 函式庫支援格式化輸出的格式，所以使用者可以更輕易地完成格式化的資料輸出入。

MCC 會同時在主程式檔案中，加入相關的函式庫定義
// 納入格式化輸出入函式庫定義
#include <stdlib.h>
#include <stdio.h>

而為了使用格式化輸出入的函式，程式必須要宣告相關的字元變數與陣列，作為字串資料的儲存位址，

// 格式化輸出入所需緩衝陣列
unsigned char buf[5]={0,0,0,0,0};

如此一來，在永久迴圈中，便可以使用 STDIO 的函式進行通訊資料的處理。永久迴圈程式如下，

```
while (1) {
  if(EUSART1_is_rx_ready()){    // 如果 UART 有新資料
    RX_Temp=EUSART1_Read();     // 讀取 USART 資料位元組
    LATD = RX_Temp;             // 將資料顯示於 LED
    if(RX_Temp=='c')FLAGbits.TxD=0;    // 'c' 則傳送資料
    if(RX_Temp=='p')FLAGbits.TxD=1;    // 'p' 則停止傳送
  }

    // 判斷資料傳送狀態旗標
  if((FLAGbits.TxD==0)&&(FLAGbits.One_S==1)){// 判斷是否整秒
    FLAGbits.One_S=0;     // 重置狀態旗標
    ADCRES0.lt=ADC_GetConversion(0);// 將轉換結果存至 16 位元變數
    // 將 16 位元變數轉換成十進位整數字元串
```

```
//1
        sprintf(buf, "%d, ADCRES0.lt);
        // 將十進位整數字元串輸出
        printf("The ADC Result is %s.\r\n",buf);
//2
        printf("The ADC Result is %i.\r\n",ADCRES0.lt);
//3
        puts("The ADC Result is ");//XC8 v2.x 格式有自動換行問題
        // 將十位元資料分三次傳出
        EUSART1_Write(ADCRES0.bt[1]+0x30);// 轉換成 ASCII 符號,
                                          // 並傳出數值

        result=(ADCRES0.bt[0]>>4);       // 轉換成 ASCII 符號
        if(result>9)  result += 0x37;
        else result+=0x30;
        EUSART1_Write(result);        // 傳出數值

        result=ADCRES0.bt[0]&0x0F;// 轉換成 ASCII 符號
        if(result>9)  result += 0x37;
        else result+=0x30;
        EUSART1_Write(result);        // 傳出數值

        EUSART1_Write(0x0A); // 傳出格式符號
        EUSART1_Write(0x0D);

        puts(".\r\n");
    }
  }
```

在上面的範例程式中,列出了三種不同的資料輸出的方式,讀者可以自行比較相關程式的使用方式與結果的差異，未來可以自行選擇最適當的程式撰寫方式。

12.3　加強的 EUSART 模組功能

除了上述的一般 USART 模組功能之外，較新的 PIC18F45K22 微控制器配置有加強型的 EUSART 功能，主要增加的功能包括：

- 採樣電路。
- 自動鮑率偵測（Auto Baud Rate Detection）。
- 13 位元中斷字元傳輸（13-bit Break Character Transmit）。
- 同步中斷字元自動喚醒（Auto-Wake-up）。

自動鮑率偵測

在加強的 EUSART 模組中，可以利用採樣電路與 16 位元鮑率產生器（SP-BRGH & SPBRG），對於特定的輸入位元組訊號 0x55=01010101B 進行鮑率的偵測；在偵測時，16 位元鮑率產生器將作為一個計時器使用，藉以偵測的輸入位元組訊號變化的時間，進而利用計時器的數值計算所需要的鮑率。在偵測完成時，會自動將適當的鮑率設定值存入到鮑率產生器中，便可以進行後續的資料傳輸與接收。

由於需要特殊輸入位元組訊號的配合，因此在使用上必須要求相對應的資料發送端，在資料傳輸的開始時，先行送出 0x55 的特殊訊號，否則將無法完成自動鮑率偵測的作業。

自動喚醒功能

在加強的 EUSART 模組中，應用程式也可以藉由接收腳位 RXx/DTx 的訊號變化，將微控制器從閒置的狀態中喚醒。

在微控制器的睡眠模式下，所有傳輸到 EUSART 模組的時序將會被暫停。

因此，鮑率產生器的工作也將暫停，而無法繼續地接受資料。此時，自動喚醒功能將可以藉由偵測資料接收腳位上的訊號變化來喚醒微控制器，而得以處理後續的資料傳輸作業。但是這種自動喚醒的功能，只能夠在非同步傳輸的模式下使用。藉由將控制位元 WUE 設定為 1，便可以啓動自動喚醒的功能。在完成設定後，正常的資料接收程序將會被暫停，而模組將會進入閒置狀態，並且監視在資料接收腳位 RXx/DTx 上，是否有喚醒訊號的發生。所需要的喚醒訊號是一個由高電壓變成低電壓的下降邊緣訊號，這個訊號與 LIN 通訊協定中的同步中斷，或者喚醒訊號位元的開始狀態是相同的。也就是說，藉由適當的自動喚醒設定，EUART 模組將可以使用在 LIN 通訊協定的環境中。在接收到喚醒的訊號時，如果微控制器是處於睡眠模式時，EUSART 模組將會產生一個 RCxIF 的中斷訊號。這個中斷訊號將可以藉由讀取 RCREGx 資料暫存器的動作而清除為 0。在接收到喚醒訊號（下降邊緣）之後，RXx 腳位上的下一個上升邊緣訊號將會自動將控制位元 WUE 清除為 0。這個上升邊緣的訊號通常也就是同步中斷訊號的結束，此時模組將會回歸到正常的操作狀態。

CHAPTER

12

CHAPTER 13

EEPROM 資料記憶體

除了一般的動態資料記憶體（RAM）之外，通常在微控制器中，也配置有可以永久儲存資料的電氣可抹除資料記憶體（Electrical Erasable Programmable ROM, EEPROM）。EEPROM 主要的用途是將一些應用程式所需要使用的永久性資料儲存在記憶體中，無論微控制器的電源中斷與否，這一些資料都會永久地保存在記憶體中不會消失。因此，當應用程式需要儲存永久性的資料時，例如資料表、函式對照表、固定不變的常數等等，便可以將這些資料儲存在 EEPROM 記憶體中。

當然這些固定不變的資料也可以藉由程式的撰寫，將它們安置在應用程式的一部分。但是這樣的做法一方面增加程式的長度，另一方面則由於資料隱藏在程式中間，如果需要做資料的修改或者更新時，便需要將程式更新燒錄，才能夠修正原始的資料。但是如果將資料儲存在 EEPROM 記憶體中時，則資料的更新，可以藉由軟體做線上自我更新，或是藉由燒錄器單獨更新 EEPROM 中的資料而不需要改寫程式。如此一來，便可將應用程式與永久性資料分開處理，可以更有效地進行資料管理與程式維修。

13.1 EEPROM 資料記憶體讀寫管理

PIC18 系列微控制器的 EEPROM 資料記憶體可以在正常程式執行的過程中，利用一般的操作電壓完成 EEPROM 記憶資料的讀取或寫入。但是這些永久性的資料記憶體，並不是直接映射到一般的暫存器空間，替代的方式是將它們透過特殊功能暫存器的使用，以及間接定址的方式進行資料的讀取或寫入。

與 EEPROM 資料記憶體讀寫相關的特殊功能暫存器有下列四個：

- EECON1
- EECON2
- EEDATA
- EEADR

與 EEPROM 資料記憶體讀寫相關的特殊功能暫存器，如表 13-1 所示。

表 13-1　與 EEPROM 資料記憶體讀寫相關的特殊功能暫存器

Name	Bit 7	Bit 6	Bit 5	Bit 4	Bit 3	Bit 2	Bit 1	Bit 0	Value on: POR, BOR	Value on All Other RESETS
INTCON	GIE/GIEH	PEIE/GIEL	T0IE	INTE	RBIE	T0IF	INTF	RBIF	0000 000x	0000 000u
EEADR	EEPROM Address Register								0000 0000	0000 0000
EEDATA	EEPROM Data Register								0000 0000	0000 0000
EECON2	EEPROM Control Register2 (not a physical register)								—	—
EECON1	EEPGD	CFGS	—	FREE	WRERR	WREN	WR	RD	xx-0 x000	uu-0 u000
IPR2	OSCFIP	CMIP	—	EEIP	BCLIP	LVDIP	TMR3IP	CCP2IP	11-1 1111	11-1 1111
PIR2	OSCFIF	CMIF	—	EEIF	BCLIF	LVDIF	TMR3IF	CCP2IF	00-0 0000	00-0 0000
PIE2	OSCFIE	CMIE	—	EEIE	BCLIE	LVDIE	TMR3IE	CCP2IE	00-0 0000	00-0 0000

◗ EEADR位址暫存器

EEPROM 記憶體的讀寫是以位元組（byte）爲單位進行的。在讀寫 EE-PROM 資料的時候，EEDATA 特殊功能暫存器儲存著所要處理的資料內容，而 EEADR 特殊功能暫存器則儲存著所需要讀寫的 EEPROM 記憶體位址。PIC18F45K22 微控制器總共配置有 256 個位元組的 EEPROM 資料記憶體，它們的位址定義爲 0x00～0xFF，是由 EEADR 暫存器的 8 個位元決定。

由於硬體的特性，EEPROM 資料記憶體需要較長的時間才能完成抹除與寫入的工作。在 PIC18F45K22 微控制器硬體的設計上，當執行一個寫入資料的動作時，將自動地先將資料抹除後，再進行寫入的動作（erase-before-write）。資料寫入所需要的時間是由微控制器內建的計時器所控制。實際資料寫入所需的時間與微控制器的操作電壓和溫度有關,而且由於製造程序的關係,不同的微控制器也會有些許的差異。

EECON1 與 EECON2 暫存器

EECON1 是管理 EEPROM 資料記憶體讀寫的控制暫存器。EECON2 則是一個虛擬的暫存器,它是用來完成 EEPROM 寫入程序所需要的暫存器。如果讀取 EECON2 暫存器的內容,將會得到 0 的數值。

■EECON1 控制暫存器定義

EECON1 相關的暫存器位元定義表,如表 13-2 所示。

表 13-2　EECON1 控制暫存器內容定義

R/W-x	R/W-x	U-0	R/W-0	R/W-x	R/W-0	R/S-0	R/S-0
EEPGD	CFGS	−	FREE	WRERR	WREN	WR	RD

bit 7   bit 0

bit 7 **EEPGD:** FLASH Program or Data EEPROM Memory Select bit

    1 = 讀寫快閃程式記憶體。

    0 = 讀寫 EEPROM 資料記憶體。

bit 6 **CFGS:** FLASH Program/Data EE or Configuration Select bit

    1 = 讀寫結構設定或校正位元暫存器。

    0 = 讀寫快閃程式記憶體或 EEPROM 資料記憶體。

bit 5 **Unimplemented:** Read as '0'

bit 4 **FREE:** FLASH Row Erase Enable bit

    1 = 在下一次寫入動作時,清除由 TBLPTR 定址的程式記憶列內容,清除動作完成時,回復為 0。

    0 = 僅執行寫入動作。

bit 3 **WRERR:** FLASH Program/Data EE Error Flag bit

    1 = 寫入動作意外終止(由 MCLR 或其他 RESET 引起)。

0 = 寫入動作順利完成。

註：當 WRERR 發生時，EEPGD 或 FREE 狀態位元將不會被清除，以便追蹤錯誤來源。

bit 2 **WREN**: FLASH Program/Data EE Write Enable bit

1 = 允許寫入動作。

0 = 禁止寫入動作。

bit 1 **WR:** Write Control bit

1 = 啟動 EEPROM 資料或快閃程式記憶體寫入動作，寫入完成時，自動清除為 0。軟體僅能設定此位元為 1。

0 = 寫入動作完成。

bit 0 **RD:** Read Control bit

1 = 開始 EEPROM 資料或快閃程式記憶體讀取動作，讀取完成時，自動清除為 0。軟體僅能設定此位元為 1。當 EEPGD ＝ 1 時，無法設定此位元為 1。

0 = 未開始 EEPROM 資料或快閃程式記憶體讀取動作。

　　EECON1 暫存器中的控制位元 RD 與 WR 分別用來啟動讀取與寫入操作的程序，軟體只可以將這些位元的狀態設定為 1，而不可以清除為 0。在讀寫的程序完成之後，這些位元的內容將會由硬體清除為 0。這樣的設計目的是要避免軟體意外地將 WR 位元清除為 0，而提早結束資料寫入的程序，這樣的意外將會造成寫入資料的不完全。

　　當設定 WREN 位元為 1 時，將會開始寫入的程序。在電源開啟的時候，WREN 位元是被預設為 0 的。當寫入的程序被重置、監視計時器重置，或者其他的指令中斷而沒有完成的時候，WRERR 狀態位元將會被設定為 1，使用者可以檢查這個位元，以決定是否在重置之後，需要重新將資料寫入到同一個位址。如果需要重新寫入的話，由於 EEDATA 資料暫存器與 EEADR 位址暫存器的內容在重置時被清除為 0，因此必須將相關的資料重新載入。

13.2 讀寫 EEPROM 記憶體資料

▌讀取 EEPROM 記憶體資料

要從一個 EEPROM 資料記憶體位址讀取資料，應用程式必須依照下列的步驟：

1. 先將想要讀取資料的記憶體位址寫入到 EEADR 暫存器，共 8 個位元。
2. 將 EEPGD 控制位元清除為 0。
3. 將 CFGS 控制位元清除為 0。
4. 然後將 RD 控制位元設定為 1。

在完成這樣的動作後，資料在下一個指令週期的時間，將可以從 EEDATA 暫存器中讀取。EEDATA 暫存器將持續地保留所讀取的數值，直到下一次的 EEPROM 資料讀取，或者是應用程式寫入新的資料到這個暫存器。

由於這是一個標準的作業程序，所以讀者可以參考下面的標準組合語言範例，進行 EEPROM 資料記憶體的讀取。

```
MOVLW    DATA_EE_ADDR              ;
MOVWF    EEADR, ACCESS             ; 被讀取資料記憶體低位元位址
BCF      EECON1, EEPGD, ACCESS     ; 設定為資料記憶體
BCF      EECON1, CFGS, ACCESS      ; 開啟記憶體路徑
BSF      EECON1, RD, ACSESS        ; 讀取資料
MOVF     EEDATA, W, ACCESS         ; 資料移入工作暫存器 WREG
```

▌寫入 EEPROM 記憶體資料

要將資料寫入到一個 EEPROM 資料記憶體位址，應用程式必須依照下列的步驟：

1. 先將想要寫入資料的記憶體位址，寫入到 EEADR 暫存器。

2. 將要寫入的資料，儲存到 EEDATA 暫存器。

接下來的動作較爲繁複，但是由於寫入的程序是一個標準動作，因此則可以參考下面的範例來完成資料寫入 EEPROM 記憶體的工作。

```
MOVLW   DATA_EE_ADDR
MOVWF   EEADR, ACCESS          ; 寫入資料記憶體 8 位元位址
MOVLW   DATA_EE_DATA           ;
BCF     EECON1, EEPGD, ACCESS  ; 指向 EEPROM 資料記憶體
MOVLW   DATA_EE_DATA           ; 存入寫入資料
MOVWF   EEDATA                 ;
                               ; EEPROM memory
BSF     EECON1, WREN, ACCESS   ; Enable writes
BCF     INTCON, GIE, ACCESS    ; 將所有的中斷關閉
MOVLW   55h                    ; Required Sequence
MOVWF   EECON2, ACCESS         ; Write 55h
MOVLW   AAh
MOVWF   EECON2, ACCESS         ; Write AAh
BSF     EECON1, WR, ACCESS     ; Set WR bit to begin write
BSF     INTCON, GIE, ACCESS    ; 重新啓動中斷功能
                               ; user code execution
  ⋮
BCF     EECON1, WREN, ACCESS   ; Disable writes on write complete
                               ;  (EEIF set)
```

如果應用程式沒有完全依照上列的程式內容來撰寫指令，則資料寫入的程序將不會被開啓。而爲了避免不可預期的中斷發生，而影響程式執行的順序，強烈建議應用程式碼在執行上述的指令之前，必須要將所有的中斷關閉。

　　除此之外，EECON1 暫存器中的 WREN 控制位元必須要被設定為 1，才能夠開啓寫入的功能。這一個額外的機制可以防止不可預期的程式執行，意外地啓動 EEPROM 記憶體資料寫入的程序。除了在更新 EEPROM 資料記憶體的內容之外，WREN 控制位元必須要永遠保持設定為 0 的狀態。而且 WREN 位元一定要由軟體清除為 0，它不會被硬體所清除。

　　一旦開始寫入的程序之後，EECON1、EEADR 與 EEDATA 暫存器的內容就不可以被更改。除非 WREN 控制位元被設定為 1，否則 WR 控制位元將會被禁止設定為 1。而且這兩個位元必須要用兩個指令，依照順序先後地設定為 1，而不可以使用 movlw 或其他的指令在同一個指令週期將它們同時設定為 1。這樣的複雜程序主要是為了保護 EEPROM 記憶體中的資料，不會被任何不慎或者意外的動作所改變。

　　在完成寫入的動作之後，WR 狀態位元將會由硬體自動清除為 0，而且將會把 EEPROM 寫入完成中斷旗標位元 EEIF 設定為 1。應用程式可以利用開啓中斷功能，或者是輪詢檢查這個中斷位元來決定寫入的狀態。EEIF 中斷旗標位元只能夠用軟體清除。由於寫入動作的複雜，建議讀者在完成寫入動作之後，檢查數值寫入的資料是否正確。建立一個好的程式撰寫習慣是程式執行正確的開始。如果應用程式經常地在改寫 EEPROM 資料記憶體的內容時，建議在應用程式的開始，適當地將 EEPROM 資料記憶體的內容重置為 0，然後再有效地使用資料記憶體，以避免錯誤資料的引用。讀者可以參考下面的範例程式，將所有的 EEPROM 資料記憶體內容歸零。

```
      clrf    EEADR EECON1,        ; 由位址 0 的記憶體開始
      bcf     CFGS                 ; 開啓記憶體路徑
      bcf     EECON1, EEPGD        ; 設定為資料記憶體
      bcf     INTCON,GIE           ; 停止中斷
      bsf     EECON1,WREN          ; 啓動寫入
Loop                               ; 清除陣列迴圈
      bsf     EECON1,RD            ; 讀取目前位址資料
      movlw   55h                  ; 標準程序
      movwf   EECON2               ; Write 55h
```

CHAPTER

13

```
movlw    AAh                          ;
movwf    EECON2                       ; Write AAh
bsf      EECON1,WR                    ; 設定 WR 位元開始寫入
btfsc    EECON1,WR                    ; 等待寫入完成
bra      $-2
incfsz   EEADR,F                      ; 遞加位址，並判斷結束與否
bra      Loop                         ; Not zero, 繼續迴圈
bcf      EECON1,WREN                  ; 關閉寫入
bsf      INTCON,GIE                   ; 啟動中斷
```

對於進階的使用者，也可以將資料寫入到 FLASH 程式記憶體的位址。將資料寫入到 FLASH 程式記憶體的程序和 EEPROM 資料的讀寫程序非常的類似，但是需要較長的讀寫時間。而且在讀寫的過程中，除了可以使用單一位元組的讀寫程序之外，同時也可以藉由表列讀取（Table Read）或者表列寫入（Table Write）的方式，一次將多筆資料同時寫入或讀取。由於這樣的讀寫需要較高的程式技巧，有興趣的讀者可以參考相關微控制器的資料手冊，以了解如何將資料寫入到程式記憶體中。

由於 EEPROM 的寫入有上述的標準程序需要依循，因此即便是使用 C 語言函式庫，也是利用相同的程序開發函式庫。接下來使用範例程式作為說明。

範例 13-1

量測可變電阻的類比電壓值，並將 10 位元的量測結果轉換成 ASCII 編碼，並輸出到個人電腦上的 VT-100 終端機。當電腦鍵盤按下下列按鍵時，進行以下的動作：

- 按下按鍵 'c' 開始輸出資料。
- 按下按鍵 'p' 停止輸出資料。
- 按下按鍵 'r' 讀取 EEPROM 的資料。
- 按下按鍵 'w' 更新 EEPROM 的資料。
- 按下按鍵 'e' 清除 EEPROM 的資料。

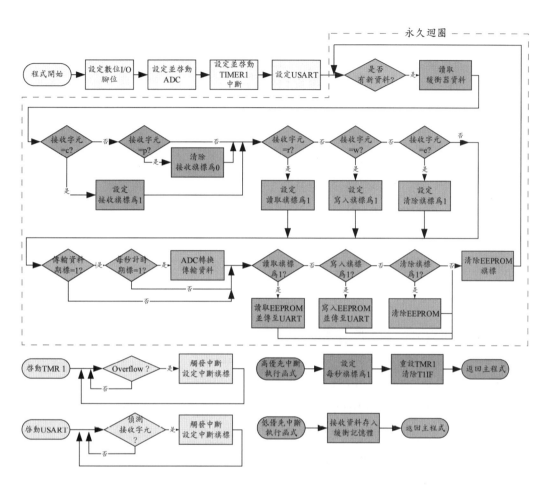

這個範例延續第 12 章的範例設計，只是增加了一些 EEPROM 資料顯示
與儲存的選項。首先在 MCC 介面中增加 MEMORY 的模組，而其使用上只有
一個選項 ADD DataEE 函式選項

如果不勾選此選項，將不會有一般處理程式記憶體、EEPROM 與系統設定位
元的函式庫，因為這些都是使用微控器上的 Flash 記憶體區塊。如果勾選 Da-
taEE 選項，則會增加特別為 EPPROM 所設計的函式庫。因此範例程式將增加

這個選項，而 MCC 將會在 memory.c 程式檔中，增加下列的函式庫，

```c
// 讀取一個 Flash 記憶體位元組資料函式
uint8_t FLASH_ReadByte(uint32_t flashAddr);
// 讀取兩個 Flash 記憶體位元組（一個字元）資料函式
uint16_t FLASH_ReadWord(uint32_t flashAddr);
// 寫入一個 Flash 位元組資料函式
void FLASH_WriteByte(uint32_t flashAddr, uint8_t *flashRdBufPtr,
uint8_t byte);
// 讀取一個 Flash 記憶體區塊資料函式
int8_t FLASH_WriteBlock(uint32_t writeAddr, uint8_t *flashWrBuf-
Ptr);
// 抹除一個 Flash 記憶體區塊資料函式
void FLASH_EraseBlock(uint32_t baseAddr);
// 寫入一個 EEPROM 位元組資料函式
void DATAEE_WriteByte(uint8_t bAdd, uint8_t bData);
// 讀取一個 EEPROM 位元組資料函式
uint8_t DATAEE_ReadByte(uint8_t bAdd);
// Flash 記憶體中斷執行函式
void MEMORY_Tasks(void);
```

因此程式中可以利用 DATAEE_WriteByte() 與 DATAEE_ReadByte() 函式處理 EEPROM 相關的資料讀寫。這些程序都是在主程式的永久迴圈中進行，其內容如下，

```c
// 旗標結構變數宣告
struct Flag{
    unsigned One_S :1;          //One Second Passed
    unsigned TxD :1;            //UART Tx Continue
    unsigned EERD :1;           //Read EEPROM
```

```
    unsigned EEWR :1;              //Read EEPROM
} FLAGbits;


void main(void){
......
  // Clear User Defined Flags
  FLAGbits.TxD = 0;               // 重置狀態旗標
  FLAGbits.One_S = 0;
  FLAGbits.EERD = 0;
  FLAGbits.EEWR = 0;

  while (1) {
    if(EUSART1_is_rx_ready()){    // 如果 UART 有新資料
      RX_Temp=EUSART1_Read();// 讀取 USART 資料位元組
      LATD = RX_Temp;             // 將資料顯示於 LED
      if(RX_Temp =='c') FLAGbits.TxD=0;      // 'c' 則傳送資料
      else{
        if(RX_Temp =='p')  FLAGbits.TxD=1; //'p' 則停止傳送
        else if(RX_Temp =='r'){    // 'r' 則讀取 eeprom 資料傳送
          FLAGbits.TxD=0;
          FLAGbits.EERD=1;
          FLAGbits.EEWR=0;
        }
        else if(RX_Temp =='w'){        // 'w' 則將資料寫入 eeprom
          FLAGbits.TxD=0;
          FLAGbits.EERD=0;
          FLAGbits.EEWR=1;
        }
        else if(RX_Temp =='e'){ // 'e' 則清除 eeprom 資料
          FLAGbits.TxD=0;
```

CHAPTER

13

```
                    FLAGbits.EERD=1;

                    FLAGbits.EEWR=1;

                }

            }

        }
// 判斷資料傳送狀態旗標
    if((FLAGbits.TxD==0)&&(FLAGbits.One_S==1)){// 判斷是否整秒
        FLAGbits.One_S=0;    // 重置狀態旗標
        ADCRES0.lt=ADC_GetConversion(0);   // 進行訊號轉換

        if(FLAGbits.EEWR==0) {
            if(FLAGbits.EERD==1) {    // 讀取 eeprom 資料傳送
                ADCRES0.bt[0] = DATAEE_ReadByte(0);
                ADCRES0.bt[1] = DATAEE_ReadByte(1);
            }
        }
        else {
            if(FLAGbits.EERD==0) {        // 將資料寫入 eeprom
                DATAEE_WriteByte(0, ADCRES0.bt[0]);
                DATAEE_WriteByte(1, ADCRES0.bt[1]);
            }
            else {//ERASE EEPROM  // 清除 eeprom 資料為 0
                DATAEE_WriteByte(0, 0);
                DATAEE_WriteByte(1, 0);
                ADCRES0.lt=0;
            }
        }

        FLAGbits.EERD=0;                 // 重置狀態旗標
        FLAGbits.EEWR=0;                 // 重置狀態旗標
```

```
    // 將十進位整數字元串輸出
    printf("The ADC Result is %i.\r\n",ADCRES0.lt);
    }
  }
}
```

在上述的範例程式中，雖然使用 if 判斷指述可以完成輸入字元的判定，而執行對應的工作，但是因爲所要判斷的字元過多，造成程式撰寫的複雜而變得冗長。在 C 語言中還有一個較爲簡潔的 switch/case/break的流程控制指述，如果改用這個方式，程式就會變得相對簡潔。讀者可以參考對應的修改如下，

```
if(EUSART1_is_rx_ready()){   // 如果 UART 有新資料
   RX_Temp=EUSART1_Read();   // 讀取 USART 資料位元組
   LATD = RX_Temp;           // 將資料顯示於 LED
   switch(RX_Temp) {
   case('c'): FLAGbits.TxD=0;   // 'c' 則傳送資料
              break;
   case('p'): FLAGbits.TxD=1;   // 'p' 則停止傳送
              break;
   case('r'): FLAGbits.TxD=0; // 'r' 則讀取 eeprom 資料傳送
              FLAGbits.EERD=1;
              FLAGbits.EEWR=0;
              break;
   case('w'): FLAGbits.TxD=0;   // 'w' 則將資料寫入 eeprom
              FLAGbits.EERD=0;
              FLAGbits.EEWR=1;
              break;
   case('e'): FLAGbits.TxD=0;   // 'e' 則清除 eeprom 資料
              FLAGbits.EERD=1;
              FLAGbits.EEWR=1;
```

CHAPTER

13

```
                    break;
              }
         }
```

看完了這個範例程式，讀者還會覺得 EEPROM 的讀寫很困難嗎？

CHAPTER 14

LCD 液晶顯示器

在一般的微控制器應用程式中,經常需要以數位輸出入埠的管道,來進行與其他外部周邊元件的訊息溝通。例如外部記憶體、七段顯示器、發光二極體與液晶顯示器等等。為了加強讀者對於這些基本需求的應用程式撰寫能力,在這個章節中,將會針對以數位輸出入撰寫一般微控制器常用的 LCD 液晶顯示器驅動程式做一個詳細的介紹。希望藉由這樣的練習,可以加強撰寫應用程式的能力,並可以應用到其他類似的外部周邊元件驅動程式處理。

在一般的使用上,微控制器的運作時常要與其他的數位元件做訊號的傳遞。除了複雜的通訊協定使用之外,也可以利用輸出入埠的數位輸出入功能,來完成元件間訊號的傳遞與控制。我們將使用一個 LCD 液晶顯示器的驅動程式作為範例,示範如何適當而且有順序地控制控制器的各個腳位。

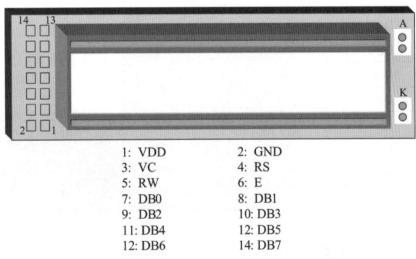

1: VDD	2: GND
3: VC	4: RS
5: RW	6: E
7: DB0	8: DB1
9: DB2	10: DB3
11: DB4	12: DB5
12: DB6	14: DB7

圖 14-1　液晶顯示器（LCD）腳位示意圖

14.1　液晶顯示器的驅動方式

　　要驅動一個 LCD 顯示正確的資訊，必須要對它的基本驅動方式有一個基本的認識。使用者可以參考 Microchip 所發布的 AN587 使用說明，來了解驅動一個與 Hitachi LCD 控制器 HD44780 相容的顯示器。如圖 14-1 所示，除了電源供應（VDD、GND）、背光電源（A、K）及對比控制電壓（VC）的外部電源接腳之外，LCD 液晶顯示器可分為 4 位元及 8 位元資料傳輸兩種模式的電路配置。基本上，如果使用 4 位元長度的資料傳輸模式，控制一個 LCD 需要七個數位輸出入的腳位。其中四個位元是作為資料傳輸，另外三個則控制了資料傳輸的方向以及採樣時間點。如果使用是 8 位元長度的資料傳輸模式，則需要十一個數位輸出入的腳位。它們的功能簡述如表 14-1。

表 14-1　液晶顯示器腳位功能

腳位	功能
RS	L: Instruction Code Input H: Data Input
R/$\overline{\text{W}}$	H: Data Read (LCD module→MPU) L: Data Write (LCD module←MPU)
E	H→L: Enable Signal L→H: Latch Data
DB0	8- Bit Data Bus Line
DB1	
DB2	
DB3	
DB4	4-Bit Data Bus Line
DB5	
DB6	
DB7	

　　設定一個 LCD 顯示器資料傳輸模式、資料顯示模式以及後續資料傳輸的標準流程，可以從圖 14-2 流程圖中看出。

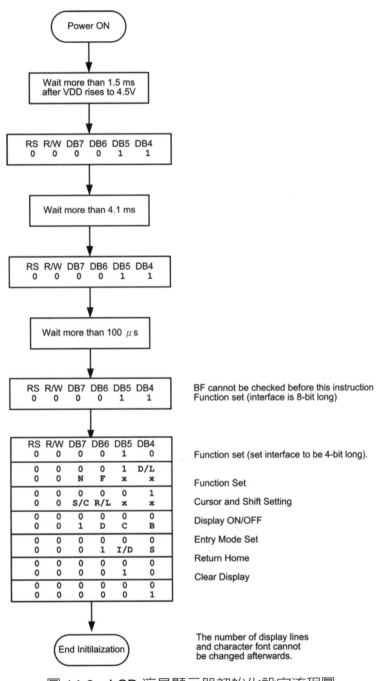

圖 14-2　LCD 液晶顯示器初始化設定流程圖

圖 14.2 中的符號定義如下，

I/D = 1: Increment; 　　　　　　　　I/D = 0: Decrement
S = 1: Accompanies display shift
S/C = 1: Display shift 　　　　　　　S/C = 0: Cursor move
R/L = 1: Shift to the right 　　　　　R/L = 0: Shift to the left
DL = 1: 8 bits 　　　　　　　　　　DL = 0: 4 bits
N = 1: 2 lines 　　　　　　　　　　N = 0: 1 line
F = 1: 5x10 dots 　　　　　　　　　F = 0: 5x8 dots
D = 1: Display on 　　　　　　　　　D = 0: Display off
C = 1: Cursor on 　　　　　　　　　C = 0: Cursor off
B = 1: Blinking on 　　　　　　　　B = 0: Blinking off
BF = 1: Internally operating; 　　　　BF = 0: Instructions acceptable

顯示器的第一行起始位址為 0x00，第二行起始位址為 0x40，後續的顯示字元位址，則由此遞增。要修改顯示內容時，依照下列操作步驟，依序地將資料由控制器傳至 LCD 顯示器控制器：

1. 將準備傳送的資料中較高 4 位元（Higher Nibble）設定到連接 DB4～DB7 的腳位。
2. 將 E 腳位由 1 清除為 0，此時 LCD 顯示器控制器將接受 DB4～DB7 腳位上的數位訊號。
3. 先將 RS 與 RW 腳位，依需要設定其電位（1 或 0）。
4. 緊接著將 E 腳位由 0 設定為 1。
5. 檢查 LCD 控制器的忙碌旗標（Busy Flag, BF）或等待足夠時間以完成傳輸。
6. 重複步驟 1～5，將步驟 1 的資料改為較低 4 位元（Lower Nibble），即可完成 8 位元資料傳輸。

　　傳輸時序如圖 14-3 所示。各階段所需的時間，如標示 1～7，請參閱 Microchip 應用說明 AN587。

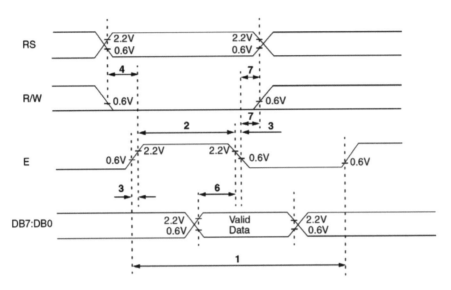

圖 14-3　液晶顯示器資料傳輸時序

　　因此在應用程式中，使用者必須依照所規定的流程順序控制時間，並依照所要求的資料設定對應的輸出入腳位，才能夠完成顯示器的設定與資料傳輸。在接下來的範例程式中，我們將針對設定流程中的步驟撰寫 LCD 相關的函式，並且將這些函式整合完成程式的運作。當控制器檢測到周邊相關的訊號時，將會在顯示器上顯示出相關的資訊。

　　單單是看到設定液晶顯示器的流程，恐怕許多讀者就會望之怯步，不知道要從何著手。但是這個需求反而凸顯出使用函式來撰寫 PIC 微控制器應用程式的優點。我們可以利用 C 語言中呼叫函式的功能，將設定與使用 LCD 液晶顯示器的各個程序撰寫成函式；然後在主程式需要與 LCD 液晶顯示器做訊息溝通時，使用呼叫函式的簡單敘述就可以完成 LCD 液晶顯示器所要求的繁瑣程序。呼叫函式的概念廣泛地被運用在 C 語言程式的撰寫中。對於複雜繁瑣的工作程序，我們可以將它撰寫成函式。一方面可以將這些冗長的程式碼獨立於主程式之外；另一方面在程式的撰寫與除錯的過程中，也可以簡化程式的需求，並縮小程式的範圍與大小，有利於程式的檢查與修改。而對於必須要重複執行的工作程序，使用呼叫函式的概念，可以非常有效地簡化主程式的撰寫，避免重複的程式碼一再出現。同時這樣的函式也可以應用在僅有少數差異的重複工作程序中，增加程式撰寫的方便性與可攜性。例如，將不同的字元符號顯示在 LCD 液晶顯示器上的工作程序，便可以撰寫成一個將所要顯示的字元作為引數的函式，這樣的函式便可以在主程式中重複地被呼叫使用，大幅地簡化主程式的撰寫。

　　接下來，就讓我們學習如何將 LCD 液晶顯示器的工作程序撰寫成函式。

範例 14-0

　　根據 Microchip 所發布的 AN587 使用說明，來撰寫驅動一個與 Hitachi LCD 控制器 HD44780 相容顯示器的函式集。

▋LCD 相關腳位與符號定義

```c
//*************************************************
//*                  evm_lcd.c                    *
//*************************************************
#include <xc.h>          // 使用 XC8 編譯器定義檔宣告
#include "evm_lcd.h"     // 使用 LCD函式定義檔宣告



#ifndef _XTAL_FREQ
#define _XTAL_FREQ 10000000 // 使用 __delay_ms(x) 時，一定要先定義
                            // 此符號
//__delay_ms(x); x不可以太大
#endif



//
// Definitions for I/O ports that provide LCD data & control
```

```
//  PORTD[0:3]-->DB[4:7]:Higher order 4 lines data bus with bidirectional
//                      :DB7 can be used as a BUSY flag
//  PORTE,0-->[RS]:LCD Register Select control
//  PORTE,1-->[RW]:LCD Read/Write control
//  PORTE,2-->[E] :LCD operation start signal control
//                :"0" for Instrunction register (Write), Busy
                   Flag (Read)
//                :"1" for data register (Read/Write)
//
#define CPU_SPEED _XTAL_FREQ/1000000 // CPU speed is 10 Mhz !!
#define LCD_RS PORTEbits.RE0 // The definition of control pins
#define LCD_RW PORTEbits.RE1
#define LCD_E  PORTEbits.RE2
#define DIR_LCD_RS   TRISEbits.TRISE0
#define DIR_LCD_RW   TRISEbits.TRISE1
#define DIR_LCD_E    TRISEbits.TRISE2
#define LCD_DATA     LATD          // PORTD[4:7] as LCD DB[4:7]
#define DIR_LCD_DATA TRISD


// LCD Module commands
#define DISP_2Line_8Bit   0b00111000
#define DISP_2Line_4Bit   0b00101000
#define DISP_ON           0x00C  // Display on
#define DISP_ON_C         0x00E  // Display on, Cursor on
#define DISP_ON_B         0x00F  // Display on, Cursor on, Blink cursor
#define DISP_OFF          0x008  // Display off
#define CLR_DISP          0x001  // Clear the Display
#define ENTRY_INC         0x006  //
#define ENTRY_INC_S       0x007  //
```

```
#define ENTRY_DEC          0x004   //
#define ENTRY_DEC_S        0x005   //
#define DD_RAM_ADDR        0x080   // Least Significant 7-bit are
                                   // for address
#define DD_RAM_UL          0x080   // Upper Left coner of the Display


unsigned char Temp_CMD ;
unsigned char Str_Temp ;
unsigned char Out_Mask ;
```

　　在上述的宣告中，利用虛擬指令 #define 將程式中所必須使用到的字元符號或者相關的腳位等等作詳細的定義，以便未來在撰寫程式時可以利用有意義的文字符號代替較難了解的 LCD 功能數值定義，有利於未來程式的維護與修改。同時相關腳位的定義方式也有助於未來硬體更替時程式修改的方便性，大幅地提高了這個函式庫的可攜性與應用。除此之外，並使用全域變數來宣告數個變數暫存器，減少宣告時的複雜與困難。而全域變數的宣告，使這些變數可以在程式的任何一個部分被使用。最後，利用函式與副程式檔的宣告，讓 XC8 程式編譯器將後續撰寫的其他函式程式檔透過聯結器適當地安排聯結。

　　接下來所撰寫的函式可以在專案中的任一個部分呼叫相關函式使用。

■ 初始化 LCD 模組函式

```
void OpenLCD(void){
  ADCON1=(ADCON1 & 0xF0)|0b00001110;//Set PORTE for digital input
  LCD_E=0;
  LCD_RS=0;
  LCD_RW=0;

  LCD_DATA = 0x00;                    // LCD DB[4:7] & RS & R/W --> Low
  DIR_LCD_DATA = 0x00;                // LCD DB[4:7] & RS & R/W are
```

```
                                     // output function
    DIR_LCD_RS=0;                    // Set RS pin as output
    DIR_LCD_RW=0;                    // Set RW pin as output
    DIR_LCD_E=0;                     // Set E pin as output

    LCD_DATA = 0b00110000 ;          // Setup for 4-bit Data Bus Mode
    LCD_CMD_W_Timing() ;
    LCD_L_Delay() ;

    LCD_DATA = 0b00110000 ;
    LCD_CMD_W_Timing() ;
    LCD_L_Delay() ;
    LCD_DATA = 0b00110000 ;
    LCD_CMD_W_Timing() ;
    LCD_L_Delay() ;

    LCD_DATA = 0b00100000 ;
    LCD_CMD_W_Timing() ;
    LCD_L_Delay() ;
    WriteCmdLCD(DISP_2Line_4Bit) ;
    LCD_S_Delay() ;

    WriteCmdLCD(DISP_ON) ;
    LCD_S_Delay() ;

    WriteCmdLCD(ENTRY_INC) ;
    LCD_S_Delay() ;

    WriteCmdLCD(CLR_DISP) ;
    LCD_L_Delay() ;
}
```

CHAPTER

14

■傳送命令至 LCD 模組函式

```c
void WriteCmdLCD( unsigned char LCD_CMD){
   Temp_CMD = (LCD_CMD & 0xF0) ;    // Send high nibble to LCD bus
   LCD_DATA= (LCD_DATA & 0x0F)|Temp_CMD ;
   LCD_CMD_W_Timing () ;

   Temp_CMD = (LCD_CMD & 0x0F)<<4; // Send low nibble to LCD bus

   LCD_DATA= (LCD_DATA & 0x0F)|Temp_CMD ;
   LCD_CMD_W_Timing () ;

   LCD_S_Delay() ;                  // Delay 100uS for execution
}
```

■傳送資料至 LCD 模組函式

```c
void WriteDataLCD (unsigned char LCD_CMD){
   Temp_CMD = (LCD_CMD & 0xF0) ;    // Send high nibble to LCD bus

   LCD_DATA= (LCD_DATA & 0x0F)|Temp_CMD ;
   LCD_DAT_W_Timing () ;

   Temp_CMD = (LCD_CMD & 0x0F)<<4;// Send low nibble to LCD bus

   LCD_DATA= (LCD_DATA & 0x0F)|Temp_CMD ;
   LCD_DAT_W_Timing ();

   LCD_S_Delay() ;                  // Delay 100uS for execution
}
```

■傳送顯示字元至 LCD 模組函式

```c
void putcLCD (unsigned char LCD_Char){
  WriteDataLCD (LCD_Char) ;
}
```

■LCD 模組傳送命令時序控制函式

```c
void LCD_CMD_W_Timing (void ){
  LCD_RS = 0 ;   // Set for Command Input
  Nop();
  LCD_RW = 0 ;
  Nop();
  LCD_E = 1 ;
  Nop();
  Nop();
  LCD_E = 0 ;
}
```

■LCD 模組傳送資料時序控制函式

```c
void LCD_DAT_W_Timing( void ){
  LCD_RS = 1;     // Set for Data Input
  Nop();
  LCD_RW = 0 ;
  Nop();
  LCD_E = 1 ;
  Nop();
  Nop();
  LCD_E = 0 ;
}
```

■LCD 模組調整顯示位置函式

```c
void LCD_Set_Cursor (unsigned char CurY, unsigned char CurX){
    WriteCmdLCD( 0x80 + CurY * 0x40 + CurX) ;
    LCD_S_Delay() ;
}
```

■LCD 模組顯示固定字串函式

```c
void putrsLCD ( const rom char *Str ){
    while (1)  {
    Str_Temp = *Str ;

        if (Str_Temp != 0x00 ){
            WriteDataLCD(Str_Temp) ;
            Str ++ ;
        }
        else
            return ;
    }
}
```

■LCD 模組顯示變數字串函式

```c
void putsLCD( char *Str){
while (1){
    Str_Temp = *Str ;

        if (Str_Temp != 0x00 ){
            WriteDataLCD (Str_Temp) ;
            Str ++ ;
        }
```

```
    else
        return ;
    }
}
```

■LCD 模組顯示 16 進位數字符號函式

```
void puthexLCD(unsigned char HEX_Val){
    unsigned char Temp_HEX ;

    Temp_HEX = (HEX_Val >> 4) & 0x0f ;

    if ( Temp_HEX > 9 )Temp_HEX += 0x37 ;
    else Temp_HEX += 0x30 ;

    WriteDataLCD(Temp_HEX) ;
    Temp_HEX = HEX_Val  & 0x0f ;
    if ( Temp_HEX > 9 )Temp_HEX += 0x37 ;
    else Temp_HEX += 0x30 ;

    WriteDataLCD (Temp_HEX) ;
}
```

■長延遲時間

```
void LCD_L_Delay(void){
    __delay_ms (CPU SPEED) ;
}
```

■短延遲時間

```
void LCD_S_Delay (void){
    __delay_us (CPU SPEED*20) ;
}
```

在上列的 LCD 模組函式庫中，較為值得注意的有幾個地方。首先，由於硬體上使用 4 個腳位的資料匯流排模式，因此在 WriteDataLCD（WriteCmdLCD）函式中先將較低的 4 個位元送出；然後藉由移位指令擷取較低 4 個位元，再次送出較低的 4 個位元而完成一個位元組的資料傳輸。其次，在 LCD 模組初始化的函式 OpenLCD 中值得讀者仔細地去學習了解的是 LCD 模組控制位元的訊號切換與先後次序。由於在初始化的過程中，必須要依據規格文件所定義的訊號順序以及間隔時間正確地傳送出相關的初始化訊號並定義 LCD 模組的使用方式，因此使用者必須詳細地閱讀相關的規格文件，例如 AN587，才能夠撰寫出正確的微控制器應用程式。最後，在 WriteDataLCD 與所呼叫的 LCD_DAT_W_Timing 函式中，由於 LCD 控制器的規格文件詳細地定義了 RD、RW、E 腳位及資料匯流排的訊號切換時間與順序，因此在寫入資料時必須嚴格地遵守規格文件所定義的時序圖才能夠完成正確的資料傳輸。

另一個值得注意的小地方是 PORTE 的設定。由於在較新的 PIC 微控制器中 PORTE 可以多工作為類比訊號通道腳位使用，因此腳位皆預設為類比輸入的功能；但是在此應用中 PORTE 是作為數位輸出使用，因此在 OpenLCD 函式的一開始便將 PORTE 設定為數位接腳的功能。如果忽略這個設定，則 LCD 將因不能控制 PORTE 時序變化而無法動作。

從這個 LCD 函式庫的撰寫過程中，相信讀者已經了解到對於使用外部元件時所可能面臨的問題與困難。雖然相對於大部分的外部元件而言，LCD 模組是一個比較困難使用的元件，但是所必須要經歷的撰寫程式過程卻都是一樣的。在讀者開始撰寫任何一個外部元件的應用程式前，必須詳細地閱讀相關的規格文件，以了解元件的正確使用方式與控制時序安排，才能夠正確而有效地完成所需要執行的工作。這一點是所有的微控制器使用者的撰寫應用程式時，必須銘記在心的重要過程。

在完整地了解 LCD 顯示器模組的操作順序，以及上列的相關函式庫使用觀念之後，讓我們用一個簡單的範例程式體驗函式庫應用的方便與效率。對於初學者而言，如何累積自己的函式庫將會成為日後發展微控制器應用的一個重要資源。或許本書所列舉的範例程式就是一個最好的開始。

範例 14-1

設定適當的輸出入腳位控制 LCD 模組，並在模組上顯示下列字串：

第一行：Welcome To PIC

第二行：Micro-Controller

程式開始 → 設定數位I/O腳位 → 初始化設定LCD → 移動游標至第一行起始位置 → 呼叫函式依序傳出第一行顯示字元 → 移動游標至第二行起始位置 → 呼叫函式依序傳出第二行顯示字元 → 程式結束

```c
#include <xc.h>  // 使用 XC8 編譯器定義檔宣告
#include "evm_lcd.h"  // 使用 LCD 函式定義檔宣告


#define _XTAL_FREQ 10000000  // 使用 delay_ms(x) 時，一定要先定義此符號
// __delay_ms(x);  x 不可以太大
// 宣告時間延遲函式原型
void delay_ms (long A);


void main() {
  OpenLCD();                            // 初始化 LCD 模組
  WriteCmdLCD( 0x01 );                  // 清除 LCD 顯示資料
  LCD_Set_Cursor( 0, 0 );               // 顯示位置回至第 0 行第 0 格

  __delay_ms(1);                        // 時間延遲
  putrsLCD( "Welcome to PIC" );         // 顯示資料
  LCD_Set_Cursor( 1, 0 );               // 顯示位置調至第 1 行第 0 格
  __delay_ms(1);                        // 時間延遲
  putrsLCD( "Micro-Controller" );       // 顯示資料

  while(1);                             // 永久迴圈
}
```

CHAPTER

14

　　在這個範例中，由於程式專案使用了兩個檔案構成，第一個檔案儲存主程式，而第二個檔案則儲存與 LCD 模組使用相關的函式。利用這樣的檔案管理架構，可以使得程式的撰寫更為清楚而獨立，有助於未來程式的維護與移轉。但是當一個專案包含兩個以上的程式檔時，則程式必須使用聯結器將不同檔案中的各種宣告，以及資料與程式記憶體安置的位址等等，作一個整體的安排與聯結處理。

　　由於相關的 LCD 函式已經於另一個程式檔 evm_lcd.c 中撰寫完成，因此主程式檔中的撰寫相對簡單容易許多，一旦於主程式中納入 evm_lcd.h 檔案中函式原型宣告後，使用者只需要直接呼叫相關函式即可。由於 evm_lcd.h 檔案儲存於專案程式的檔案資料夾中，故主程式中以

```
#include "evm_lcd.h"
```

的方式定義檔案搜尋位置。

　　範例 14-1 並未使用 MCC 程式設定器產生任何的函式庫，事實上當使用者可以自行撰寫所有應用程式內容時，不一定需要透過 MCC 的處理，可以更直接地掌握所有程式的內容，特別是簡單的應用程式。在一般的經驗中，除了像 I^{2}C、USB、Ethernet 等通訊周邊功能，因其架構較為複雜，可以使用 MCC 及 XC8 函式庫的協助可以節省開發時間外，大部分的基本功能都可以由使用者自行撰寫較為簡潔有效。使用者應該儘量累積技術與經驗，以自行開發程式為學習目標。專案中的 Config.c 檔案則是由 MPLAB IDE X 中的 Windows/Target Memory Views/Configuration Bits 選項下開啟編輯視窗，完成設定後，即可輸出相關設定的文字檔所複製儲存而成的檔案，再將其匯入專案程式檔中即可。

CHAPTER 15

微控制器的同步串列通訊

　　由於微控制器受到本身記憶體、周邊功能與運算速度的限制，在特定用途的應用上，常常會捉襟見肘而無法應付。因此微控制器除了本身的程式執行運算之外，也必須要具備某種程度的通訊傳輸功能，才能夠擴充微控制器的功能與容量。特別是對於一些較為低階或者是低腳位數的微控制器而言，使用外部元件往往可以解決許多功能的不足，或者是程式執行效率瓶頸的問題。而要使用外部元件的首要問題，便是如何與外部元件間作正確而適當的資料傳輸。

　　一般較為傳統的微控制器，大多會提供基本的並列或串列傳輸功能，例如在本書中所提到的，受控模式並列輸入埠 PSP 與通用非同步串列傳輸介面 USART 等等。這些較為早期的資料傳輸功能讓微控制器與外部元件作適當的資料傳輸，並透過外部元件完成某些特定的功能。例如在前面我們使用了通用非同步串列傳輸介面個人電腦作溝通，因此得以在個人電腦上使用鍵盤螢幕與微處理器作資料的雙向溝通。

　　但是這些較為早期的資料傳輸協定與相關的傳輸協定隨著時代的演進，在傳輸速度與硬體條件上，都漸漸無法符合現代數位電路高速運算傳輸的要求。而新的傳輸方式與協定的發展使得外部元件與微控制器間的資料傳輸更加快速，在這個情況下，除了可以擴張微控制器本身所短缺的功能之外，甚至於可以將某一些比較耗費核心處理器執行效率與資源的工作交給外部元件來處理，如此一來，微控制器可以更專心地處理重要的核心應用程序。例如，當需要多通道高解析度的類比訊號轉換量測時，可以藉由外部元件完成訊號量測的工作之後，再將結果數值回傳微控制器，供後續程式執行使用；如此一來，便可以將等待類比訊號轉換的時間，投資在其他更重要的工作上，而得以提高微控制器執行的效率。

15.1　通訊傳輸的分類

　　基本上微控制器的通訊傳輸可以概分爲兩大類：第一、元件與元件之間的資料傳輸；第二、系統與系統之間的資料傳輸。

　　當使用微控制器作爲一個模組或者系統的核心處理器功能時，微控制器必須要與其他相關的外部元件做資料的溝通；這時候，資料通訊傳輸的要求，通常是在微控制器與不同的外部元件之間做短暫而高速的資料交流。這就是所謂的元件與元件之間的資料傳輸。通常這一類的資料傳輸講求的是高速率、短距離與低誤差的傳輸方式。

　　而另外一種系統與系統之間的資料傳輸，則是因爲不同的硬體系統或模組之間，需要定期的資料交流所產生的需求。通常這一類的傳輸方式必須要能夠克服較長的距離、較多的資料與較高的抗雜訊能力等等的困難。例如手機或者數位相機，與個人電腦或其他儲存裝置的資料傳輸，或者汽車上的引擎控制模組與車控電腦之間的資料傳輸。

　　由於單一的微控制器無法完全提供各種不同的通訊介面，爲了因應不同的需求，必須選擇不同的微控制器與相關的周邊硬體配合而完成所需要的通訊傳輸功能。一般較爲高階的微控制器，例如本書所使用的 PIC18F45K22 微控制器，通常都會具備有較爲完整的元件與元件之間的通訊功能，如基本的通用非同步串列傳輸，除此之外，也配置有標準的同步串列傳輸介面模組（Synchronous Serial Port）。但是如果需要進行較爲複雜的系統與系統之間的資料傳輸時，例如 USB、CAN、Ethernet 等等傳輸協定時，則必須要使用不同的微控制器或外部元件。特別是這些系統與系統之間的資料傳輸協定，通常都是有工業標準的規格要求，因此在使用上與硬體建置上，相對地複雜許多。有興趣的讀者必須要參閱相關的規格文件才能夠了解其使用方式。

15.2　同步串列傳輸介面模組

　　所謂的同步串列傳輸介面（Synchronous Serial Port）就是在微控制器與外部元件作資料傳輸溝通的時候，藉由一隻腳位傳送固定頻率的時脈序波作爲彼此之間定義資料訊號相位的參考訊號。因此在實際的資料傳輸腳位上，便可以精確地定義出資料位元的變化順序。PIC18F45K22 微控制器所提供的同步串列傳輸介面模組，可以作為 SPI（Serial Peripheral Interface）與 I²C（Inter-Integrated Circuit）兩種傳輸介面的模式使用。這兩種資料傳輸模式廣泛地被應用在與微控制器相關的外部串列記憶體、暫存器、顯示驅動器、類比／數位的訊號轉換、感測元件等等的資料通訊傳輸。而這兩種傳輸模式也都是工業標準的傳輸模式，因此不管是在硬體的建置上，或者是使用它們的應用程式都必須要依照標準的傳輸方式進行才能夠得到正確的結果。

　　PIC18F45K22 提供兩組可以做為主控端的同步喘列通訊模組（Master SSP），MSSP1 與 MSSP2。本書將使用 MSSP1 作為內容介紹的依據，必要時，讀者可以將相關內容引用至 MSSP2。由於與同步串列傳輸介面模組相關的特殊功能暫存器的使用方式，在不同的通訊傳輸模式下有顯著的差異，因此將會在不同的模式下分別介紹。

▌SPI 模式

　　同步串列傳輸介面模組的 SPI 操作模式可以讓微控制器用全雙工的方式進行與外部元件之間的 8 位元同步資料傳輸或接收。通訊在主從架構模式下，由主控端（Maseter）啓動通訊程序，被選定的受控端（Slave）則依照協定配合主控端進行動作。在 SPI 的主控（Master）模式下，主要使用三個腳位：

- 串列資料輸出（SDO）— RC5/SDO
- 串列資料輸入（SDI）— RC4/SDI/SDA
- 串列時序脈波（SCK）— RC3/SCK/SCL

如果應用程式選擇使用 SPI 的受控（Slave）模式時，則必須額外使用一個選擇偵測腳位：

- 受控選擇（$\overline{SS}$）— RA5/$\overline{SS}$

SPI 模式下的同步串列傳輸介面模組系統架構圖如圖 15-1 所示。

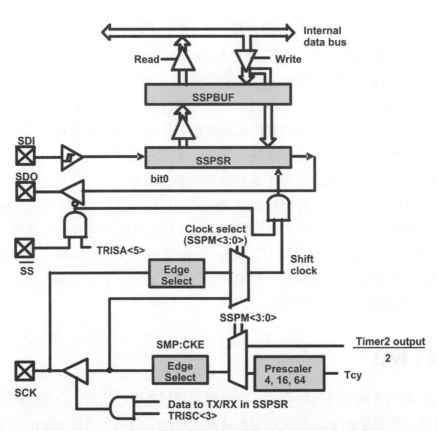

圖 15-1　SPI 模式的同步串列傳輸介面模組系統架構圖

與 SPI 模式相關的暫存器與位元定義如表 15-1 所列。

表 15-1　SPI 模式相關的暫存器與位元定義

Name	Bit 7	Bit 6	Bit 5	Bit 4	Bit 3	Bit 2	Bit 1	Bit 0
ANSELA	—	—	ANSA5	—	ANSA3	ANSA2	ANSA1	ANSA0
ANSELB	—	—	ANSB5	ANSB4	ANSB3	ANSB2	ANSB1	ANSB0
ANSELC	ANSC7	ANSC6	ANSC5	ANSC4	ANSC3	ANSC2	—	—
ANSELD	ANSD7	ANSD6	ANSD5	ANSD4	ANSD3	ANSD2	ANSD1	ANSD0
INTCON	GIE/GIEH	PEIE/GIEL	TMR0IE	INT0IE	RBIE	TMR0IF	INT0IF	RBIF
IPR1	—	ADIP	RC1IP	TX1IP	SSP1IP	CCP1IP	TMR2IP	TMR1IP
IPR3	SSP2IP	BCL2IP	RC2IP	TX2IP	CTMUIP	TMR5GIP	TMR3GIP	TMR1GIP
PIE1	—	ADIE	RC1IE	TX1IE	SSP1IE	CCP1IE	TMR2IE	TMR1IE
PIE3	SSP2IE	BCL2IE	RC2IE	TX2IE	CTMUIE	TMR5GIE	TMR3GIE	TMR1GIE

表 15-1　SPI 模式相關的暫存器與位元定義（續）

Name	Bit 7	Bit 6	Bit 5	Bit 4	Bit 3	Bit 2	Bit 1	Bit 0
PIR1	—	ADIF	RC1IF	TX1IF	SSP1IF	CCP1IF	TMR2IF	TMR1IF
PIR3	SSP2IF	BCL2IF	RC2IF	TX2IF	CTMUIF	TMR5GIF	TMR3GIF	TMR1GIF
PMD1	MSSP2MD	MSSP1MD	—	CCP5MD	CCP4MD	CCP3MD	CCP2MD	CCP1MD
SSP1BUF	SSP1 Receive Buffer/Transmit Register							
SSP1CON1	WCOL	SSPOV	SSPEN	CKP	SSPM<3:0>			
SSP1CON3	ACKTIM	PCIE	SCIE	BOEN	SDAHT	SBCDE	AHEN	DHEN
SSP1STAT	SMP	CKE	D/A	P	S	R/W	UA	BF
SSP2BUF	SSP2 Receive Buffer/Transmit Register							
SSP2CON1	WCOL	SSPOV	SSPEN	CKP	SSPM<3:0>			
SSP2CON3	ACKTIM	PCIE	SCIE	BOEN	SDAHT	SBCDE	AHEN	DHEN
SSP2STAT	SMP	CKE	D/A	P	S	R/W	UA	BF
TRISA	TRISA7	TRISA6	TRISA5	TRISA4	TRISA3	TRISA2	TRISA1	TRISA0
TRISB	TRISB7	TRISB6	TRISB5	TRISB4	TRISB3	TRISB2	TRISB1	TRISB0
TRISC	TRISC7	TRISC6	TRISC5	TRISC4	TRISC3	TRISC2	TRISC1	TRISC0
TRISD	TRISD7	TRISD6	TRISD5	TRISD4	TRISD3	TRISD2	TRISD1	TRISD0

SPI 模式下元件的連接方式如圖 15-2 所示。

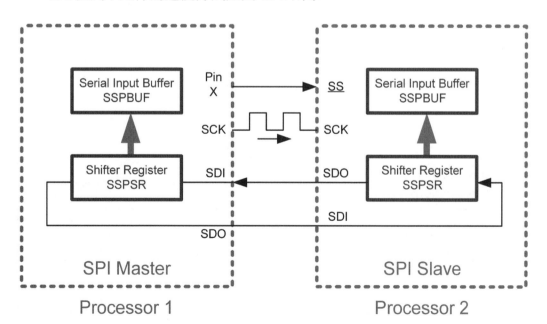

圖 15-2　SPI 模式的元件連接方式

　　在 SPI 主控模式下，微控制器將資料寫入 SSPxBUF 緩衝器之後，將會自動被載入 SSPxSRS 暫存器；然後藉由主控端所產生的時序脈波，SSPxSR 在程式中的資料將以移位（Shifting）的方式，由高位元開始移入到 SDO 腳位，資料便可以傳入與受控端之間的資料匯流排電路，並由受控端的 SDI 腳位移入受控端 SPI 模組。由於主控端將主動地產生同步的時序脈波，因此將配合時序脈波的更替逐步地將每一個位元移入到資料匯流排中。而由於主控端與受控端之間，將會藉由彼此的 SDI 與 SDO 腳位聯結成為一個循環的移位環路，所以當資料由主控端移入受控端時，受控端的移位暫存器資料也將逐一地移入到主控端的移位暫存器。而這些資料移動的速度是由主控端的時序脈波所控制的，並且在主控端可以選擇時序的頻率，以及相對於資料移位時的時序觸發形式。因此配合時序脈波的高低電位與訊號邊緣選擇，SPI 的操控模式總共可以有 4 種選擇模式，如表 15-2 所示。在 PIC18F45K22 微控制器中，這 4 個模式的選擇是由 CKP 與 CKE 位元分別選擇時序脈波的高低電位與邊緣形式。CKP 定義傳輸停止時，SCK 的訊號狀態，1 為高電壓，0 為低電壓；CKE 則定義資料傳輸時間點，1 為下降邊緣，0 為上升邊緣。另外一個較為重要的資料傳輸設定功能，則是輸入資料的採樣時間點，在 SSPxCON1 暫存器中的 SMP 位元。SMP 被用來設定在 SDI 資料輸入腳位的採樣時間點，當設定為 1 時，將會在資料輸出結束時進行輸入資料的採樣；當設定為 0 時，則會在資料輸出過程中進行輸入資料的採樣。

　　當 8 位元的資料完全地被移入到 SSPxSR 暫存器之後，資料將會自動地移入 SSPxBUF 緩衝器等待核心處理器的讀取。此時緩衝器飽和位元 BF 與中斷

表 15-2　SPI 的 4 種操控模式選擇

Standard SPI Mode Terminology	Control Bits State	
	CKP	CKE
0, 0	0	1
0, 1	0	0
1, 0	1	1
1, 1	1	0

旗標位元 SSPxIF 將會被設定為 1。由 SSPxSR 與 SSPxBUF 形成的兩層緩衝暫存器，使得處理器在讀取 SSPxBUF 暫存器資料之前，仍可以由 SSPxSR 繼續進行資料的傳輸。在資料的傳輸過程中，任何寫入 SSPxBUF 的動作都會被忽略，而且將會設定寫入衝突的狀態位元 WCOL。應用程式必須清除這個寫入衝突的位元，以便確定後續的資料傳輸是否完成。

當應用程式準備接收資料時，必須要在下一筆資料完成傳輸之前，將 SSPxBUF 緩衝器中的資料讀出。當 BF 狀態位元為 1 時，顯示 SSPxBUF 緩衝器中存在一筆有效且尚未讀取的資料。如果模組作為資料輸出使用的話，則這筆資料可能沒有任何的意義。

一般在應用程式中，通常會以中斷的方式來決定資料的讀寫是否完成，然後再進行 SSPxBUF 的讀寫動作。如果不使用中斷的方式，則必須使用輪詢的程式來確保寫入衝突不會發生。

有了這些基本的 SPI 操作觀念之後，就更容易了解相關的暫存器用途，這些暫存器包括：

- 控制暫存器 SSPxCON1/SSPxCON3
- 狀態暫存器 SSPxSTAT
- 串列接收傳輸緩衝器 SSPxBUF
- 移位暫存器 SSPxSR
- 位址暫存器 SSPxADD（作為鮑率計算使用）

其中 SSPxSR 以為暫存器是不可以直接被讀寫的，核心處理器必須要透過 SSPxBUF 緩衝器進行 SPI 資料傳輸的資料讀寫。而且由於硬體是提供單一的緩衝器，因此在資料完成傳輸之後，在下一次的傳輸開始之前，必須進行資料的讀取。相關的暫存器位元定義，如表 15-3 與 15-4 所示。

■SSPxSTAT 暫存器定義

表 15-3　SSPxSTAT 暫存器位元定義

R/W-0	R/W-0	R-0	R-0	R-0	R-0	R-0	R-0
SMP	CKE	D/A	P	S	R/W	UA	BF

bit 7　　　　　　　　　　　　　　　　　　　　　　　　　　　　　bit 0

bit 7 **SMP:** Sample bit

　　SPI Master mode:

　　1 = 資料輸出結束時，進行輸入資料的探樣。

　　0 = 在資料輸出中間進行輸入資料探樣。

　　SPI Slave mode:　受控模式下必須設定為 0。

bit 6 **CKE:** SPI Clock Select bit

　　1 = 資料傳輸發生在下降邊緣。

　　0 = 資料傳輸發生在上升邊緣。

　　Note: Polarity of clock state is set by the CKP bit (SSPCON1<4>).

bit 5 **D/$\overline{\text{A}}$:** Data/Address bit

　　Used in I^{2}C mode only.

bit 4 **P:** Stop bit

　　Used in I^{2}C mode only. This bit is cleared when the MSSP module is disabled, SSPEN is cleared.

bit 3 **S:** Start bit

　　Used in I^{2}C mode only.

bit 2 **R/$\overline{\text{W}}$:** Read/Write Information bit

　　Used in I^{2}C mode only.

bit 1 **UA:** Update Address bit

　　Used in I^{2}C mode only.

bit 0 **BF:** Buffer Full Status bit (Receive mode only)

　　1 = 資料接收完成，緩衝器資料飽和。

　　0 = 資料接收進行中，緩衝器資料空乏。

■SSPxCON1 暫存器定義

表 15-4　SSPxCON1 暫存器位元定義

R/W-0	R/W-0	R/W-0	R/W-0	R/W-0	R/W-0	R/W-0	R/W-0
WCOL	SSPOV	SSPEN	CKP	SSPM3	SSPM2	SSPM1	SSPM0
bit 7							bit 0

bit 7 **WCOL:** Write Collision Detect bit (Transmit mode only)

1 = 傳輸未完成時寫入資料衝突。

0 = 沒有衝突。

bit 6 **SSPOV:** Receive Overflow Indicator bit

SPI Slave mode:

1 = 接收資料溢流。接收到一筆新資料，但是緩衝器裡的資料尚未被讀取。僅使用於受控模式；主控模式傳送資料前，其先讀取資料。僅能由軟體清除。

0 = 無資料溢流。

Note: 主控模式下，將不會偵測溢流現象。

bit 5 **SSPEN:** Synchronous Serial Port Enable bit

1 = 開啟並設定相關腳位為串列傳輸埠。

0 = 關閉串列傳輸埠與相關腳位。

Note: 開啟時，相關腳位需設定為適當的輸出入腳位。

bit 4 **CKP:** Clock Polarity Select bit

1 = 時序脈波高電位為閒置狀態。

0 = 時序脈波低電位為閒置狀態。

bit 3-0 **SSPM3:SSPM0:** Synchronous Serial Port Mode Select bits

0101 = SPI Slave mode, clock = SCK pin, $\overline{SS}$ pin control disabled, $\overline{SS}$ can be used as I/O pin

0100 = SPI Slave mode, clock = SCK pin, $\overline{SS}$ pin control enabled

0011 = SPI Master mode, clock = TMR2 output/2

0010 = SPI Master mode, clock = Fosc/64

0001 = SPI Master mode, clock = Fosc/16

0000 = SPI Master mode, clock = Fosc/4

1010 = SPI Master mode, clock = FOSC/(4 * (SSPxADD+1))

Note: 未列出之位元組合保留作 I^2C 模式。

表15-5　SSPxCON3暫存器位元定義

R-0	R/W-0	R/W-0	R/W-0	R/W-0	R/W-0	R/W-0	R/W-0
ACKTIM	PCIE	SCIE	BOEN	SDAHT	SBCDE	AHEN	DHEN

Bit 7　　　　　　　　　　　　　　　　　　　　　　　　　　　　　　Bit 0

bit 4 **BOEN:** Buffer Overwrite Enable bit 緩衝區塊覆寫致能位元

　　 In SPI Slave mode:

　　 1 = SSPxBUF updates every time that a new data byte is shifted in ignoring the BF bit

　　 0 = If new byte is received with BF bit of the SSPxSTAT register already set, SSPxOV bit of the SSPxCON1 register is set, and the buffer is not updated

　　要正確地使用 SSP 串列傳輸埠，在開啓時也必須利用 TRISA/TRISC 方向控制暫存器，將相關腳位的輸出方向做正確的定義。如果有不需要使用的腳位，則可以將它們設定爲相反的資料方向。由於在傳輸時，主控端與受控端將會形成一個循環的移位資料通道，因此在傳輸結束時，可能有一端將會收到一筆完全不相關的資料結果，應用程式可以決定是否需要使用這筆資料。這樣的循環移位資料通道，將造成應用程式必須選擇下列 3 種傳輸情形中的一種：

1. 主控端傳送*必要的*資料—受控端傳送*無用的*資料。
2. 主控端傳送*必要的*資料—受控端傳送*必要的*資料。
3. 主控端傳送*無用的*資料—受控端傳送*必要的*資料。

　　由於主控端掌握了時序脈波產生的掌控權，因此一切的資料傳輸都是由主控端啓動，並引導受控端配合資料的傳輸。主控端的時序脈波頻率是可以由使用者設定成下列 4 種頻率中的一個：

- Fosc/4 (or T_{CY})
- Fosc/16 (or $4 \times T_{CY}$)

- Fosc/64 (or $16 \times T_{CY}$)
- (Timer2 output)/2
- Fosc/$(4 \times (SSPxADD + 1))$

　　在 40MHz 的操作頻率下，傳輸速率將可以高達 10MHz。但是如果主控端進入睡眠模式時，所有的時脈訊號將會被停止，因此將無法繼續任何的資料傳輸，直到被喚醒為止。

　　而在受控模式下，所有的動作都將配合外部時序脈波輸入，以進行資料的傳送或接收。當最後一個位元的資料接收完成時，將會觸發 SSPxIF 中斷旗標位元；如果微控制器是處於睡眠模式下時，將會被中斷訊號喚醒。

數位訊號轉類比電壓元件

　　由於 SPI 通訊模式必須與其他外部元件做資料傳輸，因此我們將以 Microchip 的 MCP4921 數位訊號轉類比電壓元件，作為範例說明的對象。MCP4921 的架構圖如圖 15-3 所示。

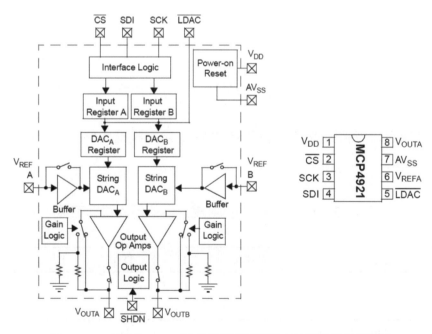

圖 15-3　MCP4921 數位訊號轉類比電壓元件架構圖

　　基本上 MCP4921 是一個 12 位元解析度的數位訊號轉類比電壓的類比元件，並利用 SPI 通訊模式與微控制器作資料的溝通介面。當作爲主控端的控制器，透過 SPI 傳輸介面傳送 16 個位元資料的時候，需將傳輸模式設定爲 mode (0, 0) 或 mode (1, 1)；作爲受控端的 MCP4921，將根據所接收 16 個位元的資料內容，設定需要輸出的類比電壓值。在開始傳輸之前，主控端的微控制器必須以低電位觸發 MCP4921 的 $\overline{CS}$ 腳位，使其進入資料接收狀態；然後由主控端的微控制器，同時以 SCK 及 SDI 腳位與 MCP4921 進行資料的傳輸；當完成資料的傳輸後，主控端的微控制器必須先將 $\overline{CS}$ 腳位的低電壓移除，然後再以低電位觸發 MCP4921 的 $\overline{LDAC}$ 腳位，使其將所設定的類比電壓由所對應的 Vout 腳位輸出。相關的控制與資料傳輸時序圖，如圖 15-4 所示。

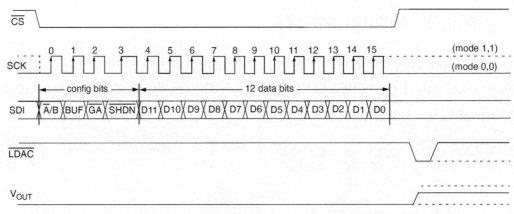

圖 15-4　MCP4921 數位訊號轉類比電壓元件控制與資料傳輸時序圖

　　主控端的微控制器需要傳送給 MCP4921 類比電壓元件的位元資料定義，如表 15-6 所示。

表 15-6　MCP4921 類比電壓元件的位元資料定義

bit 15							bit 8
$\overline{A}$/B	BUF	$\overline{GA}$	$\overline{SHDN}$	D11	D10	D9	D8

bit 7							bit 0
D7	D6	D5	D4	D3	D2	D1	D0

bit 15 **$\overline{\text{A}}$/B:** DAC_A or DAC_B Select bit

　　　　1 = MCP4921 未配置。Write to DAC_B

　　　　0 = Write to DAC_A

bit 14 **BUF:** V_{REF} Input Buffer Control bit

　　　　1 = 使用緩衝器。Buffered

　　　　0 = 未使用緩衝器。Unbuffered

bit 13 **$\overline{\text{GA}}$:** Output Gain Select bit

　　　　1 = 一倍輸出增益。1x (V_{OUT} = V_{REF} * D/4096)

　　　　0 = 二倍輸出增益。2x (V_{OUT} = 2 * V_{REF} * D/4096)

bit 12 **$\overline{\text{SHDN}}$:** Output Power Down Control bit

　　　　1 = 啓動輸出。

　　　　0 = 關閉輸出。

bit 11-0 **D11:D0:** DAC Data bits

　　　　數位轉類比 12 位元資料。

範例 15-1

　　利用 SPI 傳輸協定，調整 MCP4921 類比電壓產生器的輸出電壓，使其輸出一個 0 伏特到 5 伏特的類比鋸齒波型電壓輸出。

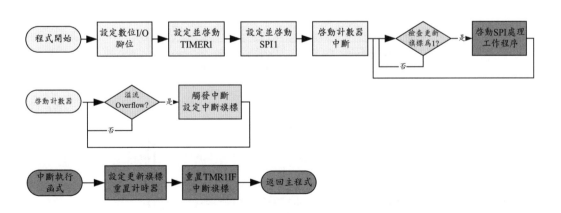

在範例程式中，使用 MPLAB XC8 編譯器所提供的 SPI 函式庫，來處理所有與 SPI 通訊傳輸相關的工作程序，另外在主程式開始的地方，使用 union 集合宣告了一個集合變數 DAC_A；這樣宣告的主要目的是因爲在處理 MCP4921 的資料時，由於數位資料長度多達 12 個位元，因此必須占用兩個位元組的空間。但是在 8 位元的 SPI 傳輸架構下，每一次又只能夠處理單一個位元組的資料，因此藉由集合的宣告使得在資料處理時，能夠彈性地使用兩個位元組或個別一個位元組的處理方式。當在程式內部計算時，可以用兩個位元組的方式撰寫程式，則使用 DAC_A.lt 的形式處理；但是在進行資料傳輸，或者僅需要一個位元組的工作處理時，則可以分別使用 DAC_A.bt[0] 與 DAC_A.bt[1]。藉由集合的宣告方式，編譯器會將 DAC_A.lt 與 DAC_A.bt[0] 及 DAC_A.bt[1] 安置在同一組資料記憶體位址；如此一來，當微控制器針對 DAC_A.lt 作運算處理的時候，也就同時地改變了 DAC_A.bt[0] 及 DAC_A.bt[1] 這兩個位元組的內容。換句話說，集合宣告中的變數，它們是共用記憶體空間，而且是一體兩面的呈現方式。這種方式對於程式撰寫或變數運用是非常方便的一種處理。

爲達成範例的要求，首先在 MCC 程式產生器的介面中加入 TIMER1 及 MSSP1 模組。在計時器 TIMER1 頁面中，利用先前範例的設定使用外部時脈來源，將週期設定爲 1 s，同時啓用中斷功能。接下來，在 MSSP1 設定頁面中，設定爲 SPI 主控端並配合 MCP4921 的規格設定，如下圖所示，

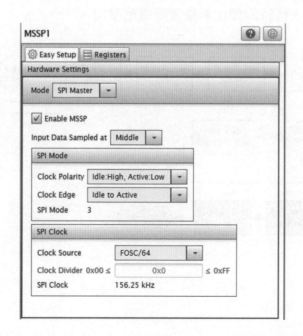

在完成上述的設定後，MCC 便會自動的在 spi.c 程式當中，自動的產生下列的函式庫，

```
// SPI1 初始化函式
void SPI1_Initialize(void);
// SPI1 啟動 8 位元資料交換函式
uint8_t SPI1_Exchange8bitBuffer(uint8_t *dataIn, uint8_t bufLen,
uint8_t *dataOut);
// SPI1 檢查緩衝記憶體是否飽和
bool SPI1_IsBufferFull(void);
// 檢查 SPI1 是否有資料傳輸衝突錯誤
bool SPI1_HasWriteCollisionOccured(void);
// 清除 SPI1 資料傳輸錯誤旗標
void SPI1_ClearWriteCollisionStatus(void);
```

有了上述的函式庫，在範例程式中就可以進行 SPI1 通訊模組的使用。首先進行 TIMER1 中斷執行函式的修改如下，

```
extern unsigned char update;
void TMR1_DefaultInterruptHandler(void){
    update=1;
}
```

利用旗標變數 update 作為主程式每秒鐘計時更新的檢查。緊接著在主程式進行下列的程式撰寫

```
DAC_A.lt=0;   // 初始化 DAC_A 變數（因為 union 宣告，bt[0]=bt[1]=0）
MCP4921_CS_LAT=1; // CS 初始化為 1
MCP4921_LDAC_LAT=1;    // LDAC 初始化為 1
```

```
while (1) {
  if(update) {
   if ((DAC_A.lt+=128)>4095) DAC_A.lt=0;  // 遞加輸出值

   MCP4921_CS_LAT=0;             // Chip Select
   spi_data=(chanA|DAC_A.bt[1]);  // 設定第一個 byte
   SPI1_Exchange8bit(spi_data);    // 輸出第一個 byte
   spi_data=DAC_A.bt[0];
   SPI1_Exchange8bit(spi_data);    // 輸出第二個 byte
   MCP4921_CS_LAT=1;             // 結束 Chip Select
   _delay(4);
   MCP4921_LDAC_LAT=0; // 啓動類比訊號轉換
   _delay(4);

   MCP4921_LDAC_LAT=1;

   update=0;                // 清除更新旗標
  }
}
```

　　由於在腳位管理模組的編輯頁面中，利用客製化腳位名稱的定義，重新
定義 RA5 與 RB1 的名稱為 MCP4921_CS 與 MCP4921_LDAC，因此在程式中
可以利用客製化的名稱定義腳位的變化，藉以提高程式的可讀性與維護性。
永久迴圈中，會在每一秒鐘將要傳遞到 MCP4921 的數值遞加 128，並在超過
上限的時候，將其重置為 0，形成一個循環的變化。由於函式庫所提供的資
料通訊一次只能夠傳輸 8 個位元的長度，因此 16 位元長的資料必須要分成兩
次傳輸。在完成資料傳輸之後，只要將 MCP4921_LDAC 腳位設定一個下降
邊緣的訊號，就可以在 MCP4921 的輸出腳位上產生電壓的變化。範例中因為
MCP4921 所回傳的資料並沒有特定的用途，因此沒有對 SPI1_Exchange8bit()
函式的執行結果進行任何的處理。

　　讀者應該可以從這個範例了解，SPI 通訊的操作是非常簡單容易的，而且它也是一個應用非常廣泛的通訊格式，非常值得讀者深入的學習了解。

I²C 模式

　　I²C（Inter-Integrated Circuit）是由飛利浦公司所發展出來，在 IC 元件間傳輸資料的通訊協定。顧名思義，這個通訊協定所能夠使用的距離，就僅限於元件或者模組之間的數十公分而已。但是這個通訊協定的架構與規格遠較 SPI 更為複雜。SPI 傳輸協定雖然可以由許多元件共用相同的傳輸線路，但是在每一筆的資料傳輸時，只能有一個受控端的元件被選取，並與主控端進行資料的傳輸。但是 I²C 的資料傳輸並不是藉由主控端利用個別的線路腳位觸發選擇受控端元件，而是藉由所傳輸的資料訊息中設定元件的位址，然後由每一個同時在網路上的元件，判斷位址的符合與否；如果傳輸訊息中的位址與受控端所預設的位址相吻合，則由受控端發出一個確認的訊號後，再由主控端與受控端進行資料傳輸。因此在整個 I²C 資料傳輸的架構上，所有的相關元件都使用共同的兩條線路作為資料傳輸網路，然後所有的受控端都必須事先編列一個接收訊息的位址，以便主控端在發出訊息時得以確認目標。而由於整個通訊網路上有眾多類似的元件在傳遞訊息或確認訊號，因此整個通訊協定必須以非常嚴謹的架構與方式進行，才能夠完成正確的資料傳輸。

　　PIC18F45K22 微控制器所配置的同步資料傳輸模組，可以支援 I²C 模式下的主控端或者受控端模式。在 I²C 受控端的模式下，同步資料傳輸模組的架構示意圖如圖 15-5 所示。

CHAPTER

15

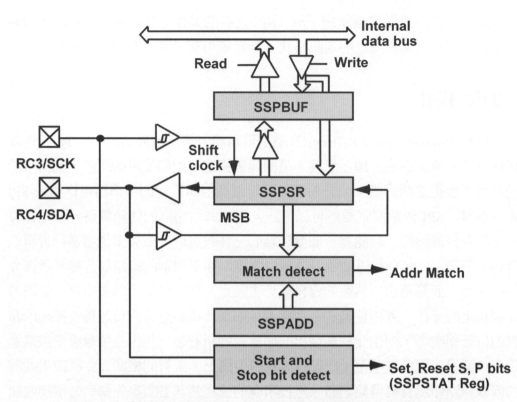

圖 15-5　I²C 受控端模式下的同步資料傳輸模組的架構示意圖

在 I²C 主控端的模式下，同步資料傳輸模組的架構示意圖，如圖 15-6 所示。

I²C 傳輸模式下，將會使用到同步資料傳輸模組的暫存器包括：

- SSPxCON1/ SSPxCON2/ SSPxCON3 控制暫存器
- SSPxSTAT 狀態暫存器
- SSPxBUF 緩衝器
- SSPxSR 移位暫存器
- SSPxMSK 遮罩暫存器
- SSPxADD 位址暫存器

這些 I²C 同步資料傳輸模組相關暫存器位元的定義如表 15-7 所示。

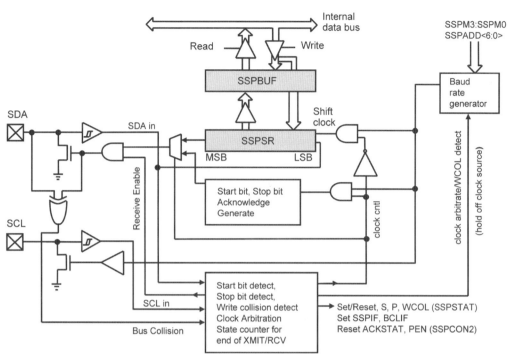

圖 15-6 I²C 主控端模式下的同步資料傳輸模組的架構圖

表 15-7 I²C 同步資料傳輸模組相關暫存器位元定義

File Name	Bit 7	Bit 6	Bit 5	Bit 4	Bit 3	Bit 2	Bit 1	Bit 0
SSPxBUF	SSP Receive Buffer/Transmit Register							
SSPxADD	SSP Address Register in I²C Slave Mode. SSP Baud Rate Reload Register in I²C Master Mode.							
SSPxSTAT	SMP	CKE	D/A	P	S	R/W	UA	BF
SSPxCON1	WCOL	SSPOV	SSPEN	CKP	SSPM3	SSPM2	SSPM1	SSPM0
SSPxCON2	GCEN	ACKSTAT	ACKDT	ACKEN	RCEN	PEN	RSEN	SEN
SSPxCON3	ACKTIM	PCIE	SCIE	BOEN	SDAHT	SBCDE	AHEN	DHEN
SSPxMSK	SSPxMASK Register bits							

由於 I²C 傳輸協定相當地複雜，讓我們先以一個一般傳輸模式的資料格式來說明相關的操作內容。I²C 傳輸協定的基本資料格式，如圖 15-7 所示。

所有的 I²C 相關元件，不論是主控端或者是多個受控端模式的外部元件，都共同使用兩條資料傳輸的線路 SDA 與 SCL。所有一切資料傳輸的開始，都必須由主控端發出訊息，受控端是無法主動地發出訊息與其他的元件進行資料

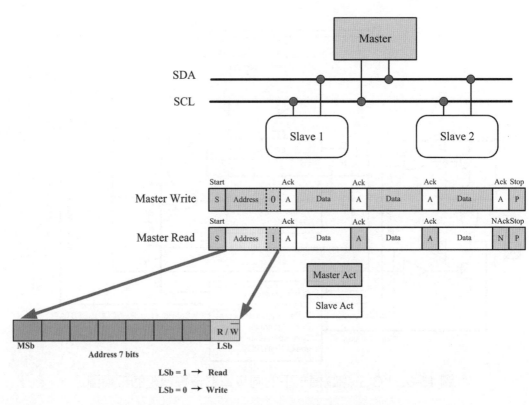

圖 15-7 I²C 傳輸協定的基本資料格式

傳輸溝通；因此主控端在整個 I²C 同時網路上是擁有著絕對的控制權。當主控端決定進行資料溝通時，必須要先發出一個 "Start" 開始訊號，讓通訊網路上的所有元件注意到資料傳輸的開始；緊接著主控端將發出一個 8 位元的訊息，其中前 7 個位元將定義一個元件的位址，第 8 個位元則宣告主控端希望進行資料讀取（1）或輸出（0）。這時候如果有任何一個受控端元件接收到這一個訊息，而且其位址符合訊息中所定義的位址時，則這個受控端必須要發出一個 "Ack" 確認的訊號。假設主控端希望進行資料輸出時（第 8 個位元為 0），在收到這個確認的訊號後，便可以輸出一個 8 位元的資料，並等待受控端在接受完成後再次發出確認的訊息；依照這個模式，主控端可以重複地發出 8 位元的資料，等待受控端確認的訊號，直到主控端發出全部的資料為止。最後主控端將發出一個 "Stop" 結束的訊號，以結束這一次的資料傳輸。

如果主控端是希望讀取受控端的資料時，則在第一個 8 位元的訊息資料中的最低位元將會設定為 1。受控端在確認位址之後，也將發出一個 "Ack" 的確認訊號。然後將改由受控端的外部元件配合主控端 SCL 的時脈訊號送出一個 8 位元的資料，而由主控端發出確認的訊號；並重複執行這一個資料傳輸與確認的動作，直到所有的資料傳輸完畢。在完成資料傳輸後，將由主控端發出一個結束的訊號，而完成這一次的資料讀取。在一般情形下，當完成最後一位元組（byte）資料的讀寫之後，主控端可以不必發出確認的訊號，而直接發出結束訊號停止傳輸。

相關的 I²C 時序操作圖如圖 15-8 所示。

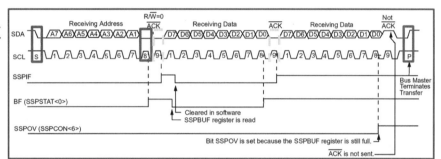

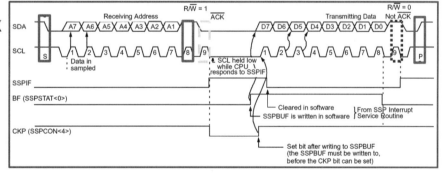

圖 15-8　I²C 時序操作圖

而主控端的微控制器在傳輸的過程中，可以透過中斷旗標位元 SSPxIF 的觸發，或者 BF 狀態位元的輪詢檢查，了解資料傳輸進行的狀態，並藉以決定是否進行下一位元組（byte）資料的傳輸或者其他的動作。

另外一個在使用 I²C 傳輸模式下時常進行的動作為「重新開始」（Re-start），這通常是應用在主控端的微控制器要接受資料的狀況下進行。通常的情況是由主控端的微控制器先按照 I²C 傳輸協定發出開始訊號（Start）、位址與寫入位元（0）的第一個位元組（byte）資料；在獲得確認的訊號之後，如果需要進行設定的話，便送出第二個位元組（byte）資料到受控端元件進行設定；在完成設定之後，此時主控端並不等待所有程序的完成，而直接重新送出開始訊號（Start）、位址與讀取位元（1）的第一個位元組（byte）資料，重新將整個 I^2C 通訊網路帶入到另一筆新的資料傳輸狀態，然後繼續進行資料的讀取。因為這種所謂的「重新開始」的方法，不必等待整個完整的資料訊息完成之後便重新開始，可以節省許多資料傳輸的時間。

在了解 I^2C 的基本操作方式之後，恐怕許多讀者會感到戒慎恐懼，不知道如何開始撰寫這樣的通訊應用程式。這時候建議讀者使用 XC8 編譯器所提供的 I^2C 函式庫，其中的函式包含了所有上述傳輸動作的相關函式。使用者只要依循通訊協定所規定的動作，依照順序地呼叫相關函式，便可以完成所需要的資料讀寫動作。讓我們以 Microchip TCN75A 數位溫度計作為資料傳輸的對象，說明 I^2C 傳輸介面的使用方法。

TCN75A 溫度感測器

TCN75A 溫度感測器是一個精確的溫度感測器，可以量測攝氏零下 40 度到正 125 度的範圍，是一個標準工業用的溫度感測器。除了可以感測溫度之外，TCN75A 溫度感測器也可以由使用者指定溫度感測的精確度，同時也可以輸出一個警示的訊號：當溫度超過使用者所設定的上限時，將會觸發一個使用者所設定的高電壓或低電壓警示訊號。同樣的，使用者也可以設定一個警示訊號解除的溫度下限，當溫度低於所設定的下限值時，將解除警示訊號的輸出。

TCN75A 溫度感測器是一個使用 I^2C 通訊傳輸協定的數位溫度感測器，因此所有的功能設定與資料擷取，必須要透過 I^2C 傳輸協定來進行。既然是使用 I^2C 通訊傳輸協定，就必須要設定 TCN75A 溫度感測器的通訊傳輸位址。TCN75A 溫度感測器的腳位配置圖如圖 15-9 所示。TCN75A 溫度感測器的 I^2C 通訊傳輸位址，如表 15-8 所示，較高的四個位元為預設值 1001，而較低的 3 個位元則可以由硬體腳位所連接的電位來決定。例如本書所用的實驗板較低的 3 個位元中，A2 的電壓可以由短路器 JP10 所決定（未斷路時預設為 1），而其他的兩個位元則接地為 0。因此完整的 I^2C 通訊位址為 1001100x，這裡的 x 為通訊協定中，保留作為讀取或者寫入資料的選擇位元。

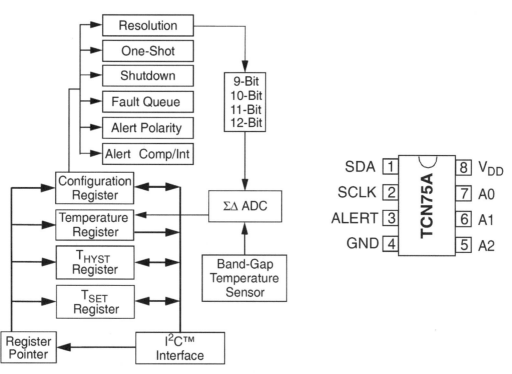

圖 15-9　TCN75A 溫度感測器的架構與腳位示意圖

表 15-8　TCN75A 溫度感測器的 I²C 通訊位址設定

Device	A6	A5	A4	A3	A2	A1	A0
TCN75A	1	0	0	1	X	X	X

TCN75A溫度感測器暫存器定義

TCN75A 溫度感測器內部共有 4 個暫存器，分別為：

表 15-9　TCN75A 溫度感測器內部暫存器

位址	功能暫存器	資料長度
00	溫度資料暫存器	2 Bytes
01	設定暫存器	1 Byte
10	溫度警示上限暫存器	2 Bytes
11	溫度警示解除下限暫存器	2 Bytes

溫度資料暫存器

　　溫度暫存器存放著感測的溫度資料，其資料長度為兩個位元組。在高位元組存放的是攝氏溫度的整數部分，而低位元組存放的則是小數的部分。而資料的內容可以藉由設定暫存器的設定調整量測的精確度。溫度資料暫存器的內容與位元定義如表 15-10 所示。

表 15-10　溫度資料暫存器內容與位元定義

Upper Half: 高位元組

R-0	R-0	R-0	R-0	R-0	R-0	R-0	R-0
Sign	2^6 °C/bit	2^5 °C/bit	2^4 °C/bit	2^3 °C/bit	2^2 °C/bit	2^1 °C/bit	2^0 °C/bit
bit 15							bit 8

Lower Half: 低位元組

R-0	R-0	R-0	R-0	R-0	R-0	R-0	R-0
2^{-1}°C/bit	2^{-2}°C/bit	2^{-3}°C/bit	2^{-4}°C/bit	0	0	0	0
bit 7							bit 0

設定暫存器

　　設定暫存器為一個 8 位元的暫存器，透過這個暫存器可以讓使用者設定溫度感測器的使用功能。其詳細的位元內容定義如表 15-11 所示。

表 15-11　設定暫存器內容與位元定義

R/W-0	R/W-0	R/W-0	R/W-0	R/W-0	R/W-0
One-Shot	Resolution	Fault Queue	ALERT Polarity	$\overline{\text{COMP}}$/INT	Shutdown
bit 7					bit 0

bit 7　單次量測設定位元

1 = 啟動。

0 = 關閉。（啟動預設）

bit 5-6 溫度轉換精確度設定位元

00 = 9 bit（啟動預設）

01 = 10 bit

10 = 11 bit

11 = 12 bit

bit 3-4 故障序列位元

00 = 1（啟動預設）

01 = 2

10 = 4

11 = 6

bit 2 警示訊號極性位元

1 = Active-high

0 = Active-low（啟動預設）

bit 1 警示訊號模式 $\overline{\text{COMP/INT}}$ 位元

1 = 中斷模式。

0 = 比較模式。（啟動預設）

bit 0 功能關閉位元

1 = Enable

0 = Disable（啟動預設）

◗ 溫度警示上限暫存器

這個暫存器儲存著一個溫度預設值。當實際量測的溫度大於這個預設的溫度上限時，警示訊號腳位將會依照使用者的設定輸出一個警示訊號。這個暫存器的資料長度雖然有兩個位元組，但是在第一位元組的部分只有最高位元可以作為設定使用，其他的較低位元內容將會被忽略。暫存器的內容與溫度資料暫存器相同，使用者可以參考表 15-10。

▌溫度警示解除下限暫存器

這個暫存器儲存著一個溫度預設值。當實際量測的溫度小於這個預設的溫度下限時，警示訊號腳位將會輸出的警示訊號將會被解除。這個暫存器的資料長度雖然有兩個位元組，但是在第一位元組的部分只有最高位元可以作爲設定使用，其他的較低位元內容將會被忽略。暫存器的內容與溫度資料暫存器相同，使用者可以參考表 15-10。

▌TCN75A 溫度感測器操作程序

由於透過 I²C 通訊傳輸協定的方式，因此所有的 TCN75A 溫度感測器操作程序，必須依照相關的規定進行。

▌寫入資料

在透過 I²C 通訊協定傳輸資料時，第一個位元組必須要傳送 TCN75A 溫度感測器的 I²C 通訊傳輸位址以及寫入位元（0）的定義；第二個位元組則必須指定所要處理的資料暫存器位址，暫存器的位址如表 15-9 所示；然後根據應用程式的需求，如果是寫入資料的話，則根據暫存器的資料長度可以繼續傳輸一個或兩個位元組的資料到 TCN75A 溫度感測器。藉由這樣的寫入程序，應用程式可以改變設定暫存器的內容，以及溫度警示上下限暫存器的設定。

▌讀取資料

而在讀取量測溫度的時候，首先第一個位元組必須要傳送 TCN75A 溫度感測器的 I²C 通訊傳輸位址以及寫入位元（0）的定義；第二個位元組則必須指定所要處理的資料暫存器位址，暫存器的位址如表 15-9 所示。接下來，應用程式可以直接發出重新開始的訊號，先發出一個位元組傳送 TCN75A 溫度感測器的 I²C 通訊傳輸位址以及讀取位元（1）的定義；然後微控制器便可以進入資料接收的狀態，並根據資料的長度接收一個或兩個位元的溫度感測器資料。

由於 XC8 編譯器所提供的 I²C 函式庫，包含許多與外部通訊使用的相關函式，因此在撰寫應用程式時，便可以直接利用這些函式完成，而不需要另外開發 I²C 通訊協定的特定函式，可以大幅減低開發應用程式所需要的時間與資源。讓我們以範例 15-2 更進一步的說明 I²C 通訊協定相關函式的使用。

☐ 範例 15-2

配合 TIMER1 計時器的使用，每一秒鐘使用溫度感測器量取溫度，並在 LCD 模組上顯示時間與溫度。並利用溫度感測器警示設定值，設定一個溫度警示範圍，利用發光二極體 LED8 做為警示訊號的輸出。

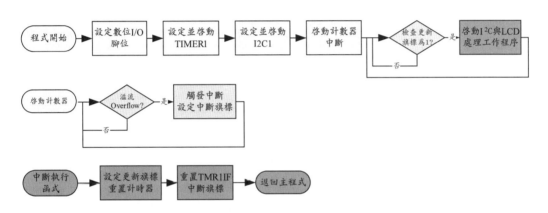

在範例程式中，將以 PIC18F45K22 微控制器作為 I²C 的主控端，對溫度感測器發出命令。因此，在 MCC 程式產生器的編輯頁面中進行下列的設定，

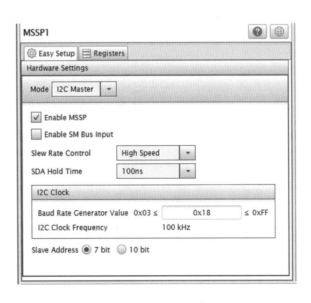

頁面中將 MSSP1 模組設定為 I²C 的主控端，設定適當的鮑率，同時選擇使用 7 位元長的元件位址定義。完成上面的設定之後，MCC 將會在 i2c1.c 檔案中建立下列的函式庫，

```
//  IC1 初始化函式
void I²C1_Initialize(void);
//  I2C1 主控端寫入資料函式
void I2C1_MasterWrite(        uint8_t *pdata,
                              uint8_t length,
                              uint16_t address,
                              I2C1_MESSAGE_STATUS *pstatus);

//  I2C1 主控端讀取資料函式
void I2C1_MasterRead(         uint8_t *pdata,
                              uint8_t length,
                              uint16_t address,
                              I2C1_MESSAGE_STATUS *pstatus);
void I2C1_MasterTRBInsert(    uint8_t count,
                              I2C1_TRANSACTION_REQUEST_BLOCK
                              *ptrb_list,
                              I2C1_MESSAGE_STATUS *pflag);
void I2C1_MasterReadTRBBuild( I2C1_TRANSACTION_REQUEST_BLOCK
                              *ptrb,
                              uint8_t *pdata,
                              uint8_t length,
                              uint16_t address);
void I2C1_MasterWriteTRBBuild(I2C1_TRANSACTION_REQUEST_BLOCK
                              *ptrb,
                              uint8_t *pdata,
                              uint8_t length,
                              uint16_t address);
```

```
// I2C1 主控端資料緩衝區是否空閒檢查函式
bool I2C1_MasterQueueIsEmpty(void);
// I2C1 主控端資料緩衝區是否飽和檢查函式
bool I2C1_MasterQueueIsFull(void);
// I2C1 匯流排衝突中斷函式
void I2C1_BusCollisionISR( void );
// I2C1 中斷執行函式
void I2C1_ISR ( void );
```

除了增加 LCD 模組的自建函式庫之外，其他所加入的 TIMER1 計時器模組，都沿用上一個範例的設定。

主程式中相關的程式撰寫如下，

```
void main(void) {
    // 變數宣告
      ......
    // Initialize the device
    SYSTEM_Initialize();
    OpenLCD();                // 初始化液晶顯示模組
    putrsLCD("00:00:00");        // 初始化 LCD顯示

    // Enable high priority global interrupts
    INTERRUPT_GlobalInterruptHighEnable();

    // TCN75A 初始化設定
    Temp[0]=0x01;            // 設定暫存器位址
    Temp[1]=0x00;          // 初始化 TCN75A 模組為 9bit 模式
    I2C1_MasterWrite(Temp, 2, I2C_TCN75A_address, &i2cstatus);

    //設定溫度警示上限
```

```
Temp[0]=0x02;              //TCN75A 內部暫存器位址
Temp[1]=30;                // 設定溫度警示上限 =Temp[1]+Temp[2]/256
Temp[2]=128;               // 僅 bit7 有作用
I2C1_MasterWrite(Temp, 3, I2C_TCN75A_address, &i2cstatus);

// 設定溫度警示解除下限
Temp[0]=0x03;              //TCN75A 內部暫存器位址
Temp[1]=28;                // 設定溫度警示解除下限 =Temp[1]+Temp[2]/256
Temp[2]=128;               // 僅 bit7 有作用
I2C1_MasterWrite(Temp, 3, I2C_TCN75A_address, &i2cstatus);

while (1){
  if(update)  {
    ++sec;                     // 將秒數遞加
    if(sec >= 60) { // 作進位處理
      sec-=60;
      min++;
    }
   if(min >= 60)  {
      min-=60;
      hour++;
   }
   if ( hour > 0x24 ) hour-=24;
   WriteCmdLCD(0x01) ;             // 清除液晶顯示器
   LCD_Set_Cursor( 0, 0 );          // 調整顯示位址
   __delay_ms(1);
   // 顯示時間資料
   //itoa(char_str, hour,10);
   //putsLCD(char_str); // 顯示時間資料
   dummy=(hour/10)+0x30;
```

```
putcLCD(dummy);
dummy=(hour%10)+0x30;
putcLCD(dummy);
putcLCD(':');

dummy=(min/10)+0x30;
putcLCD(dummy);
dummy=(min%10)+0x30;
putcLCD(dummy);
putcLCD(':');

dummy=(sec/10)+0x30;
putcLCD(dummy);
dummy=(sec%10)+0x30;
putcLCD(dummy);

// 讀取溫度值
Temp[0]=0;
I2C1_MasterWrite(Temp, 1, I2C_TCN75A_address, &i2cstatus);
I2C1_MasterRead(Temp, 2, I2C_TCN75A_address, &i2cstatus);
LCD_Set_Cursor(1, 0);          // 調整顯示位址

dummy=(Temp[0]/10)+0x30;
putcLCD(dummy);
dummy=(Temp[0]%10)+0x30;
putcLCD(dummy);
putcLCD(0xDF);
putcLCD('C');

update=0;  // 清除更新旗標
```

```
        }
    }
}
```

　　在範例程式中，藉由 MCC 程式產生器所建立的函式庫，以及自建的 LCD 函式庫，範例程式可以在每一秒鐘進行溫度的量測以及資料的顯示。而且由於使用函式庫的關係，程式的撰寫變得相當的容易。但是許多讀者往往有一個錯覺，就是精簡的主程式就是一個有效率的程式。利用 C 語言函式庫開發微控制器應用程式，程式會相對的比組合語言撰寫程式來的容易撰寫或者是維護；但是往往必須付出的是將函示庫的所有函式燒錄到程式記憶體所需要的程式記憶體空間，以及在呼叫函式時，進行程式與資料堆疊處理所耗費的執行效率。所以讀者在選擇使用哪一種程式語言作為工具，來開發微控制器程式時，必須要經過審慎的評估。從另一個角度來看，I^2C 是一個相當複雜的通訊協定，如果要使用者自行開發應用程式也會有相當的困難。這時候，如果讀者能夠學會使用組合語言撰寫程式，然後利用組合語言程式呼叫 C 語言函式庫的功能交叉執行，這樣雖然是一個不容易的程式開發架構，但是卻能提供給應用程式最佳的效能。

結語

　　本書為讀者詳細的介紹一個高階的 8 位元 PIC18F45K22 微控制器，並且利用 Microchip 提供的 XC8 編譯器以及 MCC 程式產生器所編成的範例程式，介紹各個功能的使用方式。當讀者完成本書的閱讀時，僅僅代表具有理解相關應用程式的能力，並不代表讀者就可以獨立開發微控制器的應用程式。微控制器應用開發的能力是需要藉由實際的案例來獲得的技術，建議讀者多多使用實驗板的功能，自行變化本書範例程式的設計需求重新開發應用程式，藉以獲取更多嘗試的機會與開發的經驗。「坐而言」永遠不會得到微控制器應用程式的開發能力，希望讀者「起而行」，以實作經驗加強自己的微控制器專業能力。共勉之！

Microchip 開發工具

　　如果讀者決定使用 PIC18 系列微控制器作為應用的控制器，除了硬體之外，將需要適當的開發工具。整個 PIC18 系列微控制器應用程式開發的過程，可以分割為 3 個主要的步驟：

- 撰寫程式碼
- 程式除錯
- 燒錄程式

　　每一個步驟將需要一個工具來完成，而這些工具的核心就是 Microchip 所提供的整合式開發環境軟體 MPLAB X IDE。

A.1　Microchip開發工具概況

▌整合式開發環境軟體MPLAB X IDE

　　整合式開發環境軟體 MPLAB X IDE 是由 Microchip 免費提供的，讀者可由 Microchip 的網站免費下載最新版的軟體。這個整合式的開發環境提供使用者，在同一個環境下完成程式專案開發從頭到尾所有的工作。使用者不需要另外的文字編輯器、組譯器、編譯器、程式工具，來產生、除錯或燒錄應用程式。MPLAB X IDE 提供許多不同的功能來完成整個應用程式開發的過程，而且許多功能都是可以免費下載或內建的。

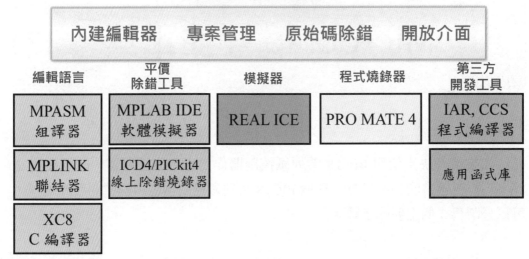

圖 A-1　MPLAB X IDE 整合式開發環境軟體與周邊軟硬體

　　MPLAB X IDE 提供許多免費的功能，包含專案管理器、文字編輯器、MPASM 組譯器、聯結器、軟體模擬器，以及許多視窗介面連接到燒錄器、除錯器以及硬體模擬器。

■ 開發專案

　　MPLAB X IDE 提供了在工作空間內產生及使用專案所需的工具。工作空間將儲存所有專案的設定，所以使用者可以毫不費力地在專案間切換。專案精靈可以協助使用者用簡單的滑鼠，即可完成建立專案所需的工作。使用者可以使用專案管理視窗，輕易地增加或移除專案中的檔案。

■ 文字編輯器

　　文字編輯器是 MPLAB X IDE 整合功能的一部分，它提供許多的功能，使得程式撰寫更為簡便，包括程式語法顯示、自動縮排、括號對稱檢查、區塊註解、書籤註記以及許多其他的功能。除此之外，文字編輯視窗直接支援程式除錯工具，可顯示現在執行位置、中斷與追蹤指標，更可以用滑鼠點出變數執行中的數值等等的功能。

PIC微控制器程式語言工具

■組合語言程式組譯器與聯結器

MPLAB X IDE 整合式開發環境，包含了以工業標準 GNU 為基礎所開發的 MPASM 程式組譯器以及 MPLINK 程式聯結器。這些工具讓使用者得以在這個環境下開發 PIC 微控制器的程式，而無需購買額外的軟體。MPASM 程式組譯器可將原始程式碼組合編譯成目標檔案（object files），再由聯結器 MP-LINK 聯結所需的函式庫程式，並轉換成輸出的十六進位編碼（HEX）檔案。

■C 語言程式編譯器

如果使用者想要使用 C 程式語言開發程式，Microchip 提供了 MPLAB XC8C 程式編譯器。這個程式編譯器提供免費試用版本，也可以另外付費購買永久使用權的版本。XC8 編譯器讓使用者撰寫的程式可以有更高的可攜性、可讀性、擴充性以及維護性。而且 XC8 編譯器也可以被整合於 MPLAB X IDE 的環境中，提供使用者更緊密的整合程式開發、除錯與燒錄。

除了 Microchip 所提供的 XC8 編譯器之外，另外也有其他廠商供應的 C 程式語言編譯器，例如 Hi-Tech、CCS 等等。這些編譯器都針對 PIC 微控制器提供個別的支援。

■程式範本、包含檔及聯結檔

一開始到撰寫 PIC 微控制器應用程式，卻不知如何下手時，怎麼辦呢？這個時候可以參考 MPLAB X IDE 所提供的許多程式範本檔案，這些程式範本可以被複製，並使用為讀者撰寫程式的基礎。使用者同時可以找到各個處理器的包含檔，這些包含表頭檔根據處理器技術手冊的定義，完整地定義了各個處理器所有的暫存器及位元名稱，以及它們的位址。聯結檔則提供了程式聯結器對於處理器記憶體的規劃，有助於適當的程式自動編譯與數據資料記憶體定址。

■ 應用說明 Application Note

AN587

Interfacing PICmicro® MCUs to an LCD Module

圖 A-2　Microchip 應用說明文件

附

錄

A

　　如果使用者不曉得如何建立自己的程式應用硬體與軟體設計，或者是想要加強自己的設計功力，或者是工作之餘想打發時間，這時候可到 Microchip 的網站上檢閱最新的應用說明。Microchip 不時地提供新的應用說明，並有實際的範例引導使用者正確地運用 PIC 微控制器於不同的實際應用。

除錯器與硬體模擬器

　　在 MPLAB X IDE 的環境中，Microchip 針對 PIC 微控制器提供了三種不同的除錯工具：MPLAB X IDE 軟體模擬器、ICD4 線上即時除錯器以及 REAL ICE 硬體模擬器。上述的除錯工具提供使用者逐步程式檢查、中斷點設定、暫存器監測更新，以及程式記憶體與數據資料記憶體內容查閱等等。每一個工具都有它獨特的優點與缺點。

■ MPLAB X IDE 軟體模擬器

　　MPLAB X IDE 軟體模擬器是一個內建於 MPLAB X IDE 中功能強大的軟體除錯工具，這個模擬器可於個人電腦上執行模擬 PIC 控制器上程式執行的狀況。這個軟體模擬器不僅可以模擬程式的執行，同時可以配合模擬外部系統輸入及周邊功能操作的反應，並可量測程式執行的時間。

　　由於不需要外部的硬體，所以 MPLAB X IDE 軟體模擬器是一個快速而且簡單的方法來完成程式的除錯，在測試數學運算以及數位訊號處理函式的重複計算時特別有用。可惜的是，在測試程式對於外部實體電路類比訊號時，資料的處理與產生會變得相當地困難與複雜。如果使用者可以提供採樣或合成的資料作爲模擬的外部訊號，測試的過程可以變得較爲簡單。

MPLAB X IDE 軟體模擬器提供了所有基本的除錯功能，以及一些先進的功能，例如：

- 碼錶—可作爲程式執行時間的偵測
- 輸入訊號模擬—可用來模擬外部輸入與資料接收
- 追蹤—可檢視程式執行的紀錄

■ MPLAB REAL ICE 線上硬體模擬器

MPLAB REAL ICE 線上硬體模擬器是一個全功能的模擬器，它可以在眞實的執行速度下，模擬所有 PIC 控制器的功能。它是所有偵測工具中功能最強大的，它提供了優異的軟體程式以及微處理器硬體的透視與剖析。而且它也完整的整合於 MPLAB X IDE 的環境中，並具備有 USB 介面提供快速的資料傳輸。這些特性讓使用者可以在 MPLAB X IDE 的環境下，快速地更新程式與數據資料記憶體的內容。

這個模組化的硬體模擬器同時支援多種不同的微控制器與不同的包裝選擇。相對於其功能的完整，這個模擬器的價格也相對地昂貴。它所具備的基本偵測功能與特別功能簡列如下：

- 多重的觸發設定—可偵測多重事件的發生，例如暫存器資料的寫入
- 碼錶—可作爲程式執行時間的監測
- 追蹤—可檢視程式執行的紀錄
- 邏輯偵測—可由外部訊號觸發或產生觸發訊號給外部測試儀器

■ MPLAB ICD4 及 PICkit4 線上除錯燒錄器

MPLAB ICD4 線上除錯是一個物美價廉的偵測工具，它提供使用者將所撰寫的程式在實際硬體上執行即時除錯的功能。對於大部分無法負擔 REAL

ICE 昂貴的價格卻不需要它許多複雜的功能，ICD 4 是一個很好的選擇。

ICD4 提供使用者直接對 PIC 控制器在實際硬體電路上除錯的功能，同時也可以用它在線上直接對處理器燒錄程式。雖然它缺乏了硬體模擬器所具備的一些先進功能，例如記憶體追蹤或多重觸發訊號，但是它提供了基本除錯所需要的功能。

除了 ICD4 之外，Microchip 也提供更平價的線上除錯燒錄機 PICkit4，雖然速度較爲緩慢些，但也可以執行大多數 ICD4 所提供的功能。無論如何，使用者必須選擇一個除錯工具以完成程式的開發。

■ 程式燒錄器 Programmer

除了 ICD4 之外，Microchip 也提供了許多程式燒錄器，例如 MPLAB PM4。這些程式燒錄器也已經完整地整合於 MPLAB X IDE 的開發環境中，使用者可以輕易地將所開發的程式燒錄到對應的 PIC 控制器中。由於這些程式燒錄器的價格遠較 ICD4 昂貴，讀者可自行參閱 Microchip 所提供的資料。在此建議使用者初期先以 ICD4 作爲燒錄工具，待實際的程式開發完成後，視需要再行購買上述的程式燒錄器。

■ 實驗板

Microchip 提供了幾個實驗板，供使用者測試與學習 PIC 微控制器的功能，這些實驗板並附有一些範例程式與教材，對於新進的使用者是一個很好的入門工具。有興趣的讀者可自行參閱相關資料。

配合本書的使用，讀者可使用相關的 APP025 實驗板，其詳細的硬體與周邊功能在第五章中有詳細的介紹。

A.2 MPLAB X IDE整合式開發環境

◉ MPLAB X IDE概觀

在介紹了 PIC 微控制器以及相關的開發工具後，讀者可以準備撰寫一些程式了。在開始撰寫程式之前，必須要對MPLAB X IDE的使用有基本的了解，因為在整個過程中，它將會是程式開發的核心環境，無論是程式撰寫、編譯、除錯以及燒錄。我們將以目前的版本為基礎，介紹 MPLAB X IDE 下列幾個主要的功能：

- 專案管理器—用來組織所有的程式檔案
- 文字編輯器—用來撰寫程式
- 程式編譯器介面—聯結個別程式編譯器用以編譯程式
- 軟體模擬器—用來測試程式的執行
- 除錯器與硬體模擬器介面—聯接個別的除錯器或硬體模擬器用以測試程式
- 程式燒錄介面—作為個別燒錄器燒錄處理器應用程式的介面

為協助讀者了解前述軟硬體的特性與功能，我們將以簡單的範例程式作一個示範，以實作的方式加強學習的效果。

首先，請讀者到 Microchip 網站下載免費的 MPLAB X IDE 整合式開發環境軟體。安裝的過程相當的簡單，在此請讀者自行參閱安裝說明。

建立專案

■專案與工作空間

一般而言，所有在 MPLAB X IDE 的工作都是以一個專案為範圍來管理。一個專案包含了那些建立應用程式，例如原始程式碼、聯結檔等等的相關檔案，以及與這些檔案相關的各種開發工具，例如使用的語言工具與聯結器，以及開發過程中的相關設定。

一個工作空間則可包含一個或數個專案，以及所選用的處理器、除錯工具、燒錄器、所開啓的視窗與位置管理，以及其他開發環境系統的設定。通常使用者會選用一個工作空間包含一個專案的使用方式，以簡化操作的過程。

MPLAB X IDE 中的專案精靈是建立器專案極佳的工具，整個過程相當地簡單。

附錄

A

　　在開始之前，請在電腦的適當位置建立一個空白的新資料夾，以作為這個範例專案的位置。在這裡我們將使用 "D:\PIC\EX_for_XC8_45K22" 作為我們儲存的位置。要注意的是 MPLAB X IDE 目前已經可以支援中文的檔案路徑，讀者可以自行定義其他位置的專案檔案路徑。讀者可將本書所附範例程式複製到上述的位置。

　　現在讀者可以開啟 MPLAB X IDE 程式，如果開啟後有任何已開啟的專案，請在選單中選擇 File>Close All Projects 將其關閉。然後選擇 File>New Project 選項，以開啟專案精靈。

第 1 步－選擇所需的處理器類別

　　下列畫面允許使用者選擇所要的處理器類別及專案類型。請選擇 Microchip Embedded>Standalone Project。完成後，點選「下一步」（Next）繼續程式的執行。

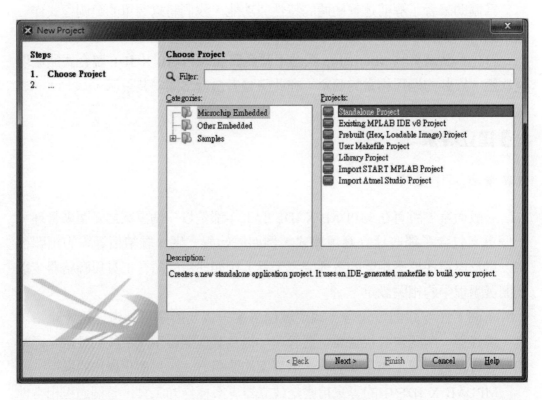

　　如果讀者有已經存在的專案，特別是以前利用舊版 MPLAB IDE 所建立的檔案，可以選擇其他項目轉換。

第 2 步—選擇所需的微控制器裝置

　　下列畫面允許使用者選擇所要使用的微控制器裝置。請選擇 PIC18F45K22。
完成後，點選「下一步」（Next）繼續程式的執行。

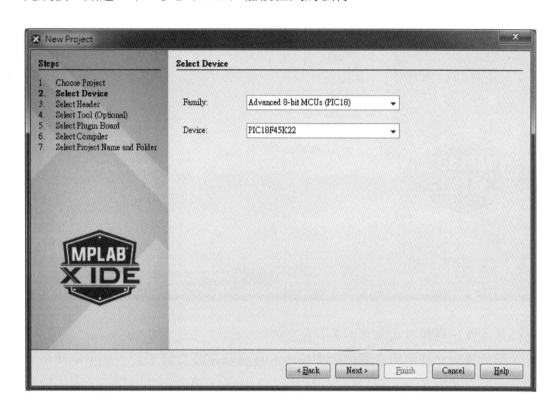

第 3 步—選擇程式除錯及燒錄工具

　　下列畫面允許使用者選擇所要使用的程式除錯及燒錄工具。讀者可視自己
擁有的工具選擇，建議讀者可以選擇 ICD4 或 PICkit4，較為物美價廉。裝置
前方如果是綠燈標記，表示為MPLAB X IDE所支援的裝置；如果是黃燈標記，
則為有限度的支援。完成後，點選「下一步」（Next）繼續程式的執行。

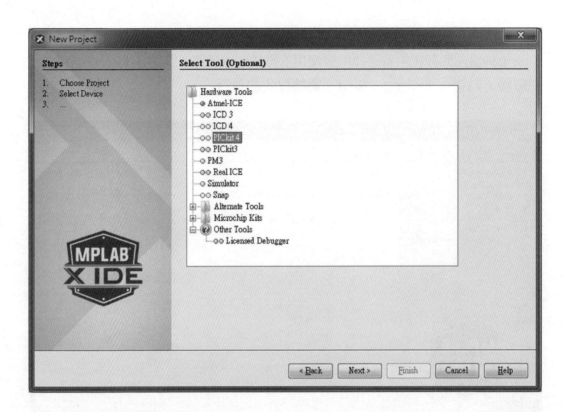

第 4 步－選擇程式編譯工具

下列畫面允許使用者選擇所要使用的程式除錯及燒錄工具。如果是使用 C
語言，可以選用 XC8，或者是選用內建的 MPASM 組合語言組譯器。完成後，
點選「下一步」（Next）繼續程式的執行。

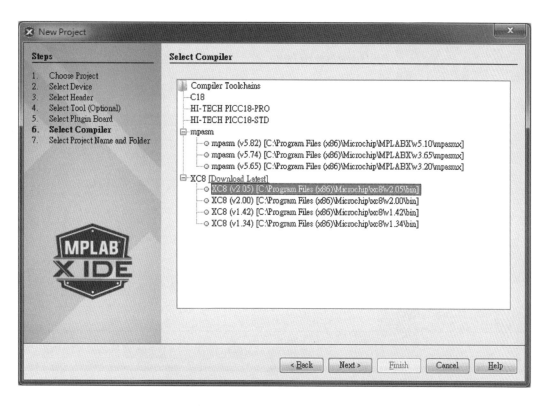

第 5 步－設定專案名稱與儲存檔案的資料夾

　　在下列畫面中，使用者必須為專案命名。請鍵入 my_first_c_porject 作為專案名稱，並且將專案資料夾指定到事先所設定的資料夾 D:\PIC\EX for XC8_45K22\my_first_project。

　　特別需要注意的是，如果在程式中需要加上中文註解時，為了要顯示中文，必須要將檔案文字編碼（Encoding）設定為 Big5 或者是 UTF-8，才能正確地顯示。如果讀者有過去的檔案無法正確顯示時，可以利用其他文字編輯程式，例如筆記本，打開後再剪貼到 MPLAB X IDE 中，再儲存即可更新。

附

錄

A

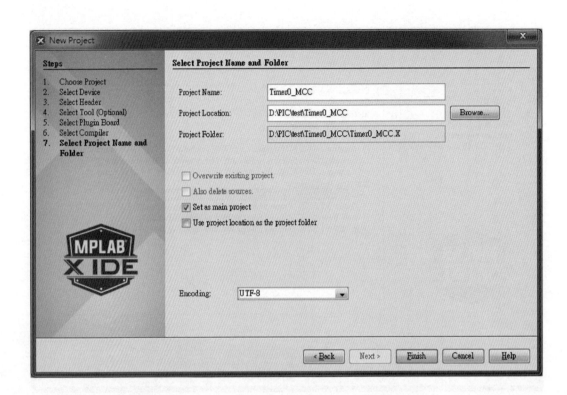

　　完成後，點選「結束」（Finish）完成專案的初始化設定。同時就可以看到完整的 MPLAB X IDE 程式視窗。

　　第 6 步－加入現有檔案到專案

　　如果需要將已經存在的檔案加入到專案中，可以在專案視窗中，對應類別的資料夾上，按下滑鼠右鍵，將會出現如下的選項畫面，就可以將現有檔案加入專案中。

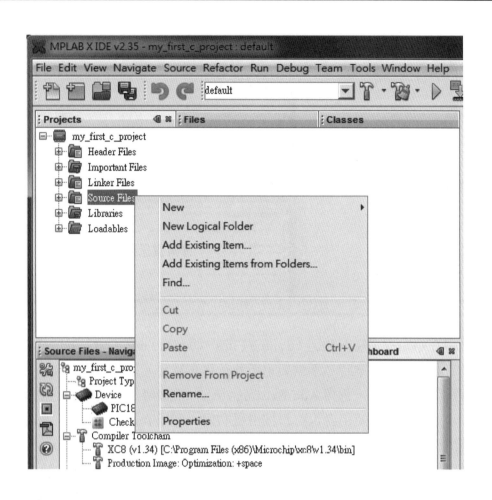

　　所選的檔案並不需要與專案在同一個資料夾，但是將它們放在一起會比較
方便管理。

　　在完成專案精靈之後，MPLAB X IDE 將會顯示一個專案視窗，如下圖：

　　其中在原始程式檔案類別（Source Files）將包含 "my_first_ code.c" 檔案。如果讀者發現缺少檔案時，不需要重新執行專案精靈。這時候只要在所需要的檔案類別按滑鼠右鍵，選擇 Add Existing Item，然後尋找所要增加的檔案，點選後即可加入專案。使用者也可以按滑鼠右鍵，選擇 Remove From Project，將不要的檔案移除。

　　這時候使用者如果檢視專案所在的資料夾，將會發現 my_first_ project.x 專案資料夾與相關資料檔，已由 MPLAB X IDE 產生。在專案管理視窗中，雙點選 "my_ first_ code.c"，將可在程式編輯視窗中開啟這個檔案以供編輯。

文字編輯器

　　MPLAB X IDE 程式編輯視窗中的文字編輯器提供數項特別功能，讓程式撰寫更加方便平順。這些功能包括：

- 程式語法顯示
- 檢視並列印程式行號
- 在單一檔案或全部的專案檔案搜尋文字
- 標記書籤或跳躍至特定程式行

- 雙點選錯誤訊息時，將自動轉換至錯誤所對應的程式行
- 區塊註解
- 括號對稱檢查
- 改變字型或文字大小

　　程式語法顯示是一個非常有用的功能，使用者因此不需要逐字地閱讀程式檢查錯誤。程式中的各項元素，例如指令、虛擬指令、暫存器等等，會以不同的顏色與字型顯示，有助於使用者方便地閱讀並了解所撰寫的程式，也能更快地發現錯誤。

◉ 專案資源顯示

　　在專案資源顯示視窗中，將會顯示目前專案所使用的資源狀況，例如對應的微控制器裝置使用程式記憶體空間大小、使用的除錯燒錄器型別、程式編譯工具等等資訊。除此之外，視窗並提供下列圖案的快捷鍵，讓使用者可以在需要的時候，快速查閱相關資料。

　　上列的圖示分別連結到，專案屬性、更新除錯工具狀態、調整中斷點狀態、微控制器資料手冊，以及程式編譯工具說明。

A.3　建立程式碼

◉ 編譯與聯結

　　建立的專案包括兩個步驟。第一個是組譯或編譯的過程，在此每一個原始程式檔會被讀取，並轉換成一個目標檔（object file）。目標檔中將包含執行碼或者是 PIC 控制器相關指令。這些目標檔可以被用來建立新的函式庫，或者被用來產生最終的十六進位編碼輸出檔，作為燒錄程式之用。建立程式的第

二個步驟是所謂聯結的步驟。在聯結的步驟中，各個目標檔和函式庫檔中所有 PIC 控制器指令和變數，將與聯結檔中所規劃的記憶體區塊，一一地放置到適當的記憶體位置。

■ 聯結器將會產生兩個檔案

1. .hex 檔案—這個檔案將列出所有要放到 PIC 控制器中的程式、資料與結構記憶。
2. .cof 檔案—這個檔案就是編譯目標檔格式，其中包含了在除錯原始碼時，所需要的額外資訊。

在使用 XC8 編譯器時，程式會自動地完成編譯與聯結的動作，使用者不需要像過去的方式，需要自行指定聯結檔。

微控制器系統設定位元

所有的應用程式碼中必須包含系統設定位元（Configuration Bits）記憶體的設定，通常可以在程式中會以虛擬指令 config 定義，或以另一個檔案定義。MPLAB X IDE 要求在專案中，以設定位元定義選項後，產生一個相關的定義檔，並將檔案加入到專案中。例如在 my_first_ project 範例中，在燒錄或除錯程式碼之前，我們必須要自行定義系統設定位元。這時候我們可以點選 Window>PIC Memory Views>Configuration Bits 來開啓結構位元視窗。使用者可以點選設定欄位中的文字，來編輯各項設定，並選擇下方的程式碼產生按鍵，自動輸出系統設定位元程式檔。

在範例中，將系統位元設定儲存爲 Config.c 檔案，並加入到專案中。

建立專案程式

一旦有了上述的程式檔與設定位元檔，專案的微控制器程式就可以被建立了，讀者可點選 RUN>Build Project 選項來建立專案程式。或者選擇工具列中的相關按鍵，如下圖紅框內的按鍵，完成程式建立。

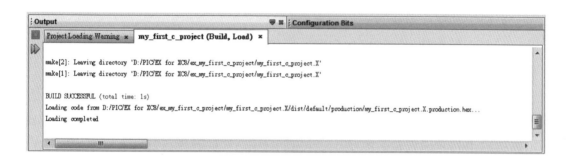

程式建立的結果會顯示在輸出視窗，如果一切順利，這時候視窗的末端，將會顯現 Build Successful 的訊息。

現在專案程式已經成功地被建立了，使用者可以開始進行程式的除錯。除錯可以用幾種不同的工具來進行。在後續的章節中，我們將介紹使用 PICkit4 線上除錯器來執行除錯。

A.4　MPLAB X IDE軟體模擬器

一旦建立了控制器程式，接下來就必須要進行除錯的工作以確定程式的正確性。如果在這一個階段讀者還沒有計畫使用任何的硬體，那麼 MPLAB X IDE 軟體模擬器就是最好的選擇。其實 MPLAB X IDE 軟體模擬器還有一個更大的優點，就是它可以在程式燒錄之前，進行程式執行時間的監測以及各種數學運算結果的檢驗。MPLAB X IDE 軟體模擬器的執行，已經完全地與 MPLAB X IDE 結合。它可以在沒有任何硬體投資的情況下，模擬使用者所撰寫的程式在硬體上執行的效果，使用者可以模擬測試控制器外部輸入、周邊反應以及檢查內部訊號的狀態，卻不用做任何的硬體投資。

當然 MPLAB X IDE 軟體模擬器還是有它使用上的限制。這個模擬器仍然不能與任何的實際訊號作反應，或者是產生實際的訊號與外部連接。它不能夠觸發按鍵，閃爍 LED，或者與其他的控制器溝通訊號。即使如此 MPLAB X

IDE 軟體模擬器，仍然在開發應用程式、除錯與解決問題時，給使用者相當大的彈性。

基本上 MPLAB X IDE 軟體模擬器提供下列的功能：

- 修改程式碼並立即重新執行
- 輸入外部模擬訊號到程式模擬器中
- 在預設的時段，設定暫存器的數值

PIC 微控制器晶片有許多輸出入接腳與其他的周邊功能作多工的使用，因此這些接腳通常都有一個以上的名稱。軟體模擬器只認識那些定義在標準控制器表頭檔中的名稱爲有效的輸出入接腳。因此，使用者必須參考標準處理器的表頭檔案來決定正確的接腳名稱。

如果要使用 MPLAB X IDE 軟體模擬器，可以點選 Window>Simulator 開啓相關的模擬功能。

A.5　MPLAB ICD4 與 PICkit4 線上除錯燒錄器

ICD4 是一個在程式發展階段中，可以使用的燒錄器以及線上除錯。雖然它的功能不像一個硬體線上模擬器（ICE）一般地強大，但是它仍然提供了許多有用的除錯功能。

ICD4 提供使用者在實際使用的控制器上執行所撰寫的程式，使用者可以用實際的速度執行程式，或者是逐步地執行所撰寫的指令。在執行的過程中，使用者可以觀察而且修改暫存器的內容，同時也可以在原始程式碼中，設立至少一個中斷點。它最大的優點就是與硬體線上模擬器比較，它的價格非常地便宜。

　　除此之外，還有另一個選項就是 PICkit4 線上除錯器，它雖然速度較 ICD4 稍微緩慢，但可以提供相似的功能且價格更爲便宜。

　　接下來我們將會介紹如何使用 PICkit4 線上除錯器。首先，我們必須將前面所建立的範例專案開啓，如果讀者還沒有完成前面的步驟，請參照前面的章節完成。

安裝PICkit4

　　在使用者安裝 MPLAB X IDE 整合式開發環境時，安裝過程中將會自動安裝 PICkit3 驅動程式。當 PICkit4 透過 USB 連接到電腦時，將會出現要求安裝驅動程式的畫面。這些驅動程式在安裝 MPLAB X IDE 時，將會自動載入驅動程式完成裝置聯結。

開啟專案

請點選 File>Open Project，打開前面所建立示範專案 my_first_c_project。

選用PICkit4線上除錯器

使用 PICkit4 的時候，可以透過 USB 將 PICkit4 連接到電腦。這時候可以將電源連接到實驗板上。接著將 PICkit4 經由實驗板的 8-PIN 聯結埠，連接到待測試硬體所在的實驗板上。

如果在專案資源顯示視窗中，發現除錯工具不是 PICkit4 的話，可以在 File>Project Properties 的選項下，修改除錯工具選項，點選 PICkit4 選項。

建立程式除錯環境

與建立一般程式不同的是，程式除錯除了使用者撰寫的程式之外，必須加入一些除錯用的程式碼，以便控制程式執行與上傳資料給電腦以便檢查程式。所以在建立程式時，必須要選擇建立除錯程式選項，而非一般程式選項，如下圖所示：

監測視窗與變數視窗

在 PICkit4 線上除錯器功能中，也有許多輔助視窗可以用來顯示微控制器執行中的數據資料幫助除錯。但是這些數據必須要藉由中斷點控制微處理器停止執行時，才會更新數據資料。其中最重要的是除錯監測視窗與變數視窗，它們可以在 Window>Debugging 選項下啟動。

　　點選 Window>Debugging>Watches 開啟一個新的監測視窗，如下圖所示：

Watches			Variables	
Name	Type	Address	Value	
⊞ PORTD	SFR	0xF83	0x01	
⊞ TRISD	SFR	0xF95	0x00	
<Enternewwatch>				

　　在視窗中只要輸入特殊暫存器或程式中的變數名稱，便可以在程式停止時更新顯示它們的數值資料。如果跟上一次的內容比較有變動時，將會以紅色數字顯示。數值的顯示型式，也可以選擇以十進位、二進位或十六進位等等方式表示。

　　點選 Window>Debugging>Variables 開啟一個新的變數視窗，如下圖所示：

Watches			Variables	
Name	Type	Address	Value	
⊞ PORTD	SFR	0xF83	0x01	
⊞ TRISD	SFR	0xF95	0x00	
<Enternewwatch>				
⊞ LATDbits	union	0xF8C		

　　變數視窗會將程式目前執行中的所有局部變數（Local Variables）內容顯示出來以供檢查。

▌程式檢查與執行

　　使用者現在可以執行程式。執行程式有兩種方式：燒錄執行與除錯執行。

■燒錄執行

　　燒錄執行是將編譯後的程式燒錄到微控制器中，然後由微控制器硬體直接以實際的程式執行，不受 MPLAB X IDE 的控制。也就是以使用者預期的狀態執行所設計的程式。在 MPLAB X IDE 上提供幾個與燒錄執行相關的功能按鍵，如下圖所示。每個圖示的功能分別是，下載並執行程式、下載程式到微控制器、上傳程式到電腦、微控制器執行狀態。

　　下載並執行程式會將程式燒錄到微控制器後，直接將 MCLR 腳位的電壓提升，讓微控制器直接進入執行狀態，點選後等完成燒錄的動作，就可以觀察硬體執行程式的狀況。下載程式到微控制器及上傳程式到電腦。則只進行程式或上傳的程序，並不會進入執行的狀態；程式下載完成後，可以點選微控制器執行狀態的圖示，藉由改變 MCLR 腳位的電壓，啓動或停止程式的執行。點選後的圖示會改變爲下圖的圖樣，作爲執行或重置的區別。

■除錯執行

　　使用燒錄執行時，只能藉由硬體的變化，例如燈號的變化或按鍵的觸發來改變或觀察程式執行的狀態，無法有效檢查程式執行的內容。除錯執行則可以利用中斷點、監視視窗與變數視窗等工具，在程式關鍵的位置設置中斷點暫停，透過監視視窗或變數視窗觀察，甚至改變變數內容，有效地檢查程式執行已發現可能的錯誤。使用除錯執行必須要先用建立除錯程式編譯，以便加入除錯執行所需要的程式碼，如下圖所示：

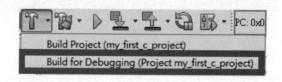

　　要開始除錯執行，必須在編譯除錯程式後，選擇下載除錯程式，如下圖所示，才能進行除錯。

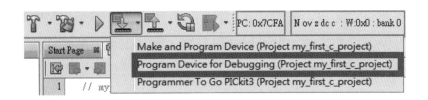

　　接下來，點選下圖中最右邊的圖示，便會開始執行除錯程式。

　　使用者也可以直接點選這個圖示一次完成編譯、下載與除錯執行程式的程序。進入除錯執行的階段時，將會在工具列出下列圖示，分別代表停止除錯執行、暫停程式執行、重置程式、繼續執行、執行一行程式（指令）並跳過函式、執行一行程式（指令）並跳入函式、程式執行至游標所在位置後暫停、將程式計數器移至游標所在位置、將視窗與游標移至程式計數器（程式執行）所在位置。

　　利用這些功能圖示，使用者可以有效控制程式執行的範圍，以決定檢查的範圍。除了監視視窗與變數視窗外，如果是使用組合語言撰寫程式的話，工具列中的程式計數器（Program Counter, PC）與狀態位元的內容，也會顯示在下圖中的工具列作為檢查的用途。

附錄

A

◎ 中斷點

　　由於使用暫停的功能無法有效控制程式停止的位置，除了利用暫停的功能外，使用者也可以利用中斷點（Breakpoint）讓程式暫停。要設定中斷點，只要在程式暫停執行的時候，點選程式最左端，使其出現下圖的紅色方塊圖示即可。只要程式執行完設有中斷點的程式即會暫停，並更新監視視窗的內容。

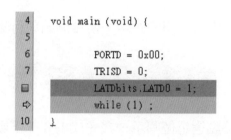

```
 4     void main (void) {
 5
 6             PORTD = 0x00;
 7             TRISD = 0;
 □             LATDbits.LATD0 = 1;
 ⇨             while (1) ;
10     }
```

　　綠色箭頭表示的是程式暫停的位置（尚未執行）。每一種除錯工具所能夠設定的中段點數量，會因微控制器型號不同而有差異。以 PICkit4 與 PIC18F45K22 為例，所能提供的硬體中斷點為三個，而且不提供軟體中斷點（通常只有模擬器才有此功能）。

A.6　軟體燒錄程式Bootloader

　　除了上述由原廠所提供的開發工具之外，由於 PIC 微控制器的普遍使用，在坊間有許多愛用者為它開發了免費的軟體燒錄程式（Bootloader）。

　　所謂的軟體燒錄程式是藉由 PIC 系列微控制器所提供的線上自我燒錄程式的功能，事先在微控制器插入一個簡單的軟體燒錄程式，也就是所謂的 Bootloader。當電源啟動或者是系統重置的時候，這個軟體燒錄程式將會自我檢查，以確定是否進入燒錄的狀態。檢查的方式將視軟體的撰寫而定，有的是等待一段時間，有的則是檢查某一筆資料，或者是檢查某一個硬體狀態等等。當檢查的狀態滿足時，則將呼叫軟體燒錄函式而進入自我燒錄程式的狀態；當檢查的狀態不滿足的時候，則將忽略燒錄程式的部分而直接進入正常程式執行的執行碼。

AN851

A FLASH Bootloader for PIC16 and PIC18 Devices

由於軟體燒錄程式可以在網際網路上取得，因此不需要特別的費用，甚至 Microchip 也提供了一個包括原始碼在內的 AN851 應用範例提供相關的程式。除此之外，針對 PIC18F 系列微控制器也可以找到支援的軟體燒錄程式，例如 COLT。如果讀者在初期並不想花費金錢添購燒錄硬體，但是又想嘗試微控制器的功能，不妨使用這一類的軟體燒錄程式作爲一個開始。可惜的是，通常它們只能作爲燒錄或檢查部分的資料記憶體內容，而無法進行程式除錯的工作。詳細的軟體燒錄程式架構以及使用方法，請參見 Microchip 應用範例說明 AN851。

附

錄

A

參考文獻

1. "MPLAB X IDE User's Guide," 50002027D, Microchip, 2015

2. "MPASM Assembler, MPLINK Object Linker, MPLIB Object Librarian User's Guide," 33014L, Microchip, 2013

3. "PIC18FXX2 Datasheet," DS39564C, Microchip, 2006

4. "PIC18F452 to PIC18F4520 Migration," DS39647A, Microchip, 2004

5. "PIC18F2420/2520/4420/4520 Data Sheet," 39631E, Microchip, 2008

6. "PIC18(L)F2X/4XK22 Data Sheet," 40001412G, Microchip, 2016

7. "APP025 EVM User's Manual," Microchip Taiwan

8. "Interfacing PICmicro MCUs to an LCD Module," AN587, Microchip, 1997

9. "A FLASH Bootloader for PIC16 and PIC18 Devices," AN851, Microchip, 2002

10. "MPLAB® XC8 C Compiler User's Guide for PIC MCU," DS50002737C, Microchip, 2020

11. "MPLAB Code Configurator v3.xx User's Guide," DS40001829C, Microchip, 2018

國家圖書館出版品預行編目資料

微處理器：C語言與PIC18微控制器／曾百由
著. -- 初版. -- 臺北市：五南, 2020.09
面； 公分
ISBN 978-986-522-227-7（平裝）

1.微處理機　2.組合語言

471.516　　　　　　　　　　109012956

5DL7

微處理器——C語言與PIC18微控制器

作　　　者 ─ 曾百由（281.2）

發 行 人 ─ 楊榮川

總 經 理 ─ 楊士清

總 編 輯 ─ 楊秀麗

主　　編 ─ 高至廷

責任編輯 ─ 金明芬

封面設計 ─ 曾慧美

出 版 者 ─ 五南圖書出版股份有限公司

地　　　址：106台北市大安區和平東路二段339號4樓

電　　　話：(02)2705-5066　傳　真：(02)2706-6100

網　　　址：http://www.wunan.com.tw

電子郵件：wunan@wunan.com.tw

劃撥帳號：01068953

戶　　名：五南圖書出版股份有限公司

法律顧問　林勝安律師事務所　林勝安律師

出版日期　2020年9月初版一刷

定　　價　新臺幣700元

經典永恆・名著常在

五十週年的獻禮 —— 經典名著文庫

五南，五十年了，半個世紀，人生旅程的一大半，走過來了。

思索著，邁向百年的未來歷程，能為知識界、文化學術界作些什麼？

在速食文化的生態下，有什麼值得讓人雋永品味的？

歷代經典・當今名著，經過時間的洗禮，千錘百鍊，流傳至今，光芒耀人；

不僅使我們能領悟前人的智慧，同時也增深加廣我們思考的深度與視野。

我們決心投入巨資，有計畫的系統梳選，成立「經典名著文庫」，

希望收入古今中外思想性的、充滿睿智與獨見的經典、名著。

這是一項理想性的、永續性的巨大出版工程。

不在意讀者的眾寡，只考慮它的學術價值，力求完整展現先哲思想的軌跡；

為知識界開啟一片智慧之窗，營造一座百花綻放的世界文明公園，

任君遨遊、取菁吸蜜、嘉惠學子！